毛线球 31
keitodama

滑针、浮针全攻略

日本宝库社　编著　　蒋幼幼　如鱼得水　译

河南科学技术出版社
· 郑州 ·

keitodama

目　录

★世界手工新闻

瑞典……4

东京……4

巴黎、米兰……5

滑针和浮针全攻略……7

千鸟格圆领开衫……8

格子花样套头衫……9

格子花样露指手套……10

马赛克花样手提包……10

方块花样绒球帽……11

罗纹边圆领开衫……12

配色花样长围脖……13

菱形花样男款背心……14

配色花样长袖套头衫……15

大翻领长外套……16

插肩袖男款套头衫……17

中性风圆领背心……18

渐变花样半身裙……18

简单易懂！滑针和浮针的编织方法……19

ISAGER 的世界……20

落肩袖 V 领毛衣……20

★男人编织㉛

小山穰……22

★世界手工艺纪行㉘……24

★野口光的织补缝大改造……28

新颖时尚的阿兰毛衣……30

半高领 A 字形阿兰毛衣……30

插肩袖阿兰花样套头衫……31

麻花花样男款开衫……32

前短后长阿兰花样套头衫……33

插肩袖立领套头衫……34

中性风侧开衩背心……35

蝙蝠袖长外套……36

不对称花样阿兰开衫……37

缓解压力的环形针编织……38

粉色系段染套头衫……39

方块花样短袖套头衫、帽子……40

★为生活增添色彩的节庆编织⑨

节日快乐！……42

杰克灯……42

糖果篮……43

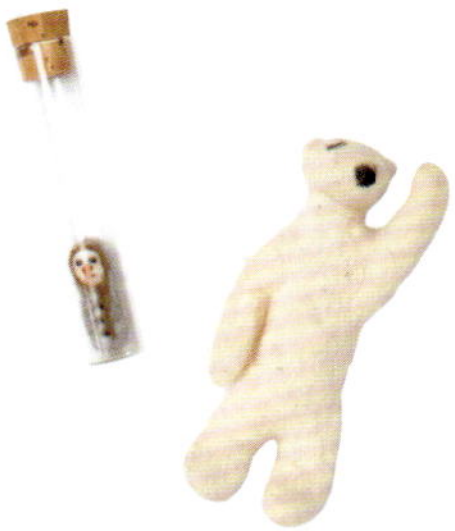

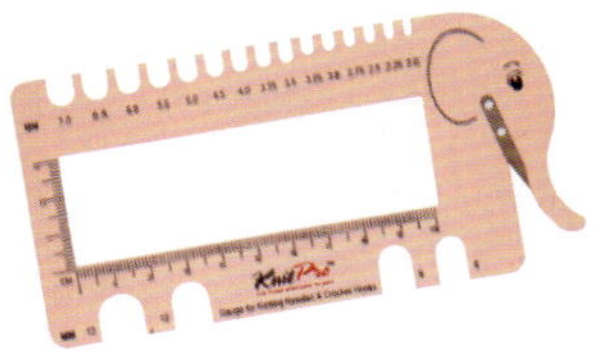

★乐享毛线……44
半圆形披肩……44
爆米花针饰边贝雷帽……45
最美亲子装……46
条纹亲子装……47
秋天的花片……48
方形花片吊钟袖薄毛衫……48
民族风情夹克……49
配色花片小开衫……50
立领优雅套头衫……51
七彩花朵毛毯……52
七彩花朵围脖……53
七彩花朵手提包……53
令人憧憬的手织物……54
清新配色挂毯……54
大地色系桌心布……55
千鸟格花样靠垫套……55
菱形花样长围巾……55
风车花样长披肩……55
★调色板
用糖果色装点秋季……56
★秋冬毛线新品推荐 9……58
★我家的狗狗最棒！
和狗狗在一起 #29……62
★ michiyo 四种尺码的毛衫编织……64
背部交叉小马甲……65
用编织打造时尚的休闲装……66
海军风开衫……66
廓形套头衫……67
土耳其袖套头衫……68
拉脱维亚连指手套讲座……69
志田瞳优美花样毛衫编织新编 ❸……70
秋日协奏曲……72
半高领渐变色夹克……72
V 领套头衫……73
大翻领小外套……74
大衣领开衫……75
★冈本启子的 Knit+1……76
竹篮花样罗纹边套头衫……77
拼布风 V 领开衫……77
编织机讲座……78
落肩袖长款连衣裙……78
连肩袖宽松开衫……79
织片拼接长半裙……80
配色花样长背心……81
★编织师的极致编织……83
毛线球快讯
编织符号真厉害……84
编织报道：小岩井细工房的上田细围巾编织体验……85
口袋的编织、收尾方法……86
作品的编织方法……90

世界手工新闻

瑞典

在大自然中专注编织的“编织活动周”

上／用Z字形捻向的线材进行双线缠绕编织（Twined knitting）
下／科什奈斯毛衣。身片主体是棒针编织，肩部、袖口和下摆是五彩斑斓的钩针编织

坐落在达拉纳地区森林中的塞特格兰坦手工艺学校是瑞典排名前三的纺织名校之一。该校的一大特色是为专业人士提供正规的技能提升课程，其短期的讲习会也因为豪华的讲师阵容备受欢迎。听说2019年夏天举办的“编织活动周”首次邀请了国外讲师，仅是编织类就开设了6个课程，于是我欣然报名参加。

素有元宝针女王之称的南希・马尔尚（Nancy Marchant）和来自费尔岛的专业编织设计师黑兹尔・廷达尔（Hazel Tindall，也是全世界编织速度最快的人）也来到瑞典授课。因为可以学习专业的编织技术，所以讲习会的课程很快就报满了。学员中有一位来自斯德哥尔摩的毛线店店主，她精通各种编织技法，非常激动地表示自己要学习的东西还有很多很多。

近几年再次掀起热潮的瑞典传统编织技法“Twined knitting”（瑞典语tvåändssticking，一种双线缠绕的编织方法）的课程特别受欢迎，不光有来自挪威和北极圈内各国的学员，甚至还有来自美国的学员。这次从美国远道而来的是一位编织记者，她说瑞典有几家用本国产的羊毛纺制毛线的纺织厂，编织的大环境太好了。看来她已经爱上了手感独特的瑞典毛线。

此外，还有邻国芬兰的科什奈斯毛衣（使用多种颜色进行钩针编织）以及原创设计的编织手套等课程。讲习会的教室安排得也非常棒，是平常用来做木工和机织的房间。

撰稿／ Hiroko Matsubara (happy sweden)

南希老师讲课风趣幽默，让初次接触元宝针的学员也能很好地理解

东京

斯蒂芬・韦斯特到访日本宝库社

上／津津有味地参观办公室的斯蒂芬
下／与日本宝库社社名合影留念

经常浏览R网的人，一定都知道编织设计师斯蒂芬・韦斯特(Stephen West)。近些年，他在世界各国编织界享有极高的人气。2019年5月，斯蒂芬来到了日本。他陆续发表了很多披肩和毛衣等作品，配色绚丽且富有朝气。他善于使用各种编织技法，作品结构的设计感很强。更有意思的是，他还亲自做模特，优雅地展示编织作品的穿戴效果。这次，日本宝库社总部终于迎来了斯蒂芬。

一同来访的还有他在荷兰阿姆斯特丹的毛线店“Stephen & Penelope”的共同经营者玛利亚（Malia），他们与《毛线球》编辑部的总编、编织事业部及其他各部门的职员们一一寒暄。他们每次看到职员办公桌上的样片时总会问上几句，还在收纳了《毛线球》所有档案和编织资料的大书架前拍照留念。参观时，随处可见的吉祥物、社内展示的大件拼布作品、伞架上包着针织把手套的雨伞……没有一样能逃过斯蒂芬充满好奇心的眼睛，全都被收入了镜头。

高大得让人仰视的斯蒂芬长着一张艺术家的脸，在R网和Instagram上尽显才华，很难想象现实生活中的他是这般开朗、平易近人又彬彬有礼，有非常可爱的一面。玛利亚的身高与日本人的差不多，她好像对缝纫也很感兴趣，在缝纫部门看得津津有味。

最后，斯蒂芬将最新一期的《毛线球》塞进橘黄色的背包里，和玛利亚愉快地离开了日本宝库社。

当天，斯蒂芬一边手里忙着编织一边接受了我们的采访。具体内容将在下期的“男人编织”栏目里与大家见面。

撰稿／ Tricoquelicot（鸟古缘子）

去办公室的途中，在地铁车厢内也不忘编织的斯蒂芬

巴黎、米兰

2019~2020秋冬系列中的针织潮流

秋冬服饰的色调往往偏暗沉，但是本季的All-white（全白色）时尚搭配格外引人注目。其中最具代表性的是Alberta Ferretti（阿尔伯特·菲尔蒂）发布的一身白色穿搭，不同材质的衣物浑然一体，白色帽子更是彰显了中性化的帅气和时尚感（图1）。此外，白色马海毛针织衫搭配阔腿裤的宽松造型让人感受到一种成熟知性的魅力（图3），麻花花样的简约风针织衫搭配飘逸的长裙也显得柔美清新（图4）。

提起冬季的主打单品总是离不开外套，但本季最抢眼的还是斗篷。斗篷不仅可以轻松演绎出优雅的气质，还能当作连衣裙穿着。除了Balmain（巴尔曼），巴黎和米兰众多品牌也都发布了斗篷新品，丰富多彩的设计可圈可点，譬如细腻的针织款（图5）、融入西服元素的斗篷式风衣（图6）、拼接提花织片不对称设计的斗篷（图7）等。同时，拼布风设计也逐渐在服饰潮流中崭露头角，本季令人印象特别深刻的是将提花织片像艺术作品一样大胆拼接后完成的一款炫彩拼布风时装（图2）。

已然成为现代时装主流的西服设计在本季得到了进一步升华，男性化的西服式设计显得更加性感迷人。露出一侧肩膀的单肩不对称设计令人惊艳（图8、图9），简洁利落的外形中透着一丝妩媚，时尚感十足，别有韵味。另外，融合了针织元素的设计也体现了西服的演变（图10），前面提到的时尚单品斗篷（图6）中也融入了西服元素，这些都让我们感受到了新式西服更大的发展空间，诠释了时尚的力量。

另外，本季时尚穿搭中非常重要的一点就是收腰设计。最简单的方法是用腰带收紧腰部，突显腰身。无论是夹克还是外套，抑或是针织衫，都可以在外面系上腰带展现腰部曲线，令其成为全身穿搭的点睛之笔（图10、图11）。

撰稿／后藤绮子(Ayako GOTO)
摄影／樋口千代子(Chiyoko HIGUCHI)

1

2

1、3 / Alberta Ferretti
2 / Moncler Grenoble
4 / Ann Demeulemeester
5 / Balmain
6 / Max Mara
7 / ©Etro
8 / N° 21
9 / Emporio Armani
10 / Maison Margiela
11 / sacai

3

4

5

6

7

8

9

10

11

第9页
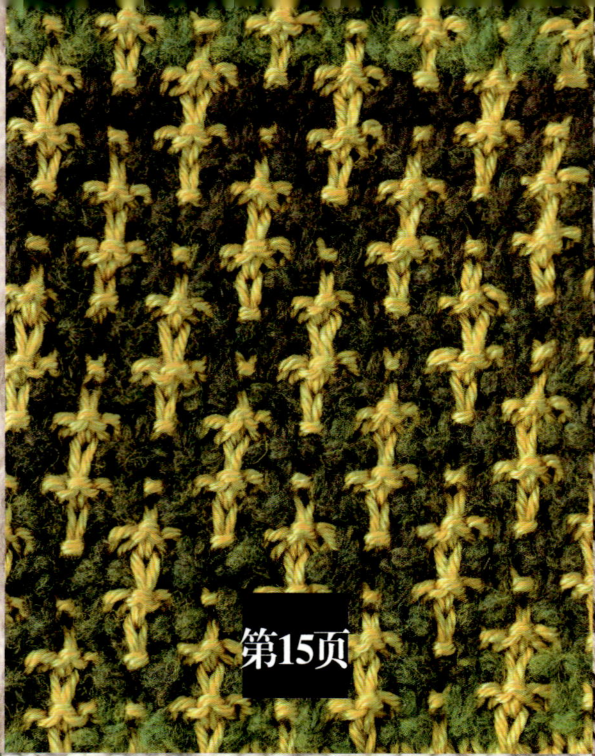
第15页

第12页

第18页

第11页

第18页

第8页

第10页

第13页

第16页

这次一定
能学会!

滑针和浮针
全攻略

是不是看到图解中的符号 V 就莫名觉得很难，
最终止步不前？
滑针也好，浮针也罢，其实都非常简单！
它们都是"不编织，直接将针目移至右棒针上"，
符号的第 1 行正常编织，
从第 2 行开始到符号结束的那一行为止，
都无须编织，只要移过针目即可。
简单的针法却能演绎出如此丰富的编织花样，
或许你不知不觉就会迷上这两种针法呢！

photograph Shigeki Nakashima styling Kuniko Okabe
hair&make-up Hitoshi Sakaguchi model Puck , Leo
special thanks EASE

第10页

第17页

第14页

千鸟格圆领开衫

在三色条纹花样中加入上针和细密的滑针，可以编织出类似千鸟格的花样。如果用提花方法（配色编织）编织细碎的整体花样确实有点难度，不过编织滑针就简单多了。记住花样的重复规律，轻松愉快地编织起来吧！这款外套也非常适合搭配比较正式的服装。

设计 / 风工房
编织方法 / 91页
使用线 / 芭贝

格子花样套头衫

滑过绕线的卷针，将线圈拉长后编织交叉针。即使用毛纤维较长的线材编织，也会呈现出清晰的格子花样。手感松软的马海毛线像羽毛一样轻柔，编织好的毛衣穿起来非常舒适。落肩长袖加上偏短的衣身，显得甜美可爱。

设计/风工房
编织方法/ 92页
使用线/芭贝

格子花样露指手套

不编织直接移过针目时，将线放在织物的前面渡线，就变成了“浮针”。浮针与滑针的唯一区别是一个在前面渡线，另一个在后面渡线。交错编织2针、2行的浮针，形成了华夫饼似的格子纹样。

设计/河合真弓　制作/关谷幸子
编织方法/93页
使用线/Ski毛线

马赛克花样手提包

搭配使用夹杂着彩色棉结的花式线和平直毛线编织。将平直毛线的针目编织滑针，并且每隔6行交叉一次。如彩绘玻璃般的马赛克花样厚实耐用，最适合编织手提包了。

设计/河合真弓　制作/关谷幸子
编织方法/95页
使用线/Ski毛线

方块花样绒球帽

组合编织不同行数的滑针完成的方块花样像极了提花编织。编织图看似很复杂，但是只要理解了整体结构就会豁然开朗，别有趣味。分布在花样中心的1行的滑针好像一颗颗爱心，十分可爱。

设计 / SAICHIKA
编织方法 / 94页
使用线 / Ski毛线

罗纹边圆领开衫

在简单的细条纹基础上组合编织1行、2行、3行的滑针。这款使用轻柔爽滑、散发着优雅光泽的线材编织的开衫质感很好，沉稳的配色无论男女都适合。

设计/冈本真希子　制作/铃木裕子
编织方法/98页
使用线/Ski毛线

配色花样长围脖

每隔3针编织3针的滑针，花样非常简单。组合3种纯色毛线和1种段染线编织，作品绚丽多彩。因为线材比较细，所以这款可以绕成2圈佩戴的宽松围脖一点也不显得臃肿。

设计 / 笠间 绫　制作 / Hiromi Sato
编织方法 / 96页
使用线 / Ski毛线

菱形花样男款背心

滑针编织的菱形花样给人传统的印象。因为在每2行的条纹花样中加入了上针，没有滑针的基础部分也丝毫不显得单调乏味。似是而非的配色编织极为巧妙，是否跃跃欲试了呢？

设计/冈本真希子
编织方法/ 99页
使用线/内藤商事

配色花样长袖套头衫

这件雅致而富有质感的双色套头衫，用粗段染线和纯色平直毛线搭配编织，透着手编特有的精巧细腻，惹人注目。袖子部分使用了滑针和浮针，并且巧妙地加入了上针，使花样呈现复杂多变的视觉效果。

设计/岸 睦子　制作/中泽由以子
编织方法/ 97页
使用线/内藤商事

大翻领长外套

这是一款经典的长外套，有着特殊的纹理。一边用粉红色和灰色系段染线编织条纹花样，一边在纵横方向编入亮眼的藏青色线。由于使用线材比较轻柔，作品也比看上去轻很多。当衣角微微翻起，可以看到反面的粉红色要比正面更深一些。

设计/森 静代
编织方法/ 103页
使用线/内藤商事

插肩袖男款套头衫

身片部分呈阶梯状编织的滑针形成宽大的锯齿形几何图案。三色条纹中的一种颜色是段染线，使花样看起来更加复杂多变。插肩袖和罗纹针部分使用了渐变的段染线，充满时尚气息。

设计 / Mariko Oka　制作 / 水野 顺
编织方法 / 101页
使用线 / 内藤商事

中性风圆领背心

在以2行为单位的条纹花样基础上每隔3针交错编织滑针，使花样错落有致。加入上针后花样立体感更强，更加富于变化。这款背心不分男女，因为色调柔和，也非常适合女性穿着。

设计／兵头良之子　制作／山田加奈子
编织方法／105页
使用线／芭贝

渐变花样半身裙

这条半身裙组合各种编织花样的分层结构类似蛋糕裙。改变条纹的宽度、配色以及滑针的配置，用简单的编织技法突显精湛的设计。

设计／兵头良之子　制作／矢部久美子
编织方法／106页
使用线／芭贝

Knitting Lesson

简单易懂！滑针和浮针的编织方法

你是否一看到下针和上针的符号图中出现符号V就觉得很难，直接跳过页面放弃了？
其实一旦理解之后就可以轻松编织出看似复杂的花样。
如果再加上正面渡线，又能演绎出更丰富的变化。
关于编织符号，我们在第84页也有详细的介绍，请结合起来学习吧！

摄影／森谷则秋

V［滑针］

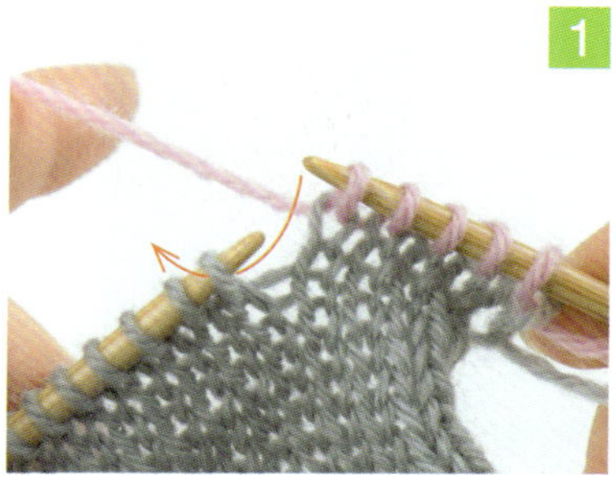

符号的第1行编织成下针（灰色行）。第2行将线放在织物的后面，如箭头所示插入棒针。

不编织，直接将针目移至右棒针上。1行的滑针完成。

若是2行以上的滑针，看着反面编织的行将线放在织物的前面，再将针目移至右棒针上。按相同要领重复编织至行尾。

图中分别编织了1~3行的滑针。从反面看，渡线的根数就是滑针的行数（针目被拉长）。

V［浮针］

符号的第1行编织成下针（灰色行）。第2行将线放在织物的前面，如箭头所示插入棒针。

不编织，直接将针目移至右棒针上。1行的浮针完成。

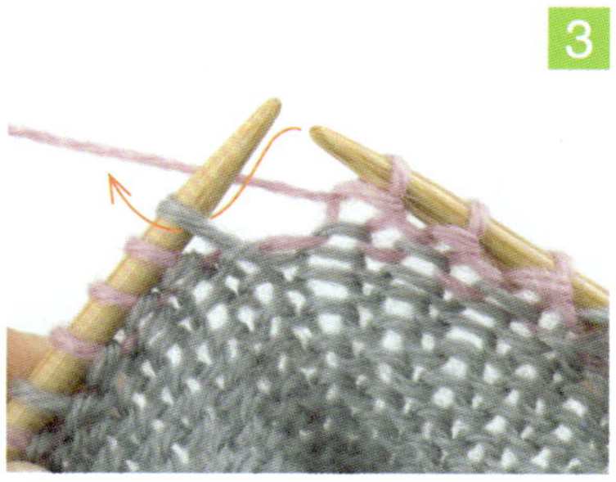

若是2行以上的浮针，看着反面编织的行将线放在织物的后面，再将针目移至右棒针上。按相同要领重复编织至行尾。

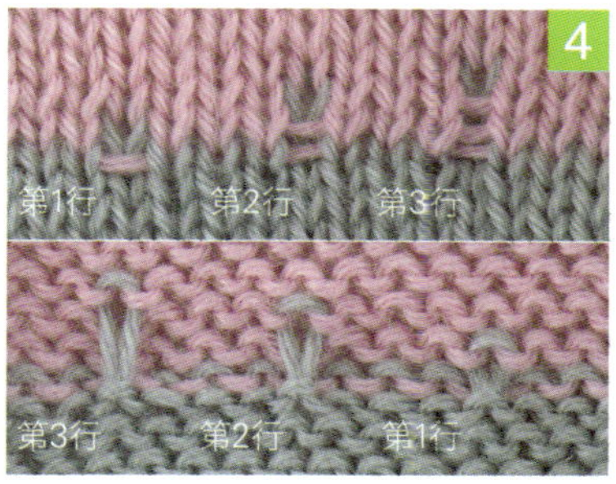

图中分别编织了1~3行的浮针。渡线的根数就是浮针的行数。从反面看，就是上针的滑针。

滑针和浮针的活用

编织滑针也可以使条纹花样看起来更加复杂。加入上针后更具立体感。

编织滑针后再编织交叉针，给人的感觉就像是在后侧织物上叠加了一层菱形网格。

浮针的渡线非常别致。细密地重复编织1针2行的浮针，就像是平针绣的效果，十分有趣。

组合不同行数的滑针，呈现的花样效果宛如提花编织。

感受丹麦风情
ISAGER的世界

夏天快要结束的时候，丹麦的山丘上开满了紫色的欧石南。
这是ISAGER非常有特色的风景。

photograph Shigeki Nakashima styling Kuniko Okabe hair&make-up Hitoshi Sakaguchi model Puck

LYNG
落肩袖V领毛衣

欧石南在丹麦语中叫Lyng。这款毛衣虽然简单，但扣眼花样、从下向上编织、落肩袖等细节设计非常棒。罗纹针部分使用了单罗纹针起针和伏针收针，非常漂亮。短款的设计很适合搭配高腰裙子，也可以根据个人喜好增加长度。

设计/赫尔格·伊萨格
编织方法/112页
使用线/ISAGER

8月去森林采摘浆果。刺玫果用来制作果酱或果汁，蓝莓用来制作水果派，趁热加上打发鲜奶油食用。

JENSEN YARN & SILK MOHAIR

这款毛衣是将JENSEN YARN和SILK MOHAIR两种毛线并为1股编成的。JENSEN YARN的历史比较久远，它是玛丽安从丹麦著名编织设计师阿赛・路德・杰森（Ase Lund Jensen）那里接手公司时最先生产的毛线。它含有100%羊毛，和含有马海毛的毛线合为1股用粗棒针编织，会织出风格完全不同的毛衣。SILK MOHAIR很少单独用来编织，它纤细、轻柔、毛足较长，和其他线材合股编织更能发挥出优点。它和ISAGER毛线中的任意颜色、粗细、材质的毛线做合股编织都很棒。

茨韦斯泰兹（Tversted）的8月是一年中最美的时候。在夏季即将结束的时候，在海边欣赏夕阳简直不要太美。每到这个时候，我们就开始期盼欧石南花开。森林和山丘上到处开满了深深浅浅的紫色欧石南，这也是当年赫尔格的父亲向他的母亲玛丽安求婚时用的花束。这款毛衣的颜色就是从紫色的欧石南那里获得灵感而设计的。

ISAGER总部所在的茨韦斯泰兹位于丹麦日德兰半岛北部的文叙瑟尔地区（Vendsysse）。这里有饮用蒸馏酒的习惯，当地人喜欢和带有盐渍鲱鱼的开放式三明治一起享用。开放式三明治很适合搭配带着欧石南的香味的烈酒。制作欧石南花香的蒸馏酒，要使用刚刚长出花蕾的欧石南。比例是花蕾和蒸馏酒或伏特加1：2。将花蕾和茎一起放入玻璃材质的广口保温瓶中，加入想要浓度的酒精放置3~8日，然后过滤出花蕾和茎等杂质即可饮用。放置数年再饮用口感更佳。

过去，丹麦西部到处都是开满欧石南的山丘。我们将其称之为HEDEN。后来，农民将山丘开垦为耕地。对于贫苦的农民来说，这是非常艰苦的劳动。他们通过饲养羊来获得一部分收入。羊吃欧石南，羊毛纺成线用来编织袜子和柔软的背心等。动手编织的则是在山丘上放羊的男人们。因为丹麦自然保护团体的努力，现在我们依然可以随意欣赏遍地的欧石南。

（玛丽安・伊萨格）

ISAGER

男人编织 31

小山穰

掌握结构，按节奏编织

（就职于插花店）

photograph Bunsaku Nakagawa text Hiroko Tagaya

小山（赤羽）穰：
1979年出生，现居住在东京，目前在插花店工作。从小就对编织和折纸的结构有浓厚的兴趣，喜欢精细且有规则的结构。羊毛毡、编绳、雕金、木工也都在他的涉猎范围之内。同时也是一位摄影爱好者（也可接单提供拍摄服务）。

本期与女儿一起接受采访的编织男人是小山穰。或许是因为他长得比较阳刚吧，当我们步行路过汤泽屋（译者注：大型手作材料专卖店）时，就有一位不认识的大妈过来打招呼："你……会编织？"也许是他高大的体型让人有点意外吧，但是小山先生很爱精细的操作，至今编织的作品针目都很精美细腻，不愧是编织达人啊。对此他解释说，专心致志地编织让人心情愉快，看到完成的针目就会不由得自我陶醉。

也可以说，小山先生对"结构"这个东西情有独钟。小时候，擅长手工艺的母亲教他如何"编织"身边行李的绑绳，才有了后来的故事。

"编着编着就成形了！我觉得很新鲜。当时有一种用串珠制作小虫子的材料包，按图解编织，就会慢慢呈现出虫子的形状，太有趣了。我还对数学书上的几何图案产生了兴趣，当时就想自己也要试着编织出准确的结构。"

小山先生在折纸方面也很拿手。书上复杂的折法只要看上一眼马上就能记住，真是令人惊叹。

"小学老师觉得我的折纸非常特别，让我在大家面前当了一天的折纸老师。尽管很害羞，但我还是非常开心的。我并没有什么突出的优点，我想是这件事让我找到了自信。"

小山先生说自己一直想对老师说声谢谢，没想到前几天真的碰到老师了。大约有30年没见了，他向老师表达了多年以来的感激之情。小学之后是中学和高中，他直到成年才又重新开始了编织。

"朋友想让我帮他编织一个亚洲杂货店里销售的钱包。我看

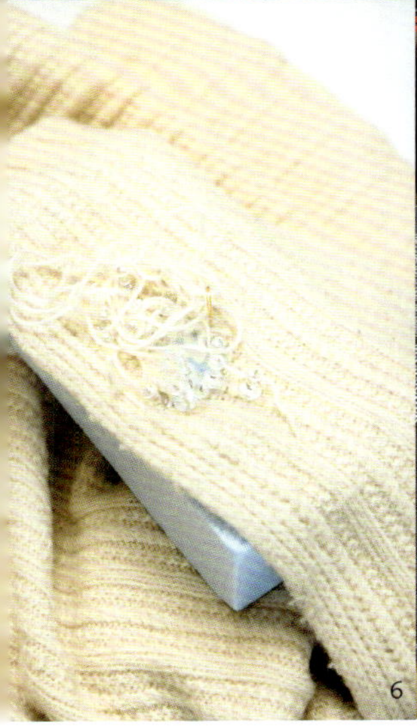

基本上所有作品的针目都很细腻，非常漂亮。
他的作品偏简单实用。饰品制作和折纸他也擅长。

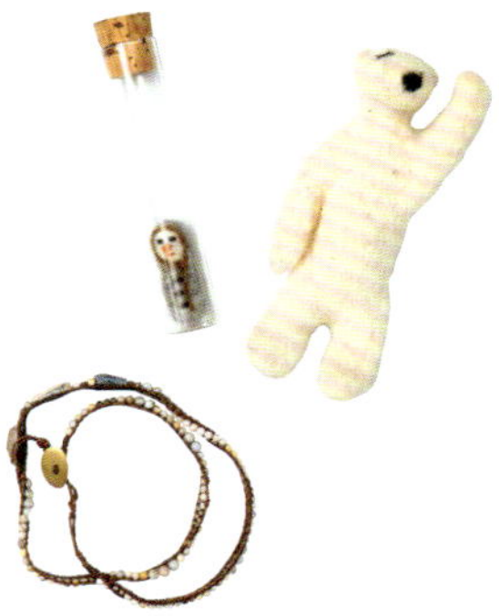

1/女儿非常听爸爸的话，拍摄过程中也一直黏着爸爸。看得出来他平时就是一位好爸爸　2/为女儿编织的玩具收纳袋　3/看起来好像还是更喜欢棒针编织　4/月土耳其枣形针钩织的连指手套　5/收集相机也是爱好之一　6/破了小洞的披肩正在修补中　7/书架上排列着各种专业书　8/用温柔的目光守护女儿的小山先生

了一下，大概就明白了那个钱包的结构。”

他因为天生就“喜欢结构”，对物品的结构很快就能了如指掌，看到西瓜网兜和球网也会想“这个也能编织吧”，实在太有意思了。促使小山先生编织的就是“想要编织”这样一个简单的冲动。他20岁开始沉迷于棒针编织时，夜以继日，即使看电视时也不忘编织，母亲就说，“你怎么总是在编织呢”。小山先生回答说，编织的过程就像是演奏音乐。

“了解大致结构后就可以重复简单的操作，这一点让人心情愉快。我总是想一口气编织完。就像‘上针、下针、上针、下针’，一边心里默念着一边编织，当编织到与基础针法不同的花样部分时，感觉就像是一首曲子的旋律到了高潮部分。”

因为心情好所以编织，多么纯粹啊！就连欣赏作品的我也感到心情舒畅。到目前为止，他编织的作品主要是家人和朋友日常生活中使用的物品，比如应太太要求编织的类似Chan Luu的手链，为女儿在沙池玩耍时使用的像俄罗斯套娃一样大小不同的杯子编织的收纳束口袋，还有自己用的带盖小物收纳盒等。连咖喱都要从油炒面糊开始制作的小山先生一旦迷上就会热衷一件事，现在的他正痴迷野营活动，而编织野营的物品也成了乐趣之一。

快乐地编织能让自己和周围的亲朋好友高兴的物品，凭借着这份率真的性情，小山先生的编织世界里充满了浓浓的爱意。一边让女儿趴在宽大的后背上一边编织，这是多么幸福温馨的画面啊！我突然意识到，无论是编织还是日常生活，小山先生的周围已经建立起一种非常契合家庭的理想的“结构体系”。

乌克兰与俄罗斯接壤的东部地区使用的是俄罗斯语，那里保留了很多俄罗斯风格的建筑物。与此相对，以乌克兰第二大城市利沃夫为中心的西部地区使用的是乌克兰语，也可以看到很多欧洲中世纪风格的建筑物。乌克兰国土约为日本的 1.6 倍，人口约有 4 400 万人。这里春夏两季百花盛开，争奇斗艳，气温最高也会升至 30℃左右，冬季严寒，首都基辅有时气温也会降到零下 20℃。这是一个全年温差比较大的国家。

传统刺绣发挥的作用

刺绣作为传统手工艺源远流长，已发现最早的绣品距今 2 000 多年，现在陈列于敖德萨博物馆内。当时很多绣品都是用白线刺绣，其他主要是红色线或黑色线的单色刺绣。乌克兰民族服装维希万卡衬衫（Vyshyvanka）上面的多色刺绣图

上图是位于基辅的野外博物馆，再现了 19 世纪的乌克兰村庄。得天独厚的自然环境孕育了多彩的手工艺和民间艺术

世界手工艺纪行㉘（乌克兰）

传统的继承和发展

乌克兰刺绣

采访、撰文、当地摄影／本桥拓磨　摄影／森谷则秋　协助编辑／春日一枝

案始于大约 150 年前。

当时人们主要使用香草给线材染色，由于土壤和江海中所含成分不同，每个地区所染的颜色也各不相同。常用的颜色有白色、红色、蓝色、黄色、黑色。白色表示水，代表北方；红色表示火和能量，代表南方；蓝色表示空气，代表东方；黄色表示大地，代表西方;人们相信这些颜色都具有某种特别的力量。而混合这 4 种颜色形成的黑色囊括了所有含义，代表整个宇宙，也有着万物归于宇宙的寓意。

各地区的刺绣方法和图案大相径庭，光是图案就有 300 种以上。几何花样和镂空绣使用得比较多，很多图案含有驱邪和祈祷子孙繁荣的寓意。另外，还有作为护身符的刺绣，在看不到的腋下部位做刺绣的维希万卡衬衫就包含了“在别人看不见的地方默默守护”的意思。

众多图案中特别费时的是胡楚尔地区的刺绣，仅一只袖子上就绣了 9 000 多针，需要耗时 6 个多月。此外，乌克兰刺绣的另一个特点是正面和反面的设计就像照镜子一样如出一辙。因为他们相信人类的本性会在看不到的地方表露出来，所以要求刺绣的反面也必须像正面一样美观。

为了继承这种刺绣的传统，准备将来的嫁妆，乌克兰女性通常在 5 岁左右就开始跟着母亲和祖母学习刺绣。烧掉第一次完成的刺绣作品被视作出师的标志，之后才能正式开始绣制作品。如果在十四五岁还不能准备好四五十件衣服、毛巾和桌布等，是不允许结婚的。出嫁时装这些绣品的木箱对于女性来说就是一生的财富。

这些绣品中也有用十字绣绣的花朵和果实（比如草莓和葡萄），应该也有很多人看到过吧。十字绣是在大约 150 年前传入的技法，既简化了刺绣针法又节省了刺绣时间，应用广泛。当时也有不少人产生了危机感并提出反对意见，认为十字绣会破坏乌克兰的刺绣传统。即使现在，也有一些刺绣研究者将这种十字绣图案排除在乌克兰传统刺绣范围之外。

右下／绣在维希万卡衬衫腋下的图案，含有守护的意思。是来自切尔尼戈夫地区的刺绣

左下／胡楚尔地区的女式维希万卡衬衫

A／维希万卡衬衫上的红色八角星图案代表了守护天使的庇护，而守护天使象征着我们出生时的星座　B／这是手工织的围裙，小小的四方形图案代表了田地，寄托着五谷丰登的美好愿望　C／照片再现了19世纪举办婚礼时婚房内新郎新娘的样子。左下角是装满嫁妆的手工木箱　D／20世纪初波尔塔瓦地区的正装，在节庆场合穿着。背心上用天鹅绒布设计的树形图案代表着“生命之母”

世界手工艺纪行㉘
（乌克兰）

乌克兰刺绣

继承刺绣的人们

现在，乌克兰国内继承传统刺绣的名师加上自学成才的刺绣者大约有 2 000 人。十年前，刺绣传承人的工作在周围人看来还是很稀奇的，不过最近随着人们对传统文化的重视，刺绣变成了值得骄傲的工作。如果问他们“当初为什么想学刺绣？”他们会告诉你“因为我们骨子里就对精美的刺绣感到痴迷”。很多人都是因为对自己国家的传统文化感到自豪和喜爱才想要学习的。正因为如此，各个地方每周都会举办刺绣讲习会和学习传统文化的研讨会，这些刺绣名师也能以此维持生计。

很多刺绣名师都在学习传统文化的专科大学学了 6 年的刺绣。在基辅、利沃夫、敖德萨等大城市都必定有一所这样的大学，乌克兰一共有 10 所左右。除此之外还有夜校，白天工作的人们也可以学习。

专业的刺绣名师有几种工作方式，有的在博物馆进行研究或从事作品的制作和修补；有的自主创业，经营自己的工作室，接单定制；也有一些年轻的刺绣名师创立自己的品牌，在传统基础上创作并发表现代时装。随着海外对乌克兰刺绣的关注度越来越高，有的刺绣名师受到法国和美国等国的邀请，作为刺绣讲师开办讲习会。还有一些人是家族世代相传经营着刺绣工坊。

娜嘉女士正在绣的作品，下针坚定流畅

位于首都基辅往东 300km 的波尔塔瓦地区有一个 2019 年成立的国家级传统文化中心，那里开设了一家刺绣学院。在那之前，刺绣课程都是在附近博物馆的后院进行的，自从成立文化中心后，上课环境更加优越了。学院的讲师除了娜嘉和艾拉两位名师外，下面还有 7 位弟子，另有 50 名左右的学徒。

娜嘉和艾拉两位讲师均有 30 年左右的从业经验。娜嘉的家族代代从事传统手工艺行业，娜嘉就是从祖母那里学会刺绣的。听说她第一次接到订单制作还是 16 岁的时候。她的丈夫是手绘师，女儿是织地毯的，儿子是做木制工艺品的，孙女也是刺绣手工艺人。

这里接受的国内外刺绣订单，经常以 2 位讲师为主花费 3~8 个月的时间才能制作完成一件作品。她们过去还曾经接到过包括英国伊丽莎白女王在内的皇室家族的服装和桌布订单。

在刺绣作品中评价特别高的是波尔塔瓦地区特有的“White & White”技法，这是一种使用 9 种针法在白色布料上用白色线刺绣的技法（如第 27 页图 E），在 2017 年被国家文化省定为国宝，目前正在向 UNESCO（联合国教科文组织）提交申请，希望将这种传统技法列入世界文化遗产，他们告诉我，这是学院的梦想。

传统文化的传承和发扬

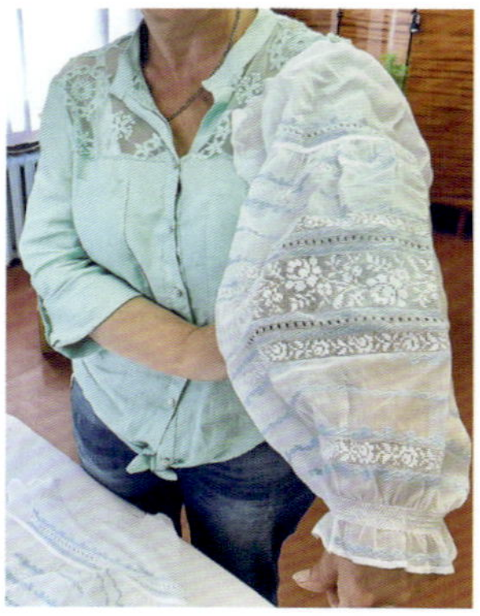

艾拉女士花费数周完成的维希万卡衬衫的一只袖子

在乌克兰，举国欢庆的节日每年有两次。一次是各大城市庆祝第二次世界大战胜利的纪念日，另一次是庆祝独立的国家独立纪念日。每到纪念日的时候，人们会穿上各自的民族服饰载歌载舞，一起追忆乌克兰的传统，身体力行展现传统文化。人们穿的服装也丰富多样，有些人穿着复古的民族服饰套装，也有些人穿着现代的维希万卡衬衫，很多女性会搭配一条私藏的裙子，而男性则会搭配一条牛仔裤。

最近，维希万卡衬衫又开始作为一种时尚服饰流行起来。很多服装厂家从传统服饰中汲取灵感开始生产和销售有现代感的维希万卡衬衫。也有一些年轻人将十字绣图案的维希万卡衬衫当作日常衬衫穿着，或者在外面叠穿一件外套就去工作了。

与服装厂家不同，传统刺绣名师花很长时间制作的维希万卡衬衫价格非常昂贵，大部分客户是政治家或演艺界名人。不过，他们在工作中身穿名师制作的维希万卡衬衫时，也是在向全世界展示自己国家的传统刺绣的魅力。

传统文化的传承和发现需要政府的大力支持。如果政府地对传统文化非常重视，社会大力推进传统文化的普及和发展。如果政府不关注传统文化，国家在这方面的资助也会相应减少，那么刺绣名师们的工作开展就会受到限制。同时，低成本、高效率的廉价维希万卡衬衫的产量增加，会导致传统文化的衰退。乌克兰刺绣的精湛手工在海外也受到越来越高的评价和关注。在我主管的 d’ Autriche 品牌店里经营着以复古维希万卡衬衫为主的各类乌克兰民族服饰，作为一种流行服饰呈现给大家。如果通过这些服饰可以让大家对乌克兰的传统文化多少产生一点兴趣，我将感到无比开心。

这是尤里女士的工作室。尤里女士是一位刺绣名师，也是传统文化研究员，曾在一家博物馆担任馆长。这一天正好有5个学员前来上了2小时的课

E

E / 向娜嘉女士定制的亚麻布料的“White & White”（纯白色）维希万卡衬衫。从开始确定尺寸和图案到制作完成，耗时4个月　F / 波尔塔瓦地区用靛蓝色线刺绣的衬衫。当时20多个地区中只有3个地区使用靛染的线，非常珍贵　G / 波利西亚地区的有领衬衫，领子上也做了刺绣　H / 使用距今100~50年前的乌克兰手工刺绣布料在日本重新加工后的手提包　I / 在基辅举行的舞蹈节场景。共有300多人参加，大家纷纷穿上自己的维希万卡衬衫，从22点一直跳到第二天早上

G

F

H

本桥拓磨：

千叶县出生。2016年创立d' Autriche品牌，通过拜访乌克兰民族服装的收藏者，对转让过来的服装在保留传统风格的基础上进行修补或重新加工后，作为全新的刺绣流行服饰进行展示和销售。此外，还与当地研究者一同拜访现存的工房，致力于将其传统文化介绍到日本。2019年9月13~22日（17日和18日休息）在东京清澄白河的Bahar工作室举办了乌克兰刺绣展。

［第12回］

野口光的织补缝大改造

之所以说是"大改造"，是因为它并不限于修补，还可用来修饰。织补缝技术是在不断发展的。

野口 光：

创立"hikaru noguchi"品牌的编织设计师。非常喜欢织补缝，还为此专门设计了独特的蘑菇形工具。新书《妙手生花：野口光的神奇衣物织补术》已由河南科学技术出版社出版。

【本期话题】

修补爱衣磨损的地方

心爱的衬衫上到处都是磨损的痕迹

*织补缝的方法见新书《妙手生花：野口光的神奇衣物织补术》

photograph Toshikatsu Watanabe styling Terumi Inoue

这款新型蘑菇形工具使用暗扣固定，更加方便进行织补缝。

活跃于伦敦的名厨大卫，对衣物有着和对食材、烹调方法同样的执着。他入手喜爱的衣物后，就会一直穿着。本期的话题是他一直都喜欢穿的蓝白条纹工作衬衫，上面有很明显的磨损痕迹。衬衫的磨损位置传递了他特有的肢体运动情况、惯用的手、背包的方法等。这些磨损的痕迹，代表着衬衫被爱的时光。

就这样，在散发着"穿过的感觉"的魅力的衣物上，使用有岁月变化感的线或者越用越熨帖的布，游刃有余地进行刺绣。我本来准备使用粗棉线改造这件比较厚实的棉衬衫，但最后决定使用大卫的故乡——苏格兰岛北部的设得兰群岛产的设得兰羊毛线改造。

它虽然是羊毛材质的，但洗涤后不会有明显缩水。略微的缩水反而给衬衫带来了粗野与柔和兼具的美感，非常值得期待。

半高领A字形阿兰毛衣

说到阿兰毛衣，脑海里首先浮现的便是原白色的套头衫。这款作品进行了全新的设计，身片和袖子的中心是菱形花样，两侧是大小各异的麻花和锁链式麻花花样，最边上是桂花针。传统的阿兰花样加上弧形下摆形成向外扩展的A字廓形，显得新潮时尚。

设计／大田真子 制作／须藤晃代
编织方法／ 107 页
使用线／奥林巴斯

Stylish Al Sweater

新颖时尚的阿兰毛衣

本次特辑将为编织爱好者带来个性十足的阿兰毛衣，尽享新一季编织的乐趣。
设计师的灵感火花演绎出崭新的阿兰风格。

photograph Shigeki Nakashima styling Kuniko Okabe hair&make-up AKI model Aria Asakawa , Ulysse

插肩袖阿兰花样
套头衫

在形象的竹篮花样的左右两侧依次编织变化的麻花针和生命之树花样。朝着天空茁壮生长的花样蕴含着祈祷长寿和子孙繁荣的美好愿望。柔软的线材手感舒适，独特的雪花混色效果和雅致的色调透着复古毛衣的韵味。方便穿着的插肩袖设计也是这款毛衣的一大亮点。

设计/河合真弓　制作/松本良子
编织方法/ 113页
使用线/奥林巴斯

麻花花样男款开衫

这是一款洋溢着浓浓秋意的男士外套，西服领的设计给人一种成熟稳重的印象。各种麻花花样的应用也让编织充满乐趣。后身片和袖子编织下针，只在袖口部位加入花样作为点缀。即使穿上外套也丝毫没有厚重的感觉，真是贴心的设计啊。

设计/冈本启子　制作/佐伯寿贺子
编织方法/ 115页
使用线/奥林巴斯

Stylish Alan Sweater

前短后长阿兰花样套头衫

大码宽松的套头衫休闲舒适。内含泡泡针钩织的果实和树叶形状的菱形花样，与锯齿花样组合在一起的不对称设计也非常新颖。毛衫的上半部分是环形编织的圆育克，无须额外做插肩线部位的缝合处理。

设计 / yohnKa
编织方法 / 117 页
使用线 / 奥林巴斯

插肩袖立领套头衫

这款插肩袖套头衫的身片由交叉麻花和改成扭针交叉编织的生命之树两种花样组成。稍稍立起的宽领口设计优雅别致。粗花呢效果的棉结营造出浪漫气氛，仿佛初雪飘舞的树林。这是一件有故事的毛衣，让穿搭变得更加有趣。

设计 / 风工房
编织方法 / 109页
使用线 / 手织屋

Stylish Alan Sweater

中性风侧开衩背心

男士风格的背心有种英姿飒爽的美感，让人一见倾心，既可以穿出成熟女性的优雅，又显得帅气有型。这件毛衫以菱形和麻花组成的几何花样为主，两侧是双麻花和锁链式麻花花样，疏密有致，真是绝妙的设计！虽然比较费时，但是细线编织完成的作品显得格外雅致。

设计 / 风工房
编织方法 / 119页
使用线 / 手织屋

蝙蝠袖长外套

这件漂亮的芥末黄色麻花花样长款外套最大的设计亮点就是像和服一样宽松的蝙蝠袖，任何内搭都可以轻松驾驭。袖口内侧和袋口等直接接触皮肤的部分用松软的马海毛线编织，轻柔舒适。这款外套一定会带来极佳的穿着体验。

设计／野口 光　制作／须藤晃代
编织方法／121页
使用线／手织屋

Stylish Alan Sweater

不对称花样阿兰开衫

这件开衫不对称的设计让人百看不厌。加入了大颗泡泡针的菱形花样脱颖而出，错开袖子和身片的花样位置更是充满新意。在扭针的单罗纹针编织的前门襟上使用了子母扣，这种隐藏式暗扣不会影响整体的设计，简洁美观。

设计/ Saichika
编织方法/ 120页
使用线/手织屋

Stress Free !

环形针

缓解压力的环形针编织

由软线和2根棒针组成的环形针给编织带来了翻天覆地的变化。
2019年秋天，日本Clover品牌备受好评的“匠”系列工具新登场了软线柔软、不扭转的环形针。
请尽情享受减压的环形针编织吧。

photograph Hironori Handa styling Masayo Akutsu hair&-make-up Naoyuki Ohgimoto model Laura Mit

粉色系段染套头衫

美丽的渐变色套头衫给人留下深刻的印象，从领窝向下摆编织，很快就能织好。使用4团超长间距的段染线，在编织过程中颜色自然变化。

设计 / 笠间 绫
编织方法 /124页
使用线 /Clover

方块花样短袖
套头衫、帽子

这是一款带着起毛感的毛线，用它编织短袖套头衫和配套的帽子非常适合。外观上看起来设计得颇费心思，其实是不用缝合的织法，非常省心。领口中间的开口可以将领子翻折下来，是充满自由感的款式。

设计 /yohnKa
编织方法 /127页
使用线 /Clover

WM·DIY

爱玩美手工（郑州如一文化发展有限公司），是中原出版传媒集团下属河南科学技术出版社聚力打造的现代创意手工品牌。依托河南科学技术出版社1000余种手工图书和丰富多彩的手工培训课程提供知识服务与输出。

爱玩美手工已形成了线上线下深度图书出版融合发展的立体化产业模式，为中国手工爱好者和从业者提供全媒体手工出版、教育培训、手工素材和工具设备选购、手工文创、直播录播、国际博览会、艺术大赛、社团团建、休闲体验等一站式综合服务。

爱玩美手工

一站式手工服务和文创平台

手工行业平台服务商
（知识输出、电商、教育培训、视频平台等）

手工教育培训输出商
（团建、社团、沙龙等）

手工原材料综合服务商
（面料、工具、设备、辅料等）

爱玩美手工拥有一站式“中国国际手工文化创意博览中心”、4万平方米“国际手工文化创意产业园”，致力于打造手工教育培训知识输出商、手工行业平台服务商和手工原材料综合服务商。

节日快乐！

每年的11月1日是西方的一个传统节日，他们会特意制作一些作品来庆祝。

photograph Toshikatsu Watanabe styling Terumi Inoue special thanks AWABEES,UTUWA

杰克灯

将南瓜挖空放上蜡烛做成的杰克灯原是为驱邪而制作的。它不光是用来照明，更重要的是驱除恶灵。给杰克灯编织上可怕的表情吧！眼睛和嘴巴都用黑色线编织。

设计/松本薰
编织方法/133页
使用线/和麻纳卡

糖果篮

蜘蛛网也是节日必备品之一。编好后定型，做成篮子。可以将五颜六色的糖果放在篮子里。

设计 / 松本薰
编织方法 /133 页
使用线 / 和麻纳卡

小孩子会穿上化妆服扮成小魔女或小吸血鬼挨家挨户要糖果，他们用可怕的声音说“不给糖，就捣蛋（trick or treat）”，收到糖果时会说“节日快乐”。上面的糖果分条纹和斑点两种图案，时尚的颜色使节日气氛高涨。多编织一些糖果送给小朋友吧。这种颜色是什么味道呢？可以尽情发挥想象力。在里面装入味道奇怪的香料，还可以吓人一跳呢！

乐享毛线 Enjoy Keito 9

又到了编织旺季，夏天短暂告别编织的朋友们也不妨从小物开始编织吧！
本期将为大家介绍Keito的两款简单又可爱的编织小物。

photograph Hironori Handa styling Masayo Akutsu hair&make-up Naoyuki Ohgimoto model Laura Mit

Brooklyn Tweed
LOFT

羊毛100% 颜色数 / 40（Keito在售）规格 / 每桄约50g
线长 / 约250m 线的粗细 / 中细 使用针号 / 0～5号

透气松软的线材质感轻柔，纯色披肩的参考用量为2桄，
女性M号毛衣的参考用量为4~5桄。

半圆形披肩

披肩在前半部分的起伏针花样都是有规律的，不看图解也能往下编织。后半部分别致的不对称形状做简单的引返编织即可。可以披在肩上，也可以在感觉冷时一圈圈地围在脖子上。

设计 / Keito 一色奏
编织方法 / 131页
使用线 / Brooklyn Tweed LOFT

Keito
邮编：111-0053
地址：日本东京都台东区浅草桥3-5-4 1F
电话：03-5809-2018
传真：03-5809-2632
邮箱：info@keito-shop.com
营业时间：10:00~18:00
休息日：星期一（星期一为节假日时，则次日休息）

Brooklyn Tweed QUARRY

羊毛100%　颜色数／15（Keito在售）　规格／每桄约100g　线长／约180m　线的粗细／极粗　使用针号／13号至8mm

手感柔软的QUARRY线也非常适合编织粗犷的毛衣。因为线材很粗，所以完成得也很快。编织帽子的参考用量为1桄。

爆米花针饰边贝雷帽

这款帽子最大的特点就是边缘一颗颗突起的花样。作品不会太过甜美，成人也可佩戴。由于线材的捻劲较松，用力拉就容易断，所以帽顶中心钩织锁针起针。这样的设计令不擅长环形起针的朋友也很容易编织。

设计／Keito hiquali
编织方法／130页
使用线／Brooklyn Tweed QUARRY

“今年编织什么好呢？”大家是否也正为此感到烦恼？本期为大家介绍的是Keito店内非常受欢迎的线材，就是Brooklyn Tweed公司出品的粗花呢线，从小物到毛衣均可编织。这种线材在全世界拥有众多粉丝，是由美国怀俄明州生产的羊毛纺织而成。Keito从一系列线材中精选了3款线，即“LOFT”“SHELTER”和“QUARRY”。

这几款线材轻柔且富有弹性，也非常适合编织阿兰等立体花样。丰富的颜色十分雅致，你一定能找到自己满意的颜色。作品编织完成后经过蒸汽熨烫或者过水会变得柔软一些，但是直接接触皮肤时因为纯羊毛的关系多少还是会有一点刺痒的感觉。

虽然线材本身的毛纤维比较纤细，用力一拉容易断线，不过编织完成后就不会再出现断线的问题了，尽可放心使用。本期为大家介绍的两款作品编织起来都非常简单，一款是从秋天到春天可以一直佩戴的实用披肩，另一款是秋冬时尚穿搭单品贝雷帽。

Link Coordinate

妈妈和我的

亲子装真好看！

最美亲子装

穿上期待已久的、妈妈亲手编织的亲子装出门。
一起外出的时光，快乐又值得期待，成为秋天的美好回忆。

photograph Shigeki Nakashima styling Kuniko Okabe hair&make-up AKI model Miyako

Coordinate item

条纹亲子装

为了搭配色调柔和的条纹套头衫，妈妈和女儿都使用了白色衣物和撞色小物，搭配出雅致的感觉。毛衫下摆处的荷叶边，仿佛带着神奇的魔法，彰显女性的柔美气质。

设计/川路祐三子
制作/山本智美
编织方法/135页、137页
使用线/DMC

配色优雅的套头衫不分前后，可以随意穿着。穿的时候门襟朝后会更有亲子装的感觉。↗

小女孩穿上手编的衣物总是出乎意料地好看。放心地搭配手编小物吧！

适合身高：90cm

彩色的季节

秋天的花片

虽然款式简单，但材质和毛线选择很多，可以把新的季节装点得更有时尚感。编织的过程仿佛是花朵在一朵朵绽放，这是秋色花片特辑。

photograph Hironori Handa styling Masayo Akutsu hair&make-up Naoyuki Ongimoto model Laura Mit

方形花片吊钟袖薄毛衫

深深浅浅的紫色毛衫用连接四边形紫色花片的方法织成。用钩针编织段染花片时，色彩的变化方法和棒针完全不同，甚是有趣。袖口的花片使用粗一号的钩针编织，自然地形成吊钟袖。

设计/河合真弓
制作/石川君枝
编织方法/141页
使用线/钻石线

民族风情夹克

这款夹克整体很有民族风情，正方形花片和流苏的细节很值得好评。棒针编织和钩针编织在这件夹克上运用得非常和谐，编织图中有许多V字形符号，在本期开头的特辑中已经详细介绍过了，这里可以放心地挑战。

设计／冈本启子
制作／宫崎满子
编织方法／138页
使用线／钻石线

配色花片小开衫

这是一款色彩鲜艳但不张扬的开衫，很有秋季风情。身片将大小不同的花样连接在一起，袖子做编织花样，非常协调！将4片小花片连在一起，和1片大花片一样大，实际编织起来比想象的要简单，毫无压力。

设计/岸 睦子
制作/志村真子
编织方法/143页
使用线/钻石线

立领优雅套头衫

上针和下针组成简单的花样，在下摆编织以方眼编织为主的四边形花片，用小小的圆形花片填充花片之间的空隙。可爱的花片让简单的套头衫更显雅致，立领设计也更显品位。

设计/大田真子
制作/须藤晃代
编织方法/126页
使用线/钻石线

七彩花朵毛毯

编织和第53页相同的花朵花片，取2股线编织成大大的毛毯。编织没有严格尺寸要求的物品时，可以简单地改变花朵花片的大小。还可以用作披肩，用多彩的花片织成最美丽的装饰。

设计/Hobbyra Hobbyre
编织方法/148页
使用线/Hobbyra Hobbyre

七彩花朵围脖

色彩斑斓的小物把我们的生活装点得更有朝气！在阴沉的下雨天，或者想提起精神的周一，请戴上这款花漾围脖。将7种颜色的毛线组合在一起，一朵一朵地编织不同颜色的花朵花片，织成属于自己的围脖。佩戴时叠成两层，可以看到花朵的正面。

设计/Hobbyra Hobbyre
编织方法/148页
使用线/Hobbyra Hobbyre

七彩花朵手提包

还可用七彩花朵编织与围脖配套的手提包。依然用连接花片的方法编织，然后编织包口和提手。用喜欢的布料制作内袋，提升了原创的感觉。拎着它出门很吸引眼球，不知不觉中散发出女性特有的魅力。

设计/Hobbyra Hobbyre
编织方法/148页
使用线/Hobbyra Hobbyre

用和麻纳卡织布机制作

令人憧憬的手织物

挂好经线，穿过纬线，单纯地重复就可以完成美丽的手织作品。
亲手织出来的作品，总有意想不到的效果。
这种和编织完全不同的乐趣，
用小型的和麻纳卡织美绘型号的桌上手工织布机体验一下吧。

photograph Toshikatsu Watanabe styling Terumi Inoue

清新配色挂毯

以有质感的丝线为主，织入圈圈毛线和空心带子纱是亮点。壁挂在室内装饰中发挥着重要的作用，也是最适合用织布机完成的作品。

设计 / 冈本启子
制作 / 木户典子
编织方法 /152页
使用线 / 和麻纳卡

大地色系桌心布

建议初次接触织布机的人从桌心布开始织。在色度接近的2种经线上，使用色彩鲜艳的配色线编织。

设计 / 冈本启子　制作 / 宫庆郁子
编织方法 /154页
使用线 / 和麻纳卡

千鸟格花样靠垫套

靠垫套使用往返编织的方法切换花样，织出千鸟格和方块花样。花样简单，组合在一起却很有魅力。

设计 / 山下二巳子
编织方法 / 153页
使用线 / 和麻纳卡

菱形花样长围巾

最新上市的和麻纳卡织美绘型号的手工织布机让传统的桌上织布机很难完成的绫织（斜纹织法）变得简单了。2个梭子织出的细细密密的花样，很适合用作男士围巾。

设计 / 和麻纳卡企划部　编织方法 /156页
使用线 / 和麻纳卡

风车花样长披肩

华美的披肩给笨重的秋冬服饰增添了鲜活的色彩。披肩使用了手感优良的开司米毛线，用浮织的方法将4种颜色织成风车花样，非常漂亮。

设计 / 辻泽由纪
编织方法 / 155页
使用线 / 和麻纳卡

A

调色板

Color Palette

用糖果色装点秋季

穿在身上，心情不知不觉大好！
糖果色系的蓬松毛衣，一直都是我的最爱。

photograph Shigeki Nakashima styling Kuniko Okabe
hair&make-up AKI model Aria Asakawa

苏打

主要是下针编织，很快就可以编好这件中长款套头衫。衣领和下摆编织1针交叉的变形的罗纹针，宽大的袖窿也设计了1针交叉的花样，起到画龙点睛的作用。

设计/大田真子（5款均是）
编织方法/157页
使用线/奥林巴斯手编线

香草

羊毛中混入了手感接近开司米的锦纶，非常轻柔。设计成高翻领也不会觉得穿着不舒服。这款比苏打那款略短，是普通长度的套头衫。

浆果

短款背心选择的颜色很容易让人想起酸酸甜甜的浆果。可以精神满满地穿着，也可以带点小性感，怎样都很好！这是穿法多变的款式。

B

C

D

E

坚果

色调很容易让人想起树上散发着诱人香味的果实。这款背心仿佛散发着坚果的香味，它比上面香草那款稍长，设计成了无袖的样式。基本的编织图相同，却体会到不同的编织乐趣。身片再编织长一些，当连衣裙穿也很漂亮！

巧克力

只要吃下一口，所有的烦恼就会一扫而光，这是巧克力的魔法。这款黑白色调的短款套头衫仿佛混合了黑巧克力和白巧克力。穿上它，很有时尚感。

Yarn Catalogue

「秋冬毛线新品推荐」9

2019年秋冬，各品牌的招牌毛线在材质和手感上各有特色。
这些琳琅满目的毛线，一看见就忍不住想要早点动手编织。

photograph Toshikatsu Watanabe styling Terumi Inoue

Monarca
芭贝

因为使用了非常优质的线材，所以在命名时选择了有"君王"含义的字眼。编织出来的毛衣手感非常轻柔，同时带有温和的光泽，给人的感觉非常高档、漂亮。

参数

羊驼毛70% 羊毛30% 色数/10 规格/每团50g 线长/约89m 线的粗细/极粗 推荐用针/8~10号棒针

设计师的声音

这款线材带着优美的光泽，手感极其轻柔，编织过程中也心情大好，特别适合编织毛衣。它是稍微偏粗的线材，编织起来会较快，这点也很令人兴奋。（SAICHIKA）

Pena
芭贝

线材颜色很容易让人想起小鸟美丽的羽毛，因此在命名时使用了"羽毛"含义的词，它来自葡萄牙语。毛足较长，编织出来的作品有种微妙的感觉，简单编织也很好看。

参数

马海毛72% 羊毛18% 棉10% 色数/6 规格/每团150g 线长/约270m 线的粗细/极粗 推荐用针/9~11号棒针

设计师的声音

虽然毛足较长，却不容易缠在一起，它轻而粗，编织起来很顺畅。里面含有一定成分的棉，手感一点也不硬，非常柔软，穿在身上柔若无物。颜色也很漂亮，看着就开心。（西村知子）

Landscape
Clover

长间距段染线非常漂亮，手感轻柔，很亲肤。淡淡的渐变色，给编织带来了乐趣。

参数

羊毛43%　腈纶43%　锦纶14%　色数/7　规格/每团100g　线长/约250m　线的粗细/极粗　推荐用针/12~15号棒针、10/0号至7mm钩针

设计师的声音

粗粗的带子纱(Lily Yarn)既可以松松地编织，也可以编织得紧密一些，有不同的乐趣。每团100g的优美渐变色，从不同的地方开始编织会有不同的色彩变化。(笠间　绫)

Per Favore
Clover

夹着彩线的芯线中加入小马海毛，就成为一款蓬松、轻柔的线材。颜色都很百搭，无论是小物还是毛衣都可以织。

参数

棉31%　小马海毛28%　羊毛24%　羊驼毛17%　色数/6　规格/每团40g　线长/约64m　线的粗细/极粗　推荐用针/10~12号棒针、8/0~10/0号钩针

设计师的声音

饱含空气的线材中加入了棉的成分，很容易编织，简单的花样也可以很好地呈现出来。线材的质感不同寻常，即使是简单的下针编织，也看起来很漂亮。(yohnKa)

Azuki
野吕英作

使用了非常珍贵的真丝和马海毛，几十种颜色混合在一起组成长间距段染的圈圈线。真丝和马海毛的光泽，加上独特的凹凸感，令这款线无论是外观还是手感都与众不同。

参数

真丝30%　马海毛30%　人造丝14%　锦纶3%　色数/5　规格/每团100g　线长/约120m　线的粗细/极粗　推荐用针/11~13号棒针

设计师的声音

为了突出线材的存在感，用下针编织呈现其美丽的色彩变化。圈圈线在编织的时候很容易挂住，伏针收针的时候不可太紧。无须缝合的衣物编织起来很方便。（岸　睦子）

Crayon
野吕英作

这款线材毫不吝啬地使用了稀少的、以颜色雪白闻名的福克兰群岛产的羊毛。色泽、耐用性、质感等野吕英作毛线所追求的东西都蕴藏在这款毛线中。

参数

羊毛100%　色数/19　规格/每团50g　线长/约100m　线的粗细/中粗　推荐用针/8~10号棒针

设计师的声音

这是一款轻捻、饱含空气的毛线，改变编织密度会带来不同的编织效果。如果编织得较为密实，质感会很像压缩羊毛。厚实的织片也会很轻，这是这款毛线特有的魅力。（玉村理惠子）

Ski Bone
Ski毛线

羊毛材质的4色段染结粒线缠绕在单色线上，形成一款特色线。色彩斑斓的结粒很像一个个波点，给简单的织片带来了不一样的感觉。

参数

羊毛92% 锦纶8% 色数/6 规格/每团40g 线长/约54m 线的粗细/极粗 推荐用针/8~11号棒针、7/0~10/0号钩针

设计师的声音

大量的结粒给这款线材带来了特别的编织乐趣，虽然结粒很多，编织时却很容易。这次的作品，我们把结粒线和平直毛线搭配在了一起，简单的下针编织就可以表现出这款毛线的特色，质感也很好。（河合真弓）

Ski Luno
Ski毛线

这款单色直毛线使用了当下流行的铜氨纤维。有光泽，容易编织，温暖而蓬松的感觉很适合秋冬季节，提高了它的实用性，很适合编织成人的衣物。

参数

铜氨纤维43% 腈纶40% 羊毛17% 色数/12 规格/每团30g 线长/约82m 线的粗细/粗 推荐用针/5~7号棒针、5/0~6/0号钩针

设计师的声音

这款线材有光泽，弹性好，容易编织。手感清爽，适合编织秋、冬、春三季的衣物，可以长时间穿着。（冈本真希子）

我家的狗狗最棒！

和狗狗在一起

photograph Bunsaku Nakagawa

29

我们经常去公园散步。

天气真好呀!

无论怎样奔跑玩耍，下摆都不会卷起来。真是让人省心的款式。

西埃尔是Yumica女士家的第2只拉布拉多猎犬。她想和新狗狗一起重新开启像当年和已故第1只狗狗一起时的快乐生活，因此在11年前买回了西埃尔。

西埃尔整整比它的哥哥姐姐晚出生了70个小时，真是气定神闲的家伙。它很听话，也很机灵，在赞美教育中茁壮成长。到现在为止，它从来没有把自己的玩具弄坏过。如果有朋友想玩它的玩具，它会很大方地让它们玩，真是只温柔的狗狗啊。比起和好朋友一起玩，它更喜欢和主人Yumica女士一起玩耍。有时间的话，她们会一起去大自然中尽情玩耍，享受散步的乐趣。

本期的毛衫是大型犬的主人Yumica女士自己动手完成的。因为有朋友想给大型犬编织毛衫，却没编织图，没法编。考虑到拉布拉多猎犬是胸部较为肥厚的犬种，她在胸部设计了弹性好的双罗纹针。主人穿的背心只需缝合肩部和胁部，设计非常简单。腰部的心形花样非常可爱，组合成四叶草花样。西埃尔的毛衫和主人的背心在花样和色彩运用上非常搭配哟。

设计/Yumica
编织方法/160页
使用线/芭贝

档案

狗狗	西埃尔 ♀ 拉布拉多猎犬 11岁
性格	非常气定神闲
主人	Yumica女士

[第4回] michiyo 四种尺码的毛衫编织

本期介绍的是款式非常新颖、时尚的马甲。
编织的过程很开心，从背后看也非常好看，一定要尝试哟！

photograph Shigeki Nakashima styling Kuniko Okabe hair&make-up AKI model Aria Asakawa

背部交叉设计的变形马甲

本期介绍的衣服从背后看也很好看，是一款花样做了变形的马甲。后身片重叠的部分看起来比较有厚重感，其实它使用了非常轻柔的线材，M号也只有200g。后身片左右对称编织2片，直接接着编织前身片。比较有意思的地方是，编织完织片并组合好以后，整体的样式才会显现出来。在组合前，一定要熨烫定型为指定的尺寸。完美定型后，将后身片交叉，在肩部和起针部分钩织引拔针接合。后身片左右分开编织，边缘不用处理。一定要用珠针固定好形状，仔细熨烫。受织物自身特性的影响，内侧可能会卷起来，让它保持自然的样子就好。胁部挑针缝合的方向和编织方向不同，注意不要挑错位置。

这件马甲的组合方法和一般的毛衫不一样，它充分展现了手编的特色。请大家挑战一下编织这款马甲。

背部交叉小马甲

这次我们使用了饱含空气的轻柔毛线，织出的毛衫也非常轻柔。背部织片呈X形交叉，在肩部接合，这种设计颇为大胆。后开口采用系绳的设计，增添了几分可爱的感觉。

制作/饭岛裕子
编织方法/162页
使用线/达摩手编线

肩

肩部稍微织宽一些，不同尺码相差1cm。如果想要领口更小一些，可以增加罗纹针的行数。

胁部

胁部并不特别指定具体要挑针缝合多少行，不要着急剪线，可以穿着看看胁部开口的情况进行调节。因为袖口较大，胁部缝合的长度不像肩部那样可以随着尺码改变。

下摆

下摆外围的尺寸要能使胁部出现恰到好处的褶皱。下摆往返编织出弧度，但1个花样编织得小一些，不同尺码重复的次数也不一样。如果想要减少胁部的褶皱，可以增加往返编织的次数，但衣长也会变长，需要注意。

michiyo

做过服装、编织的策划工作，1998年开始作为编织作家活跃。作品风格稳重、简洁，设计独特，颇具人气。著书多部。

用编织打造时尚的休闲装

如果想要给秋装增加一抹鲜亮的色彩，一定不要错过编织元素。
穿着质感优良的便装，能让自己看起来更加时尚。下面介绍几种本季的流行款式。

photograph Shigeki Nakashima styling Kuniko Okabe hair&make-up Hitoshi Sakaguchi model Puck

海军风开衫

海军风的设计并不限于夏天。从清爽的棉线，到蓬松、柔软、温暖的羊毛线，这个季节都很适合。让我们在秋日的风景中穿上海军风情的开衫吧。

设计/SAICHIKA 制作/野波惠美子
编织方法/164页
使用线/芭贝

廓形套头衫

法国三色旗颜色的套头衫上点缀着具有民族风情的配色花样，非常好看。大大的长方形身片在领窝处留下开口，再加上素色袖子，就成为一件简单又有设计感的套头衫。

设计/Junko Okamoto

编织方法/165页

使用线/芭贝

Knits for casual style

土耳其袖套头衫

横向编织的土耳其袖组合使用了不同编织密度的下针编织和编织花样，形成自然的弧度，非常有设计感。宽松、优美的褶裥，前后不一致的下摆，无论搭配裤子还是裙子都很好看。

设计/rievive
编织方法/167页
使用线/芭贝

马鲁塔·格拉斯曼首次访日

拉脱维亚连指手套讲座

撰文／中田早苗　摄影／森谷则秋

我们以座谈会的形式采访了马鲁塔老师以及协助开展讲习会的齐藤理子老师（左）

2019年4月，有着“拉脱维亚传统连指手套第一人”之称的马鲁塔·格拉斯曼（Maruta Grasmane）来到了日本。她400多页的著作《拉脱维亚的连指手套》在包括日本在内的6个国家先后翻译出版，掀起了一股热潮。经过拉脱维亚日用品专卖店Riga Collection的协调，期待已久的讲习会终于在日本成功举办。第一站就是浅草桥的进口毛线专卖店Keito。因为可以直接向马鲁塔老师提问，所以当天会场的学员们热情高涨，现场气氛十分热烈。

“看到日本人如此热爱、痴迷编织，我感到非常吃惊。就连指手套而言，我感觉拉脱维亚人和日本人在颜色和花样的选择上十分相似。希望拉脱维亚编织今后也能继续受到日本朋友的喜爱。”会场上，马鲁塔老师亲自拿起棒针，现场演示了许多编织技法。从手腕部位的起针到装饰条纹的编织方法（拉脱维亚语中叫作pīnīte），再到马鲁塔老师的运针挂线方法，让所有参加者看得茅塞顿开，赞叹不已。

接下来就是宝库学园的东京分校、大阪、金泽、京都、东京手工展等活动，马鲁塔老师还将精力充沛地飞往各地举办讲习会。丰富的讲座内容对于编织爱好者来说无疑是一次非常珍贵的体验，至今想起来还像是做梦一般。

1／会场位于Keito店铺的2楼。现场展示的有连指手套、袜子以及编织的拉脱维亚国旗等

2／最后大家围在马鲁塔老师身边拍照留念。老师还给我们讲述了有关连指手套的美好寓意

3／虽然讲习会有专门的翻译，但是通过棒针的动作也能与马鲁塔老师进行交流

4／专题课的连指手套。配色花样是祈祷子孙繁荣的蝲蛄纹样。因为只有2种颜色，很容易编织

精美的拉脱维亚连指手套，花样细腻鲜艳。2018年的拉脱维亚独立纪念日正好迎来建国100周年，当天人们纷纷戴上连指手套欢度国庆

11月有一次手工艺之旅，期间还可以在拉脱维亚的SENĀ KLĒTS民族服饰中心参加讲习会活动

Maruta Grasmane：马鲁塔·格拉斯曼

拉脱维亚民俗研究专家。在里加装饰艺术专科学校（现在的里加设计艺术高等学校）、拉脱维亚大学执教。为了研究和宣传民族服饰，1991年在首都里加设立了“SENĀ KLĒTS”民族服饰中心。她不仅在拉脱维亚国内，还在美国、澳大利亚和欧洲各国积极开展工作。

Couture Arrange

志田瞳优美花样毛衫编织新编③

纵条纹优美花样开衫

photograph Hironori Handa styling Masayo Akutsu hair&make-up Naoyuki Ohgimoto model Laura Mit 协助／钻石线

选自日文版的《优美花样毛衫编织11》

原来是一款锯齿花样的横条纹短袖套头衫，下针编织和蕾丝花样清晰明了。

秋天是自然万物渐渐成熟的季节，果实开始变得沉甸甸的，编织爱好者们“想要编织的心情”也似乎酝酿了很久，不觉技痒。而且，秋天是最适合开始编织的季节了。

在第3期新编中，我将《优美花样毛衫编织11》中的一款短袖套头衫用米色系的马海毛线改成了长袖开衫。原来的短袖套头衫中的三角形蕾丝花样仿佛一个个小屋顶相互连在一起，再加上下针编织，给人的印象更像是横向条纹花样。这次，我考虑将整体调整成纵向排列的花样。

第2期时我对原来的花样进行了减法操作，这次我试着进行了加法操作。首先，在原有的花样基础上加入了少量镂空花样，然后在旁边另外设计了细细的纵向花样，将短袖套头衫改编成了长袖开衫，给人焕然一新的感觉。通过加入不同花样增加了整体花样的丰富性，也打开了创作花样的趣味之门。

大家也可以找一种喜欢的花样，在其中加入新的花样，尝试设计属于自己的独创花样吧！

detail（细节说明）

由短袖套头衫改编成长袖开衫，花样的变化主要是在下针编织部分。在主花样的两侧对称加入了2针的锯齿状蕾丝花样和上针。如此一来，将上下花样连成一体，加强了纵向花样的视觉效果。

另外，在新增的扭针交叉花样中加入了镂空针以及与主花样相同针法的“向下编织的泡泡针”，将2条纵向花样作为1个花样重复编织。边缘编织则利用了新的扭针花样的一部分。前门襟只在上端设计了3颗纽扣，如果想在整条门襟上加入纽扣，可稍微拉开间距适当增加扣眼。

选自《优美花样毛衫编织11》
制作 / Keiko Makino
编织方法 / 169页
使用线 / 钻石线

秋日协奏曲

NORO YARN WORLD

衣着是自己的一面镜子。不是为了别人，而是为了自己，享受这个季节的时尚吧。
请认真品味由自然色的渐变色演绎的协奏曲。

photograph Shigeki Nakashima styling Kuniko Okabe hair&make-up AKI model Aria Asakawa

在下针编织的粗麻布风情的织片上
随心所欲地描绘喜爱的颜色

半高领渐变色夹克

这种颜色的渐变色夹克可以让人感受到大海、天空、大地的力量，编织密度比较紧密，织片有一种类似压缩羊毛的效果。夹克非常贴合身材，样式漂亮，简单却带着独特的魅力。

设计／玉村理惠子
编织方法／172页
使用线／野吕英作

秋日晴空，层林尽染
撷取美丽的刹那留作永恒

V领套头衫

将中间麻花花样编织终点和编织起点的两端交叉，织成别致的套头衫。利用环形编织，充分发挥渐变色的个性，完成后颜色很漂亮。这是一款颜色丰富、穿着舒服的套头衫。

设计 / 柴田 淳
编织方法 / 176页
使用线 / 野吕英作

仿佛在1根线织成的
色彩斑斓的海面上游泳

大翻领小外套

这是一款装饰着不同颜色的枣形针的插肩外套。一个个色彩缤纷的枣形针营造出充满魅力的渐变风情。前后身片连在一起编织，前门襟也看起来很利落。

设计 / 冈真理子
编织方法 /174页
使用线 / 野吕英作

纵横走向的渐变色
仿佛村落附近结满果实的山林风景

大衣领开衫

圈圈毛线很像丰收的稻谷，特别惹人喜爱，选择沉稳的色调编织。前后身片横向编织下针花样，大衣领是从身片挑针织成的。织片的结构像一个谜，下摆处的细孔花样充满个性，是有趣的设计。

设计/岸 睦子　制作/加藤明子
编织方法/173页
使用线/野吕英作

冈本启子的 Knit+1

第21回

秋天，强烈推荐传统花样的应用。
稍加设计，便能别出心裁。

photograph Shigeki Nakashima styling Kuniko Okabe hair&make-up AKI model Aria Asakawa

每当秋风吹起，就想起了毛线，抑制不住想要编织的心情。一接触到毛线，内心就变得非常柔软、幸福，毛线对我来说堪比镇静剂。从开始触摸线材，到选择颜色，构思设计，虽说是工作，但也是无比幸福的时刻。我一定是无可救药地热爱着编织吧！

我个人今年想穿的毛衣加入了稍做变化的传统花样。第一件毛衣对麻花针进行了重新设计，先编织绕线的卷针，再编织穿过针目的交叉针，这样一来织物就不会太厚重。原来的卷针部分形成镂空效果，别有一番趣味。使用的线材是羊绒和精细美利奴羊毛混纺的“CASHMERELATE”，不仅容易编织，而且完成后针目也很漂亮，非常适合用来编织基础款毛衣。这次我选的是耐看的米色，既百搭又实用。

另一件是阿盖尔菱形花样和麻花花样的拼布风开衫。雅致的配色是这款设计的一大亮点。同样的设计，即使男性穿起来也很时尚。

无论哪一款，早点编织的话，秋天就能穿上啦！

冈本启子（Keiko Okamoto）

Atelier K’s K的主管。作为编织设计师及指导者，奔走于日本各地。在阪急梅田总店的10楼开办了店铺“K’s K”。担任公益财团法人日本手艺普及协会理事。著作《冈本启子的棒针编织作品集》《冈本启子的钩针编织作品集》（日本宝库社出版，中文简体版已由河南科学技术出版社出版）正热销中，深受读者好评。

线名：K' sK CASHMERELATE

竹篮花样罗纹边套头衫

76页 / 将卷针进行交叉后可以编织出如席纹般的竹篮花样。稍做改变后，传统花样也散发出别样的魅力。

制作 / 森下亚美　编织方法 / 180页　使用线 / K' sK CASHMERELATE

拼布风V领开衫

在基础色上加入对比比较鲜明的颜色，阿盖尔菱形花样与麻花花样的结合呈现出拼布风的效果。这款设计充满了时尚气息，编织起来也非常愉快。调整尺寸后还可以编织成男款开衫。

制作 / 宫本宽子　编织方法 / 178页　使用线 / K' sK CASHMERELATE

编织机讲座 part 12

可以快速编织，
乐趣十足

本期的主题是“长款”。
编织大面积织物的时候，手编会比较费劲，而编织机则可以快速完成。

photograph Hironori Handa styling Masayo Akutsu hair&make-up Naoyuki Ohgimoto model Laura Mit

落肩袖长款连衣裙

连衣裙的下针部分用编织机编织，衣领和袖口部分是手编完成。用手编加以补充完善可以说是编织机的正确使用方法。尽可能少地做减针和引返编织，简单的设计也能穿得优雅迷人。适时调整爪锤位置是编织这款连衣裙的小诀窍。

设计/风工房
编织方法/183页
使用线/达摩手编线

连肩袖宽松开衫

这件宽松的长款开衫使用独特的花式线编织而成，舒适轻柔。在袖子中心和口袋上加入的2针交叉花样若隐若现，非常别致。缝在前门襟的三股辫为整体增加了些许动感。

设计 / 冈本启子　制作 / 宫本真由美
编织方法 / 184页
使用线 / 和麻纳卡

织片拼接长半裙

想用偏细的线材编织长裙时，也可以用编织机实现快速编织。不过，长裙拼接起来似乎很不方便……不用担心，“卡农拼接”技法就能帮我们解决这个问题。一边编织一边做连接，取下织片时差不多就完成了。连接部位也自然形成一种花样，真是一举两得的拼接方法。

设计／银笛编织研究会

编织方法／187页

使用线／芭贝

配色花样长背心

长款背心也能用编织机快速编织完成。下摆和胸口位置的配色拉针花样只需将机针推出后调节罗塞尔杆编织即可。编织机的确很神奇吧!

设计/银笛编织研究会
编织方法/ 186页
使用线/钻石线

W·M·DIY 中国国际手工文化创意博览中心

国内首家一站式专业手工文化创意基地，集手工教育培训、手工原材料及成品展销、手工艺文创产品品牌孵化、团建沙龙、休闲体验于一体。博览中心面积约2000多平方米，东馆主要是手工图书、手工文创产品成品（半成品）、材料包展示销售及团建活动落地，西馆主要是进口品牌面料、线材、工具等原材料展示、销售及各种手工培训教室。

休闲体验/团建沙龙/手工培训/专业集采/文创孵化

（周末沙龙、企业团建、亲子教育……欢迎来体验手工的快乐！）

W·M·DIY 趣好玩·懂时尚 爱玩美手工

学手工·淘手工·播手工·拍手工·赏手工·聊手工

拼布/黏土/花艺/编织/刺绣/串珠/折纸/皮艺/服装DIY

手工鉴赏：中国·郑州郑东新区祥盛街27号出版产业园C3一楼

咨询热线：杨老师 18697324155　李老师 18838230067

微信公众号　抖音号

（水吧、少量手工展区招商中...）

编织师的极致编织

【第31回】用数字传递信息——“编织寻呼机”的风景

31

背诵历史年表
经常会用到谐音
一个数字也常有多种读音
将数字排列在一起
可通过谐音向对方传递消息

在没有手机的年代
利用电报、电话、明信片以及书信
无法随时随地取得联系
但寻呼机
现在还在用

哔哔哔
寻呼机响了
上面有一串数字

必须赶紧联系

文、图/203gow　参考作品

编织师203gow：
持续编织非同寻常的“奇怪的编织物”。成立让编织充满街头的游击编织集团“编织奇袭团”，还涉足百货店的橱窗、时尚杂志背景、美术馆、画廊展示、舞台美术以及讲习会等活动。

毛线世界

编织符号真厉害

第9回 滑针和浮针【棒针编织】

你们是否正在编织？我是对编织符号非常非常着迷的小编。现在，又到了编织的季节了。这个时期，随处可见编织元素，强烈建议大家赶紧中止其他爱好。

本期的编织符号和主题呼应，主要讲滑针。“好烦，看起来好难啊。”可不能根据编织符号图的外观来下结论哟！它很简单（我保证）。合理进行配色，滑针也可以编织出配色花样的效果。请大家一定要借此机会尝试一下。原则上来讲，编织符号是模仿针法外观设计的，可把滑针符号想象为拉长的针目。因为它的织法是“不编织，直接移到右棒针上”，所以命名为滑针（这么说来似乎也可以叫作移针？）。不编织的针目前一行的针目会像编织图里那样被拉长。

拉长的针目无论是上针，还是2行，都是一样的。编织符号起始行的针目要正常编织，这点很重要。滑针要交叉配置，掌握了这个原则，就可以自然而然地编织下去了。

关于浮针，似乎不怎么常见吧？它可以说是很疯狂的符号(笑)。请把浮针理解为滑针的兄弟。滑针在操作行滑过去时，不编织的线会渡到针目反面。浮针则是渡到正面，成为编织花样。这也反映在编织符号上。关于它会变成怎样的花样，请大家看本书前面的部分。

说点题外话，在写本栏目时，输入“浮针”时，经常会出现“复诊”二字，让人心里挺不舒服的，但浮针无罪，请大家尽情享受浮针带来的编织乐趣。

了不起的符号 1 滑针＝拉长的针目

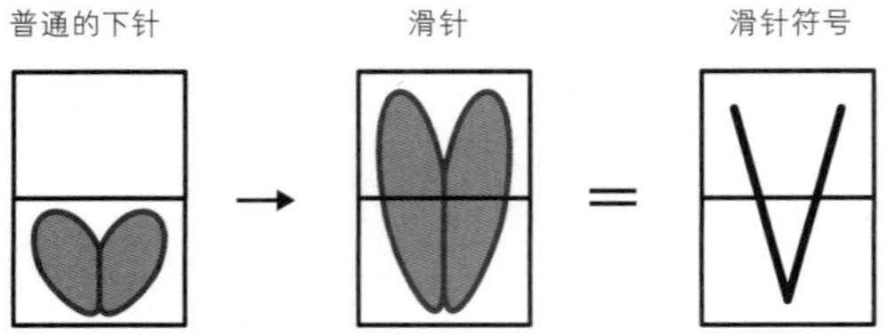

因为不编织直接将针目滑到右棒针上，所以针目才会被拉伸吧！

了不起的符号 2 无论是改变行数，还是编织上针，基本方法是一样的

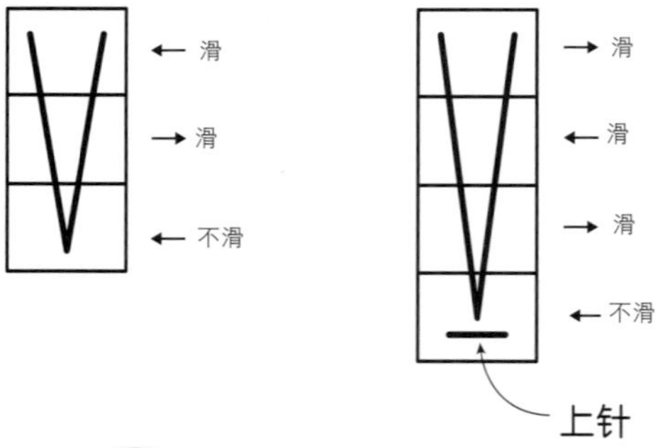

了不起的符号 3 浮针是滑针的兄弟，不用怕它

滑针的渡线出现在正面而已

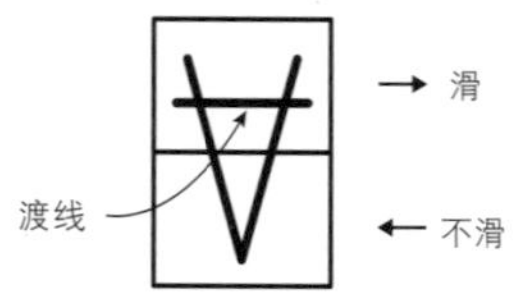

咦？和滑针的区别就这一点？

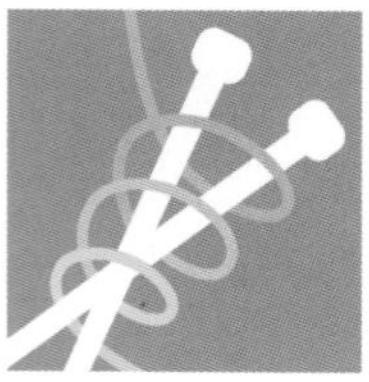

小编的碎碎念

理解了滑针、浮针结构的话，就很简单了。加上配色，会变成貌似复杂的花样，推荐大家在编织的时候用上它们。我个人觉得，拉针比它们更难。让我们先掌握滑针的编织方法，让它变成我们新的拿手针法吧。

编织报道：

小岩井紬工房的上田紬围巾编织体验

图、文/毛线球编辑部

小岩井紬工房
长野县上田市盐尻40号(电话：0268-22-1927)

小岩井紬工房是位于长野县上田市信浓铁路沿线的上田紬加工坊。我们参加了那里定期举办的围巾编织讲习会。这次编织的是100%蚕丝的围巾，经线用的是生丝，纬线用的是紬丝。宽约33cm、长约165cm的围巾将在1天时间内编织完成。

上午，我们参观了工房，练习了基础的织法。将经线分成上下两部分的脚踏板、穿入纬线的梭子、压紧纬线的梳理板……第一次接触织布机的我们虽然对这些部件的操作顺序尚不熟悉，但也渐渐学会了编织方法。练习结束后，我们选择了纬线的颜色（有50种颜色可供选择），午饭后就要正式开始编织了。虽然担心一天时间能否编织出成品，不过熟练后就一门心思地织了起来，比预定时间完成得还要快。看着完成后的围巾，学员们脸上的笑容久久没有散去。

这里的上田紬是始于江户时代（1603~1867年）养蚕业的日本三大紬之一。所谓“紬”，是指从蚕茧中拉出丝绵纺成的丝线。小岩井紬工房建于昭和二十三年（1948年），是为了复兴因为战争一度停产的上田紬而创立的，至今已经是第三代，而且负责经营的是一对姐弟。这家工房的建筑物和织布机从明治时代开始一直使用至今，在同期建造的染色间里还保留着一种叫作“苹果染”的染色工艺，即用信州上田特产苹果的果树皮染线。

这次接待我们的是传统工艺师小岩井良马，第三代继承人中的一位，从参观工房到编织方法都对我们悉心指导。讲习会结束后，我们对他进行了一次简短的采访。

“工房原来的讲习会做的是花瓶垫，后来有很多客人反映希望能织得更久一点，想织上一整天，所以从2015年开始改成了编织围巾。现在除了冬季以外，每月都会举行1次为期4天的讲习会。令人开心的是每次名额都能报满。”

小岩井紬工房除了举办讲习会以外，还可以免费参观，同时销售用上田紬制作的口金包和名片夹等小物。长野县就不用说了，来自东京、大阪、新潟等地的客人也是络绎不绝，机织的声音在寂静的环境中回响着。不妨来历史悠久的信州上田工房悠闲地织布度假吧！

现在还不知道?

口袋的编织、收尾方法

本期我们介绍给夹克等衣物上编织口袋的方法。
不少读者都是对着编织图很茫然,因为不清楚究竟怎么编
而跳过带口袋的作品。
弄清编织顺序,会发现其实它一点也不难。秋天,让我们一起编织带口袋的作品吧!

摄影/森谷则秋　审订/今泉史子

其1

编入另线的口袋(单层口袋)

这是棒针编织时经常使用的方法。
在袋口位置编入另线,以此在织片上做出开口,不用担心花样没有对齐。
另线要使用比身片用线稍细的光滑毛线。

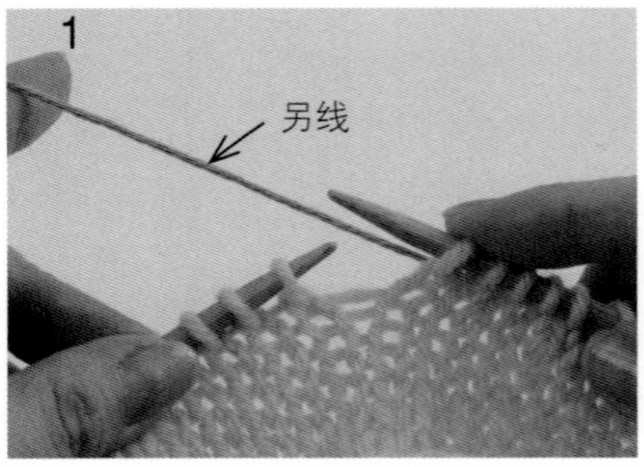

编织至口袋位置后,将刚刚编织的线休针,用另线编织。

编织完口袋所需要的针数后,将另线所编的针目移回左棒针。

回到起始位置后,使用编织身片的线继续编织。

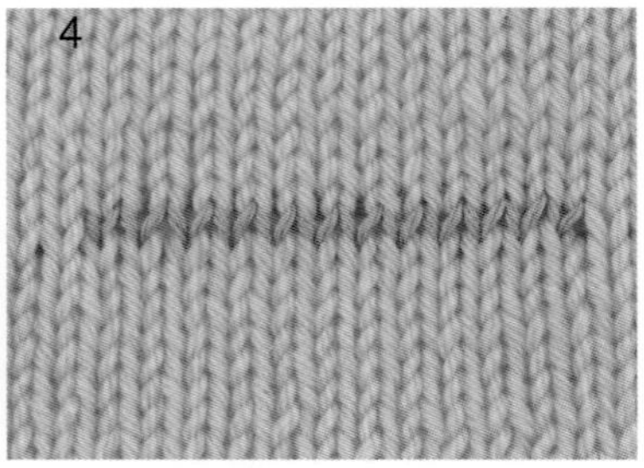

编织完后,用珠针定型并熨烫。

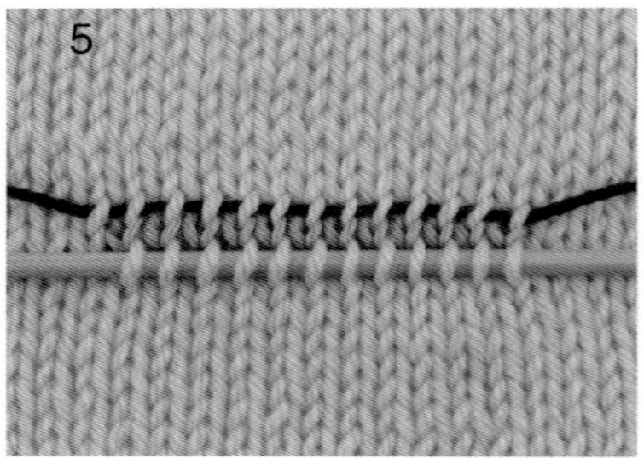

从袋口开始编织。将另线下面的针目穿到棒针上,上面的线弧则连同两端的半针一起穿上另线。

抽掉步骤1所编织的另线后将出现开口,上面比下面多1针。

袋口的线头稍微留长一些,后面缝合时会用到。两头分别用1针卷针起针。

袋口织好了。将步骤5中穿入另线的针目移到棒针上。

编织口袋内层。

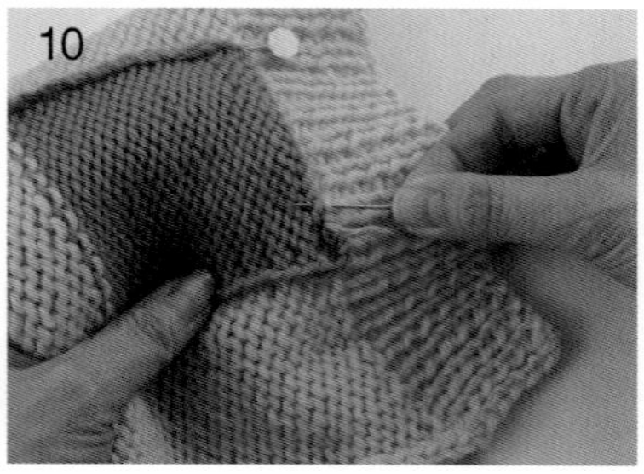

编好口袋内层后,将线头留长一些剪断。用珠针固定以免错位,再用线头从底部缝合。

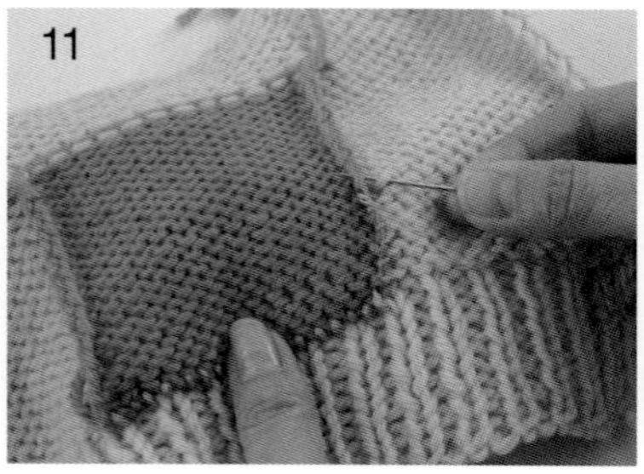

口袋内层两侧将线劈开缝合,注意不要让线迹出现在正面。

确认口袋两侧的针目没有错位,然后挑针缝合。

其2

编入另线的口袋（双层口袋）

编织方法和其 1 基本相同，但因为不需要缝合所以不用担心会影响到正面的线迹。
只是整体有些厚，会比单层口袋看起来显眼。
双层口袋可以用稍细的线编织，或者稍微织松一点，减少一点厚度。

1

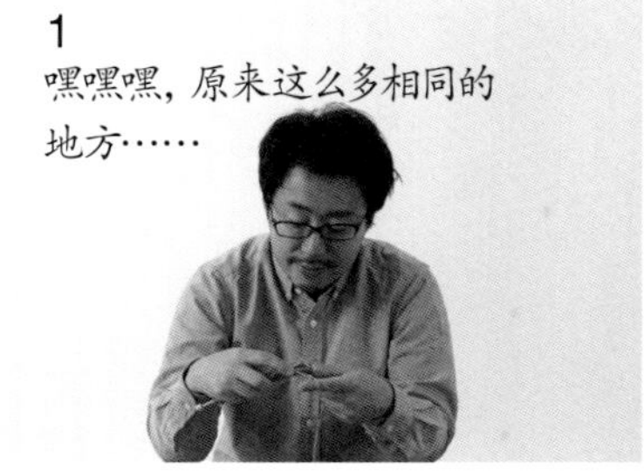

步骤1 ~ 8 和其 1 相同。

2

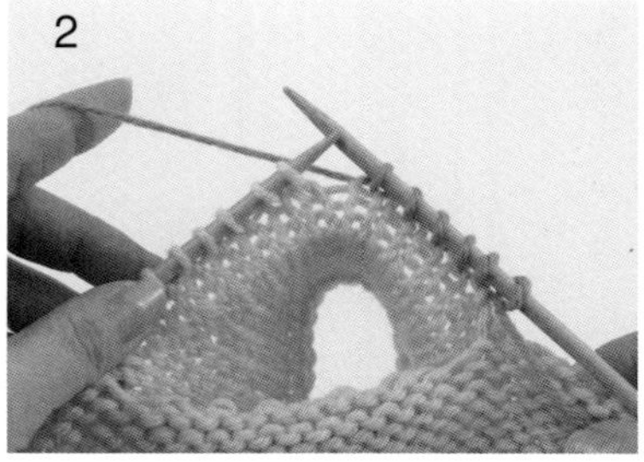

口袋内层编织成口袋长度的 2 倍。

3

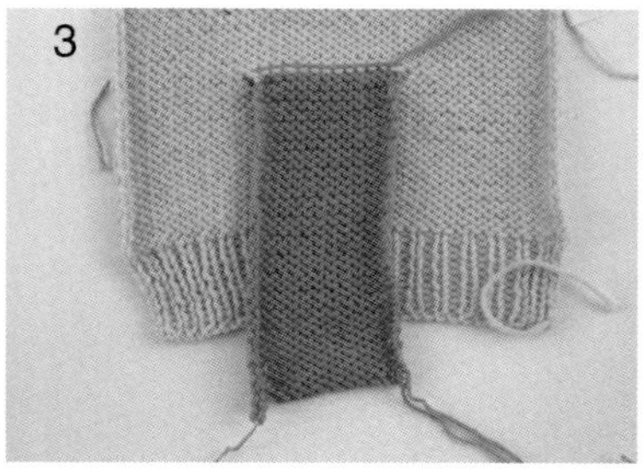

向内侧对折，将编织终点行缝到袋口第 1 行。

4

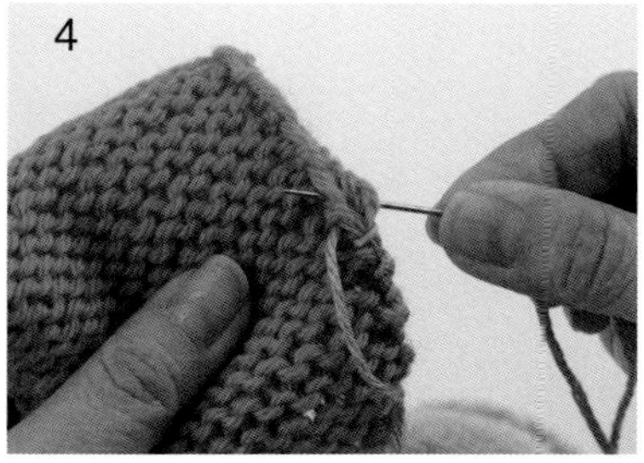

口袋内层两侧重叠着对齐，做卷针缝缝合。袋口两侧按照其 1 的方法缝合。

其3

休针的口袋

编织顺序不变，收尾方法和其 2 相同。
比起棒针，这种方法更常用于钩针和阿富汗针编织。
此时口袋内层用下针编织会更薄一些，推荐使用。

1

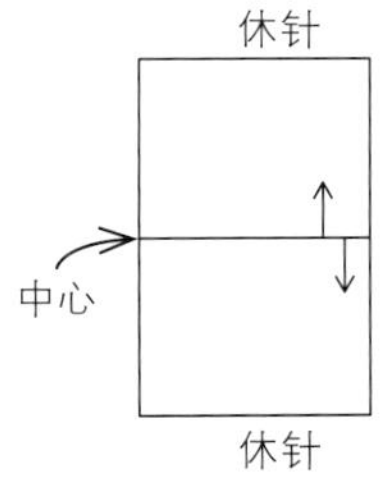

口袋内层从中心向两侧编织，两侧均要休针。

2

身片编织至口袋位置，然后将身片和口袋内层相对对齐拿好。

3

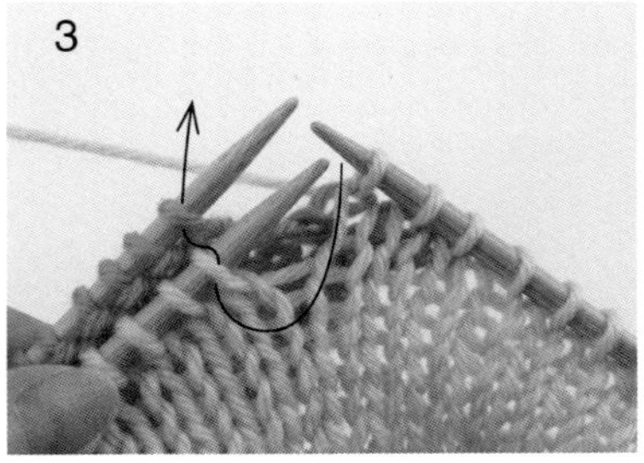

同时挑起 2 片织片的针目编织。

4

下一行编织至口袋位置后，将口袋处的针目穿入另线。

5

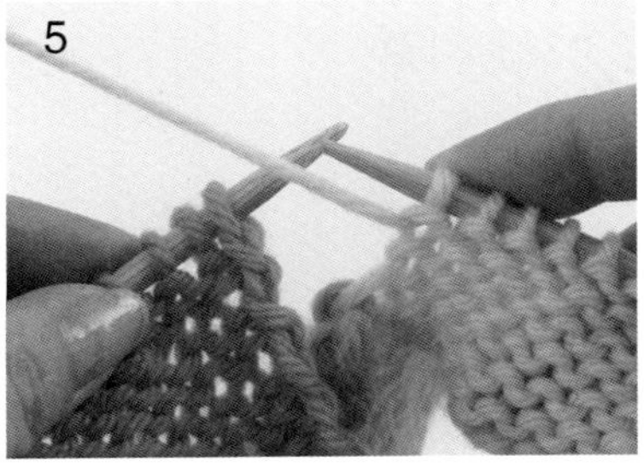

拿着剩下的口袋内层的休针处。

6

接着身片编织。

7

继续编织身片的针目。

8

身片织好后，袋口按照其 1、口袋内层按照其 2 的方法编织。

其4

纵向开口的口袋

编织作品中这种样式的口袋很少见，外套上很常见。
不仅可以作为设计的亮点，也增加了实用性。

编织身片时，袋口的长度部分要左右分开编织。

然后左右连在一起编织。

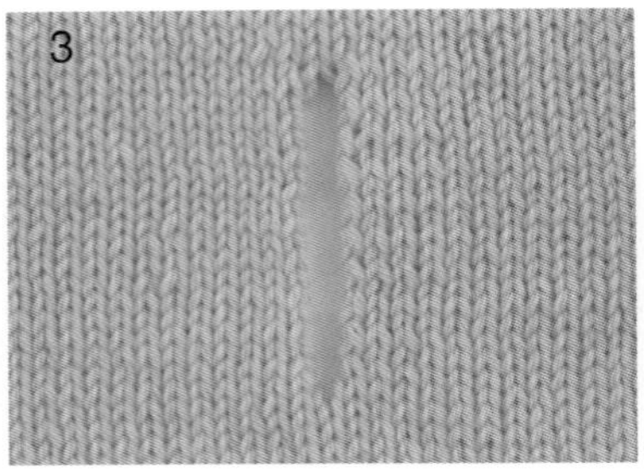

编织完以后用珠针固定，熨烫定型。

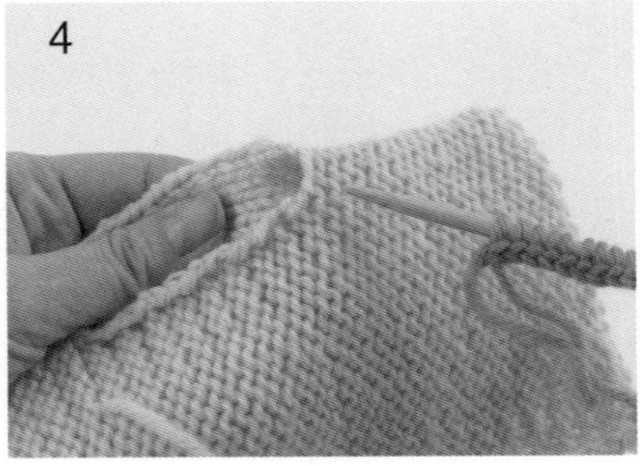

口袋内层的起针和口袋的深度一样。

挑起分开编织的针目编织。

编织纵向的口袋时，口袋内层可以编织成长方形。上侧因为不影响实际使用，可编织出适当的弧度。

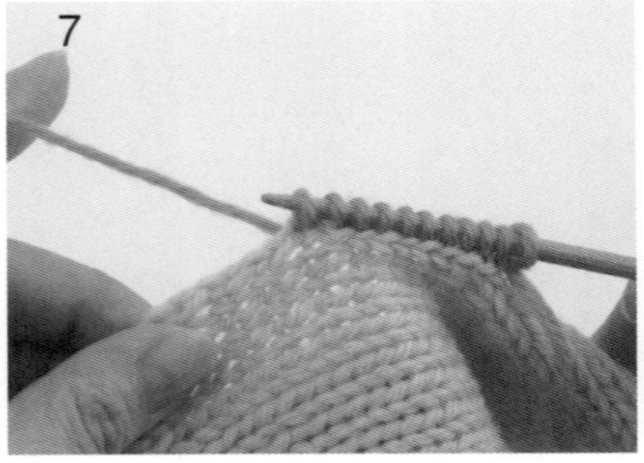

从分开编织的部分剩下的一侧挑针，编织袋口。（两端用卷针做 1 针起针）

袋口两侧对齐针与行缝合。

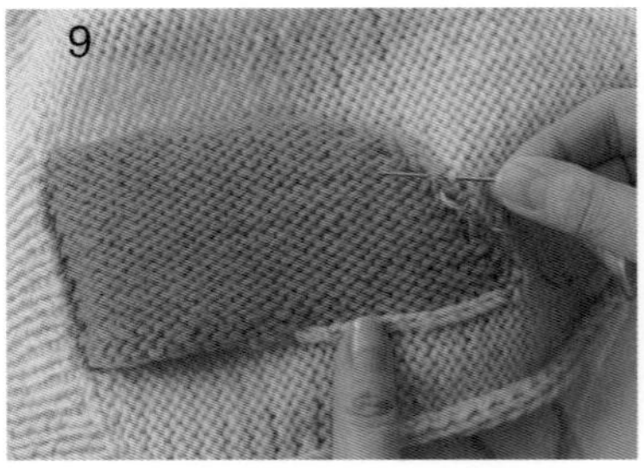

口袋内层和其 1 的步骤 10、11 相同，同样底部不劈开线牢固地缝合，其他地方劈开线缝合。无论哪里，都要注意不要让线迹出现在正面。

如果是双层口袋，不要从分开编织的部分挑针，将口袋内层编织成 2 倍长度。

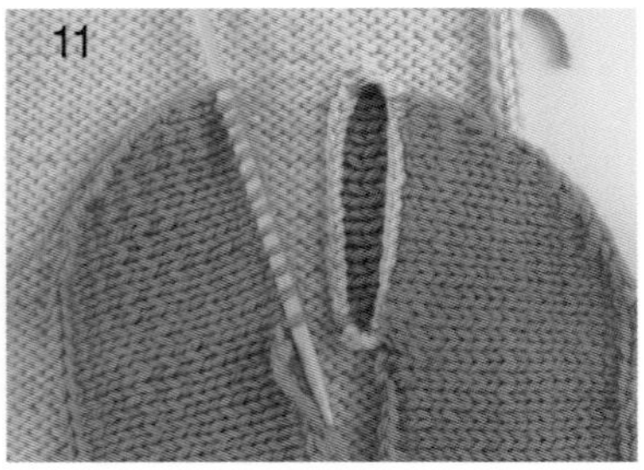

和分开编织的部分对齐针与行缝合。如果在意厚度，将袋口挑针的地方藏针缝缝一遍会稍微显得薄一点。

其5

独立编织的口袋

这种方法很适合改变花样和颜色的场合。
因为是完成身片后再缝上口袋，所以可以根据喜好调整位置。
不过，想要达到完美的效果却比想象中难。

1
可以编织完身片再编织口袋
分别编织身片和口袋，用蒸汽熨斗熨烫定型。

2
用大针脚将口袋缝在指定位置上。

3
身片和口袋都要在内侧挑针，将口袋边缘向内折一点缝合。

其6

装饰口袋

不是真正能用的口袋，只是作为设计亮点起到装饰作用，只有袋口。
因为没有口袋内层，所以不会显得厚，经常被用在编织衣物上。

1
单独编织袋口，然后用大针脚缝在指定位置。

2
先用藏针缝的方法缝合下面，两端挑针缝合。上面保持开口状态。

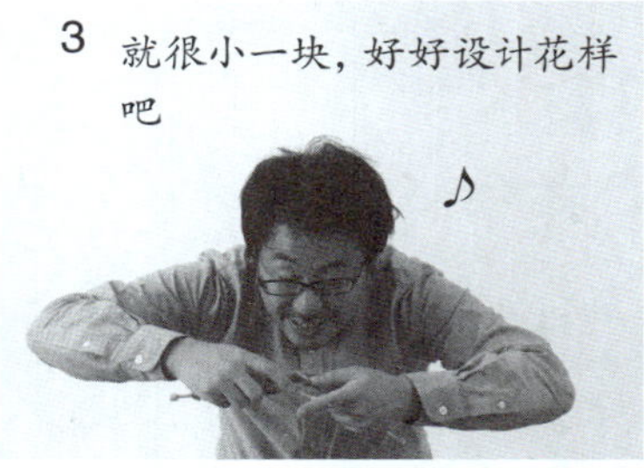
3
就很小一块，好好设计花样吧
♪
使用花式纱线和喜欢的花样缝合会很别致。

用在简单到有点单调的外套上

用在衬衫上

应该还有很多其他用途……

作品的编织方法

★的个数代表作品的难易程度和对编织者的水平要求　★…初学者可放心选择　★★…拥有一定自信者都可以尝试
★★★…有毅力的中上级水平者可以完成　★★★★…对技术有自信者都可大胆挑战
※ 线为实物粗细
※ 图中未注明单位的数字均以厘米（cm）为单位

材料

芭贝 Boboli 深灰色(413) 240g/6团，浅蓝色(439) 100g/3团，浅灰色(438) 95g/3团

工具

棒针7号、4号

成品尺寸

胸围100cm，肩宽42cm，衣长51cm，袖长45cm

编织密度

10cm×10cm面积内：条纹花样21.5针，40行

编织要点

●身片、袖子…另线锁针起针，按条纹花样开始编织。领窝减2针及以上时做伏针减针，减1针时立起侧边1针减针。袖下的加针在1针内侧做扭针加针。袖子编织结束时休针备用。下摆、袖口解开起针时的锁针挑取针目后编织起伏针，结束时从反面做伏针收针。

●组合…肩部做盖针接合。衣领、前门襟挑取指定针数后编织起伏针，结束时按与下摆相同的要领收针。袖子与身片之间做针与行的接合。肋部、袖下做挑针缝合。

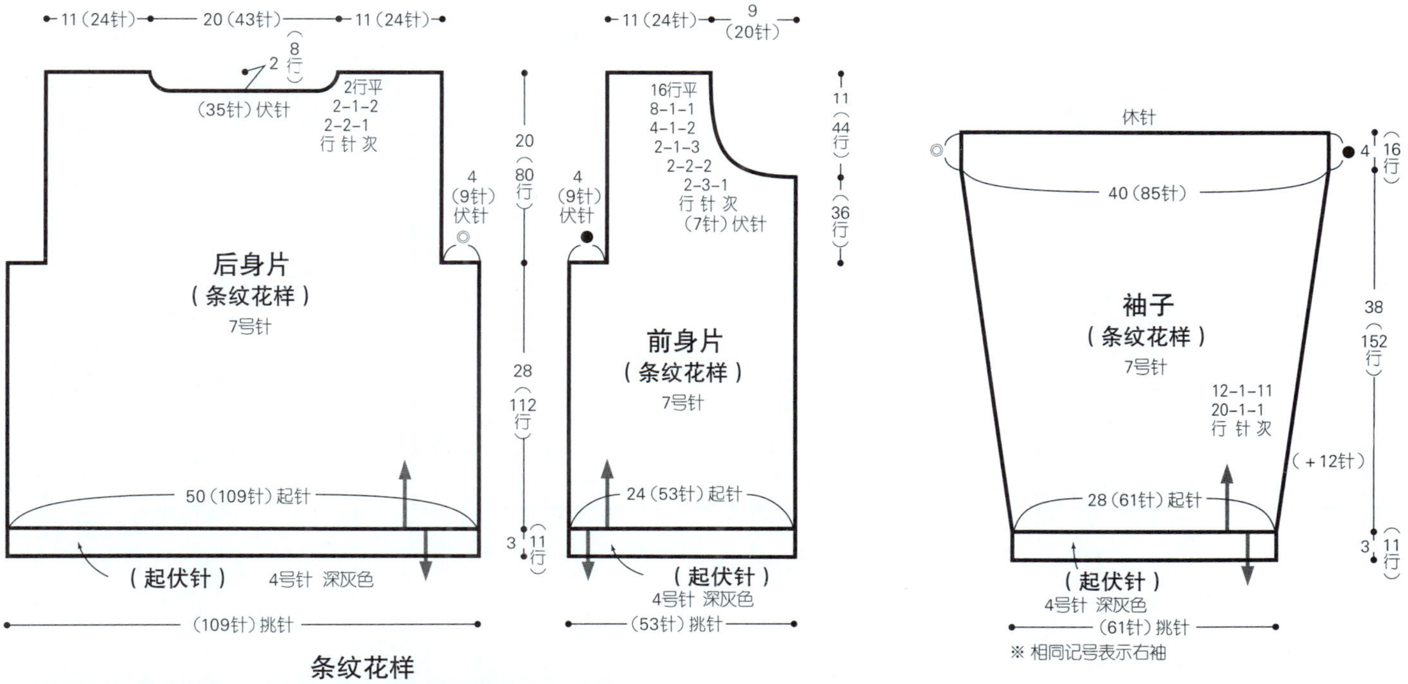

条纹花样

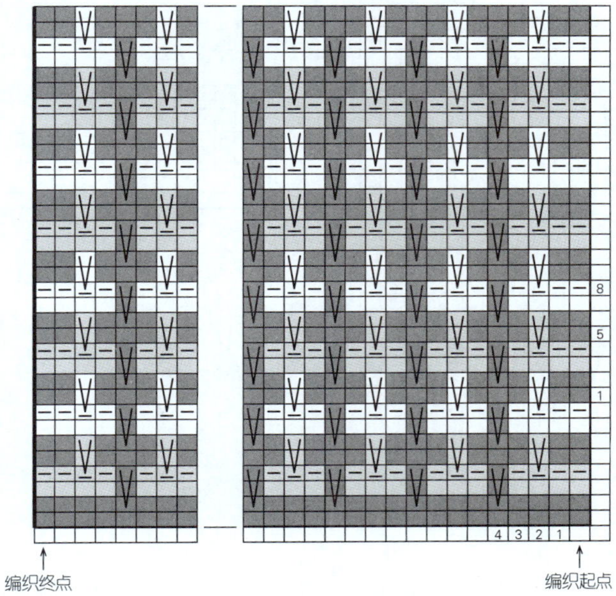

□ = Ⅰ

V = 滑针（2行的情况）

V = 上针的滑针（2行的情况）

配色：■ = 深灰色　▨ = 浅灰色　□ = 浅蓝色

※编织方法请参照第94页

起伏针

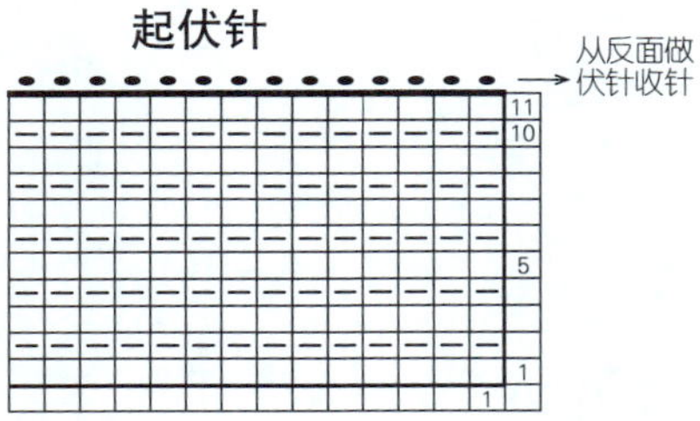

□ = Ⅰ

衣领、前门襟

（起伏针）

4号针　深灰色

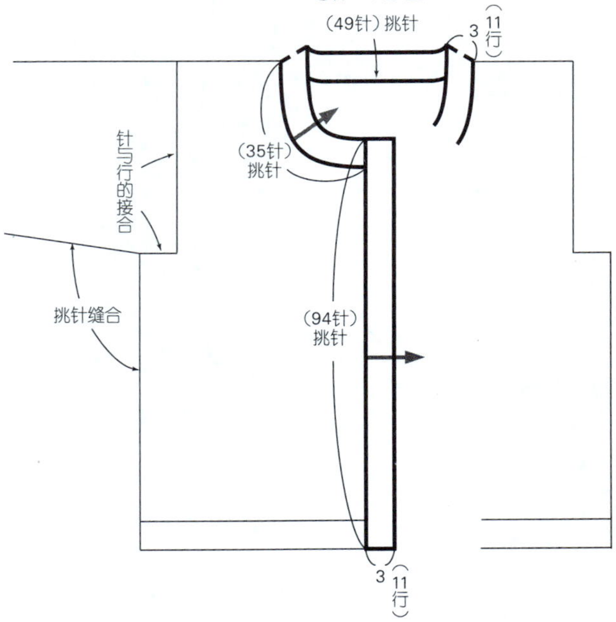

材料

芭贝 Julika Mohair 浅粉色（302）315g/8团

工具

棒针11号、9号、7号

成品尺寸

胸围108cm，衣长54cm，连肩袖长75cm

编织密度

10cm×10cm面积内：编织花样18针，24行；下针编织16.5针，20行

编织要点

●身片、袖子…身片手指挂线起针，按双罗纹针和编织花样编织。领窝参照图示减针。肩部做盖针接合。袖子从身片挑取针目后做下针编织和双罗纹针。袖下的减针在边上第2针和第3针里做2针并1针。结束时做下针织下针、上针织上针的伏针收针。

●组合…胁部、袖下做挑针缝合。衣领挑取指定针数后环形编织双罗纹针，结束时松松地做伏针收针，然后向内侧翻折做藏针缝合。

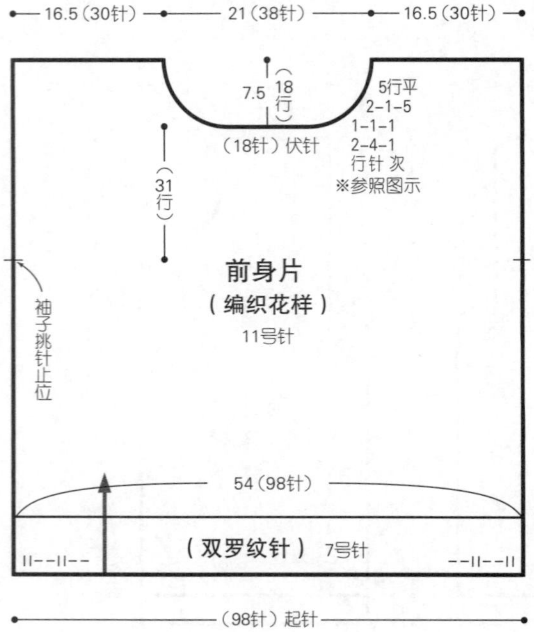

衣领

（双罗纹针）

7号针

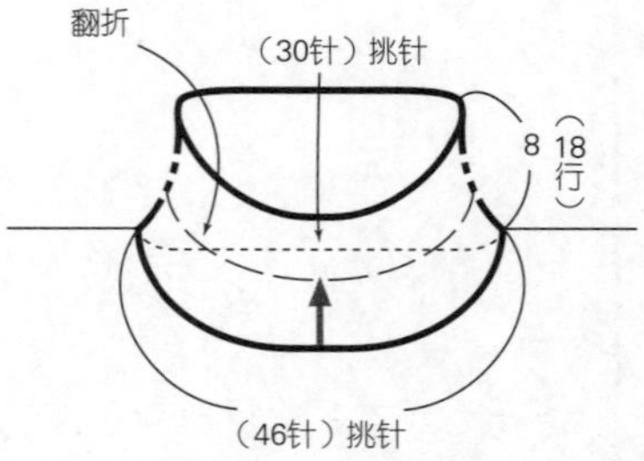

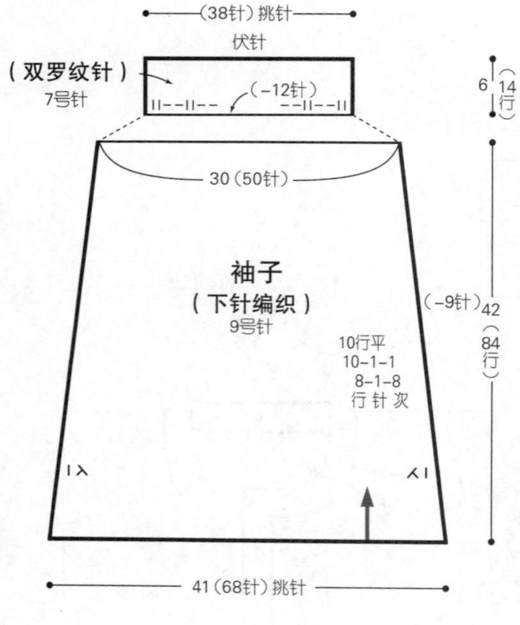

编织花样

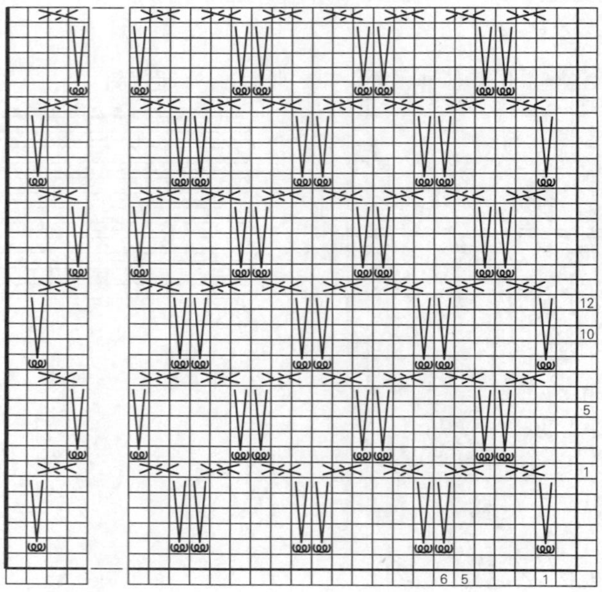

双罗纹针

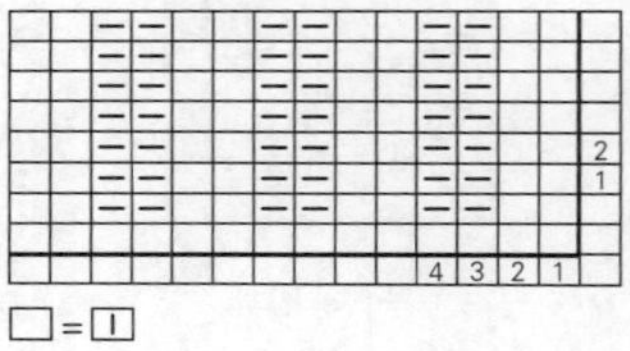

□=丨

□=丨

卷针（绕2圈）

滑针（4行的情况）

※编织方法请参照第94页

卷针（绕2圈）

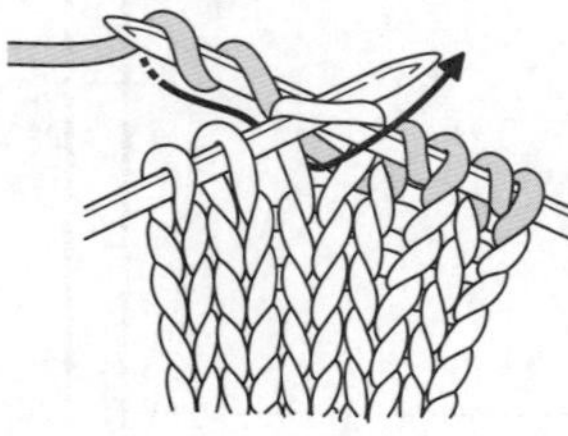

1 在针目里插入右棒针，绕2圈线后拉出。

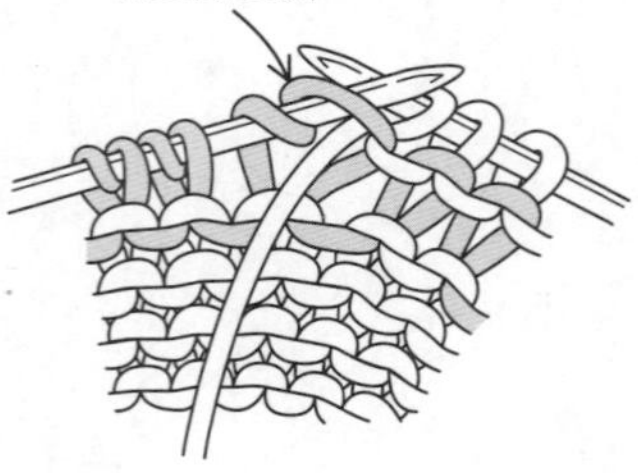

2 在下一行一边编织一边解开所绕线圈。

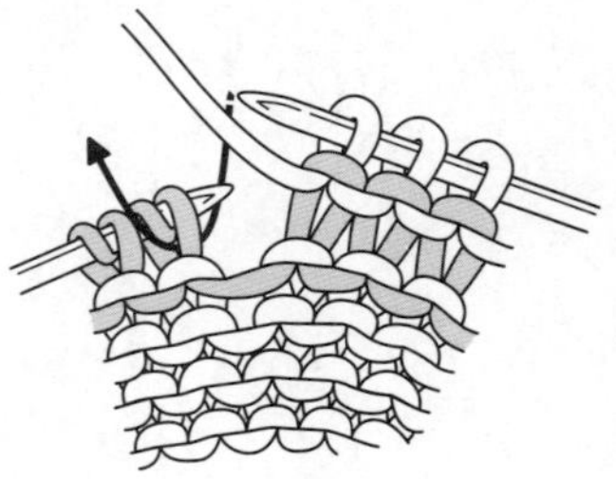

3 绕2圈的卷针完成。

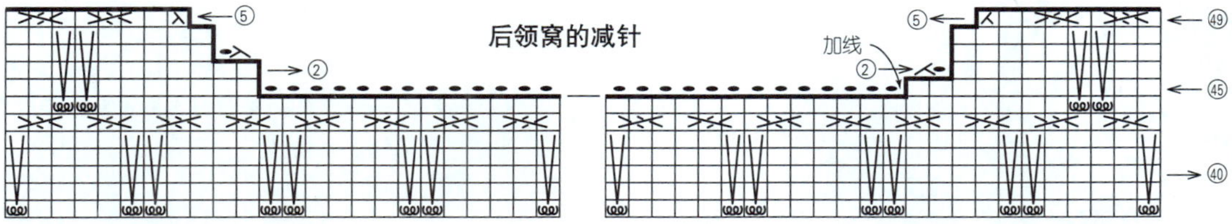

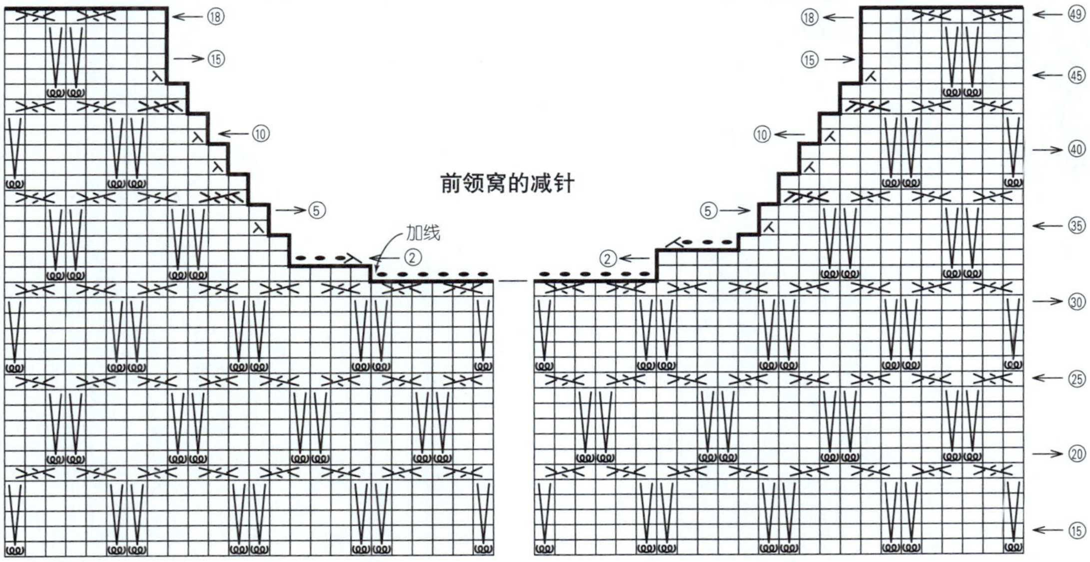

□ = 丨

= 将针目 1 移至麻花针上，放在织物的前面，接着在针目 2 和 3 里编织下针，再在针目 1 和 4 里编织右上 2 针并 1 针

= 将针目 1 移至右棒针上，然后将针目 2 和 3 移至麻花针上，放在织物的后面，接着在针目 1 和 4 里编织左上 2 针并 1 针，再在针目 2 和 3 里编织下针

10 页的作品 ★★

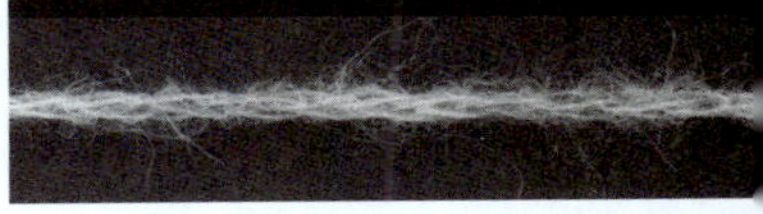

材料

Ski 毛线 Ski Fuwarl 浅蓝色（2219）35g/2 团，白色（2211）15g/1 团

工具

棒针 6 号、5 号

成品尺寸

掌围 20cm，长 22cm

编织密度

10cm×10cm 面积内：条纹花样 20 针，40 行

编织要点

●手指挂线起针，按双罗纹针和条纹花样环形编织。注意编织浮针时正面的渡线不要拉得太紧。在拇指位置编入另线。结束时做下针织下针、上针织上针的伏针收针。拇指部分解开另线挑取针目后做下针编织，结束时做伏针收针。

右手

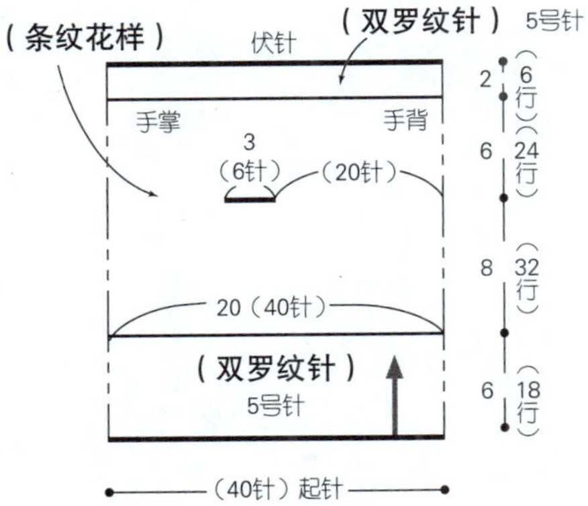

※ 除指定以外均用6号针编织
※ 除指定以外均用浅蓝色线编织
※ 对称编织左手

拇指

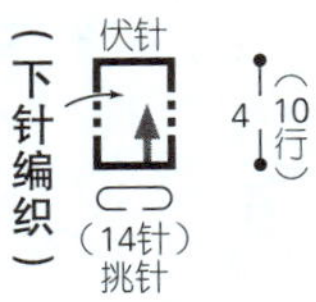

条纹花样

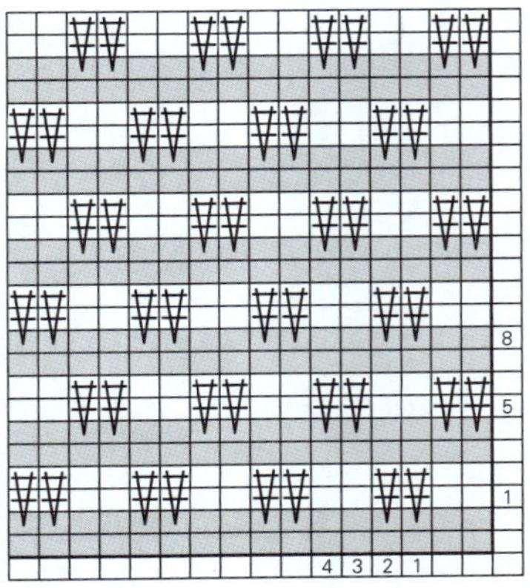

□ = 丨

配色 { ▨ = 浅蓝色 □ = 白色 }

= 浮针（2行的情况）※编织方法请参照第95页

双罗纹针

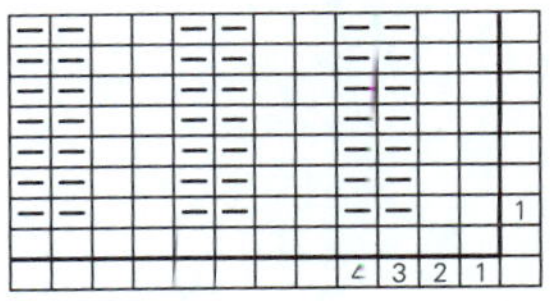

□ = 丨

材料
Ski毛线 Ski Tasmanian Polwarth 灰色(7026) 45g/2团，原白色(7002) 40g/1团

工具
棒针6号、4号

成品尺寸
头围48cm，帽深23cm

编织密度
10cm×10cm面积内：条纹花样25针，52行

编织要点
●手指挂线起针，按单罗纹针和条纹花样环形编织。参照图示分散减针，结束时在最后一行2种颜色的针目里各穿1圈线后收紧。最后缝上小绒球。

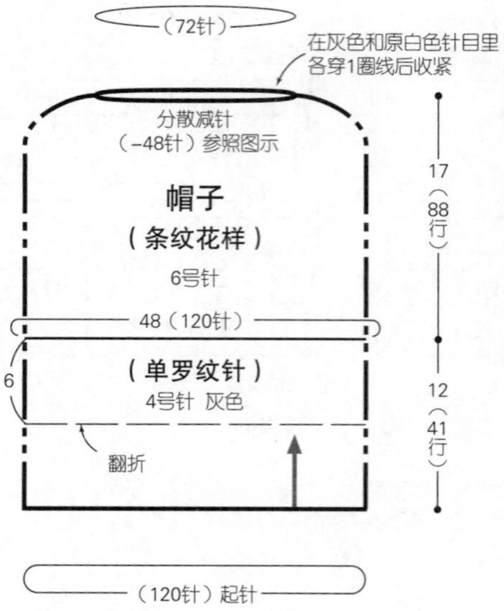

条纹花样

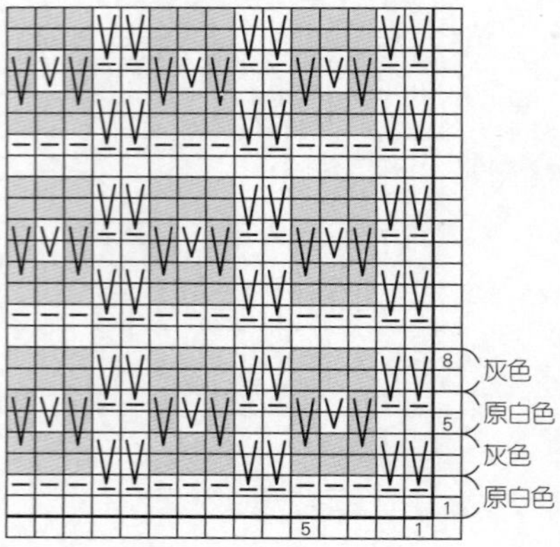

[symbol] = [symbol] 配色 { [symbol] = 原白色 [symbol] = 灰色

[symbol] = 上针的滑针（2行的情况）

[symbol] = 滑针（2行的情况）[symbol] = 滑针（1行的情况）

※编织方法请参照第105页

组合方法

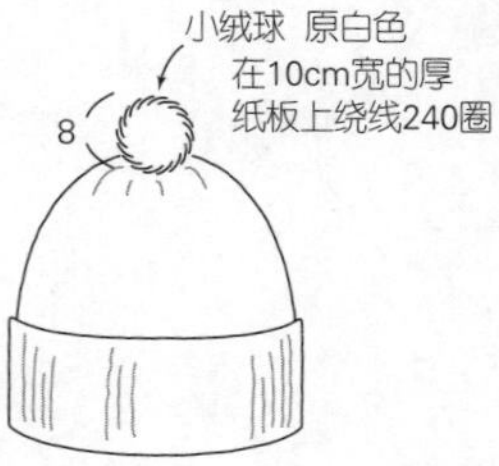

小绒球的制作方法

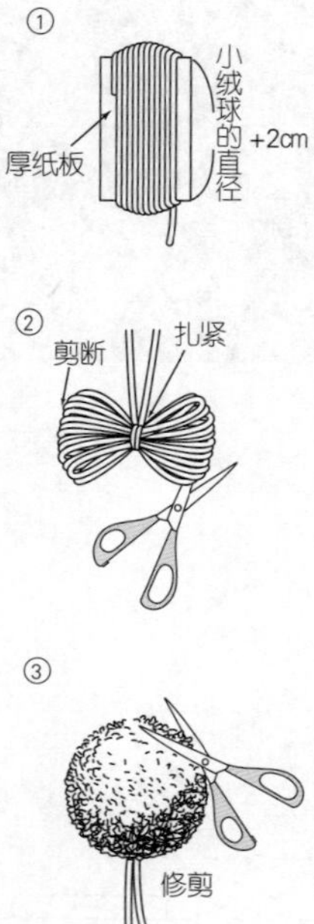

分散减针

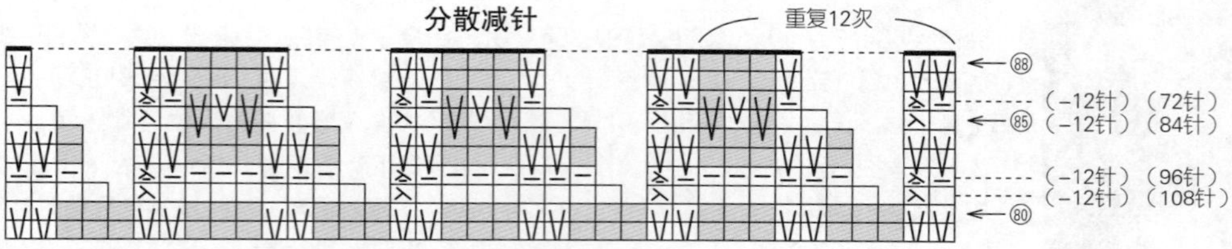

[symbol] = [symbol] 配色 { [symbol] = 原白色 [symbol] = 灰色

[symbol] = 将前面2针并1针后的针目编织成滑针

滑针（2行的情况）

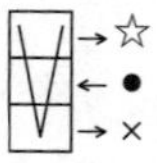

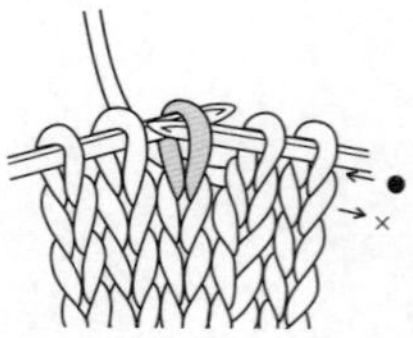

1 ×行编织成下针。●行将线放在后面，将针目直接移至右棒针上，在下个针目里编织下针。

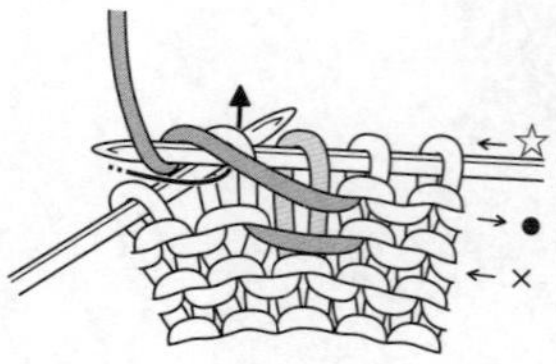

2 ☆行将线放在前面，不编织，直接将针目移至右棒针上。

上针的滑针（2行的情况）

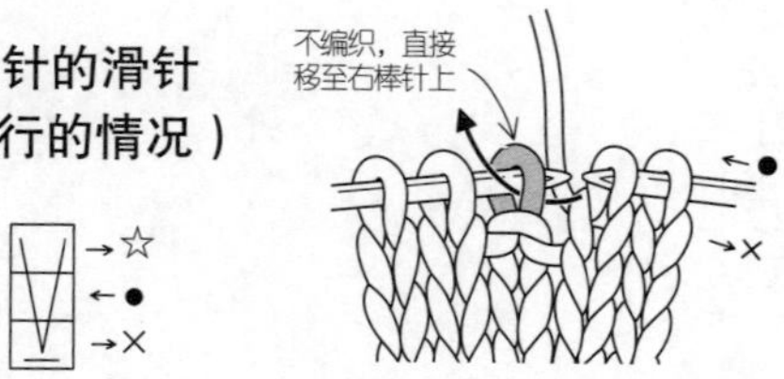

1 ×行编织成上针。●行将线放在后面，如箭头所示入针，将针目直接移至右棒针上。

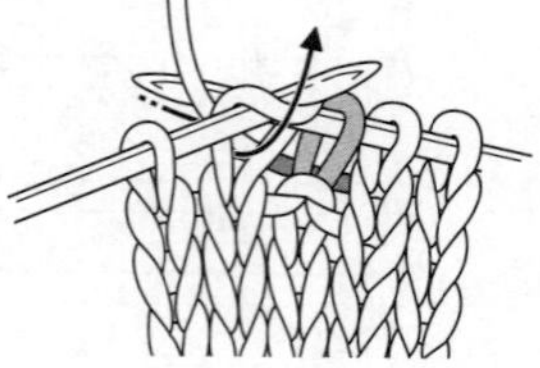

2 在下个针目里插入右棒针，编织下针。

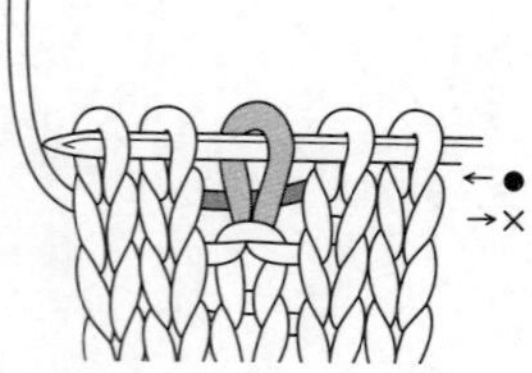

3 上针的滑针编织完1行后的状态。

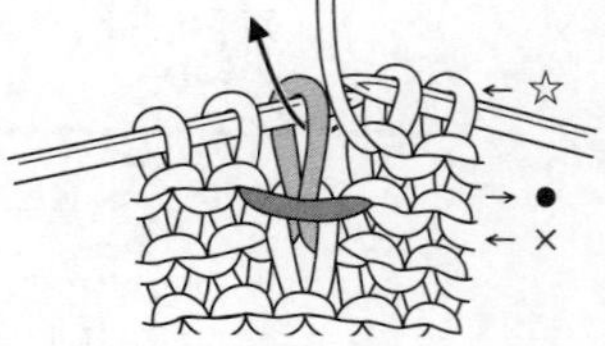

4 从反面编织的行将线放在前面，将针目直接移至右棒针上。接下来从后面入针编织上针。

10 页的作品 ★★★

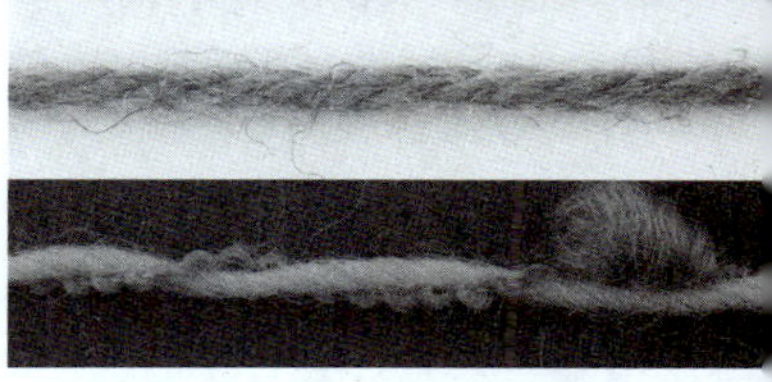

材料

Ski毛线 Ski UK Blend Melange 蓝色(8017) 130g/4团；Ski Bone 灰色系混染(2521) 120g/3团

工具

棒针8号，钩针7/0号

成品尺寸

宽40cm，深27cm

编织密度

10cm×10cm面积内：条纹花样24.5针，35.5行

编织要点

●主体手指挂线起针后开始编织条纹花样，结束时做伏针收针。袋口从主体挑取指定针数后钩织短针。将主体正面朝外对折，侧边做挑针缝合至开口止位。在侧边开口部位钩织1行短针调整形状。提手从袋口以及预先钩织好的锁针上挑取针目后钩织短针。最后参照组合方法缝合。

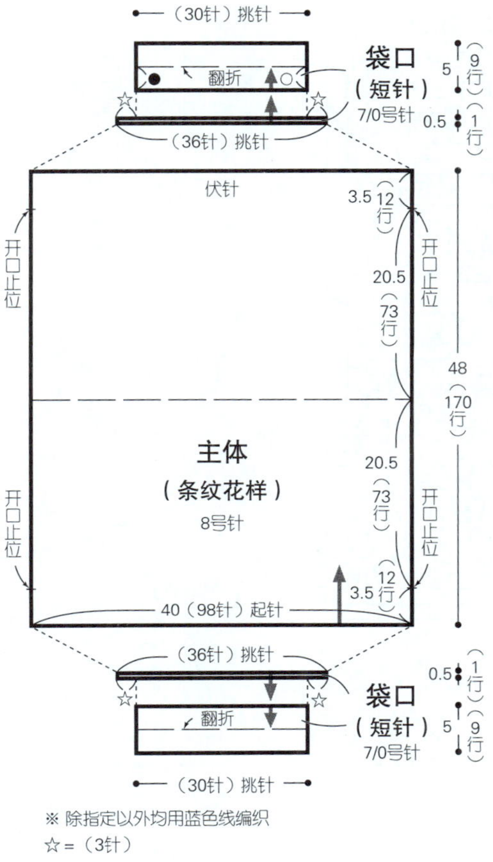

条纹花样

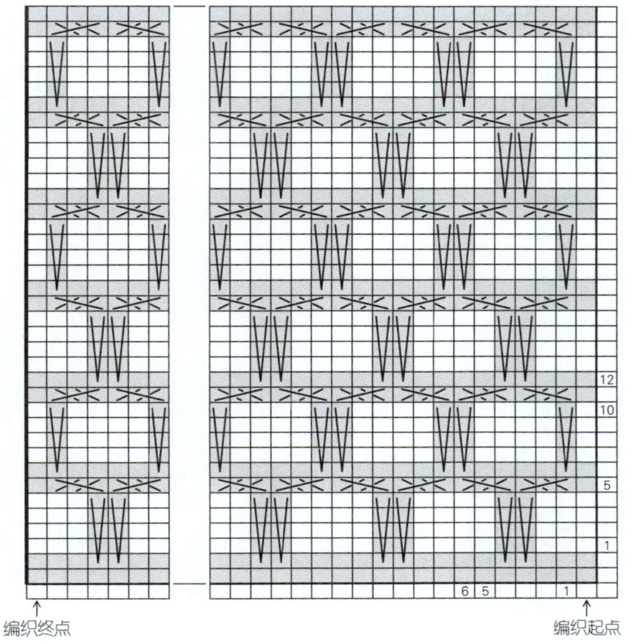

侧边开口

(短针)

7/0号针

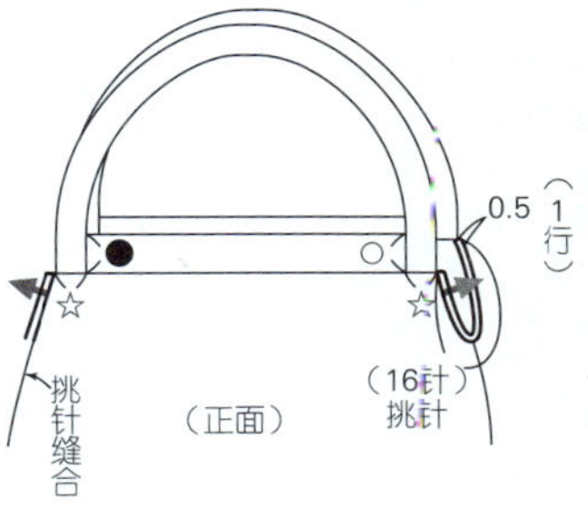

短针 (袋口)

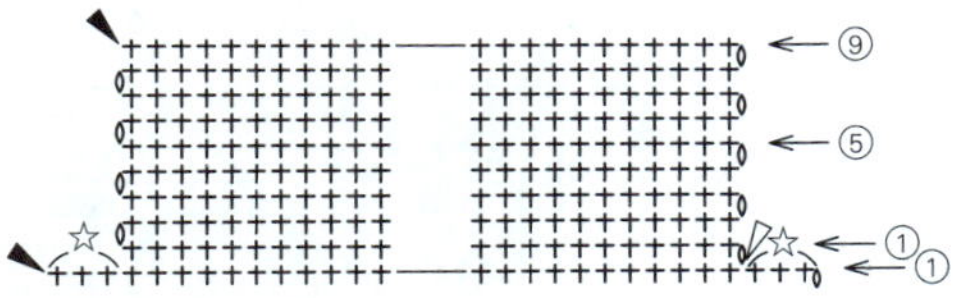

短针 (提手)

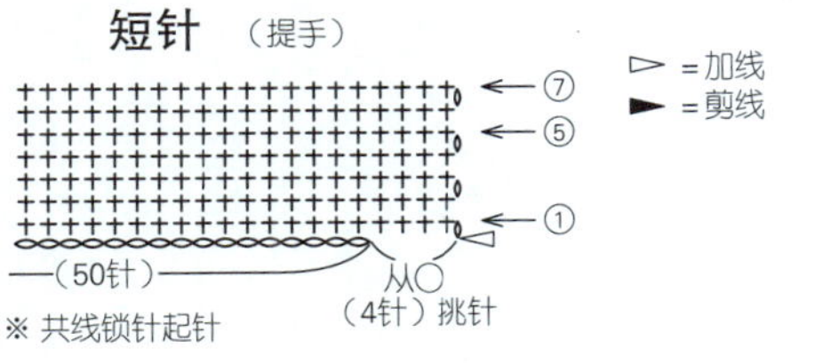

※ 共线锁针起针

组合方法

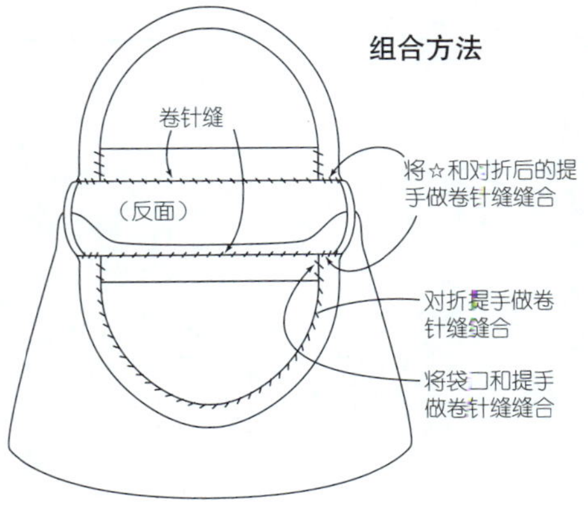

浮针(2行的情况)

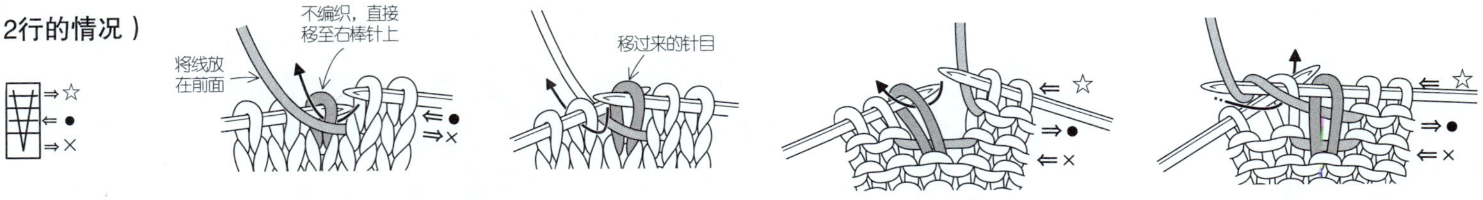

1 将线放在前面，不编织，将针目直接移至右棒针上。

2 编织下个针目。

3 从反面编织的行将线放在后面，将针目直接移至右棒针上。

4 编织下个针目。2行的浮针完成。

13页的作品 ★★

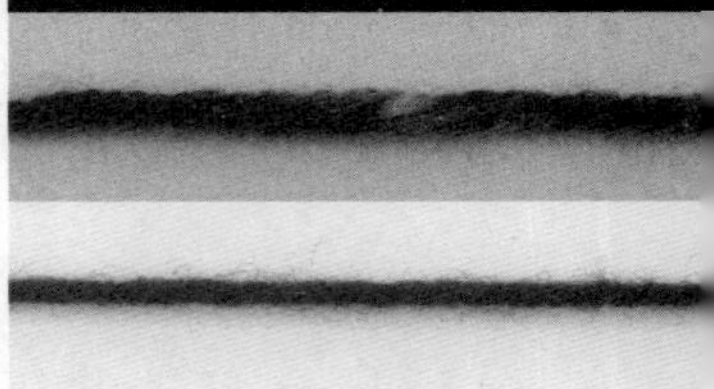

材料

Ski毛线 Ski Polwarth Plus Hand Dye 紫色和橘黄色系段染（7107）75g/3团；Ski Tasmanian Polwarth 藏青色（7018）、深红色（7024）各55g/各2团，橘黄色（7013）20g/1团

工具

棒针5号

成品尺寸

颈围120cm，宽26.5cm

编织密度

10cm×10cm面积内：条纹花样A、B、C均为24针，53行

编织要点

●手指挂线起针，环形编织单罗纹针和条纹花样A、B、C。结束时做单罗纹针收针。

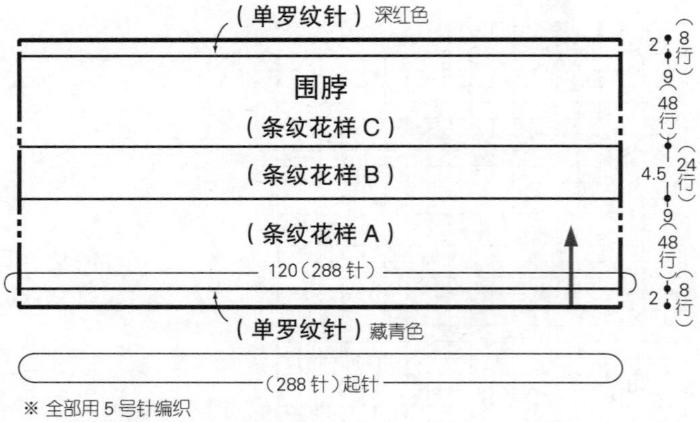

※ 全部用5号针编织

※ 单罗纹针收针方法请参照第104页

单罗纹针

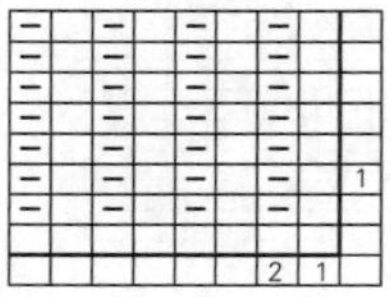

□=⊡

条纹花样A、B、C

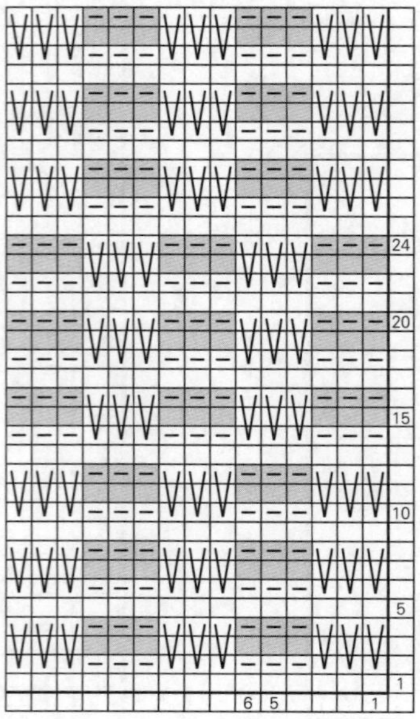

□=⊡

V（2行）=滑针（2行的情况）

※ 编织方法请参照第94页

配色：□=A：藏青色 B：橘黄色 C：深红色；▨=段染

条纹花样A

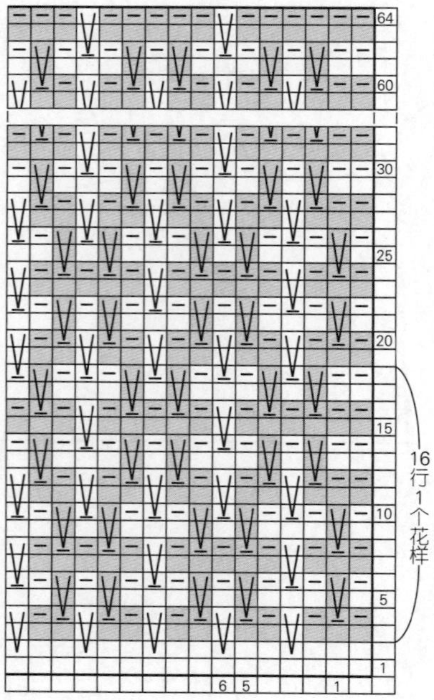

□=⊡

配色：□=黄色；▨=绿色系段染

条纹花样B

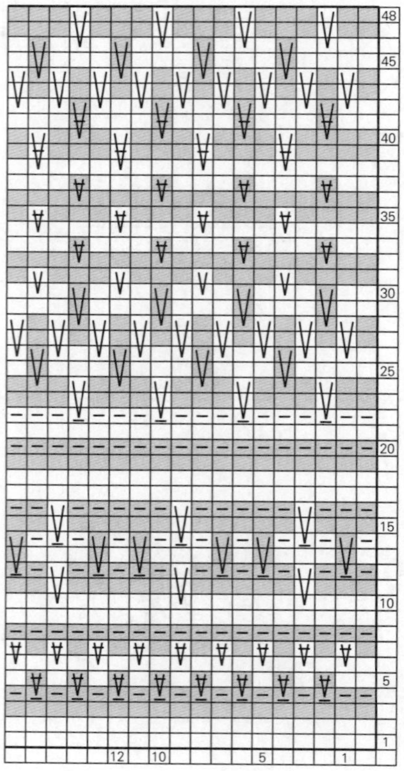

□=⊡

配色：□=黄色；▨=绿色系段染

=上针的浮针（1行的情况）

=浮针（1行的情况）

※ 编织方法请参照第100页

=滑针（2行的情况）

=上针的滑针（2行的情况）

※ 编织方法请参照第94页

=浮针（1行的情况）、滑针（1行的情况）

材料

内藤商事 Kansas 绿色系段染（402）225g/5团；Everyday New Tweed 黄色（103）135g/2团

工具

棒针10号、6号

成品尺寸

胸围104cm，衣长57cm，连肩袖长68cm

编织密度

10cm×10cm面积内：下针编织14.5针，22行；编织花样18针，22行；桂花针13.5针，22行；条纹花样A 16.5针，32行；条纹花样B 16.5针，26.5行

编织要点

●身片…另线锁针起针，做下针编织、编织花样和桂花针。后领窝参照图示编织。前领窝减2针及以上时做伏针减针，减1针时立起侧边1针减针。下摆解开起针时的锁针挑取针目，注意加针时编织挂针，在下一行将前面的挂针扭转一下编织双罗纹针。结束时做下针织下针、上针织上针的伏针收针。

●组合…肩部做盖针接合。衣领挑取指定针数后编织双罗纹针，结束时按与下摆相同的要领一边编织一边做紧一点的伏针收针。袖子挑取指定针数后编织条纹花样A、B，注意渡线不要拉得太紧。袖下立起侧边1针减针。接着编织起伏针条纹，结束时做伏针收针。胁部、袖下做挑针缝合。

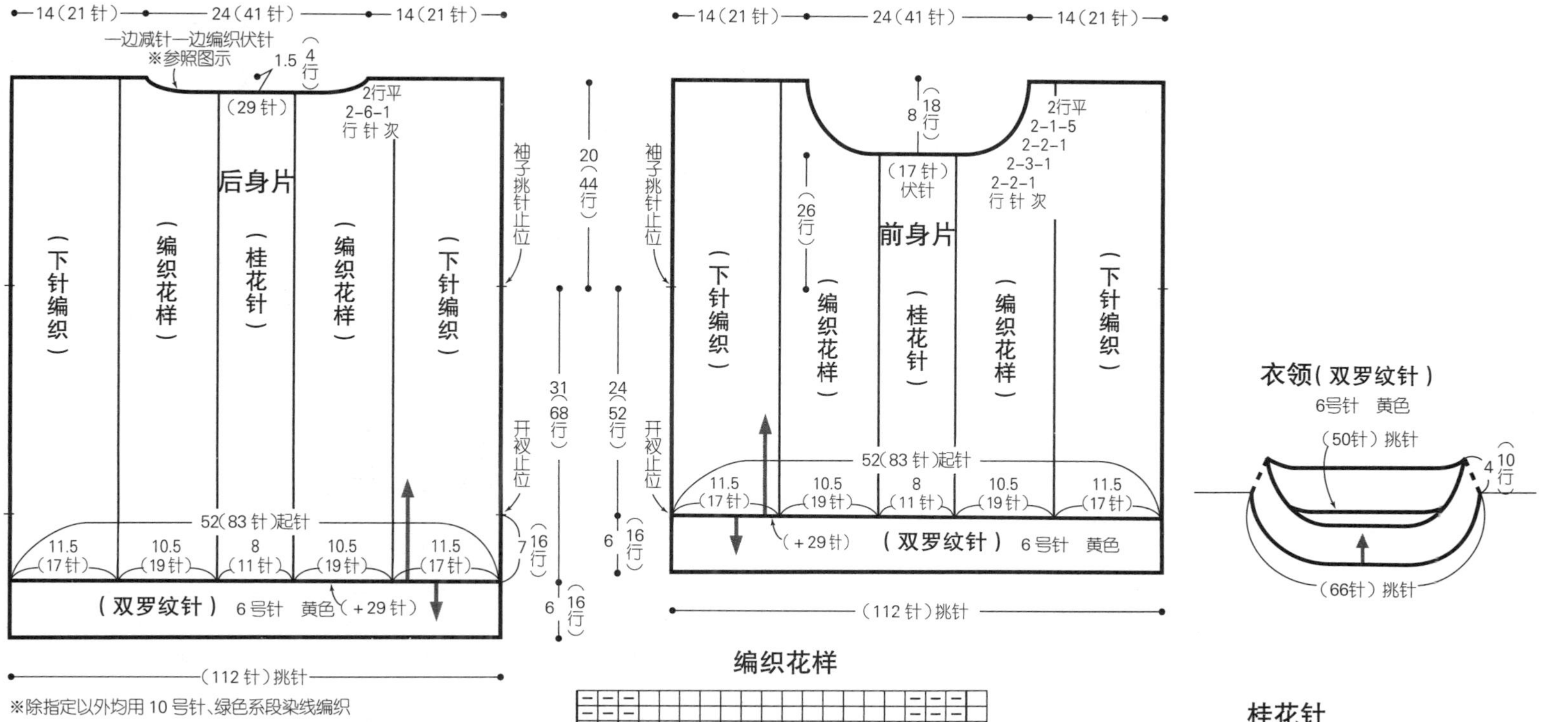

※除指定以外均用10号针、绿色系段染线编织

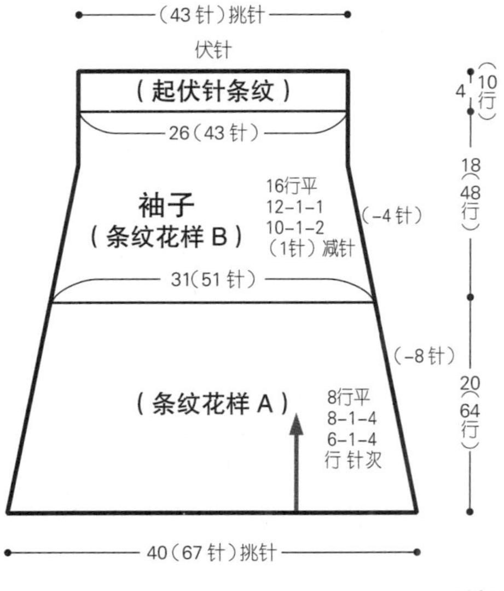

编织花样

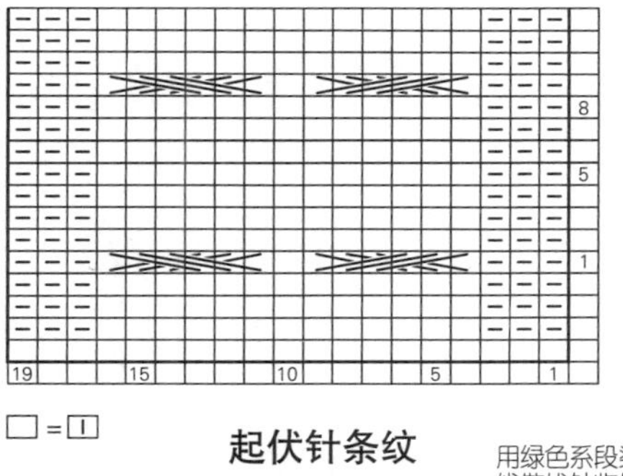

桂花针

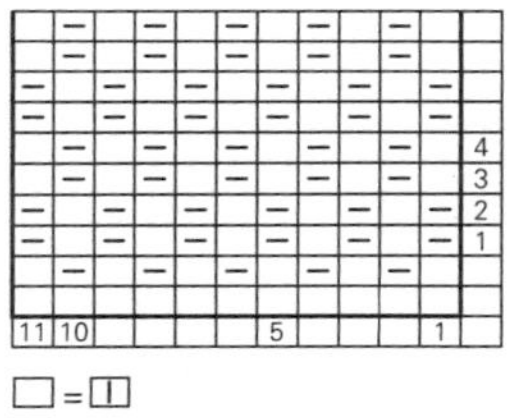

起伏针条纹

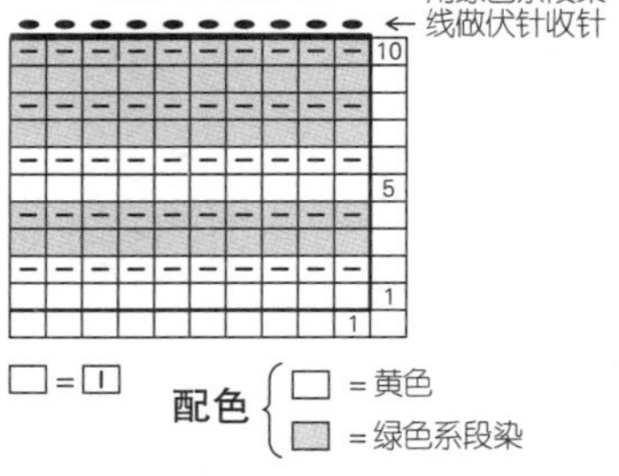

双罗纹针

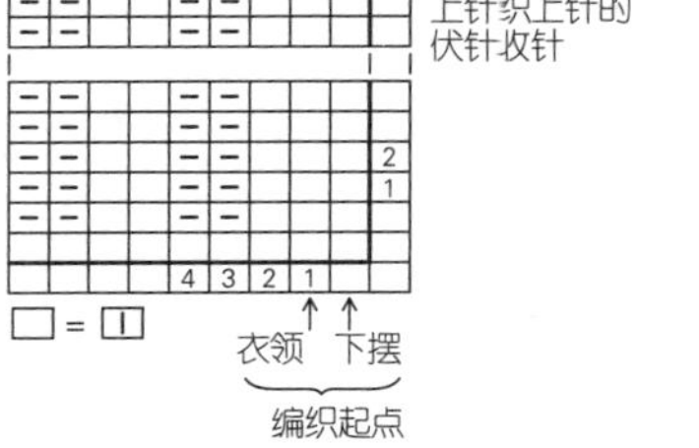

后领窝的编织方法

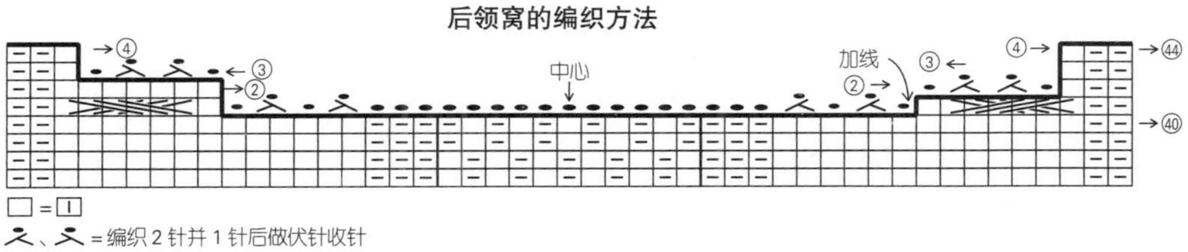

材料

Ski毛线 Ski Luno 米色(7203) 225g/8团，炭灰色(7212) 175g/6团；直径18mm的纽扣7颗

工具

棒针8号、6号

成品尺寸

胸围98cm，肩宽38cm，衣长56.5cm，袖长53cm

编织密度

10cm×10cm面积内：条纹花样21针，31行

编织要点

●身片、袖子…另线锁针起针后开始编织条纹花样。减2针及以上时做伏针减针，减1针时立起侧边1针减针。袖下的加针在1针内侧做扭针加针。下摆、袖口解开起针时的锁针挑取针目后编织单罗纹针，结束时做单罗纹针收针。

●组合…肩部做盖针接合，胁部、袖下做挑针缝合。衣领、前门襟挑取指定针数后编织单罗纹针。在右前门襟留出扣眼，结束时按与下摆相同的要领收针。袖子与身片之间做引拔缝合。最后缝上纽扣。

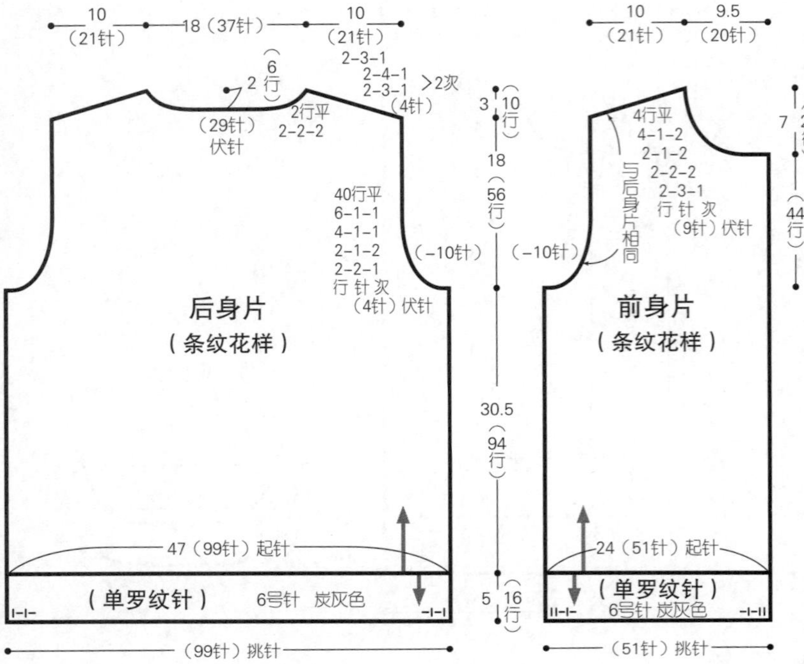

※ 除指定以外均用8号针编织

条纹花样

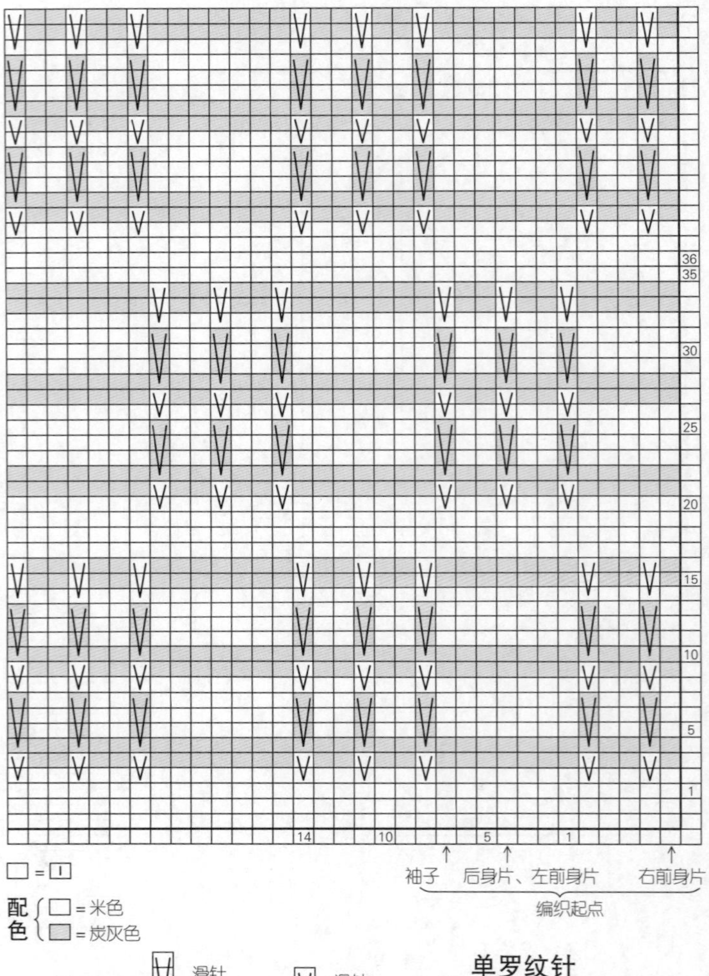

※编织方法请参照第94页、105页

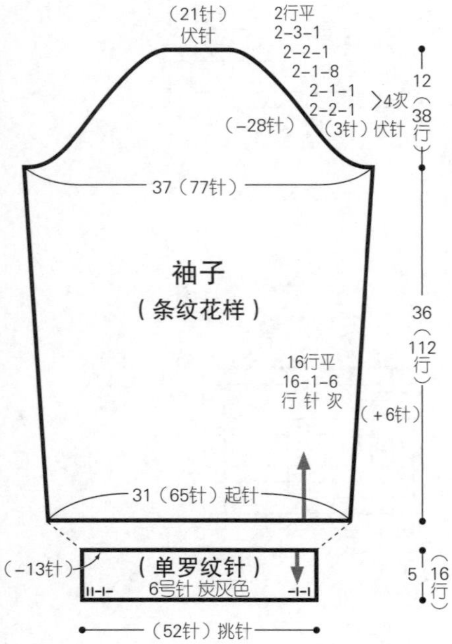

衣领、前门襟（单罗纹针）

6号针 炭灰色

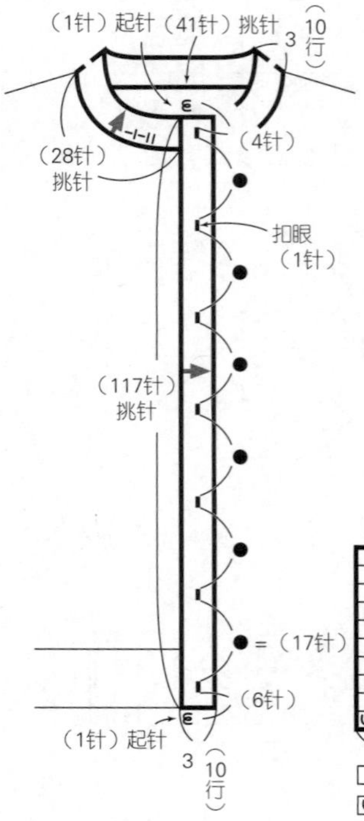

单罗纹针

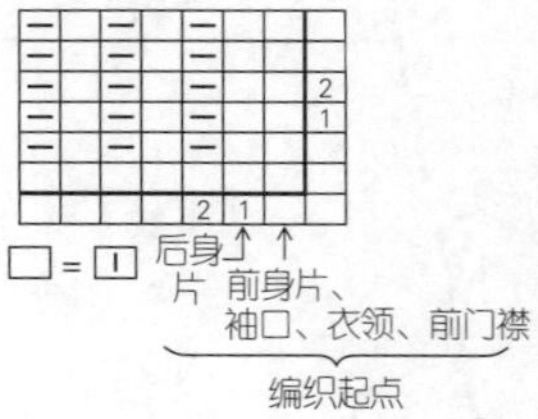

扣眼（右前门襟）

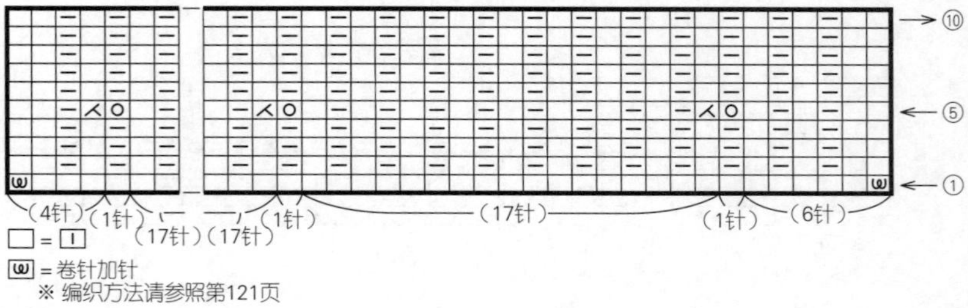

※ 编织方法请参照第121页

材料

内藤商事 Everyday 炭灰色(32) 165g/2团，浅灰色(28) 135g/2团

工具

棒针6号、4号

成品尺寸

胸围108cm，肩宽44cm，衣长62cm

编织密度

10cm×10cm面积内：条纹花样19针，32.5行

编织要点

●身片…另线锁针起针后开始编织条纹花样。减2针及以上时做伏针减针，减1针时立起侧边1针减针。

●组合…肩部做盖针接合，胁部做挑针缝合。下摆解开起针时的锁针挑取针目后环形编织单罗纹针，结束时做单罗纹针收针。衣领、袖窿挑取指定针数后环形编织单罗纹针，结束时按与下摆相同的要领收针。

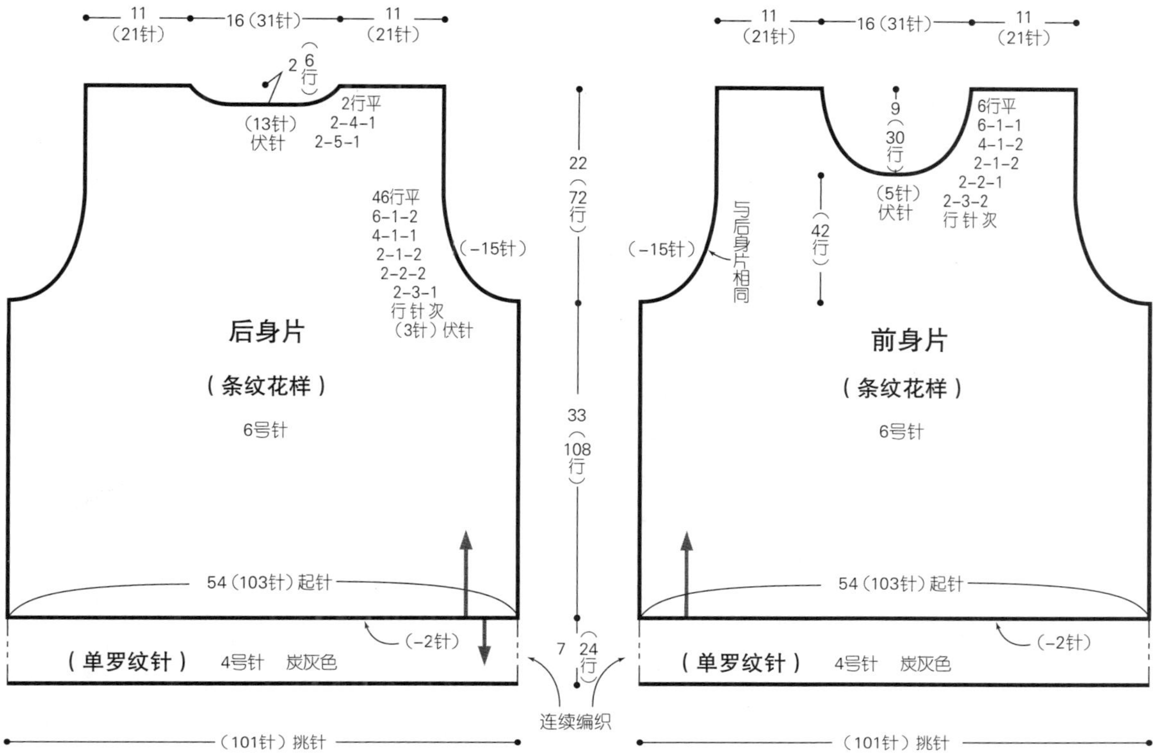

※ 单罗纹针收针方法请参照第104页

衣领、袖窿

（单罗纹针）

4号针 炭灰色

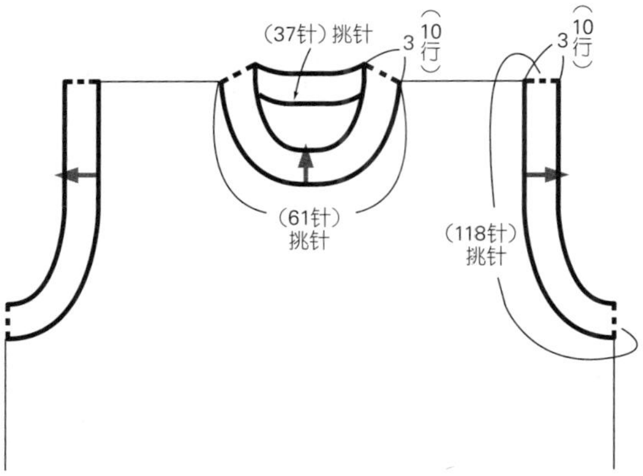

单罗纹针

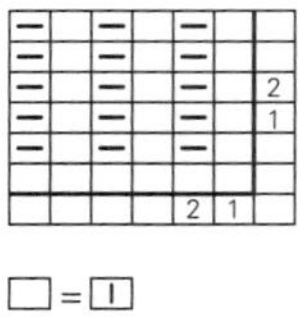

条纹花样

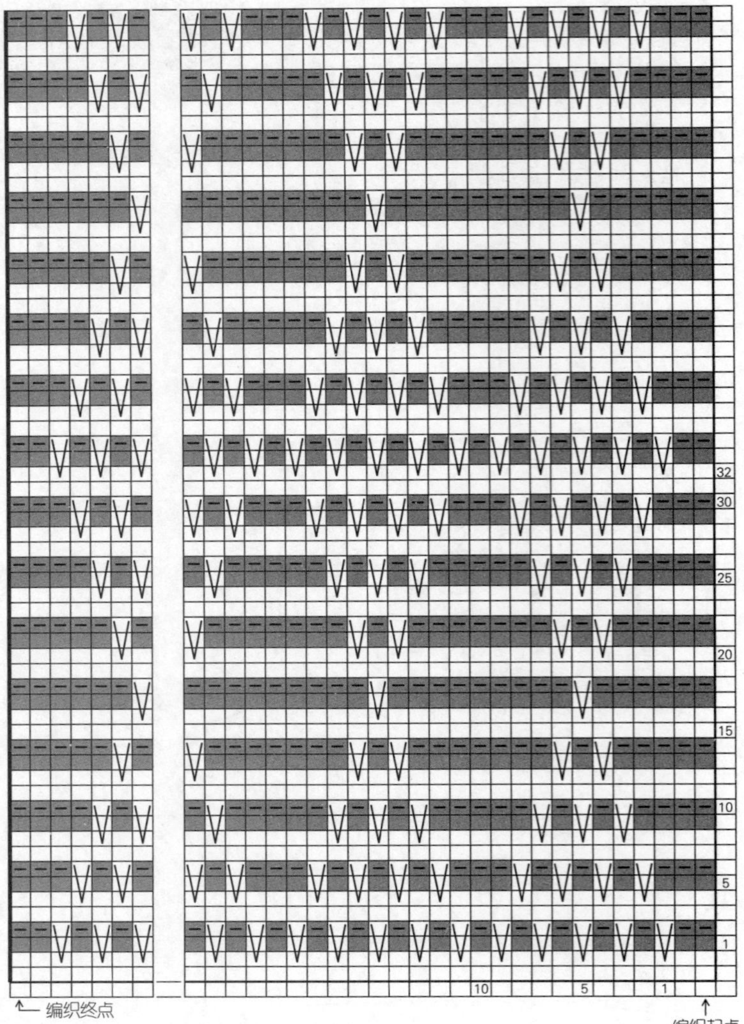

□ = 丨

V = 滑针（2 行的情况）

※ 编织方法请参照第 94 页

配色 { □ = 浅灰色 / ■ = 炭灰色

浮针（1行的情况）

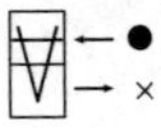

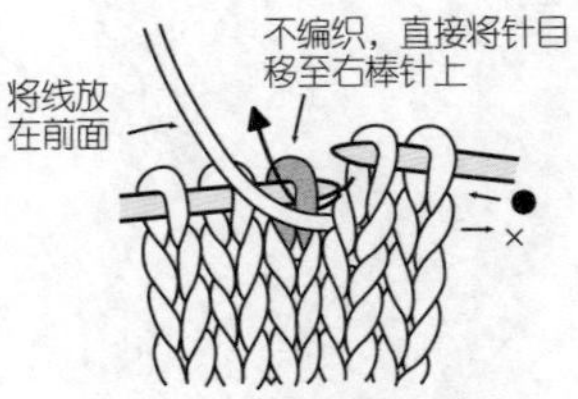

1 将线放在前面，如箭头所示入针，不编织，直接将针目移至右棒针上。

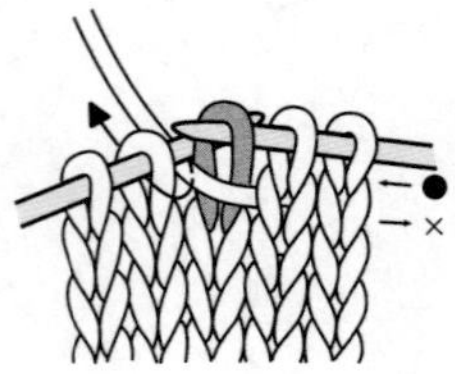

2 将线放在后面，从下一针开始正常编织。

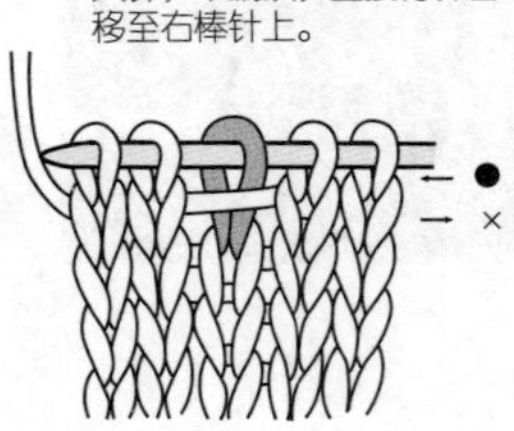

3 1行的浮针完成。

上针的浮针（1行的情况）

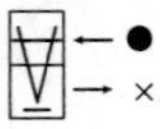

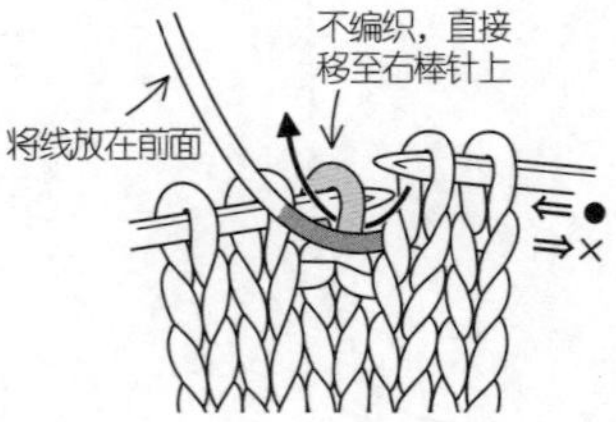

1 ×行编织上针。将线放在前面，不编织，直接将针目移至右棒针上。

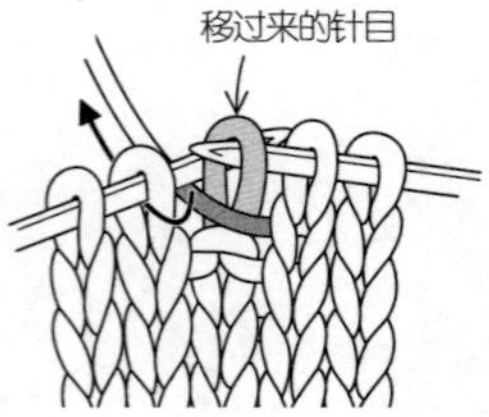

2 在下个针目里入针，挂线编织下针。

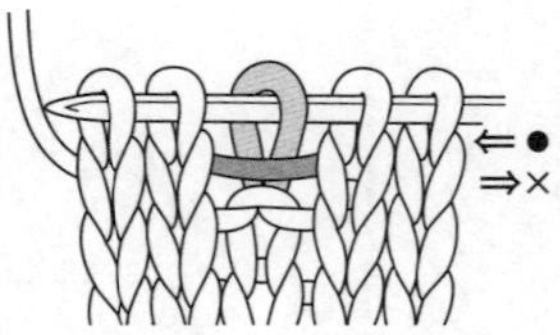

3 上针的浮针（1行的情况）完成。

双罗纹针收针

（两端均为2针下针的情况）

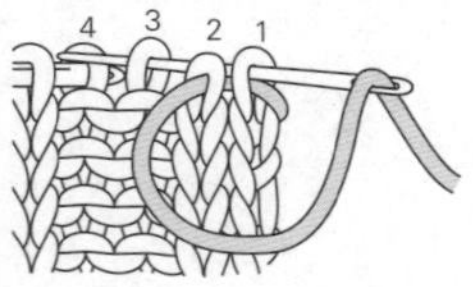

1 如图所示在针目1和2里入针后，再在针目1里入针，从针目3的前面往后穿针。

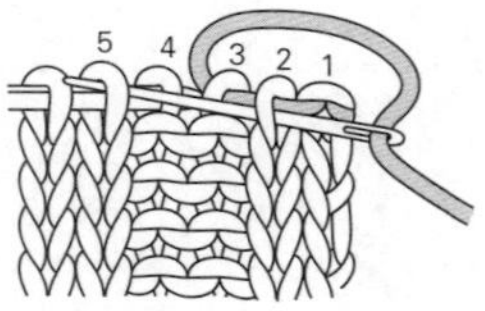

2 按下针对下针的要领，从针目2的前面入针，再从针目5的后面往前穿针。

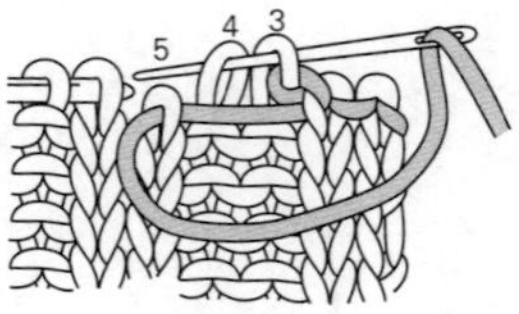

3 按上针对上针的要领，从针目3的后面入针，再从针目4的前面往后穿针。

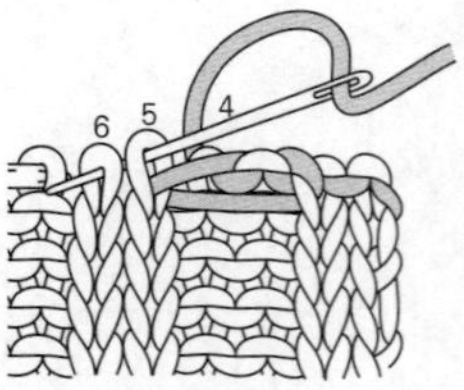

4 按下针对下针的要领，从针目5的前面入针，再从针目6的后面往前穿针。

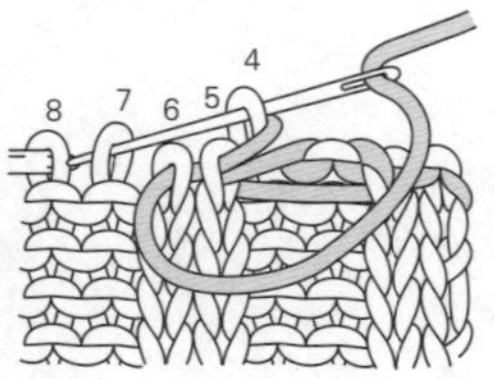

5 按上针对上针的要领，从针目4的后面入针，再从针目7的前面往后穿针。重复步骤2~5。

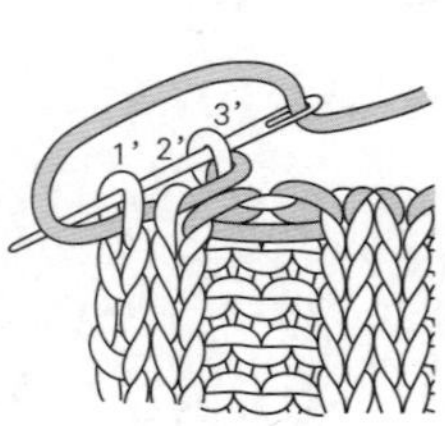

6 最后，按步骤4的要领穿针后如图所示再穿一次。

（两端均为3针下针的情况）

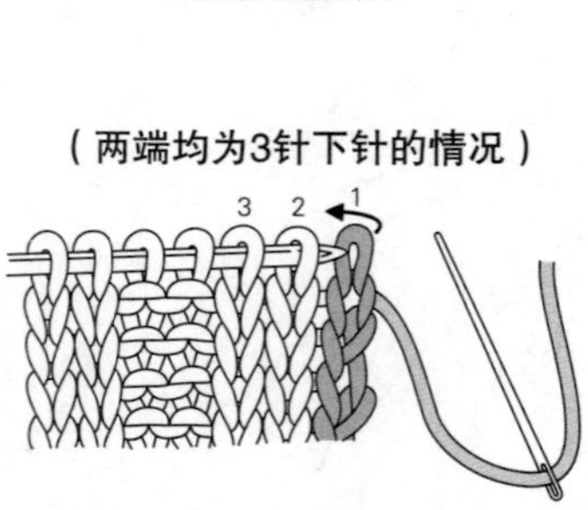

1 开始收针时，将针目1向后折到针目2的反面重叠，按与两端均为2针下针时的相同要领收针。

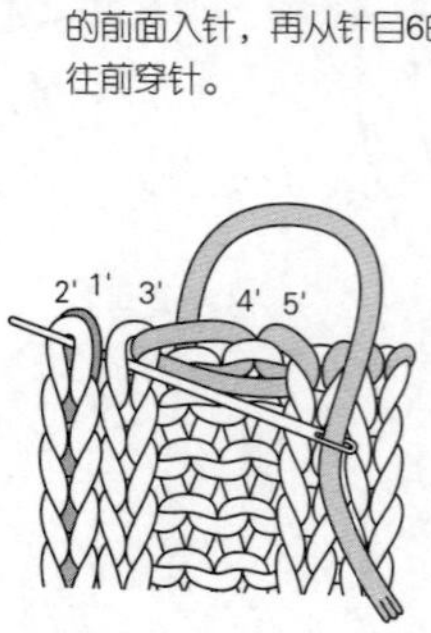

2 与开始收针时一样，将边上的针目折到后面重叠，按与两端均为2针下针时的相同要领收针。

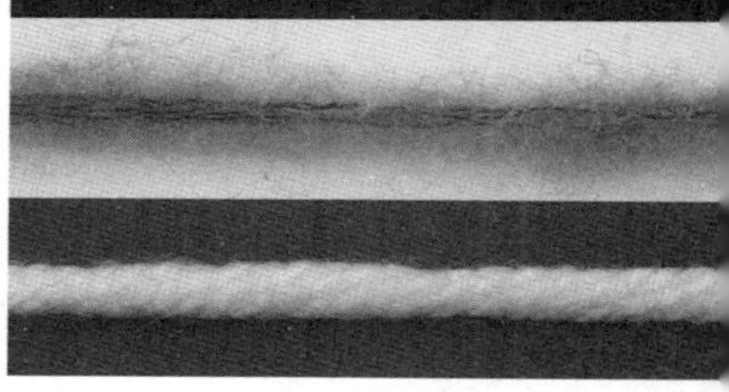

材料

内藤商事 Kansas 藏青色系段染(401) 215g/5团；Everyday Big 原白色(802)、浅灰色(809)各130g/各2团

工具

棒针13号、12号、7号

成品尺寸

胸围106cm，衣长63.5cm，连肩袖长80cm

编织密度

10cm×10cm面积内：条纹花样14针，22行；下针编织12针，18.5行

编织要点

●身片、袖子…手指挂线起针，身片编织单罗纹针和条纹花样，袖子编织单罗纹针和下针。减2针及以上时做伏针减针，减1针时立起侧边1针减针。袖子的插肩线位置在边上第2针和第3针里做2针并1针。袖下的加针在1针内侧编织挂针，再在下一行编织成扭针。

●组合…插肩线、胁部、袖下做挑针缝合，腋下针目做下针编织无缝缝合。衣领挑取指定针数后环形编织单罗纹针，结束时做下针织下针、上针织上针的伏针收针。

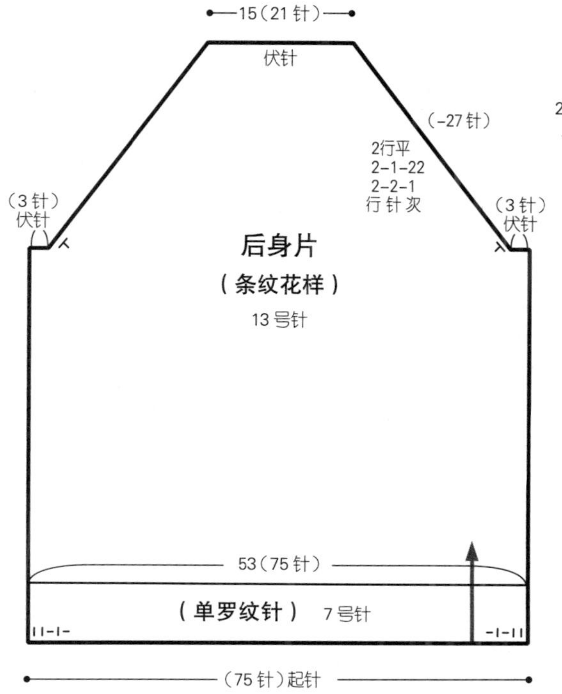

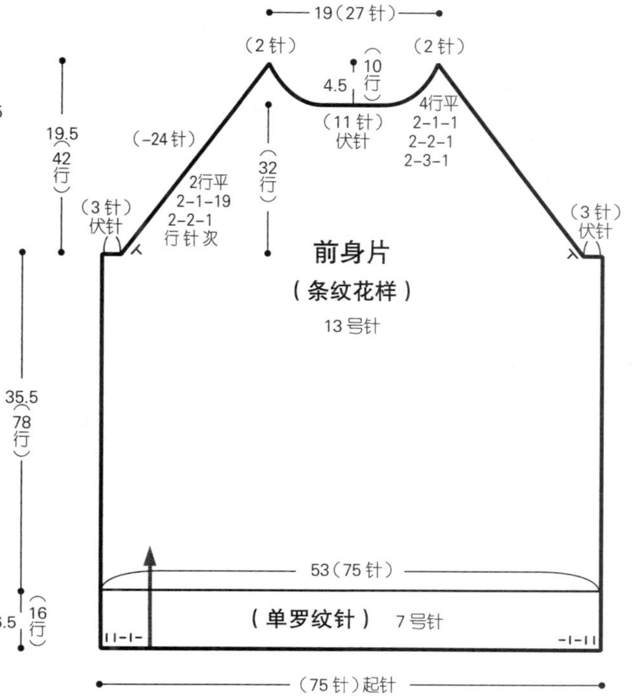

※除指定以外均用段染线编织

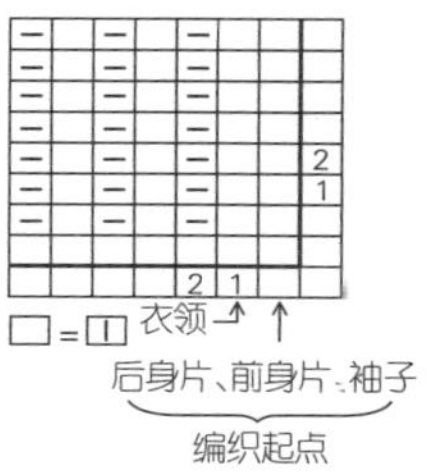

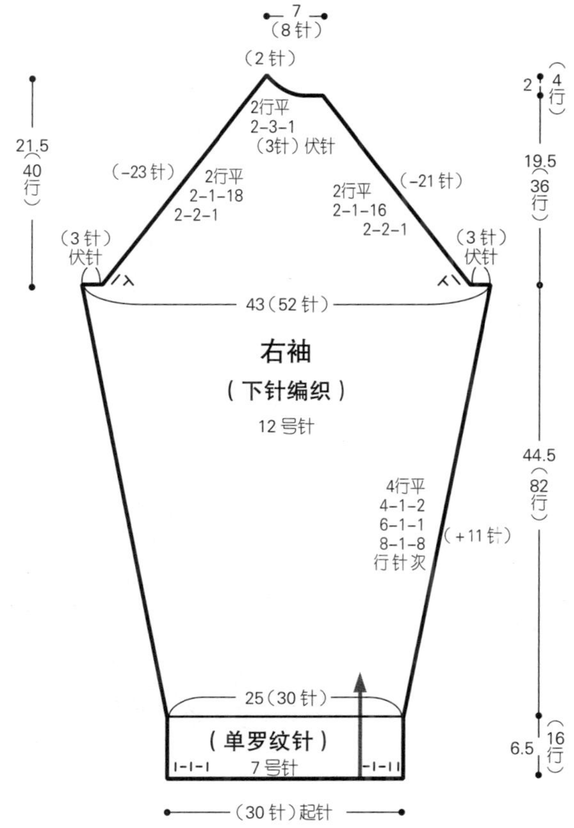

※对称编织左袖

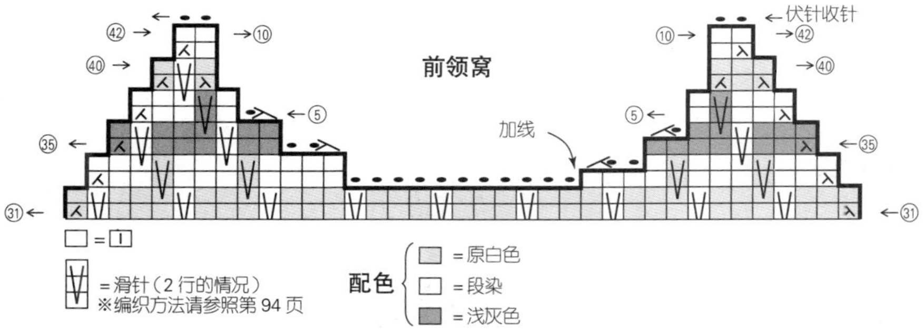

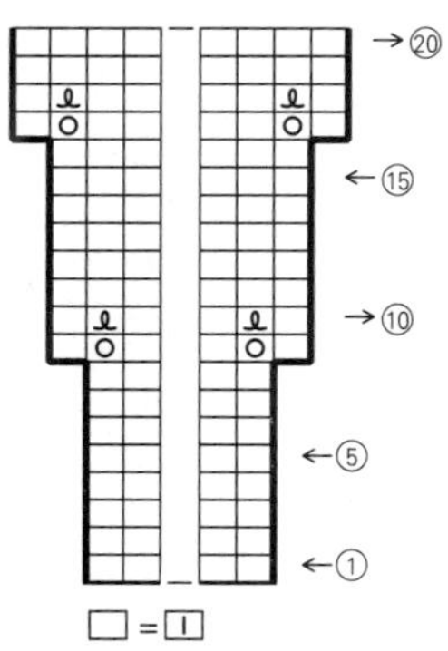

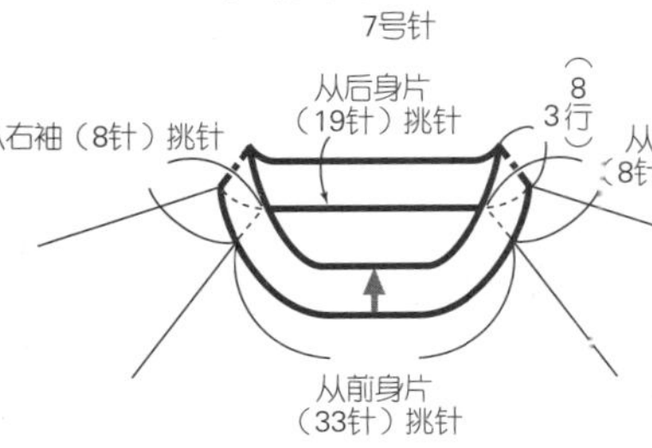

条纹花样

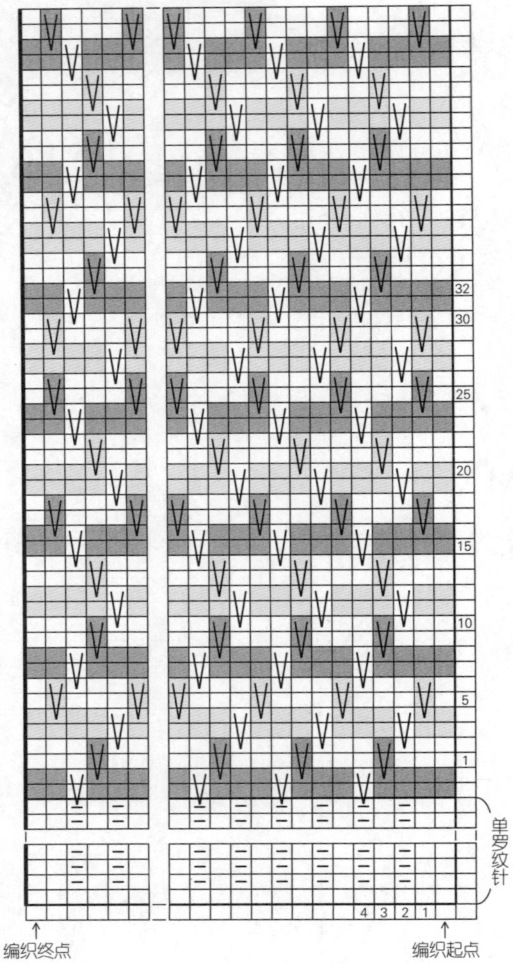

□ = 丨

= 上针的滑针（2 行的情况）

= 滑针（2 行的情况）

配色
□ = 段染
■ = 浅灰色
■ = 原白色

※编织方法请参照第 94 页

横向渡线编织配色花样的方法

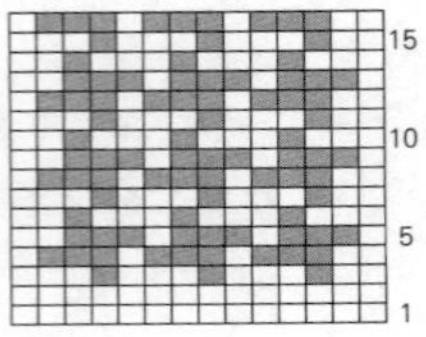

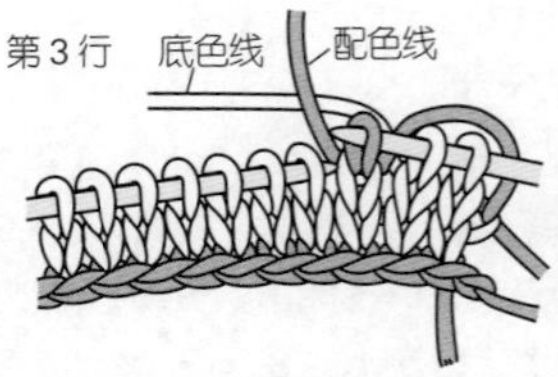

1 夹住配色线开始编织。用底色线编织2针，再用配色线编织1针。

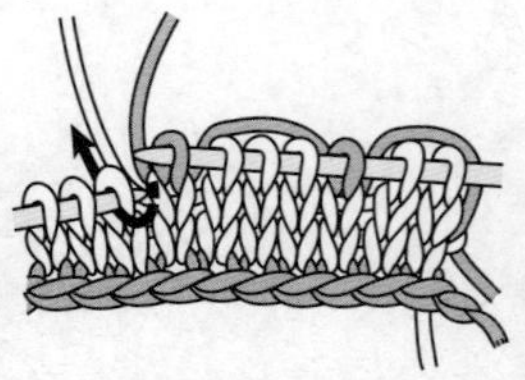

2 按配色线在上、底色线在下的要领渡线，重复“底色线编织3针，配色线编织1针”。

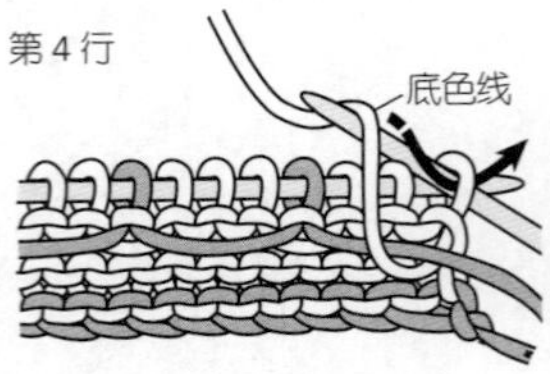

3 第4行的编织起点，夹住配色线编织第1针。

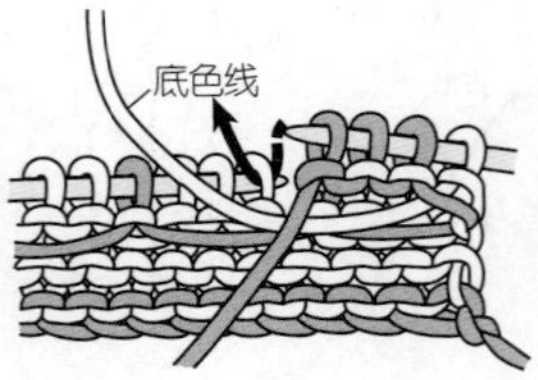

4 编织上针时，也按配色线在上、底色线在下的要领渡线编织。

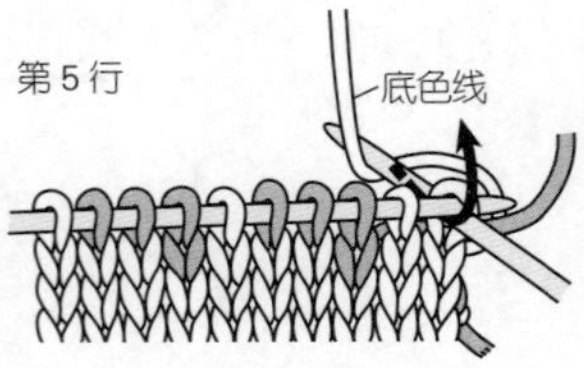

5 在一行的编织起点，将暂停编织的线夹在中间开始编织。

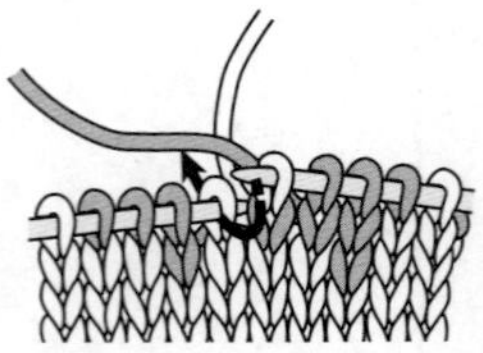

6 按符号图重复“配色线编织3针，底色线编织1针”。

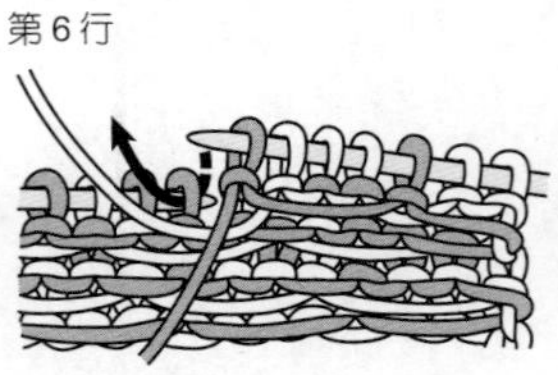

7 重复“配色线编织1针，底色线编织3针”。到这一行结束为1个花样。

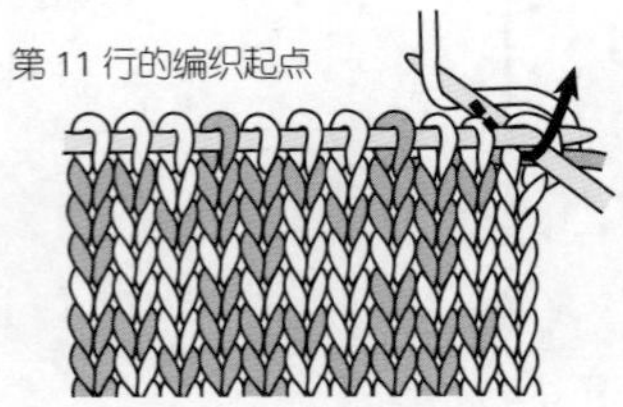

8 再编织4行，2个千鸟格花样完成后的状态。

纵向渡线编织配色花样的方法

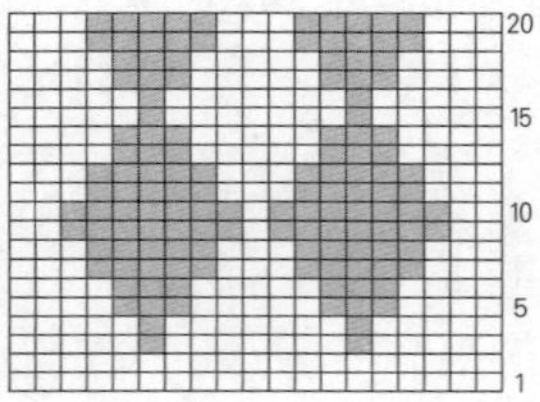

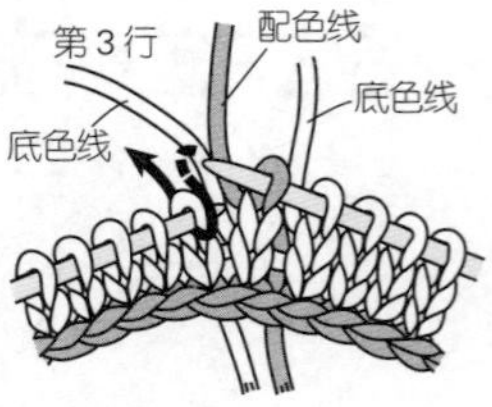

1 在菱形图案的各个顶端分别加线开始编织。

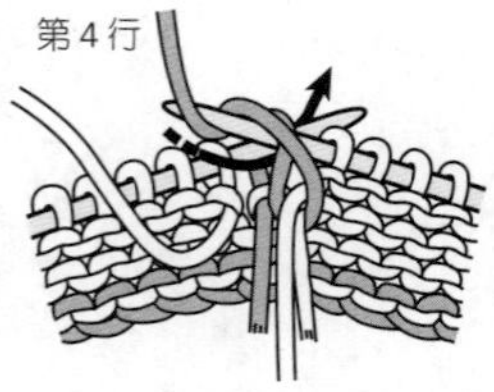

2 换成配色线时，从底色线的下方渡线交叉后编织。

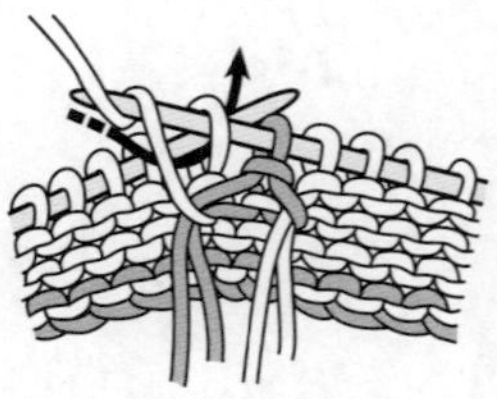

3 换成底色线时也一样，从配色线的下方渡线交叉后编织。

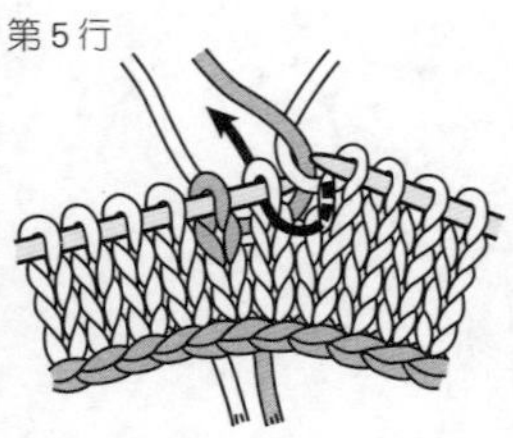

4 看着正面编织的行也是将编织线从下方渡线交叉后编织。

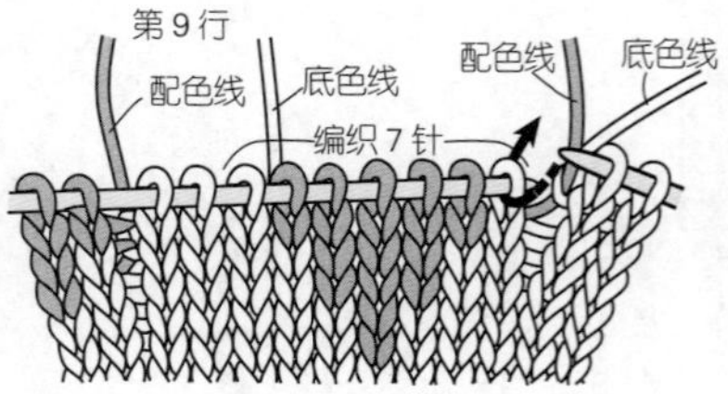

5 由于这个花样是每2行变化1次的菱形图案，所以是在下针行变换花样。

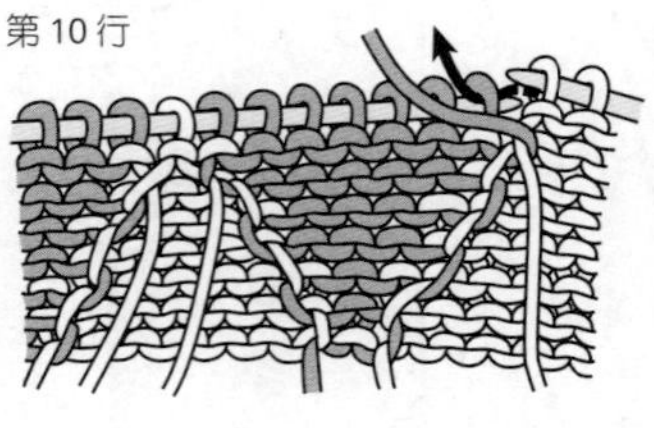

6 上针按与前一行相同的颜色编织。换色时交叉2种颜色的线。

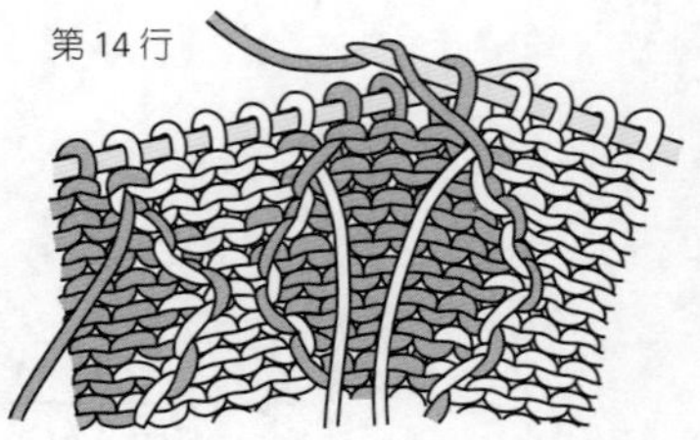

7 这是正在编织第14行时反面的状态。

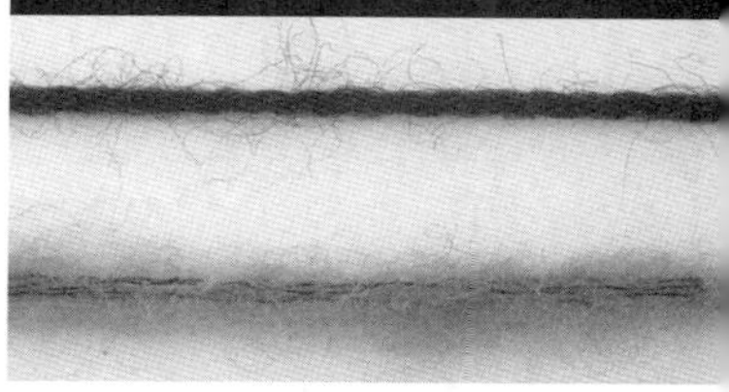

材料

内藤商事 Woolbox KM 浅灰色(164) 390g/10团，藏青色(161) 100g/3团；Kansas 粉红色和灰色系段染(404) 220g/5团；直径28mm的纽扣4颗

工具

棒针8号、9号、10号、11号、12号

成品尺寸

胸围106cm，肩宽46cm，衣长97cm，袖长48.5cm

编织密度

10cm×10cm面积内：条纹花样A、A'、B均为19.5针，33行

编织要点

●身片、袖子…除指定以外均用1股线编织。用浅灰色线手指挂线起针，编织条纹花样A、A'、B。条纹花样B的藏青色线为纵向渡线编织。减2针及以上时做伏针减针，减1针时立起侧边1针减针。袖下的加针在1针内侧做扭针加针。

●组合…肩部做盖针接合。衣领看着身片的反面用2股浅灰色线挑取针目，编织单罗纹针和配色单罗纹针。配色单罗纹针用横向渡线的方法编织，结束时松松地做伏针收针。用浅灰色线将最后一行与单罗纹针的第24行做下针无缝缝合。胁部、袖下做挑针缝合。袖子与身片做半回针缝缝合。最后缝上纽扣。

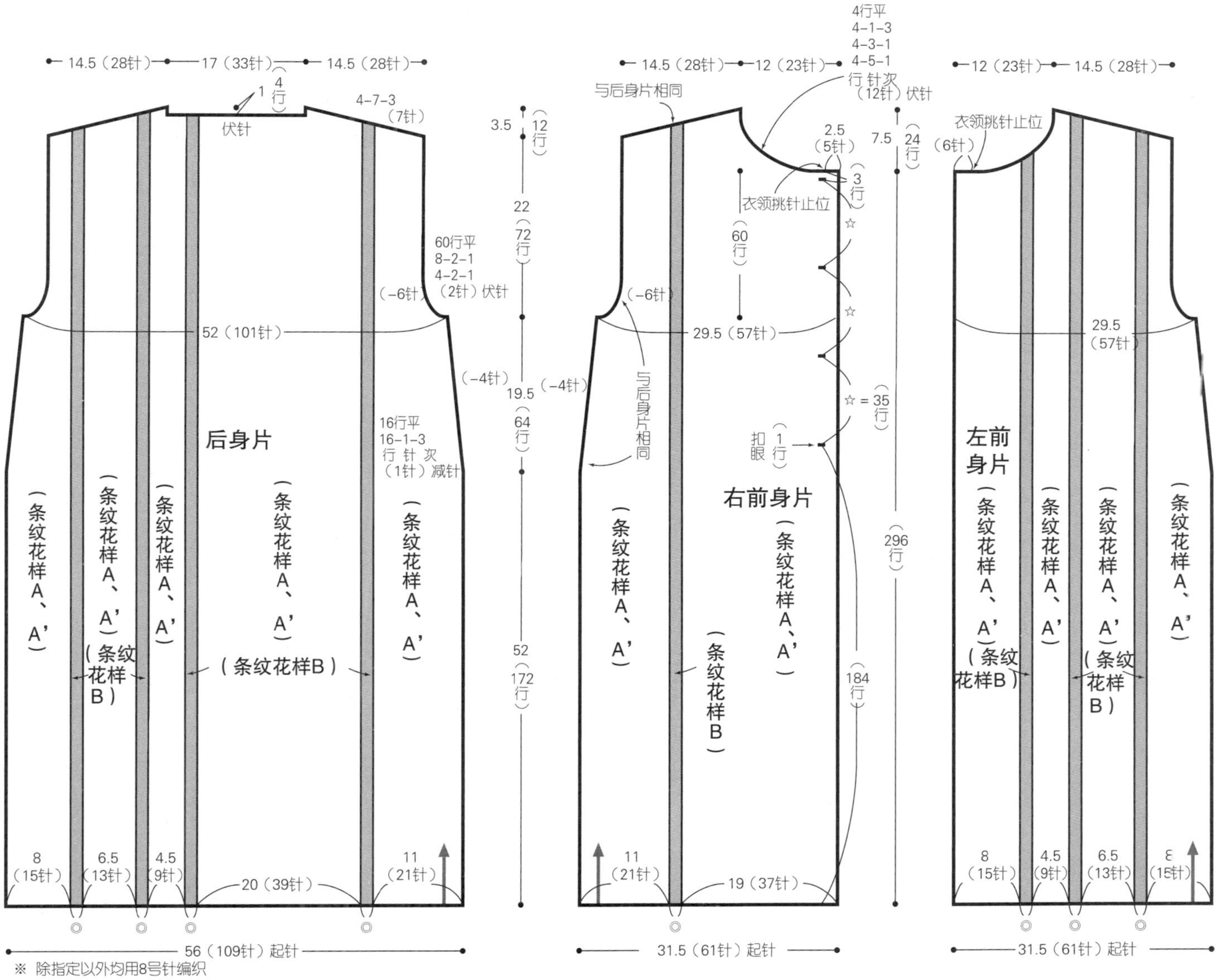

※ 除指定以外均用8号针编织

※ 除指定以外均用1股线编织

◎ = 1.5（3针）

※ 条纹花样A、A'的配色请参照其他图示

斜肩 （后身片右肩）

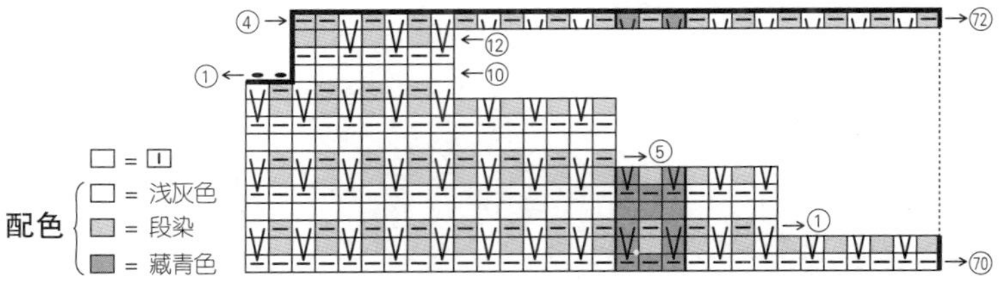

条纹花样B

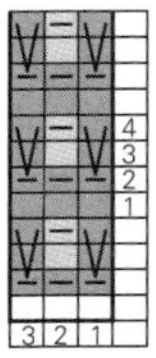

※ 纵向渡线编织配色花样的方法请参照第102页

条纹花样A'

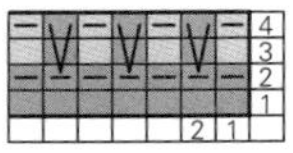

条纹花样A

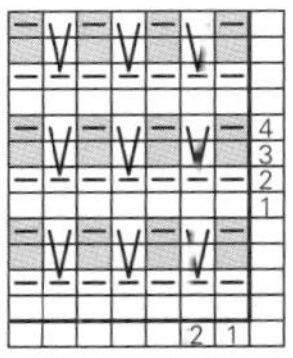

配色 □ = 浅灰色 ▨ = 段染 ■ = 藏青色

V = 上针的滑针（2行的情况）

※编织方法请参照第94页

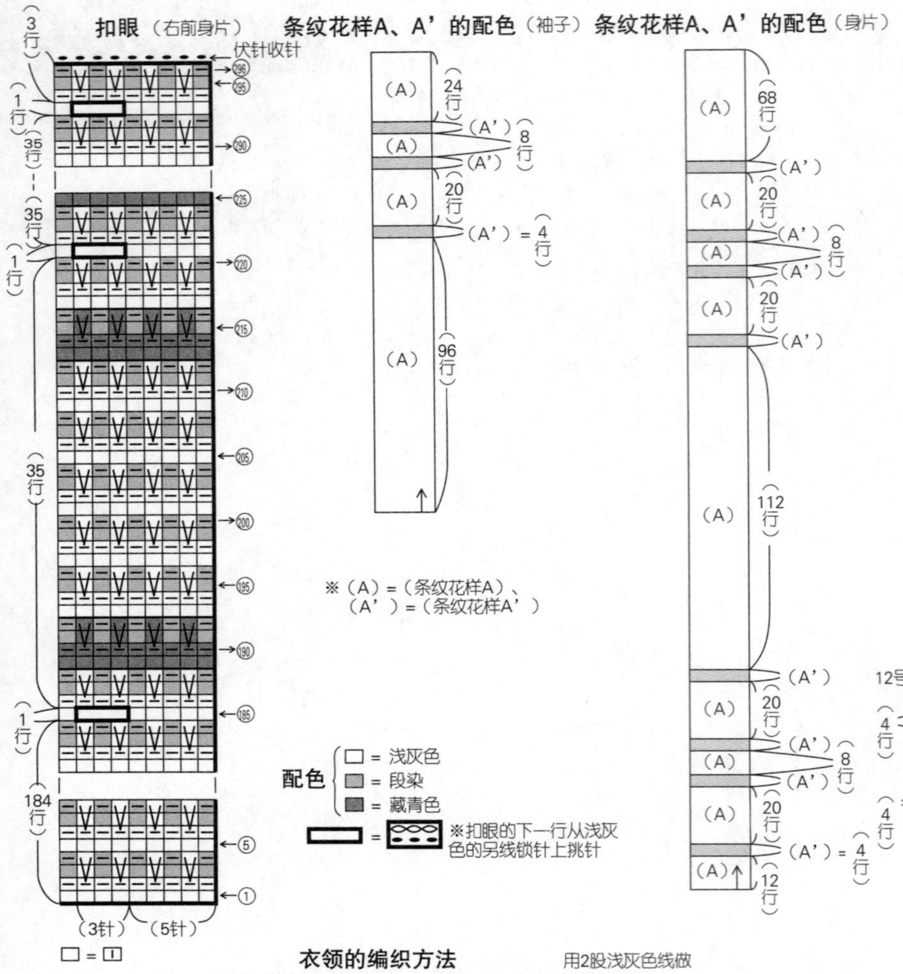

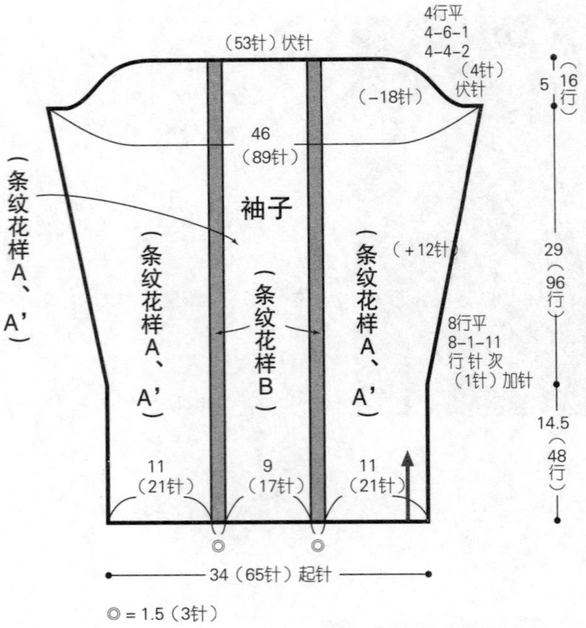

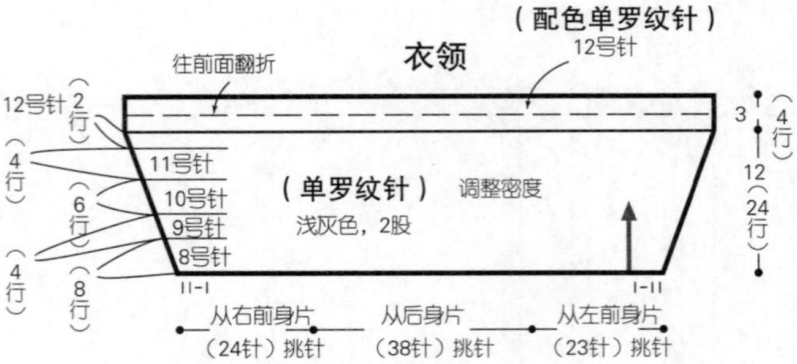

※ 全部（85针）挑针
※ 看着身片的反面挑针
※ 横向渡线编织配色花样的方法请参照第102页

衣领的编织方法

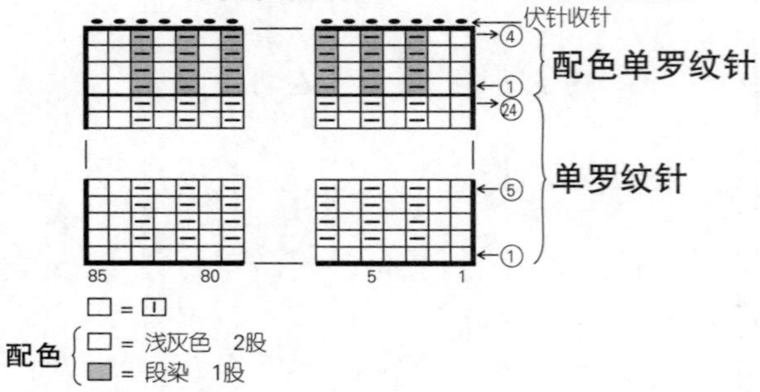

组合方法

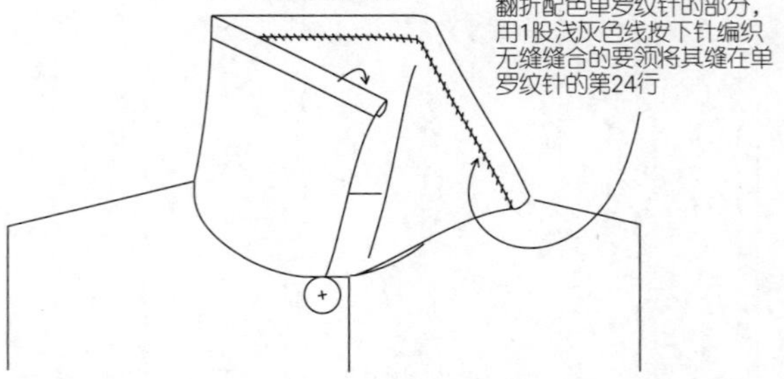

单罗纹针收针

（环形编织的情况）

（编织起点端）

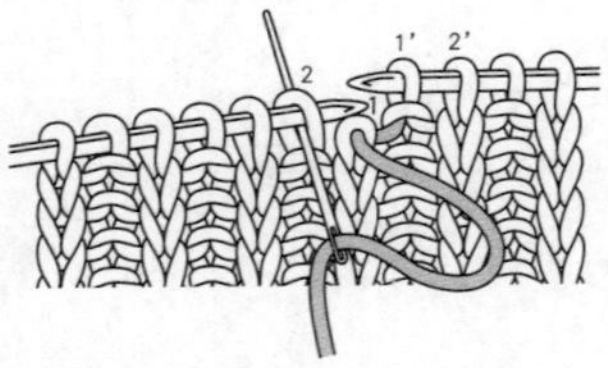

1 从针目1（最初的下针）的后面入针，从针目2的后面出针。

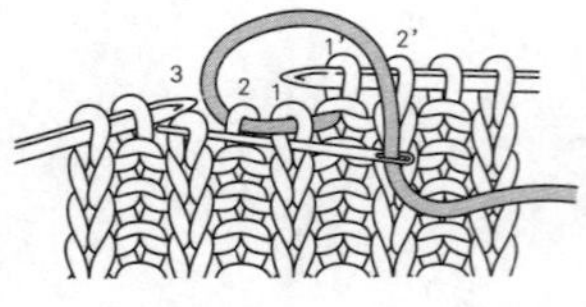

2 从针目1的前面入针，从针目3的前面出针。

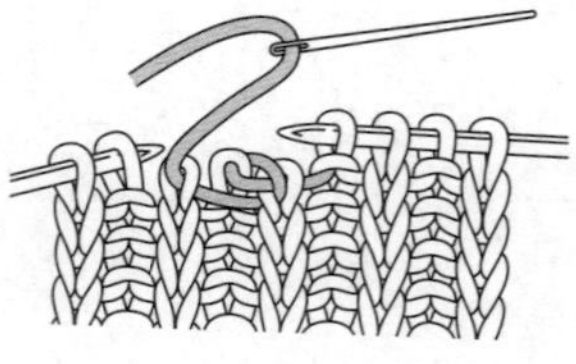

3 将线拉出后的状态。

4 从针目2的后面入针，从针目4的后面出针（上针对上针）。

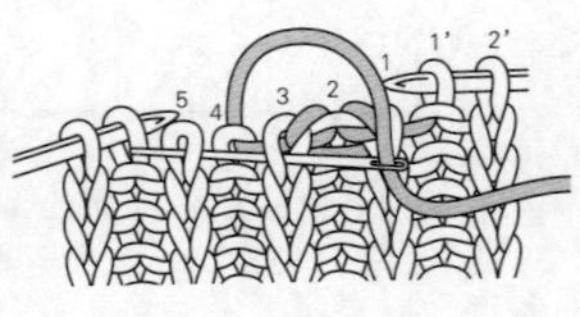

5 从针目3的前面入针，从针目5的前面出针（下针对下针）。重复步骤4、5。

（编织终点端）

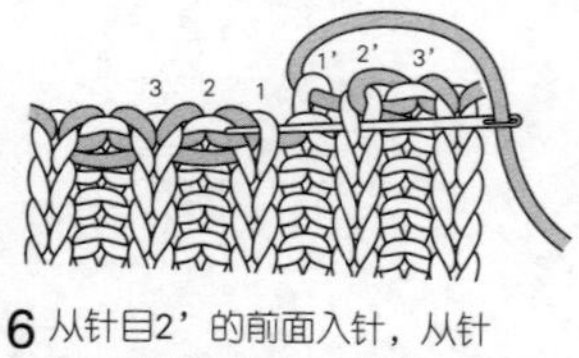

6 从针目2’的前面入针，从针目1（最初的下针）的前面出针（下针对下针）。

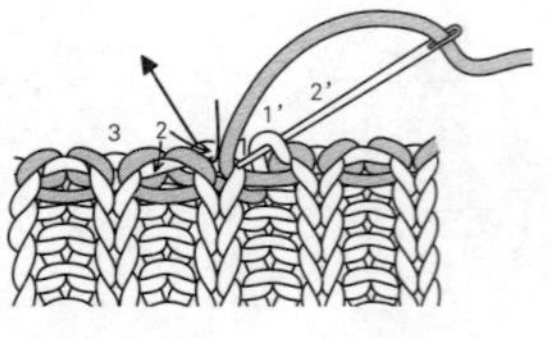

7 从针目1’（上针）的后面入针，从针目2（最初的上针）的后面出针。

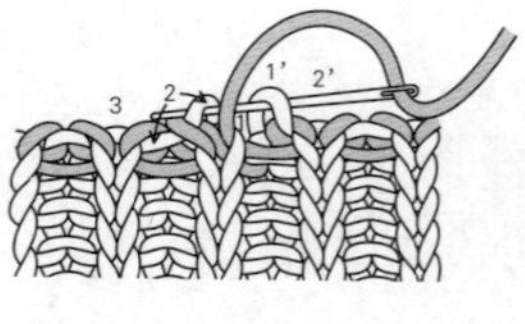

8 在针目1’和2中插入手缝针后的状态。针目1和2一共插入3次手缝针。

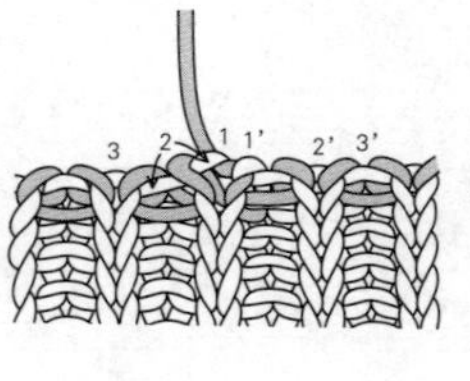

9 将线拉出，完成。

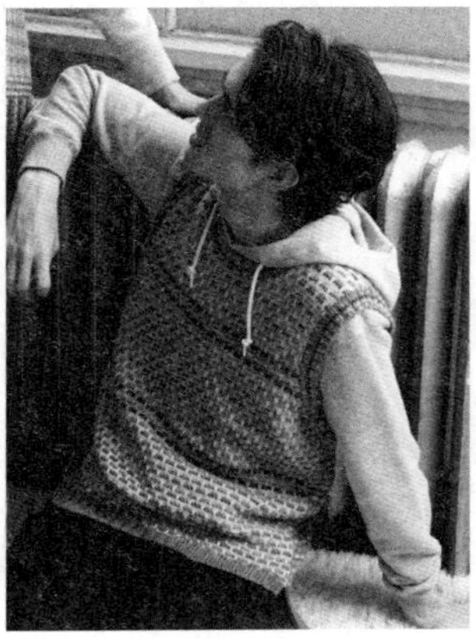

材料

芭贝 Princess Anny 灰茶色(529) 160g/4团，浅灰蓝色(534) 95g/3团，浅紫色(522) 40g/1团，肉粉色(527) 35g/1团，紫色(550) 10g/1团

工具

棒针6号、4号

成品尺寸

胸围96cm，肩宽38cm，衣长64.5cm

编织密度

10cm×10cm面积内：条纹花样A、B、B'、C均为24针，39行

编织要点

●身片…另线锁针起针，后身片编织条纹花样A，前身片编织条纹花样B、B'、C。减2针及以上时做伏针减针，减1针时立起侧边1针减针。下摆解开起针时的锁针挑取针目后编织双罗纹针，结束时做双罗纹针收针。

●组合…肩部做盖针接合，胁部做挑针缝合。衣领、袖窿挑取指定针数后环形编织双罗纹针条纹，结束时按与下摆相同的要领收针。

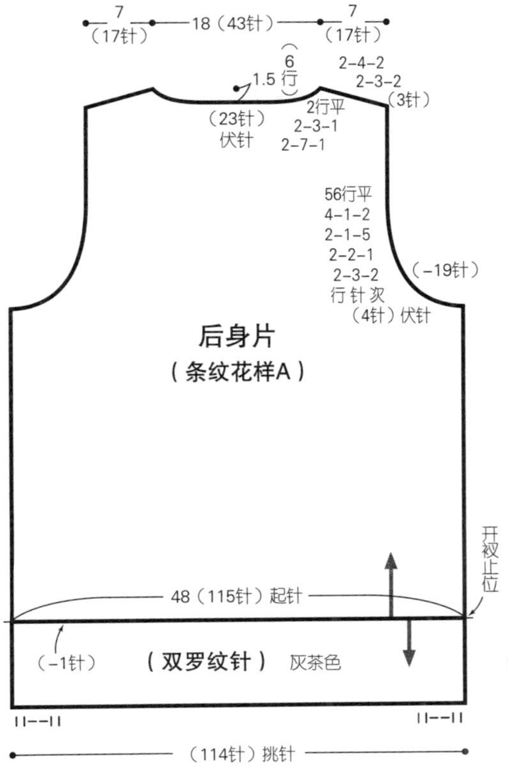

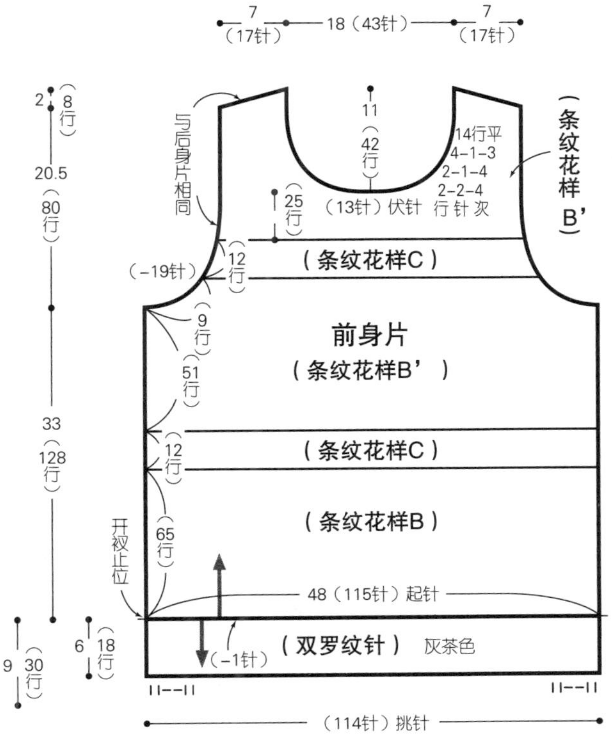

※ 除指定以外均用6号针编织

※ 双罗纹针收针方法请参照第100页

条纹花样 A、B、B'、C

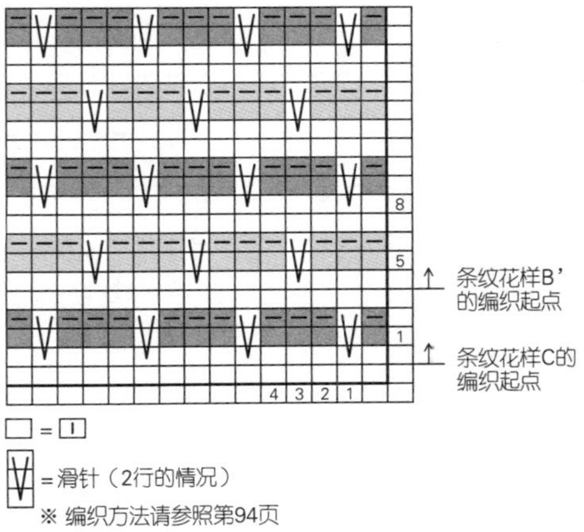

条纹花样（A、B、B'、C）的配色

	A	B、B'	C
□	灰茶色	浅灰蓝色	浅紫色
■	浅灰蓝色	灰茶色	紫色
▒	浅紫色	肉粉色	肉粉色

双罗纹针

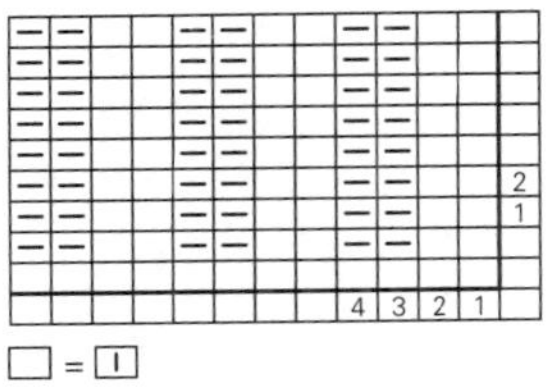

双罗纹针条纹配色

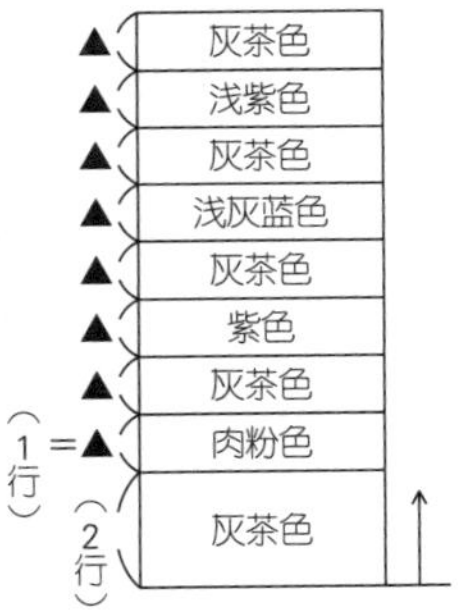

衣领、袖窿

（双罗纹针条纹）4号针

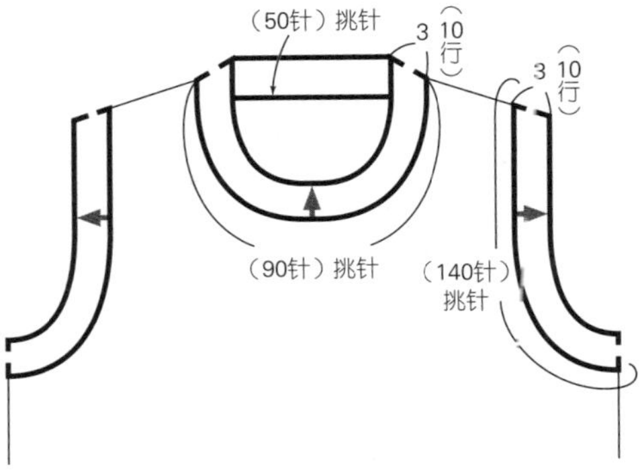

滑针
（1行的情况）

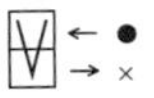

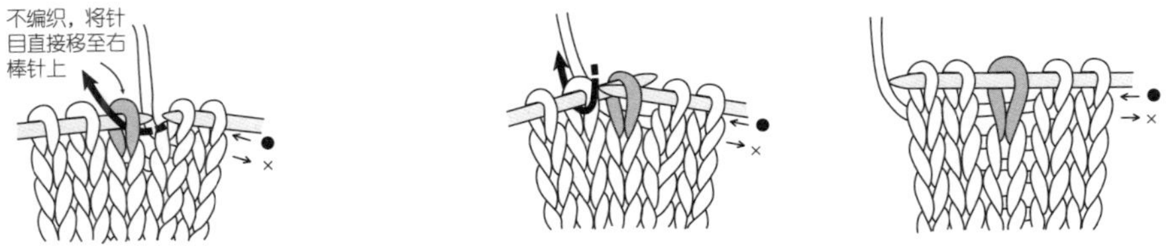

1 ×行编织下针。●行将线放在后面，不编织，将针目直接移至右棒针上。

2 如箭头所示在下个针目里入针，编织下针。

3 1行的滑针完成。

材料

芭贝 Shetland 浅灰蓝色(9) 105g/3团，灰茶色(34) 95g/3团，浅蓝色(17) 70g/2团，蓝色(16) 55g/2团，群青色(53) 40g/1团，白色(8) 25g/1团；宽2.5cm的松紧带68cm

工具

棒针6号、7号、8号、9号

成品尺寸

腰围80cm，裙长62cm

编织密度

10cm×10cm面积内：条纹花样A、A'均为18针，32行(9号针)；条纹花样B19针，34行；条纹花样C 24.5针，30行

编织要点

●手指挂线起针，按起伏针条纹和条纹花样A、A'、B、B'、C环形编织，注意中途调整针号。接着腰头部分在第1行减针后做下针编织，结束时松松地做伏针收针。将缝成环形的松紧带夹在中间向内侧翻折后松松地做卷针缝缝合。

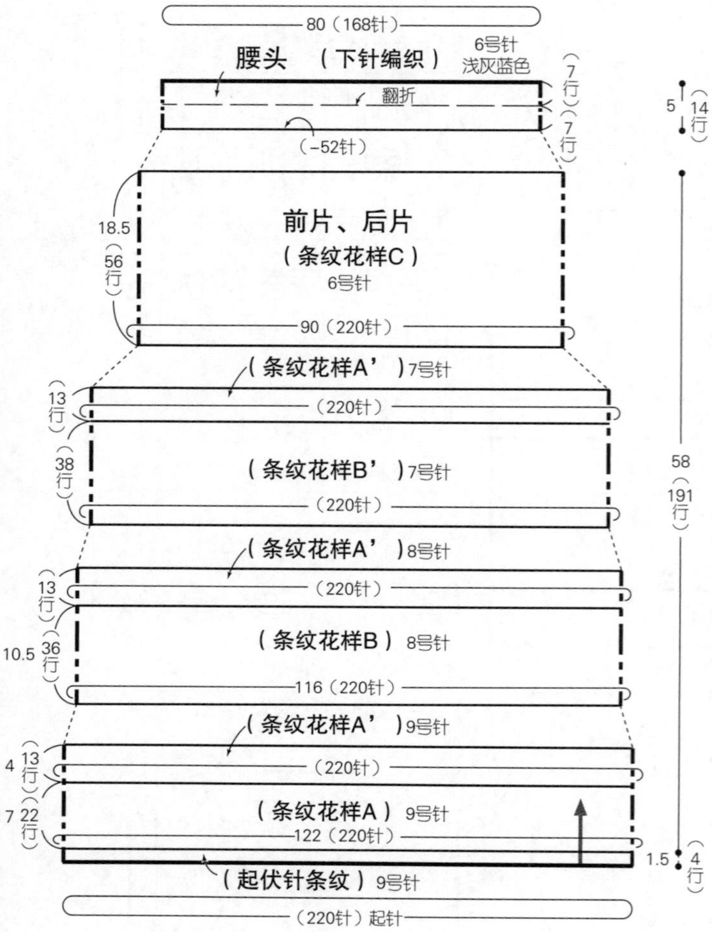

条纹花样 A、A'

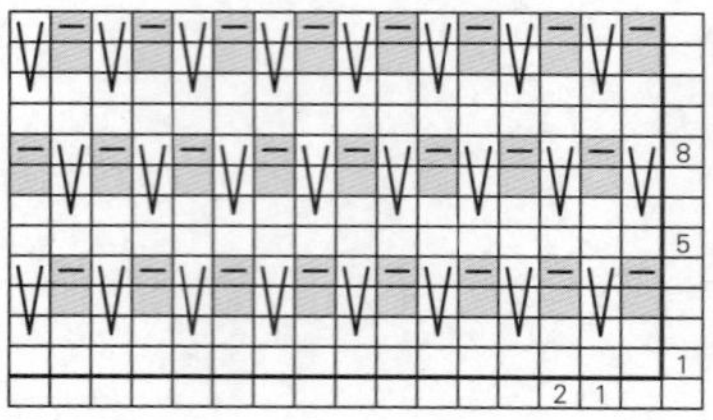

□ = |

V = 滑针（2行的情况）

※ 编织方法请参照第94页

配色

	A	A'
□	群青色	灰茶色
▒	蓝色	白色

条纹花样 B、B'

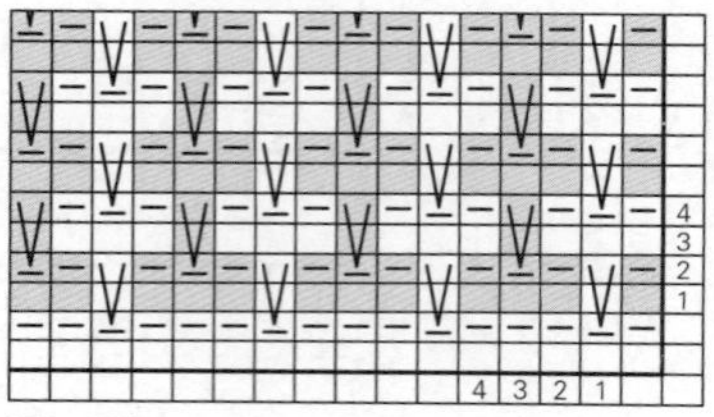

□ = |

V = 上针的滑针（2行的情况）

※ 编织方法请参照第94页

配色

	B	B'
□	蓝色	浅蓝色
▒	浅蓝色	浅灰蓝色

起伏针条纹

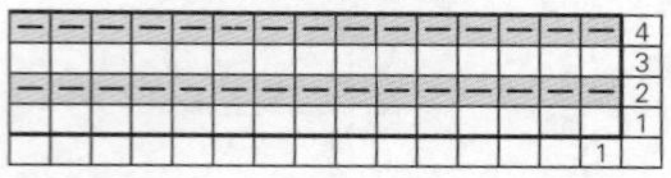

□ = |

配色 { □ = 群青色 ▒ = 蓝色

条纹花样 C

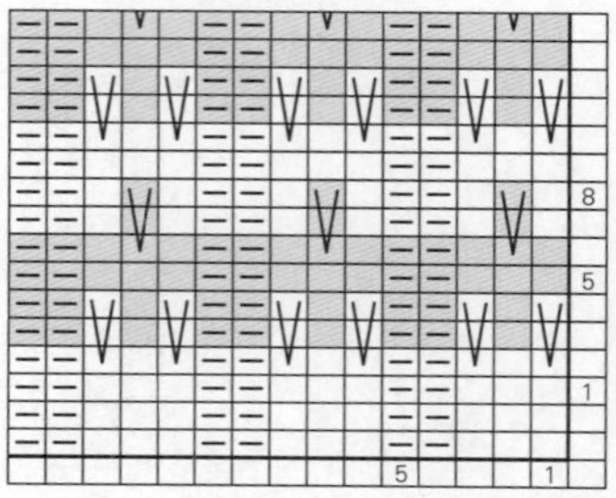

□ = |

V = 滑针（2行的情况）

配色 { □ = 浅灰蓝色 ▒ = 灰茶色

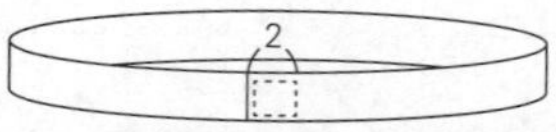

※ 将松紧带两端重叠2cm缝成环形后夹在中间，将腰头向内侧翻折后松松地做卷针缝缝合

卷针

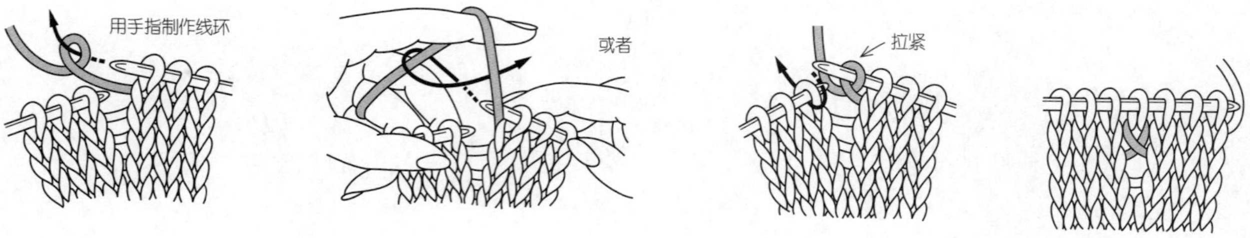

材料

奥林巴斯 Tree House Palace 原白色(401) 570g/15团

工具

棒针7号、5号、4号

成品尺寸

胸围100cm，肩宽42cm，衣长61cm，袖长50.5cm

编织密度

10cm×10cm面积内：桂花针20针，29行；编织花样A的1个花样14针5cm，编织花样B的1个花样14针4.5cm，编织花样C的1个花样26针10cm，编织花样A、B、C均为29行10cm；编织花样D的1个花样16针5cm，30行10cm

编织要点

●身片、袖子…身片手指挂线起针后按桂花针和编织花样A、B、C编织。下摆参照图示加针。减2针及以上时做伏针减针，减1针时立起侧边1针减针。袖窿的加针在1针内侧做扭针加针。下摆饰边另线锁针起针后按编织花样D编织，结束时做伏针收针。袖子另线锁针起针后按与身片相同的要领编织。袖下按与袖窿相同的要领加针。袖口解开起针时的锁针挑取针目后编织扭针的单罗纹针，结束时做单罗纹针收针。

●组合…身片和下摆饰边之间做针与行的接合。肩部做盖针接合，胁部做挑针缝合和下针无缝缝合，袖下做挑针缝合。衣领挑取指定针数后，一边调整编织密度一边环形编织扭针的单罗纹针，结束时按与袖口相同的要领收针。袖子与身片之间做引拔缝合。

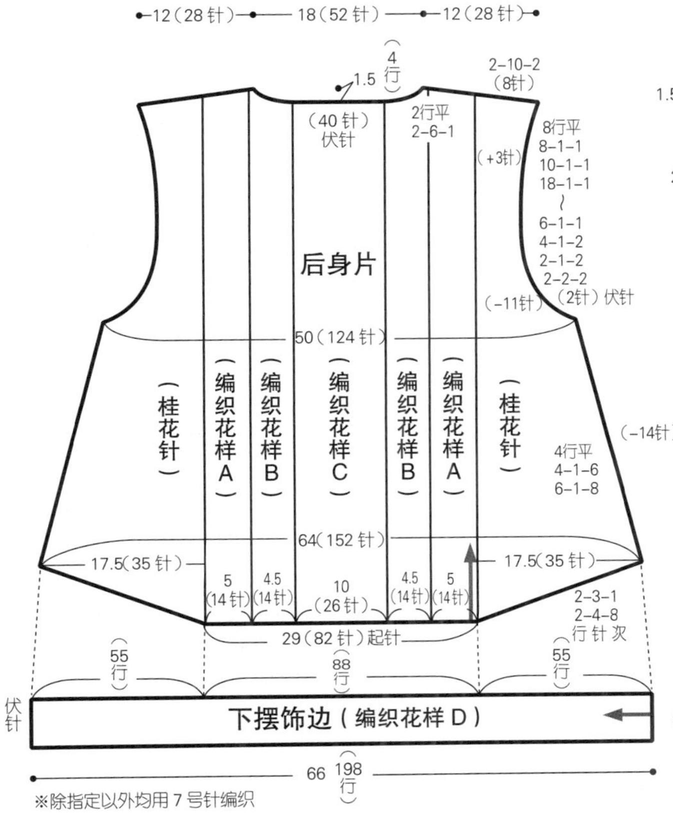

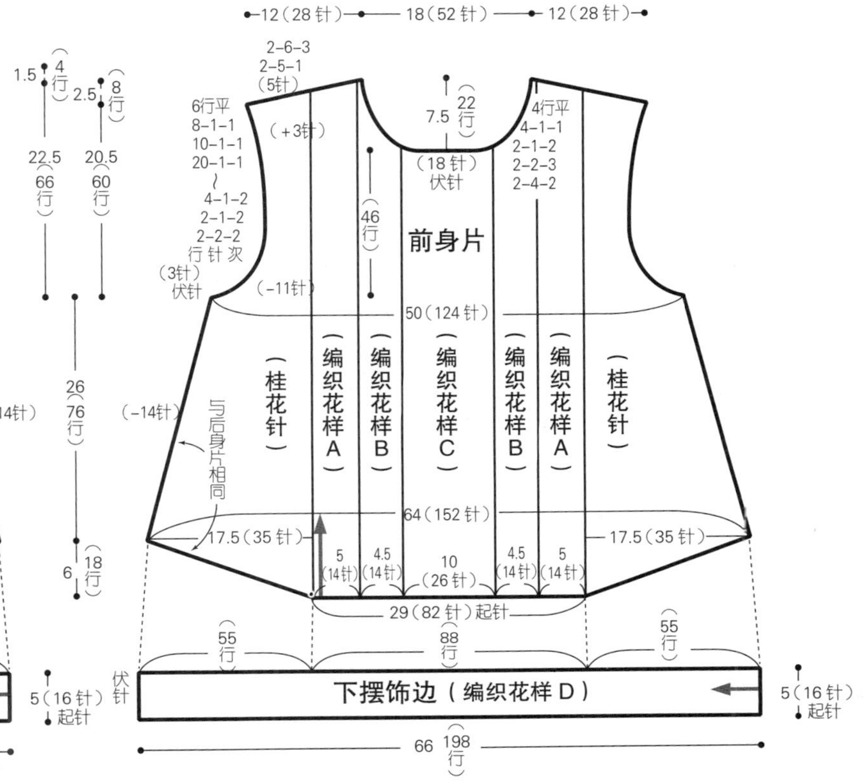

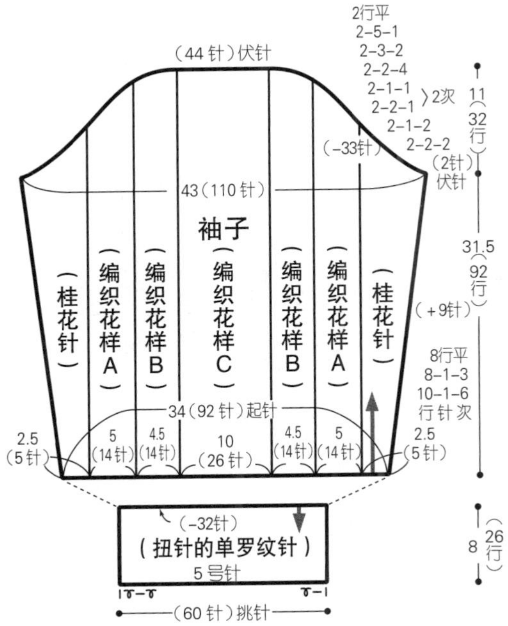

桂花针

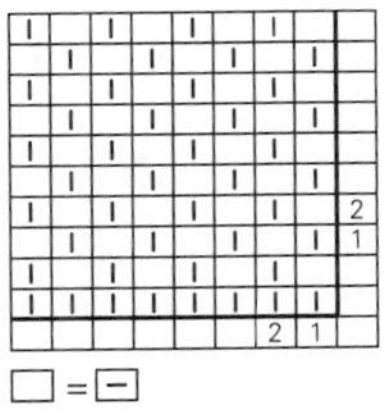

编织花样A

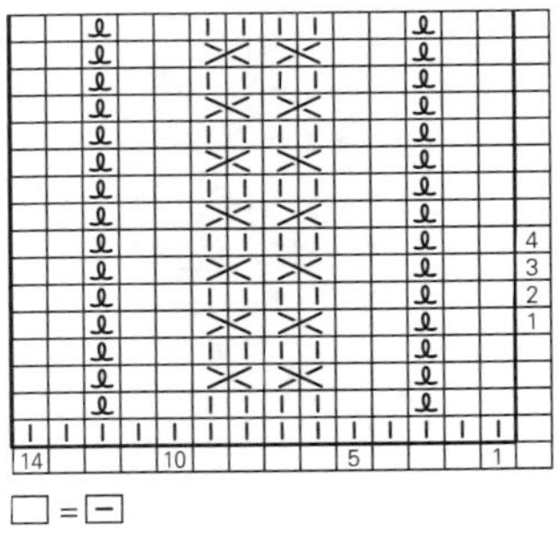

编织花样B

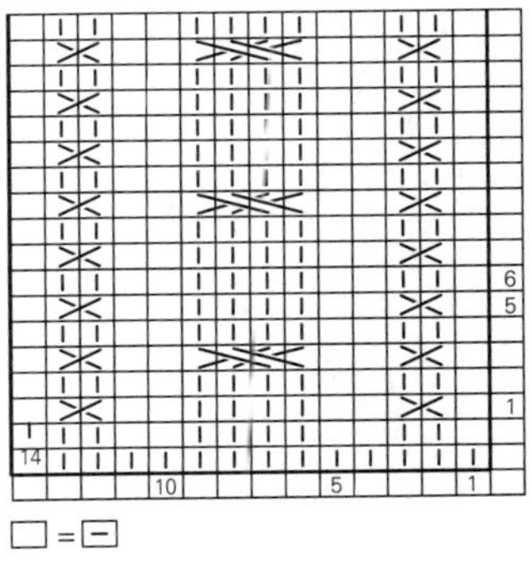

衣领

（扭针的单罗纹针）

调整密度

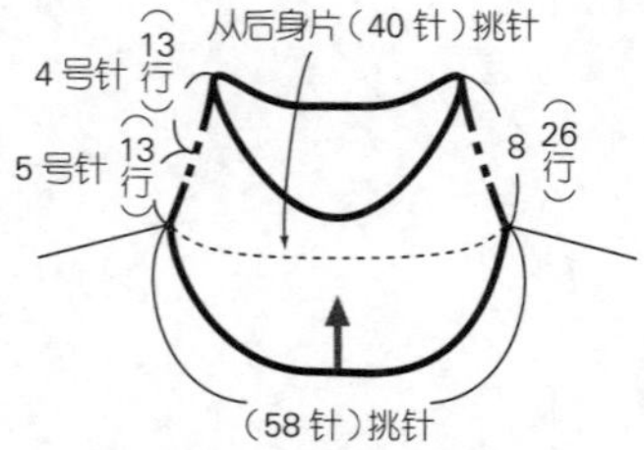

※ 单罗纹针收针方法请参照第 104 页

下摆的加针

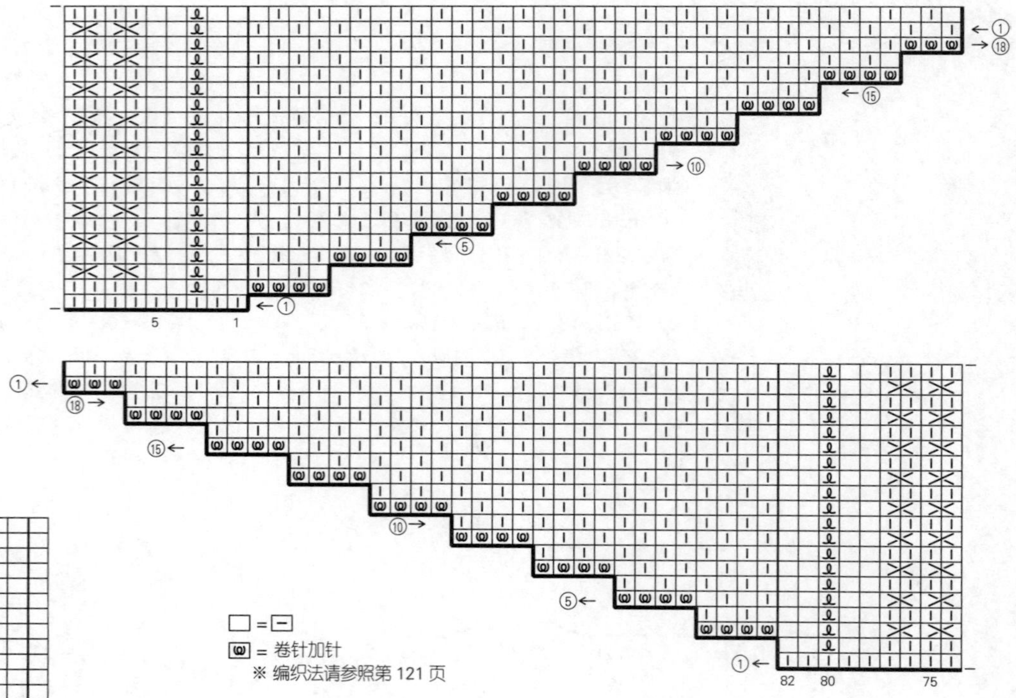

□ = ⊟

Ⓠ = 卷针加针

※ 编织法请参照第 121 页

编织花样 C

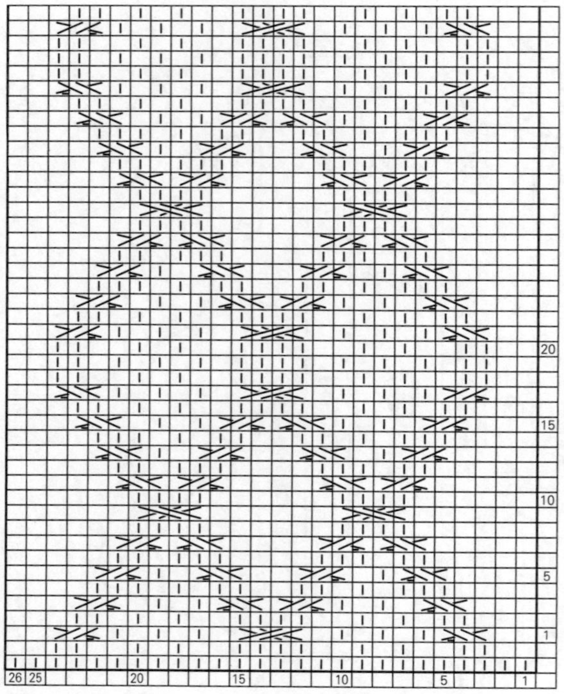

□ = ⊟

编织花样 D

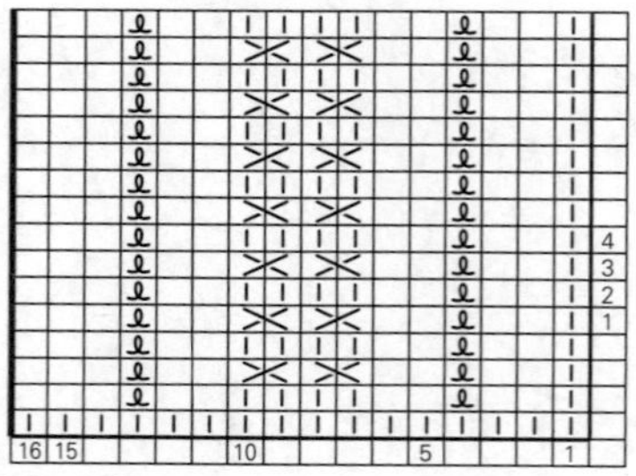

□ = ⊟

扭针的单罗纹针

□ = ⊟

钩织长针连接花片的方法

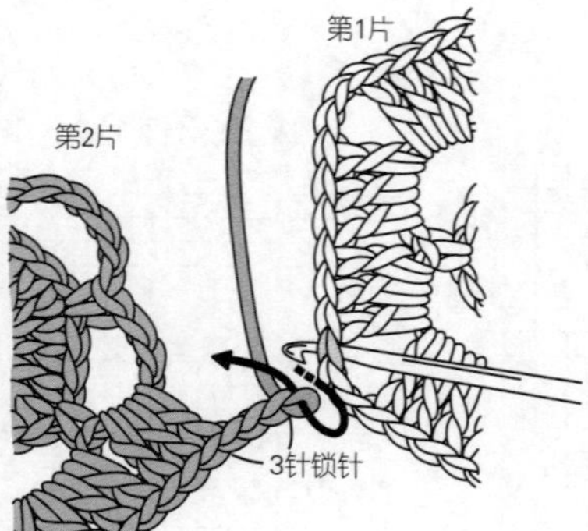

1 从第2片花片的针目上取下钩针，在第1片花片待连接针目旁边的锁针的2根线里插入钩针，直接将针目拉出。

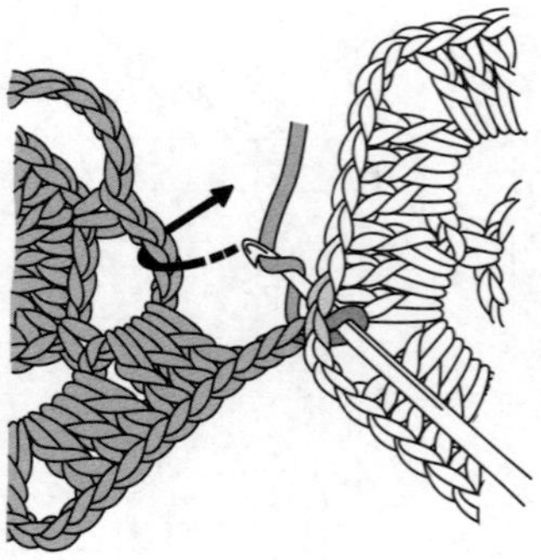

2 在待连接的长针头部2根线里插入钩针。针头挂线，如箭头所示插入钩针后将线拉出。

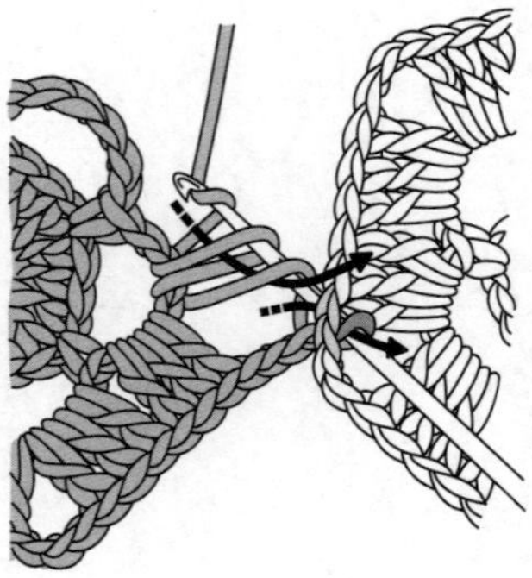

3 挂线，引拔穿过针头的2个线圈。再次挂线，引拔穿过第1片花片以及2个线圈。（长针）

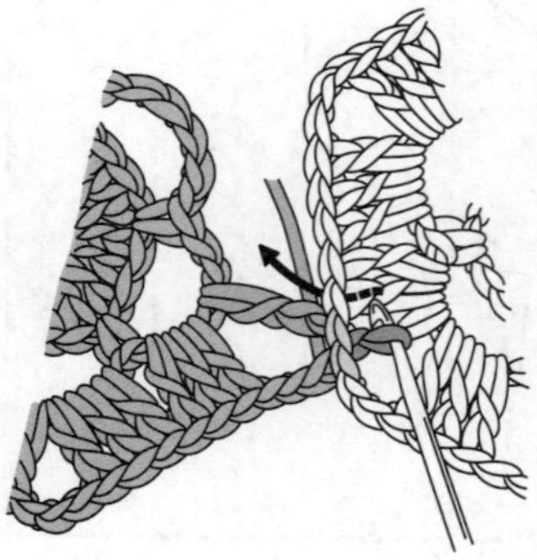

4 在下一个待连接针目的头部2根线里插入钩针，按相同的要领钩织长针。

材料

手织屋 T Honey Wool 米色(17) 385g

工具

棒针8号、5号

成品尺寸

胸围96cm，衣长58cm，连肩袖长74cm

编织密度

10cm×10cm面积内：编织花样B 19.5针，26行；下针编织17.5针，26行；编织花样A、A'的1个花样15针7.5cm，26行10cm

编织要点

●身片、袖子…手指挂线起针后开始编织双罗纹针。身片接着按编织花样A、B、A'编织，袖子继续编织下针。腋下针目编织伏针，身片的插肩线参照图示减针。领窝的减针2针及以上时做伏针减针，减1针时立起侧边1针减针。袖下加针时在1针内侧做扭针加针。袖子的插肩线在边上第4针和第5针里做2针并1针。

●组合…插肩线、胁部、袖下做挑针缝合，腋下针目做下针无缝缝合。衣领挑取指定针数后环形编织双罗纹针，结束时做下针织下针、上针织上针的伏针收针。

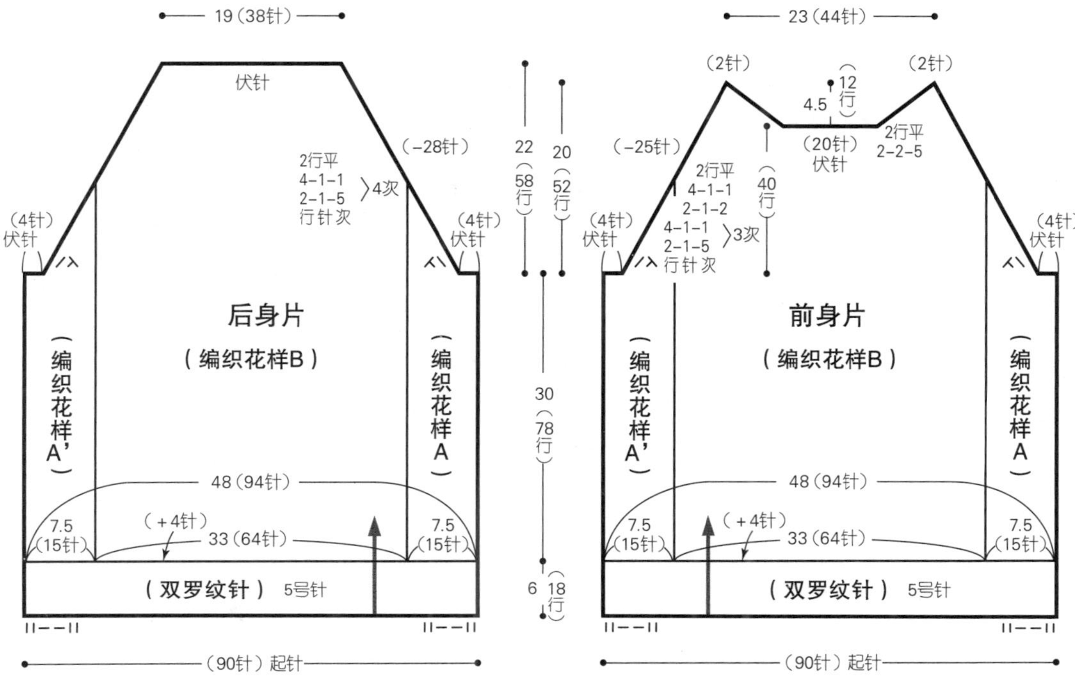

※ 除指定以外均用8号针编织

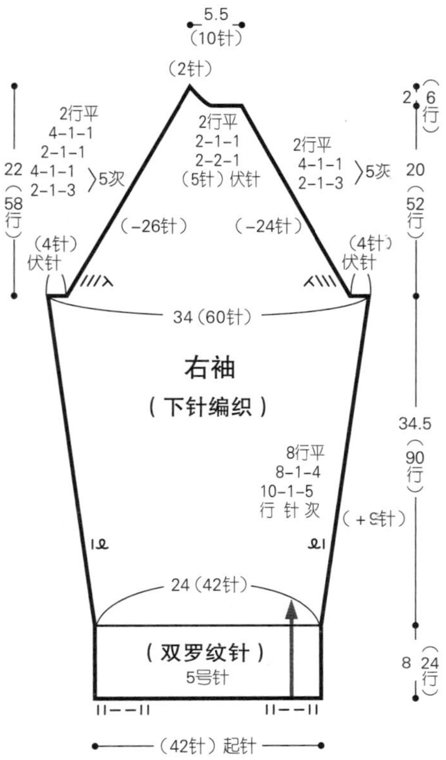

※ 对称编织左袖

衣领(双罗纹针) 5号针

双罗纹针

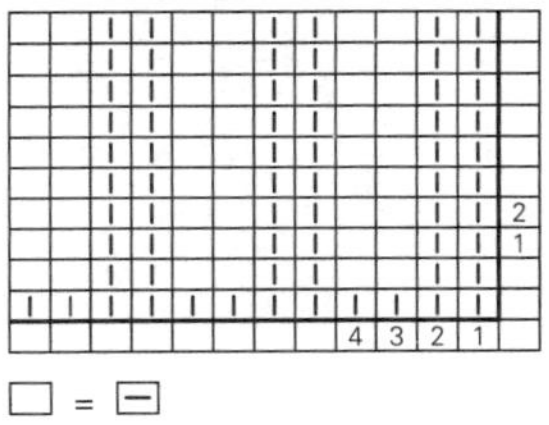

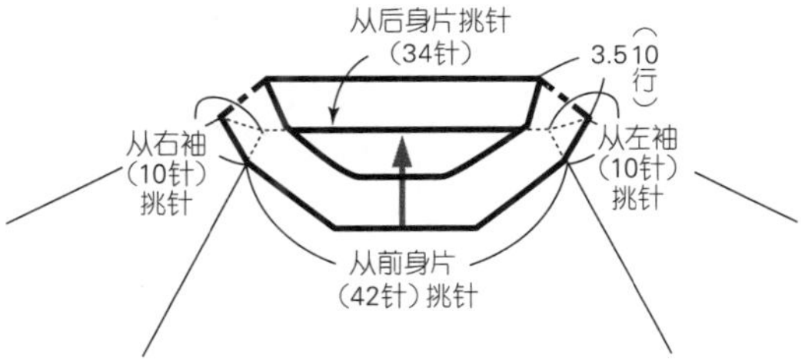

左上扭针1针交叉

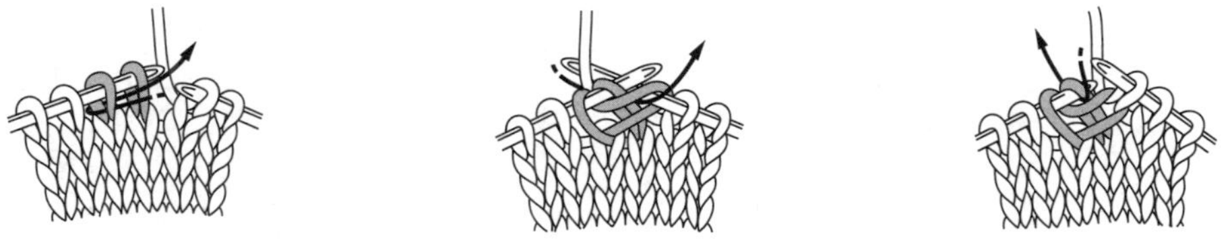

1 如图所示，从右侧针目的前面将棒针插入左侧针目。

2 将针目拉至右侧针目的右边，编织扭针。

3 刚才编织过的左侧针目保持不动，在右侧针目里编织下针。再将左侧针目从棒针上取下。

右上扭针1针交叉

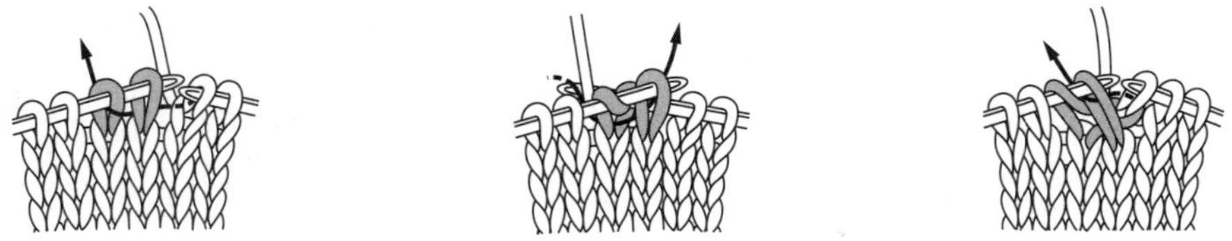

1 如图所示，从右侧针目的后面将棒针插入左侧针目。

2 将针目拉至右侧针目的右边，编织下针。

3 刚才编织过的左侧针目保持不动，如图所示在右侧针目里插入棒针编织扭针。再将左侧针目从棒针上取下。

后身片插肩线的减针

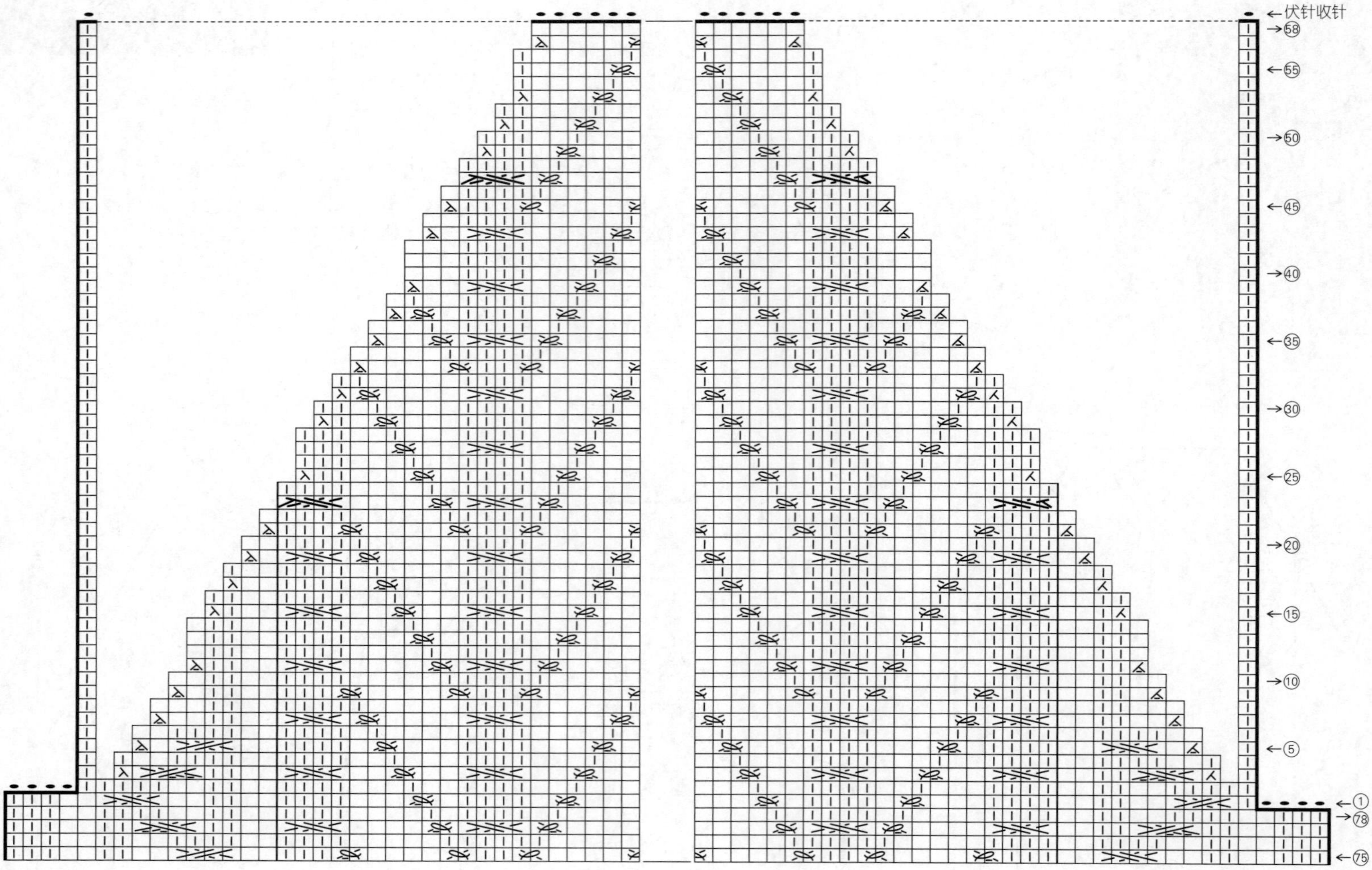

□ = ⊟

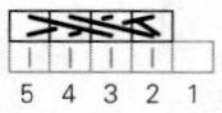

=将针目1移至右棒针上，将针目2和3移至麻花针上放在前面。
接着将针目1移至左棒针上，在针目4和1里编织左上2针并1针。
然后分别在针目5、2、3里编织下针。

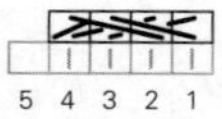

=将针目1和2移至麻花针上放在前面。
接着在针目3和4里编织下针，再在针目1里编织下针。
将针目2不编织直接移至右棒针上，在针目5里编织下针，然后挑起针目2套收。

编织花样A

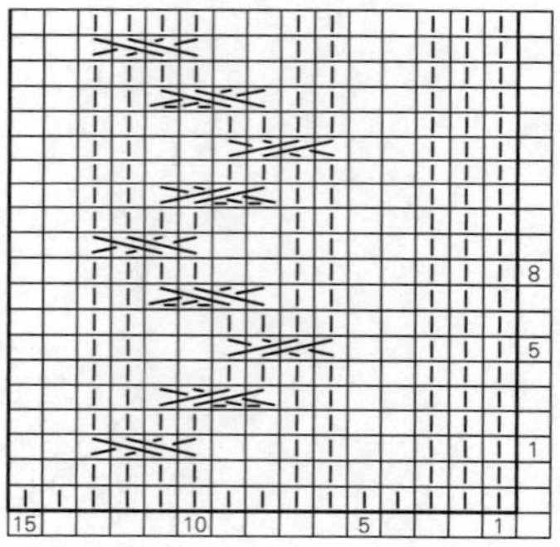

□ = ⊟

编织花样A'

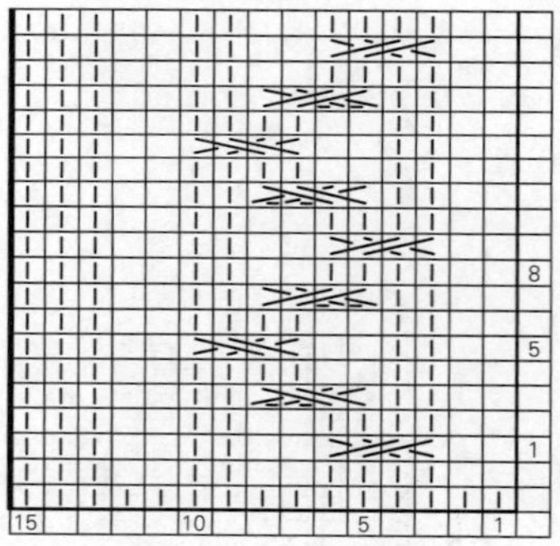

□ = ⊟

编织花样B

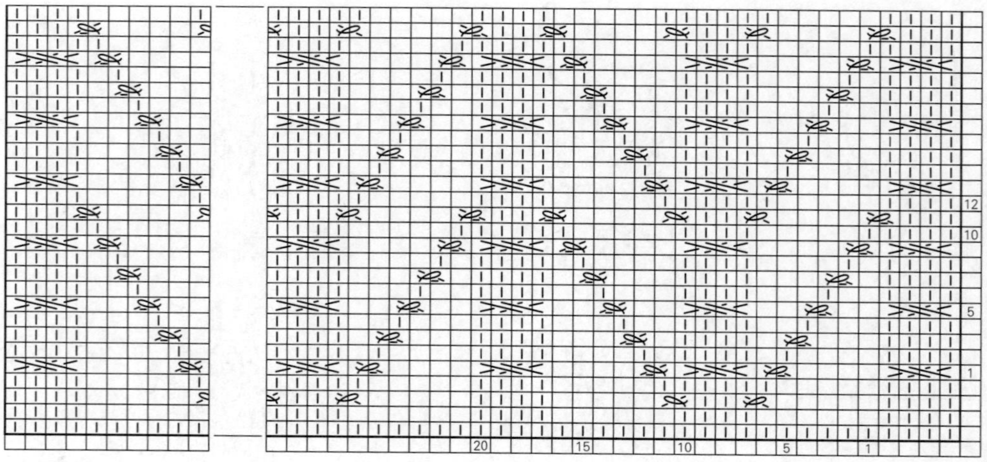

□ = ⊟

=左上扭针1针交叉

=右上扭针1针交叉

=左上扭针1针交叉（下侧为上针）

=右上扭针1针交叉（下侧为上针）

※编织方法请参照第111页

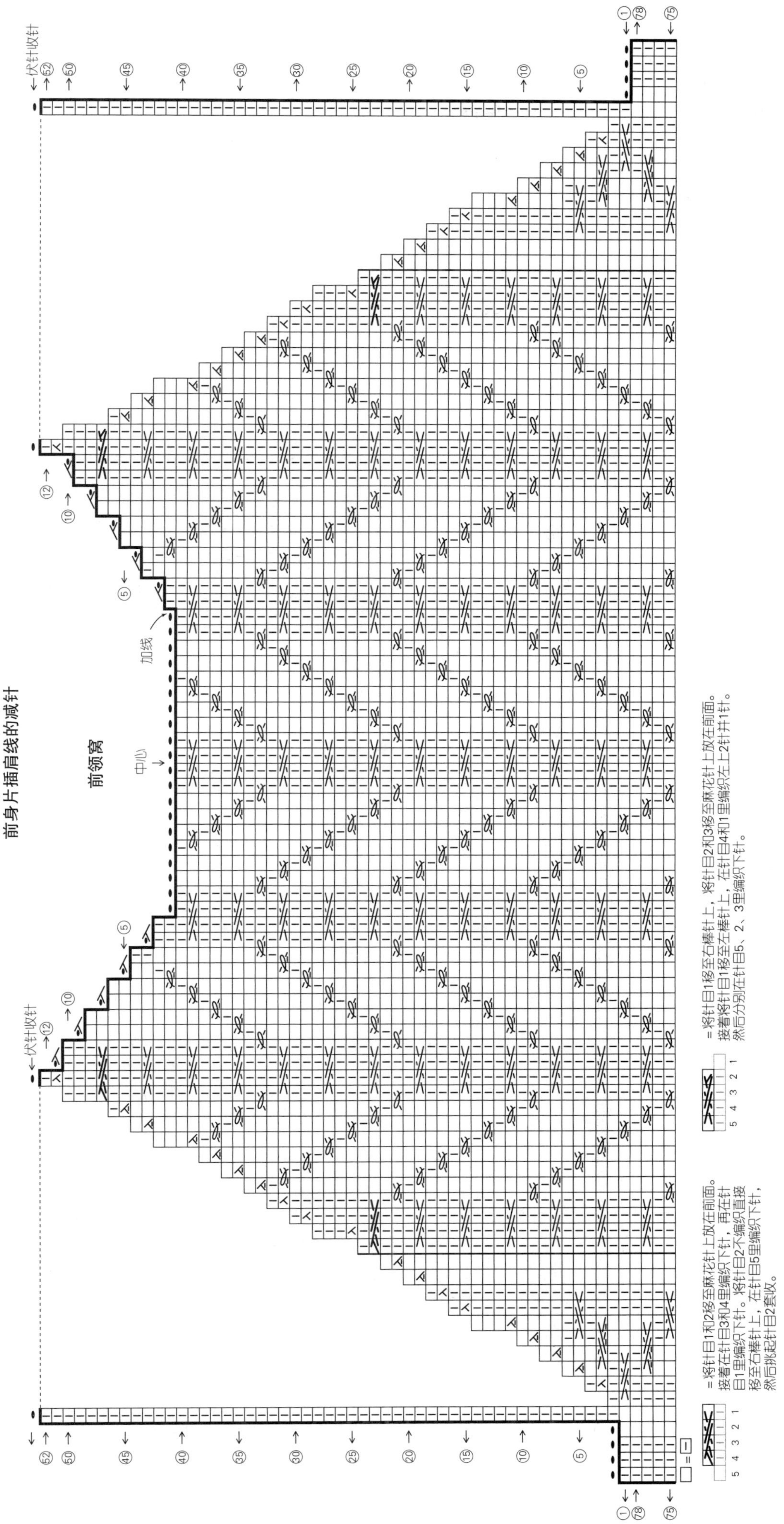
前身片插肩线的减针
前领窝
中心
加线
伏针收针
= 将针目1移至右棒针上，将针目2和3移至麻花针上放在前面。接着将针目1移至左棒针上，在针目4和1里编织左上2针并1针。然后分别在针目5、2、3里编织下针。
= 将针目1和2移至麻花针上放在前面。接着在针目3和4里编织下针，再在针目1里编织下针。将针目2不编织直接移至右棒针上，在针目5里编织下针，然后挑起针目2盖收。

左上扭针1针交叉
（下侧为上针）

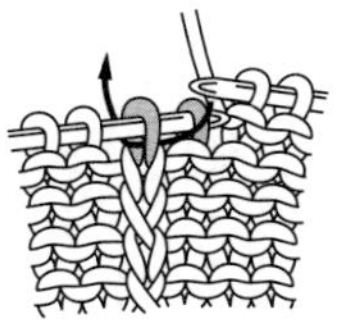

1 如图所示，从右侧针目的前面将棒针插入左侧针目。

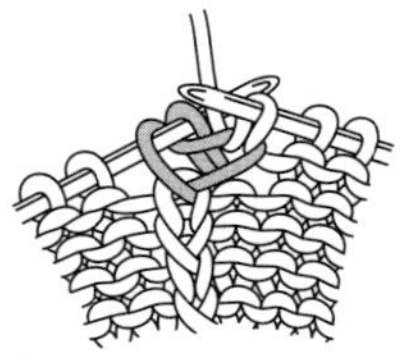

2 将针目拉至右侧针目的右边，编织扭针。

3 刚才编织过的左侧针目保持不动，在右侧针目里编织上针。再将左侧针目从棒针上取下。

右上扭针1针交叉
（下侧为上针）

1 如图所示，从右侧针目的后面将棒针插入左侧针目。

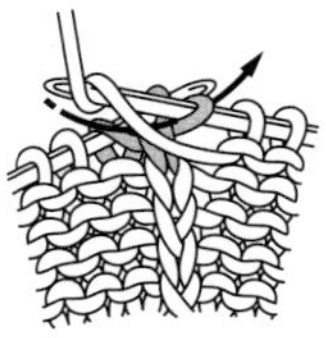

2 将针目拉至右侧针目的右边，编织上针。

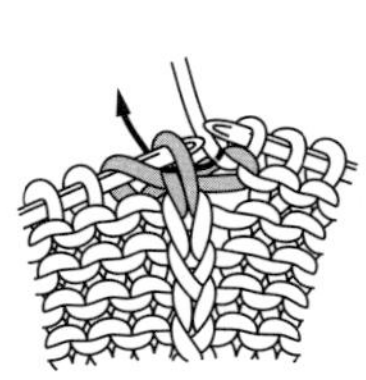

3 刚才编织过的左侧针目保持不动，如图所示在右侧针目里插入棒针编织扭针。再将左侧针目从棒针上取下。

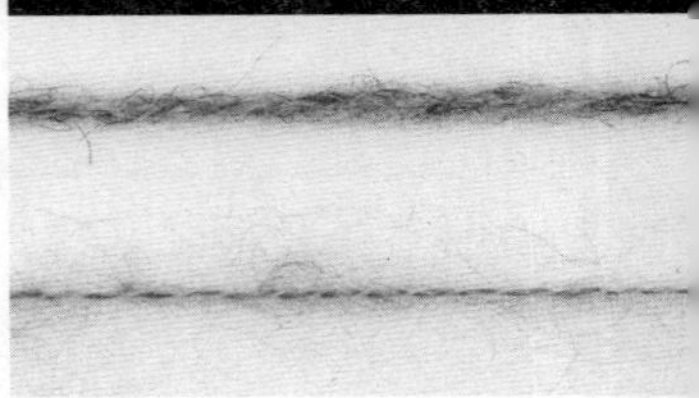

材料

ISAGER Jensen Yarn 紫色(52 s) 250g/3桄；Silk Mohair 紫色(36) 75g/3团

工具

棒针11号、10号、8号

成品尺寸

胸围100cm，衣长49.5cm，连肩袖长69.5cm

编织密度

10cm×10cm面积内：下针编织15.5针，21行；编织花样14针，21行

编织要点

●身片、袖子…全部各取1根Jensen Yarn线和Silk Mohair线并为1股编织。单罗纹针起针，环形编织单罗纹针。接着做43行下针编织和编织花样，然后后身片、右前身片、左前身片分别做往返编织。后身片袖挑针位置和前领窝编织卷针加针。后身片编织终点休针。前领窝减针时，立起侧边2针减针。肩部做盖针接合。袖从身片挑取指定数量的针目，环形做下针编织和编织花样。袖口编织单罗纹针，编织终点做单罗纹针收针。

●组合…衣领挑取指定数量的针目，环形编织单罗纹针。前身片中心参照图示编织减针。编织终点的处理方法和袖口的相同。

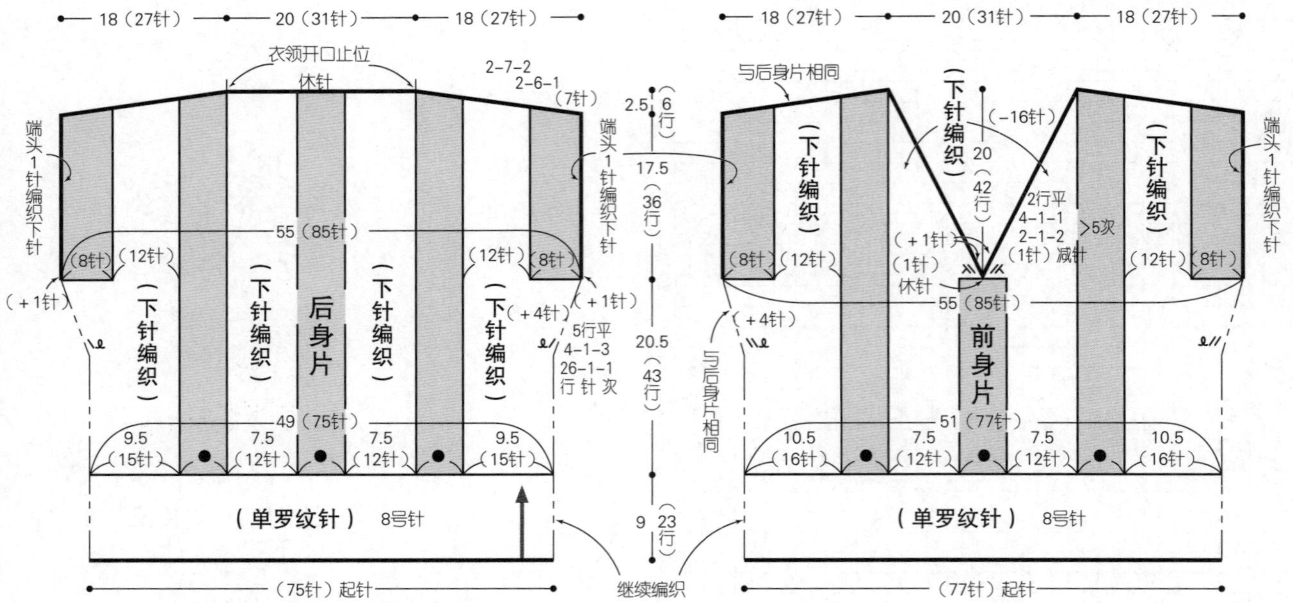

※ 全部各取1根Jensen Yarn线和 Silk Mohair线合为1股编织

※ 除指定以外均用11号针编织

※ 单罗纹针起针的方法请参照第182页

▭ =（编织花样）

● = 5（7针）

编织花样

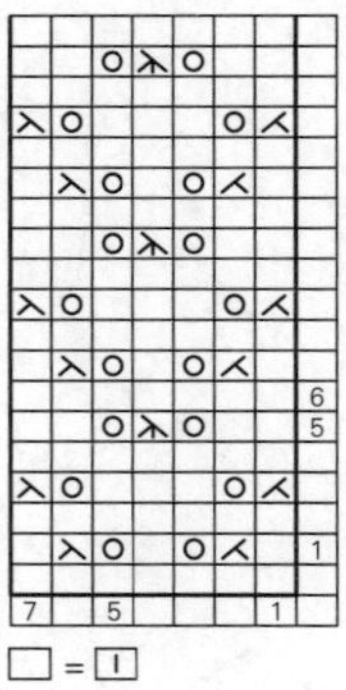

胁部的加针

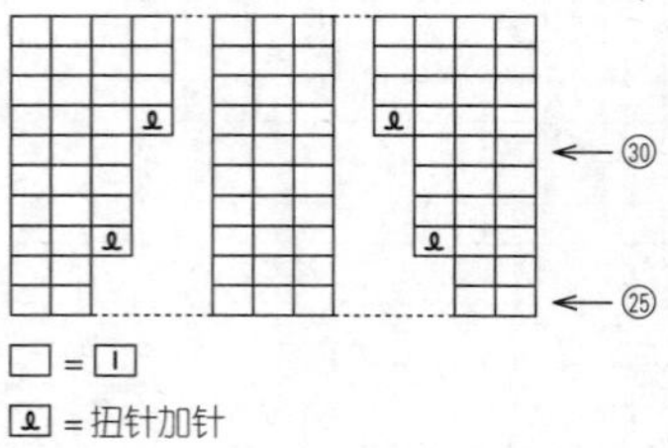

前领窝的加、减针

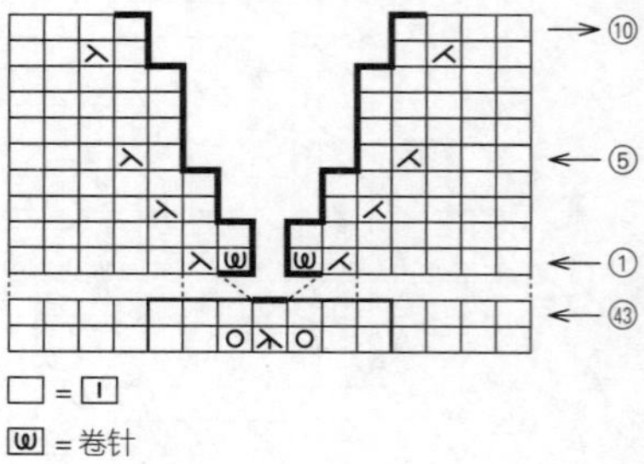

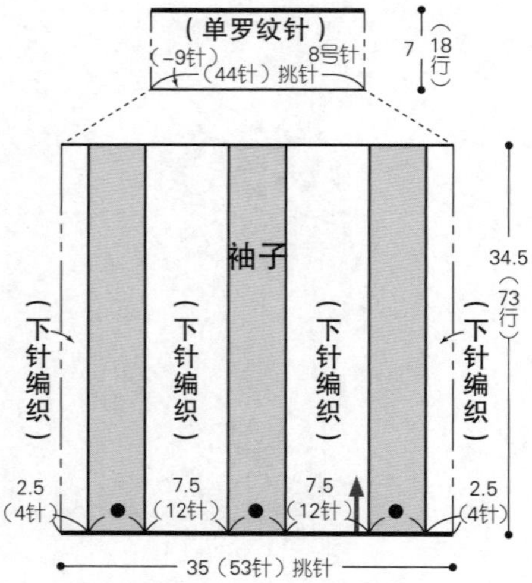

※ 单罗纹针收针的方法请参照第104页

衣领

（单罗纹针） 8号针

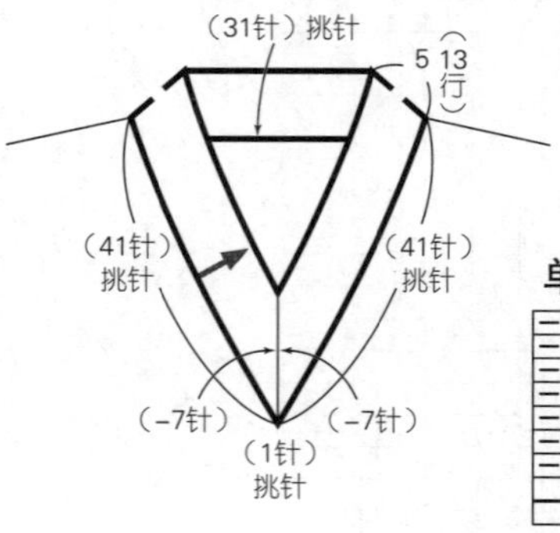

单罗纹针（袖口、衣领）

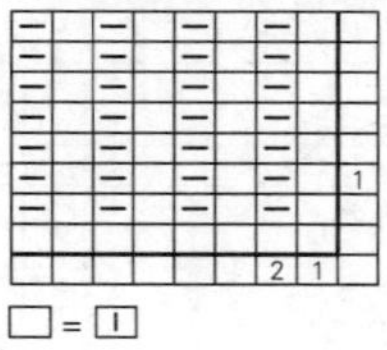

V领领尖的编织方法

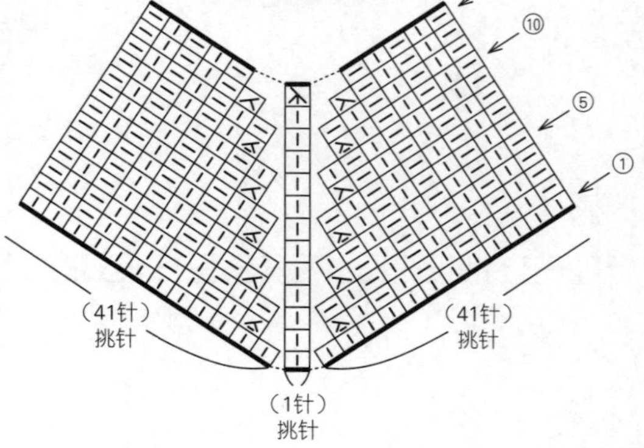

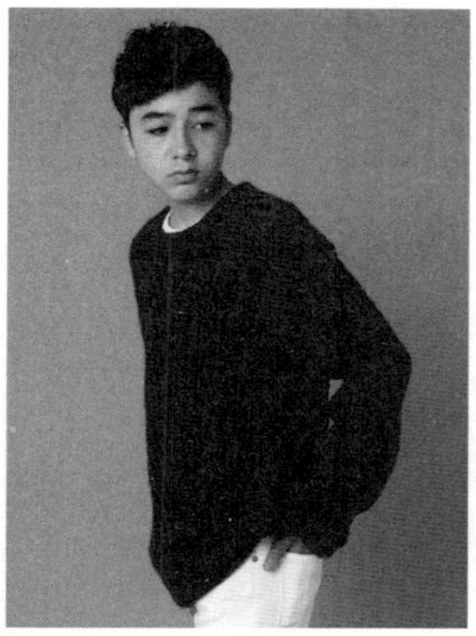

材料

奥林巴斯 Tree House Palace 藏青色(421) 625g/16团

工具

棒针6号、5号

成品尺寸

胸围106cm，衣长68cm，连肩袖长79cm

编织密度

10cm×10cm面积内：桂花针21针，29行；编织花样A、A'的1个花样14针6cm，编织花样B的1个花样18针6.5cm，编织花样C的1个花样32针9cm，编织花样A、A'、B、C均为29行10cm

编织要点

●身片、袖子…手指挂线起针后开始编织单罗纹针，接着按桂花针和编织花样A、A'、B、C编织。减2针及以上时做伏针减针，减1针时立起侧边2针减针。注意领窝减1针时立起侧边1针减针。袖下的加针在1针内侧做扭针加针。

●组合…插肩线、胁部、袖下做挑针缝合，腋下针目做下针无缝缝合。衣领挑取指定针数后环形编织单罗纹针，结束时松松地做伏针收针，向内侧翻折后做藏针缝缝合。

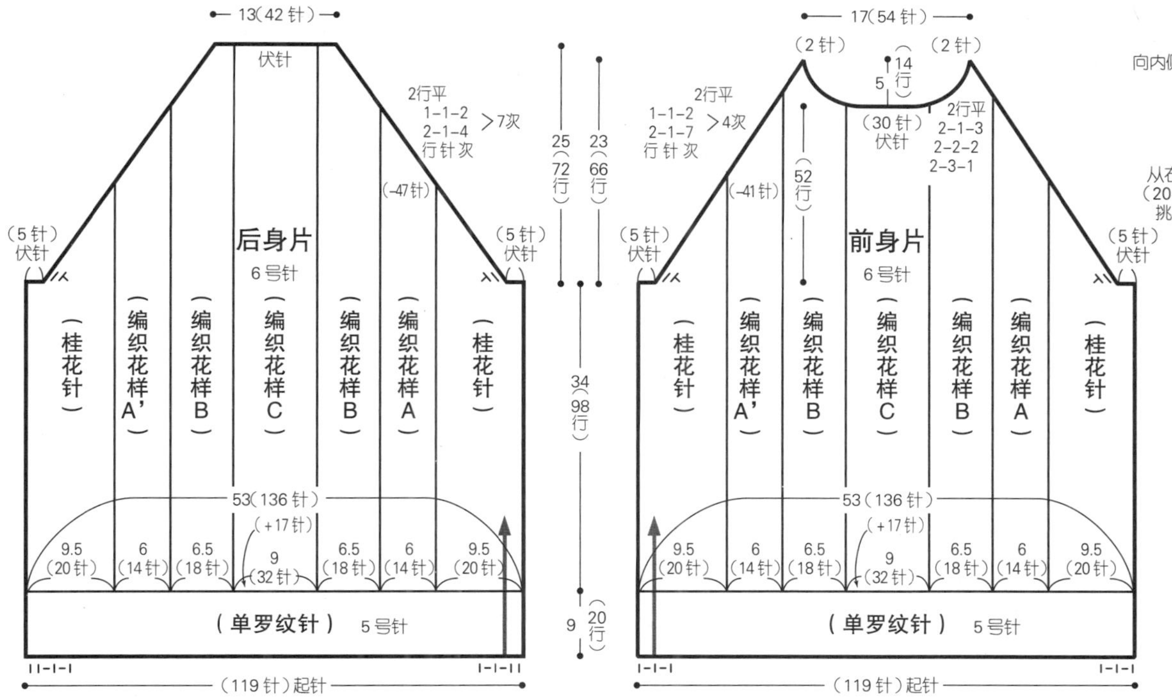

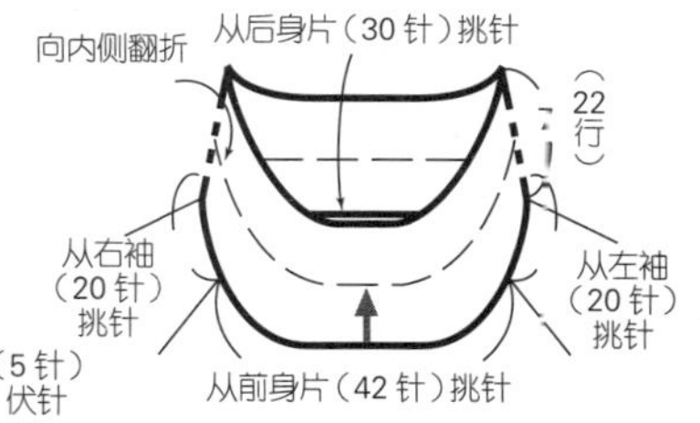

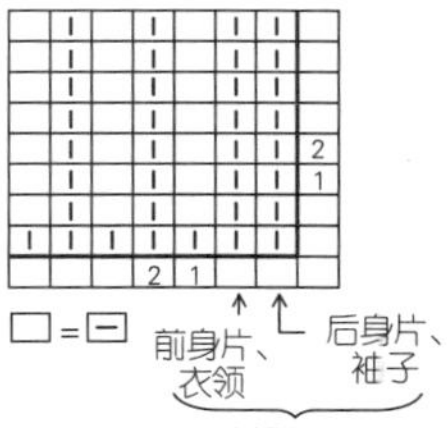

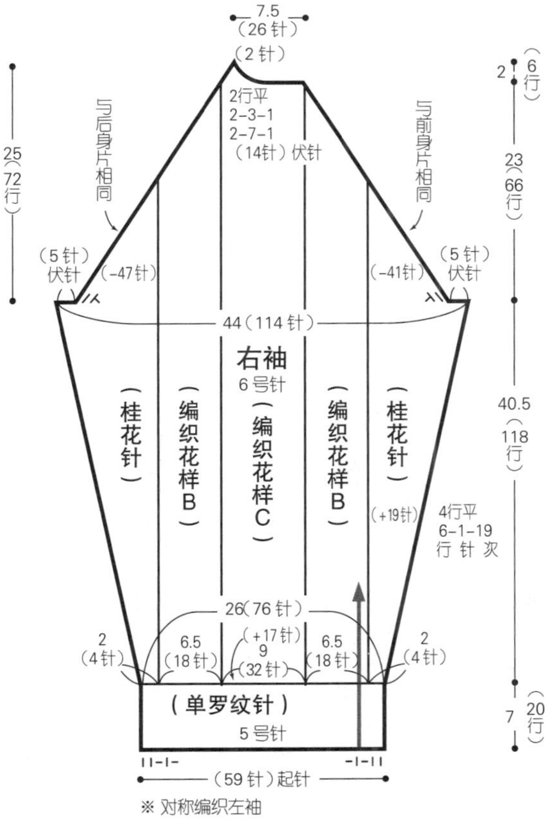

※ 对称编织左袖

编织花样 A

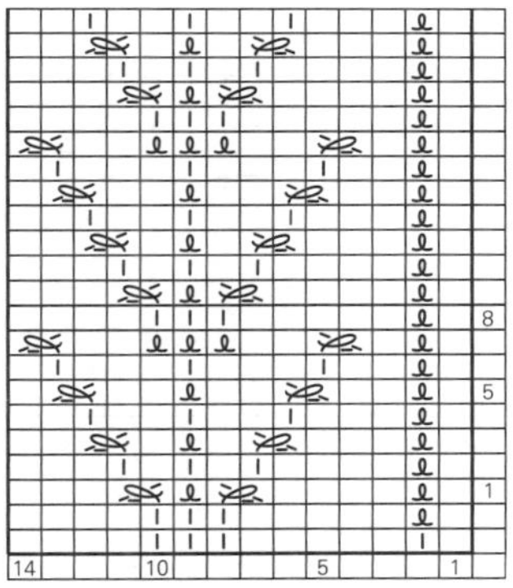

□=▭

编织花样 A'

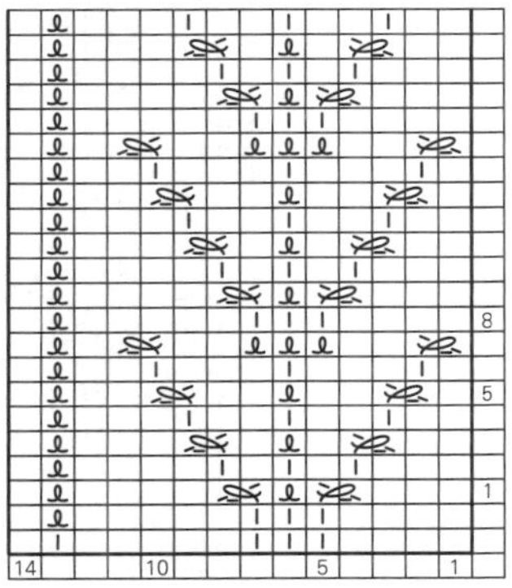

□=▭

= 左上扭针1针交叉(下侧为上针)

= 右上扭针1针交叉(下侧为上针)

桂花针

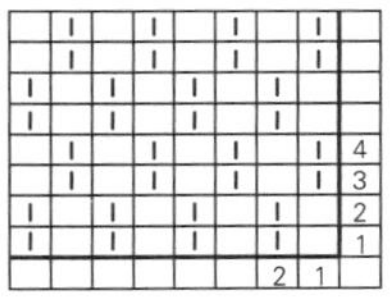

□=▭

编织花样 B

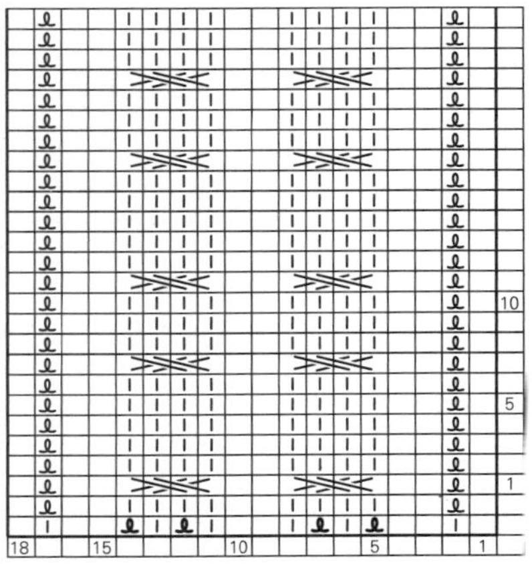

□=▭

= 扭针加针

接第119页▶

编织花样C

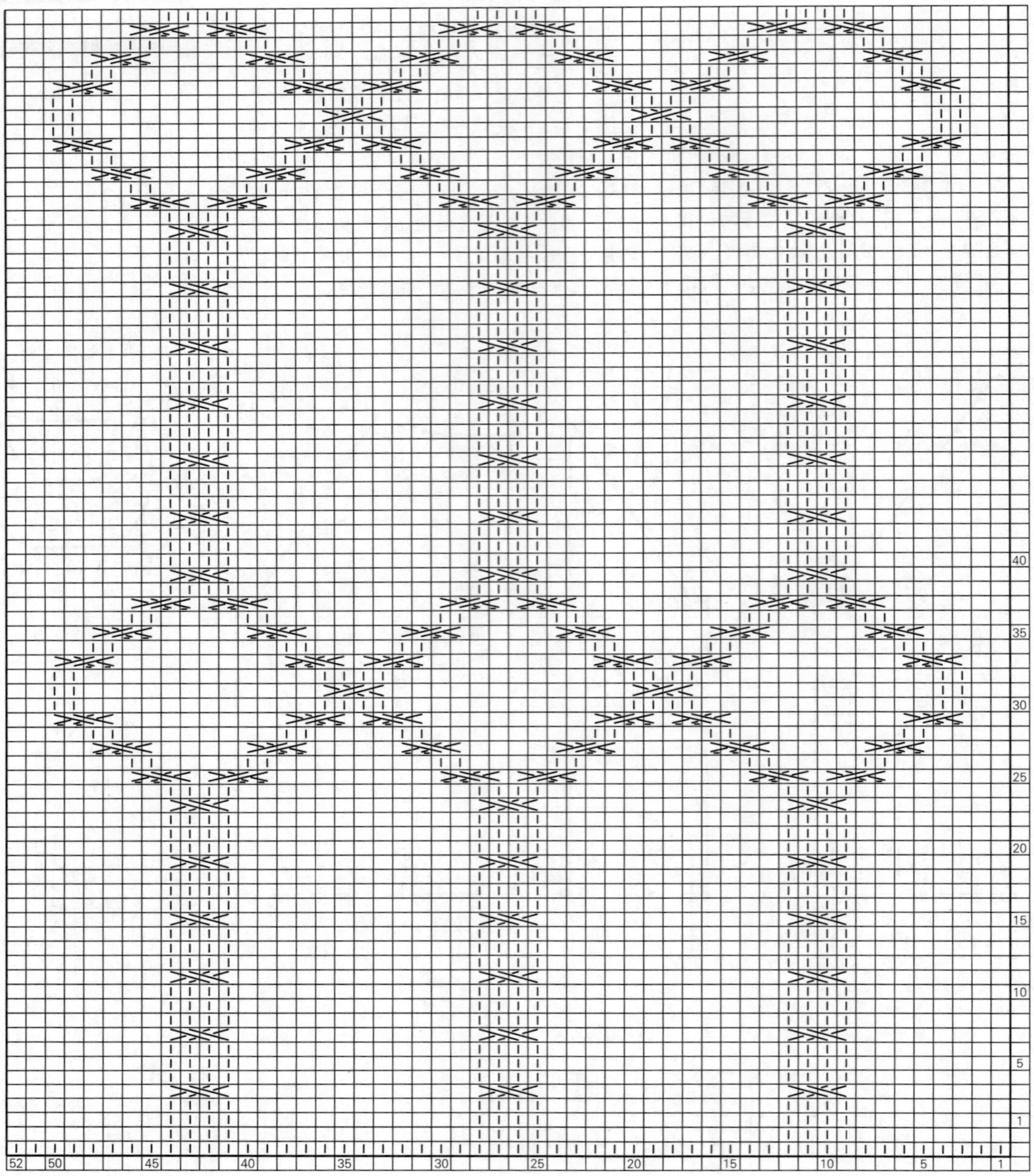

□=⊟

编织花样 C

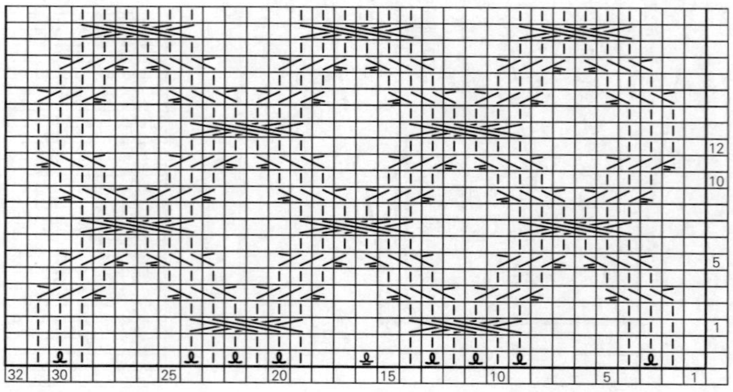

□=⊟

= 扭针加针

= 上针的扭针加针

材料
奥林巴斯 Tree House Leaves 橘黄色(4) 640g/16团；直径23mm的纽扣5颗

工具
棒针9号、7号

成品尺寸
胸围109cm，肩宽45cm，衣长63.5cm，袖长56.5cm

编织密度
10cm×10cm面积内：下针编织17.5针，23.5行；编织花样A 28针，23.5行；编织花样B的1个花样21针7cm，23.5行10cm

编织要点
●身片、袖子…另线锁针双罗纹针起针，接着按双罗纹针、下针编织、编织花样A和B。注意编织花样A、B有的地方需要调整针数，请参照图示编织。减2针及以上时做伏针减针，减1针时立起侧边1针减针。袖下的加针在1针内侧做扭针加针。
●衣领、前门襟…后领看着身片的正面挑针后编织起伏针，按与袖下相同的要领加针，结束时做伏针收针。前领从后领上挑取针目后编织起伏针，减针时立起侧边2针减针，结束时按与后领相同的要领收针。前门襟编织单罗纹针起针后继续编织单罗纹针，在左前门襟留出扣眼。参照图示加针，结束时做单罗纹针收针。
●组合…肩部按后身片肩部的针数做盖针接合。胁部、袖下做挑针缝合。衣领、前门襟参照图示进行缝合。袖子与身片之间做引拔缝合。

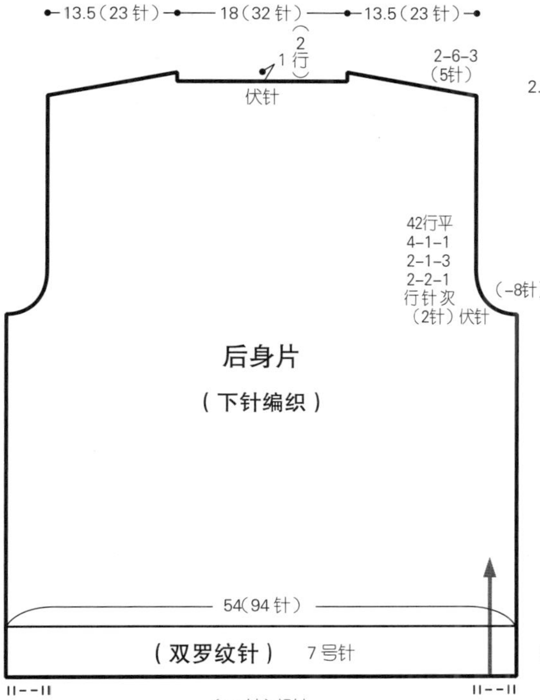

※ 除指定以外均用9号针编织
※ 另线锁针双罗纹针起针请参照第175页

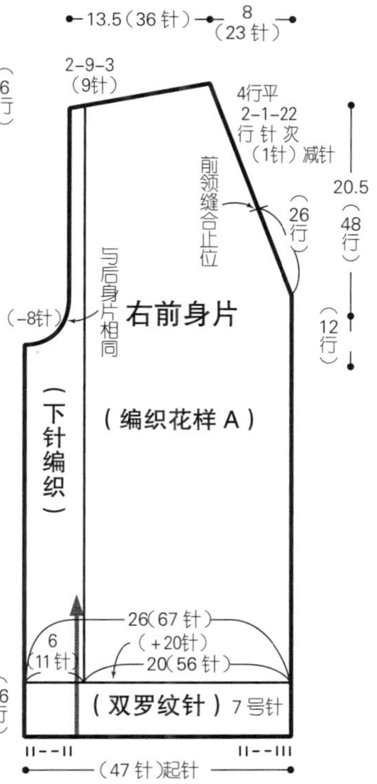

※ 对称编织左前身片

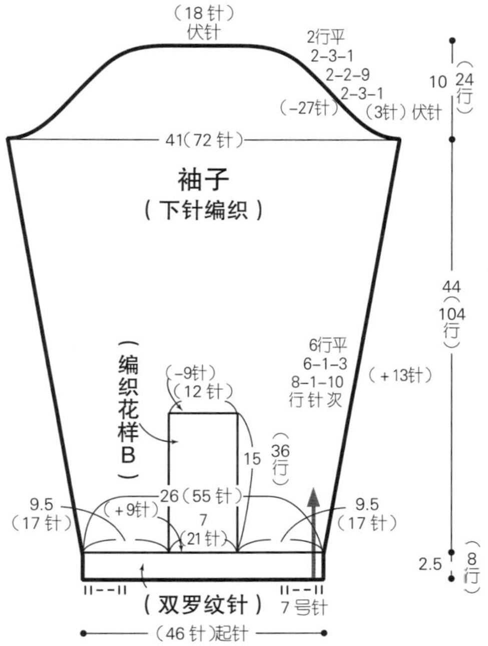

后领(起伏针) 7号针

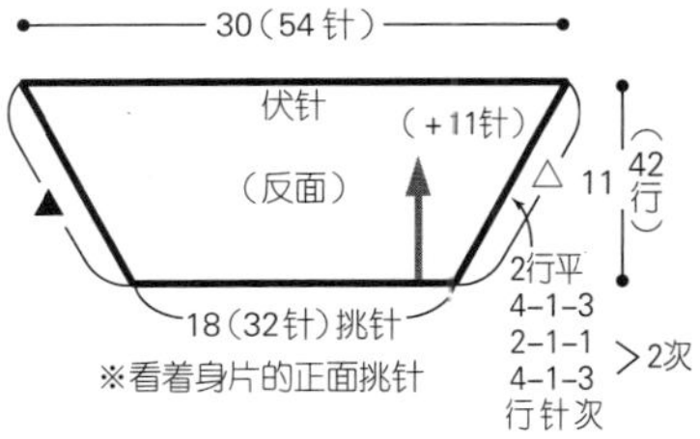

※看着身片的正面挑针

左前领(起伏针) 7号针

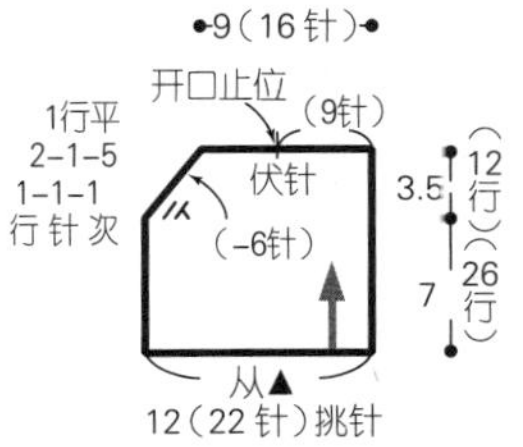

※ 看着后领的正面挑针
※ 右前领从△挑针后对称编织

编织花样A

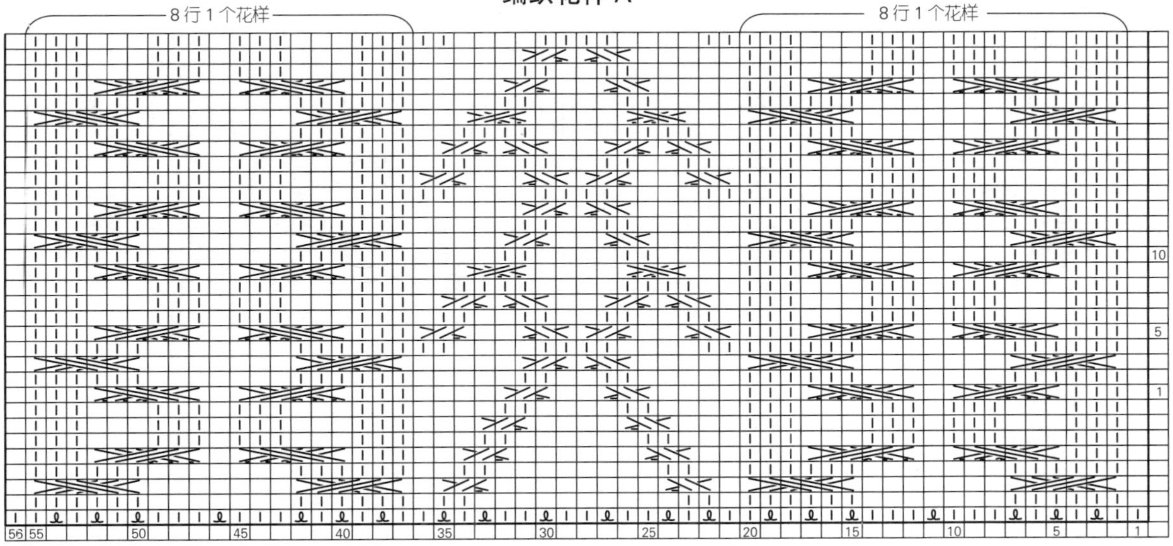

□ = ⊟
Ⓛ = 扭针加针

左前门襟（单罗纹针）7号针

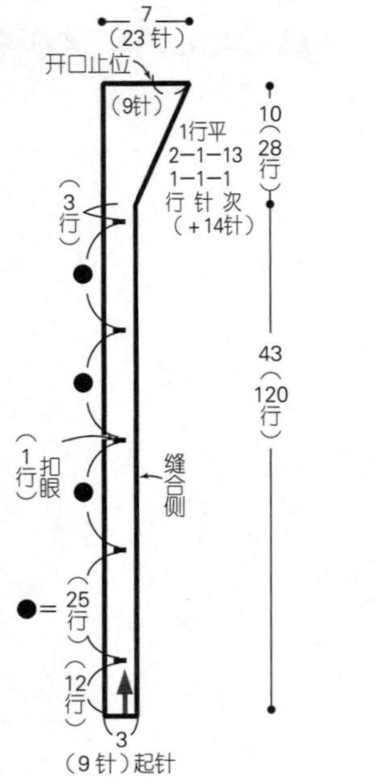

※ 对称编织右前门襟（不留扣眼）
※ 单罗纹针起针请参照第182页

扣眼和加针（左前门襟）

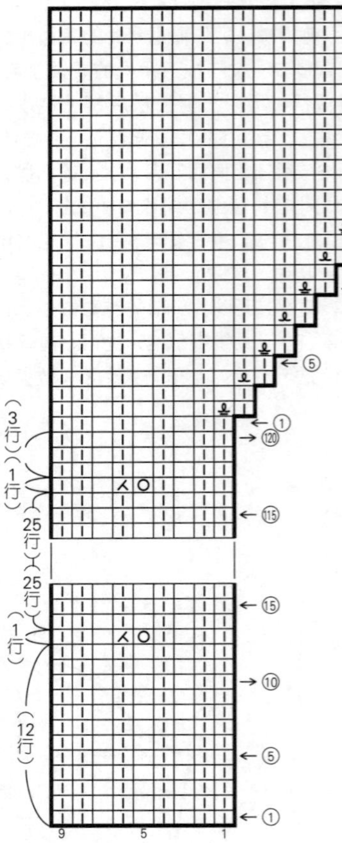

□ = ⊟
= 上针的扭针加针
= 扭针加针

双罗纹针

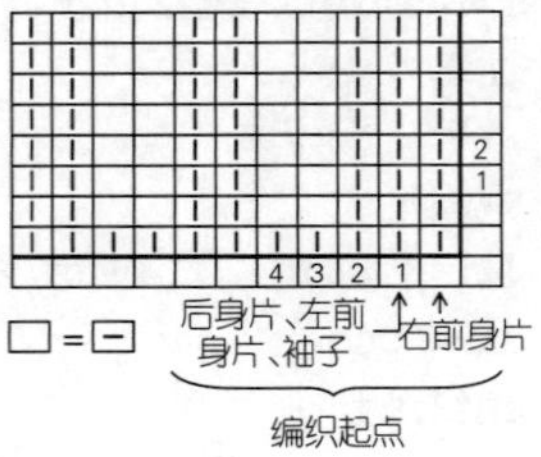

□ = ⊟

起伏针

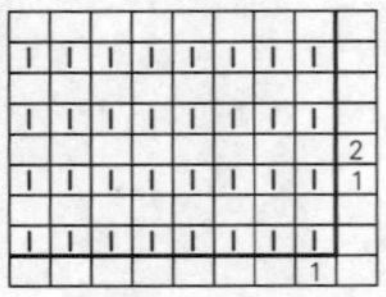

□ = ⊟

编织花样B

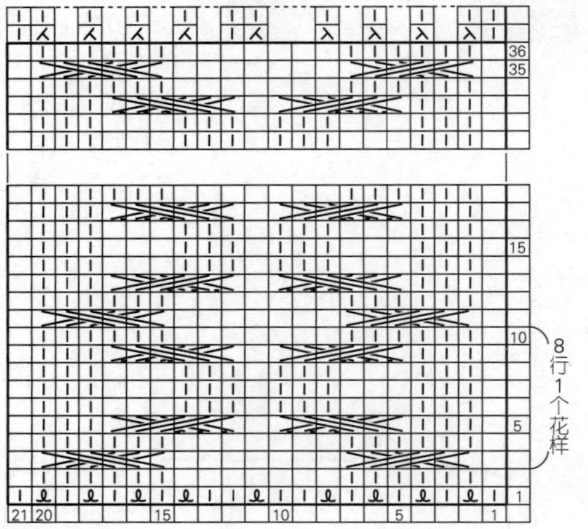

□ = ⊟
= 扭针加针

组合方法

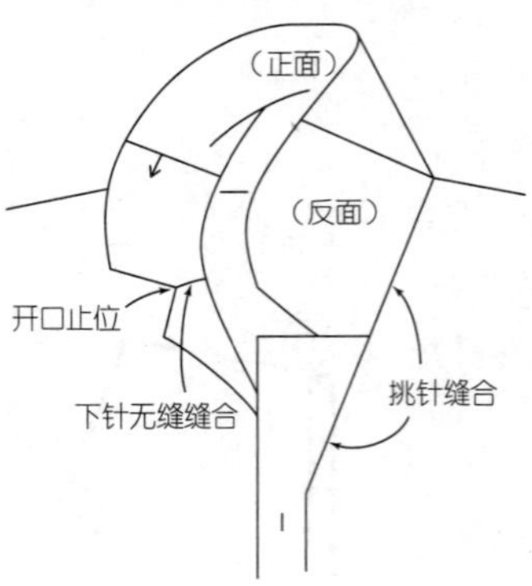

接第118页▶

领窝的减针

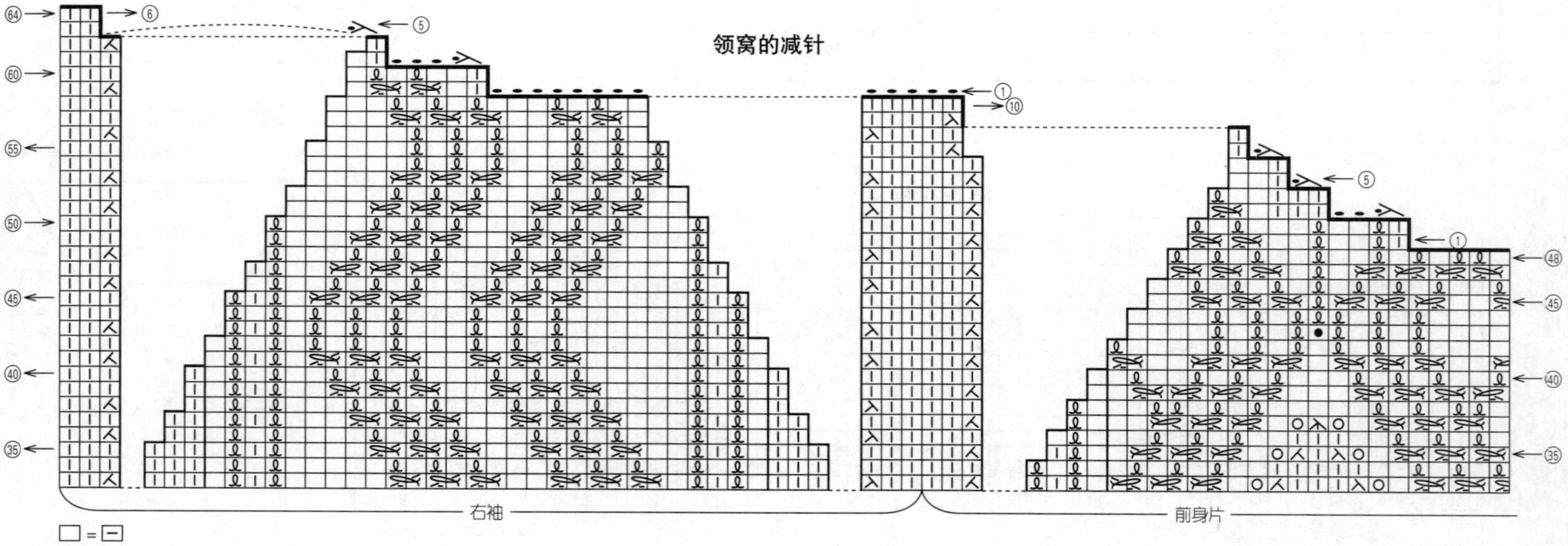

□ = ⊟
= 右上扭针1针交叉（下侧为上针）
= 左上扭针1针交叉（下侧为上针）
※编织方法请参照第111页
= 右上扭针1针交叉
= 左上扭针1针交叉
※编织方法请参照第109页

● =

材料

奥林巴斯 Tree House Palace Tweed 茶色系混染(502) 600g/15团

工具

棒针10号、8号、7号

成品尺寸

胸围117cm，衣长66cm，连肩袖长74cm

编织密度

10cm×10cm面积内：下针编织17针，26行；编织花样A 20针，26行；编织花样C 22针，26行；编织花样D 21.5针，26行；编织花样B、B’的1个花样16针7cm，26行10cm

编织要点

●身片、袖子…身片手指挂线起针，按边缘编织A和编织花样A、B、B’、C以及下针编织。前后身片分别编织至开衩止位后开始连起来环形编织，结束时休针备用。袖子按与身片相同的要领起针，按边缘编织A’和编织花样A、D以及下针环形编织。袖下参照图示加针，结束时按与身片相同的要领处理。

●组合…育克部分从身片和袖子挑取针目，一边在插肩线位置减针，一边环形编织至第48行。插肩线的减针请参照图示。从第49行开始，一边做前领窝的减针一边往返编织。领窝减2针及以上时做伏针减针，减1针时立起侧边1针减针。腋下针目做下针无缝缝合。衣领挑取指定针数后，一边调整密度一边按边缘编织B编织，结束时做扭针的单罗纹针收针。

33 页的作品 ★★★

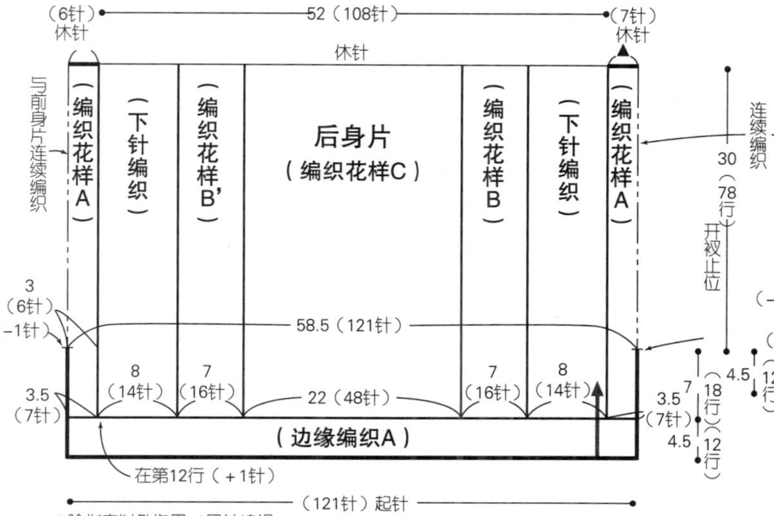

※除指定以外均用10号针编织

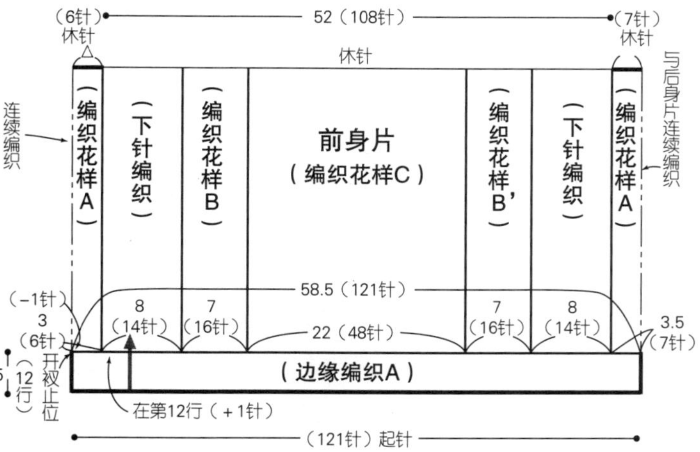

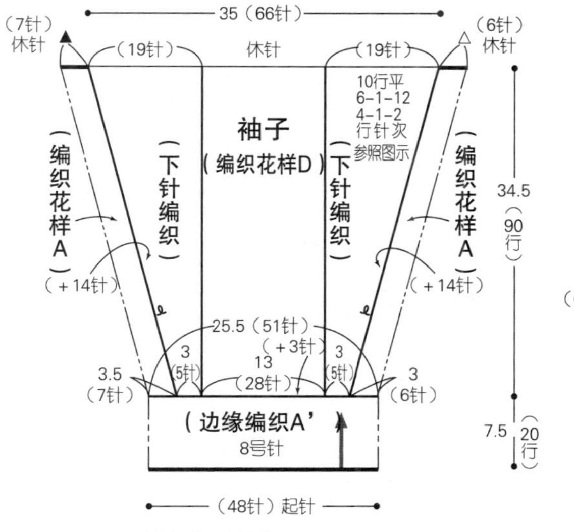

※对齐标记是右袖的

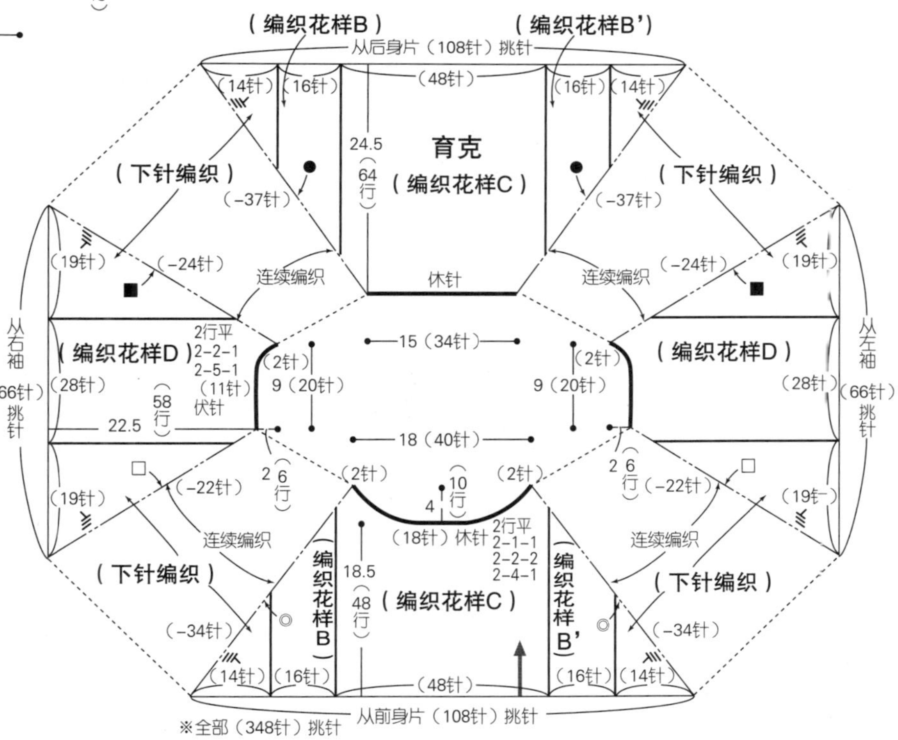

※全部（348针）挑针

袖下的加针

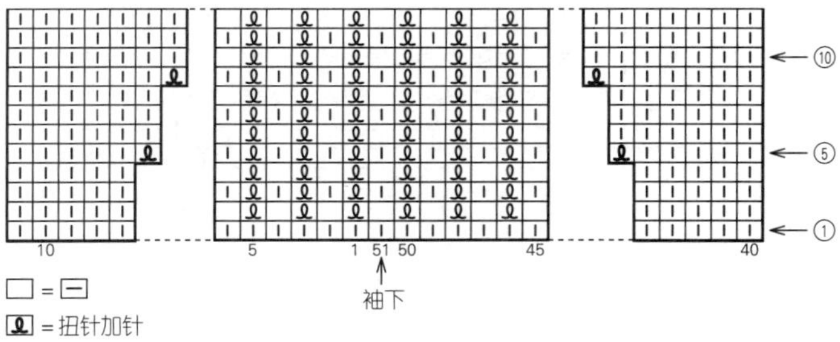

衣领

（边缘编织B） 调整密度

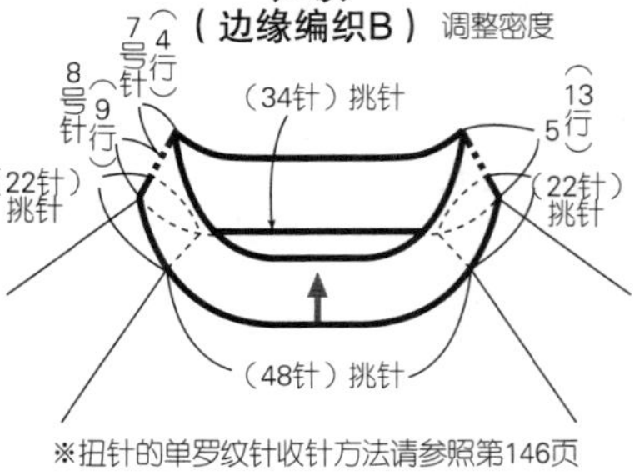

※扭针的单罗纹针收针方法请参照第146页

■ 3行平 3-1-2 3-1-1 2-1-1 11次

◎ 4行平 2-1-21 1-1-12 （1针）减针

● 4行平 2-1-24 1-1-12 行针次 （1针）减针

□ 3行平 3-1-1 2-1-1 11次

编织花样B'

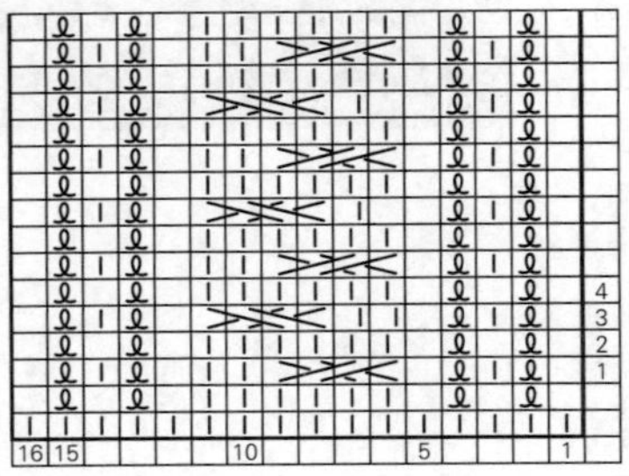

□ = ⊟

编织花样B

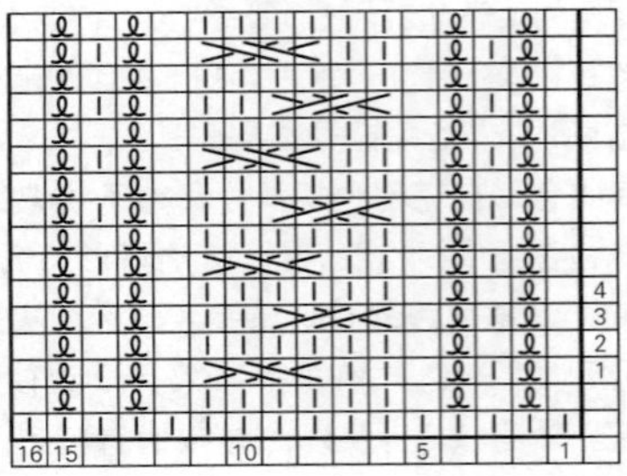

□ = ⊟

边缘编织A'

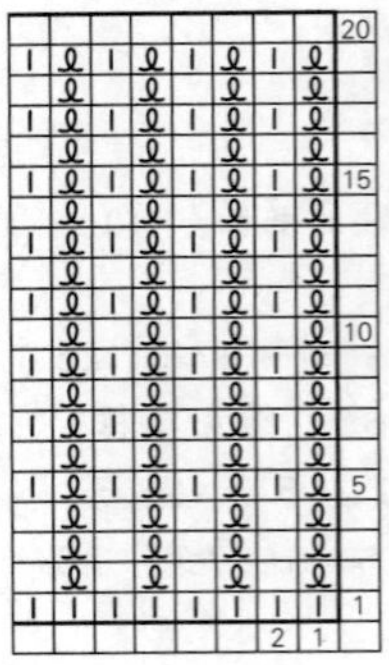

□ = ⊟

边缘编织A

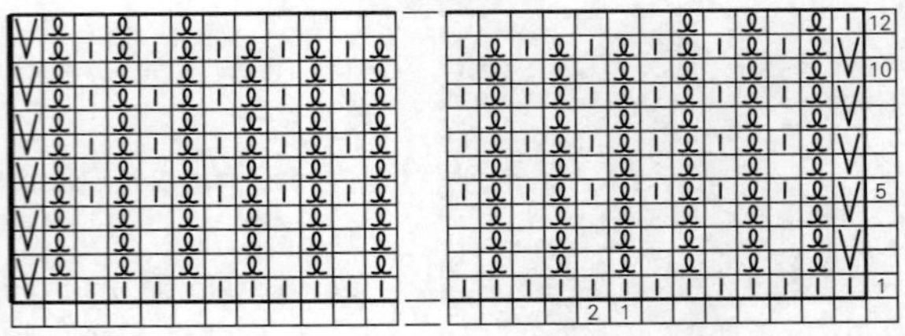

□ = ⊟

V = 滑针（1行的情况）

※编织方法请参照第105页

边缘编织B

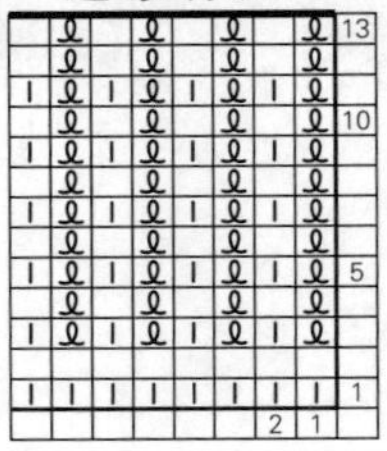

□ = ⊟

编织花样A

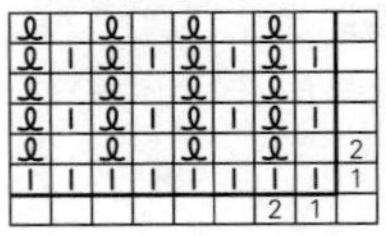

□ = ⊟

◀接第116页

编织花样C

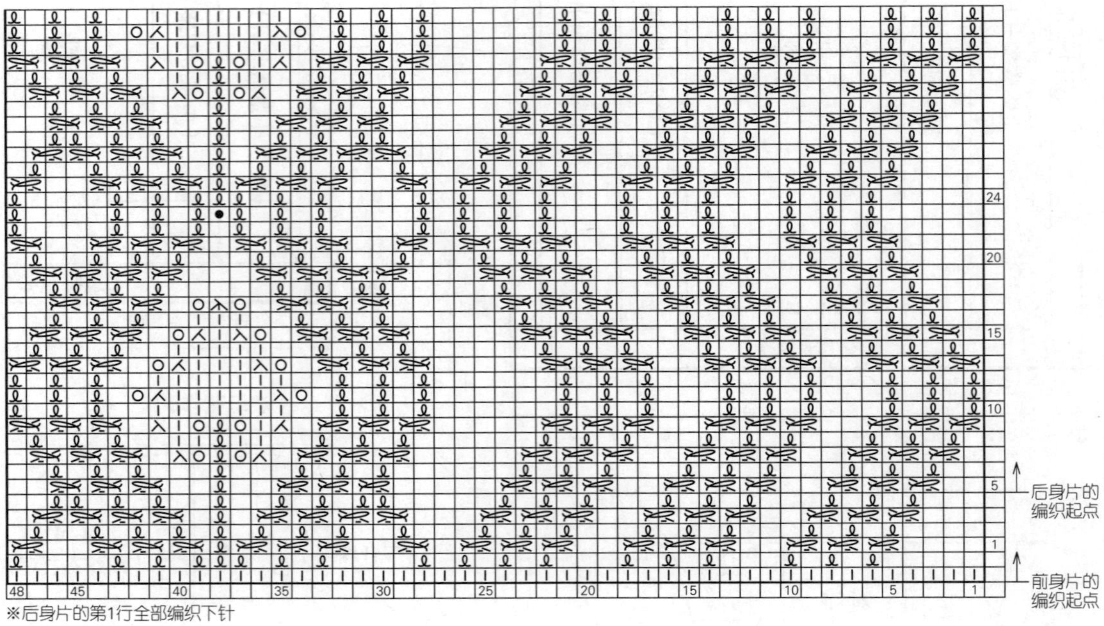

※后身片的第1行全部编织下针

● =

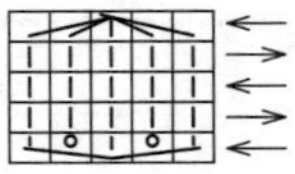

□ = ⊟

= 右上扭针1针交叉（下侧为上针）

= 左上扭针1针交叉（下侧为上针）

※编织方法请参照第111页

= 右上扭针1针交叉

= 左上扭针1针交叉

※编织方法请参照第109页

胁部的编织方法

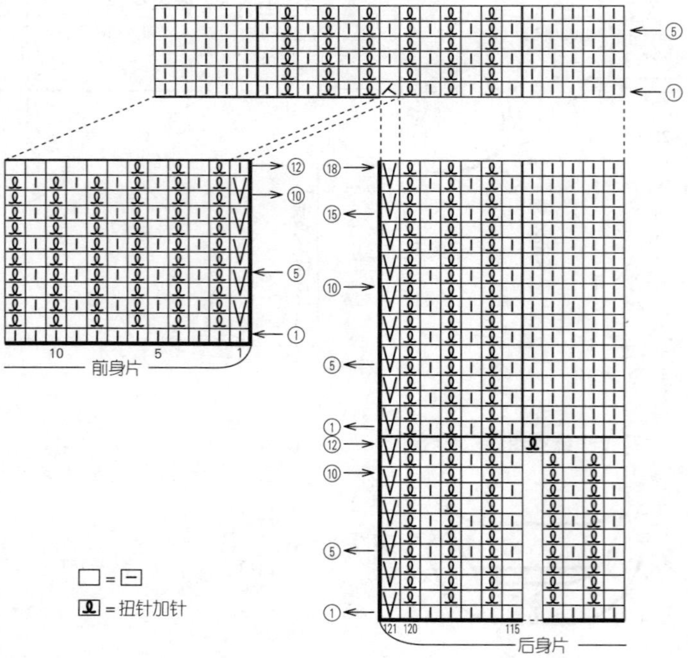

□ = ⊟

= 扭针加针

编织花样D

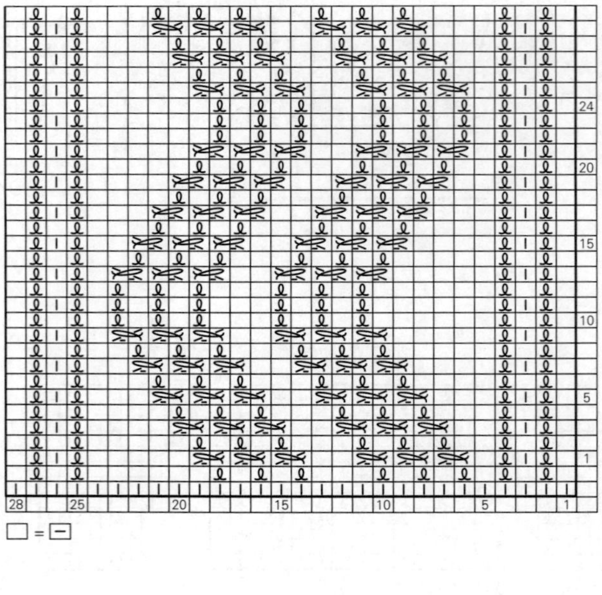

□ = ⊟

材料
手织屋 Moke Wool A 浅绿色(19) 210g
工具
棒针4号、2号
成品尺寸
胸围90cm，肩宽34cm，衣长60cm
编织密度
10cm×10cm面积内：下针编织26针,37行；编织花样C 24.5针，37行；编织花样A的1个花样8针3cm，编织花样B的1个花样8针2.5cm，编织花样A、B均为37行10cm

编织要点
●身片…手指挂线起针，按双罗纹针、下针和编织花样A、B、C编织。减2针及以上时做伏针减针，减1针时立起侧边1针减针，但是后身片的肩部是立起侧边3针减针。
●组合…肩部做针与行的接合，胁部做挑针缝合。衣领、袖窿挑取指定针数后编织双罗纹针，结束时做下针织下针、上针织上针的伏针收针。

35页的作品 ★★★

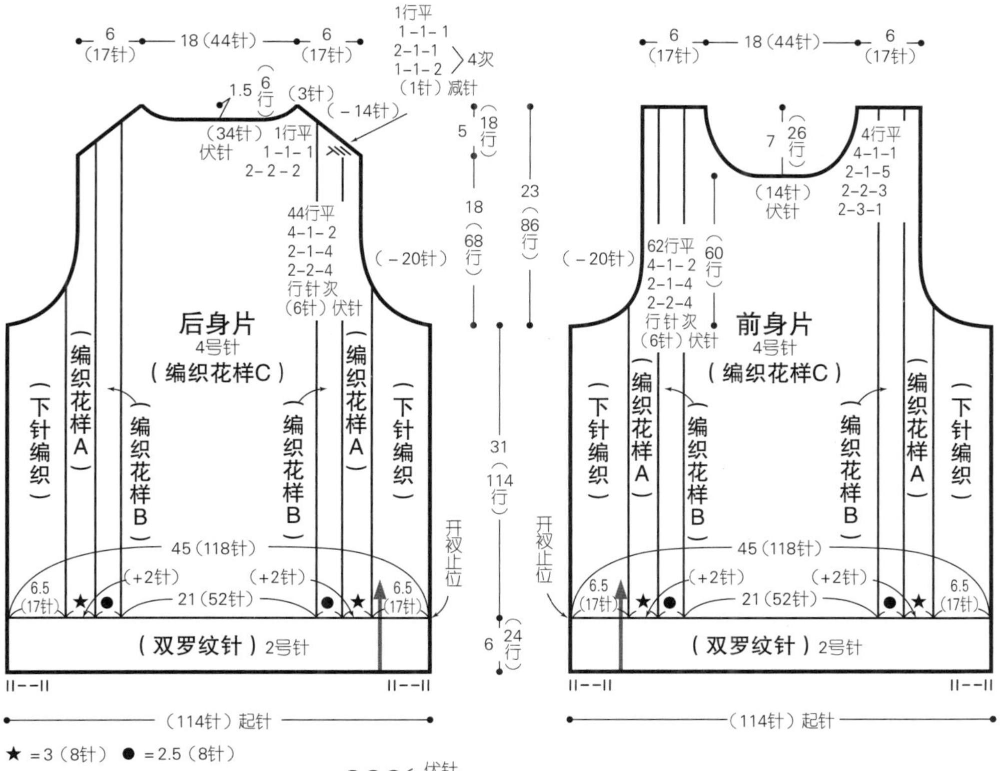

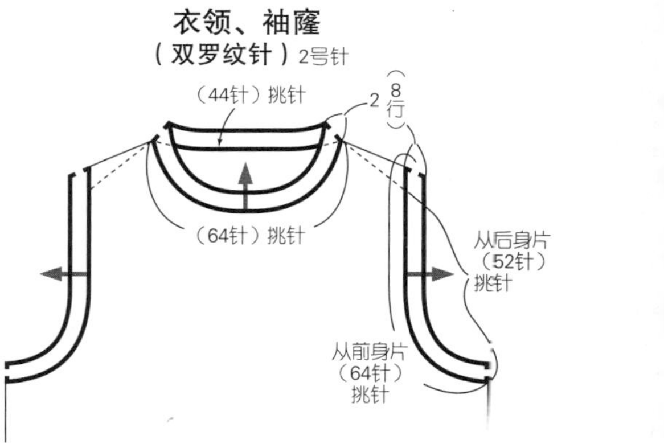

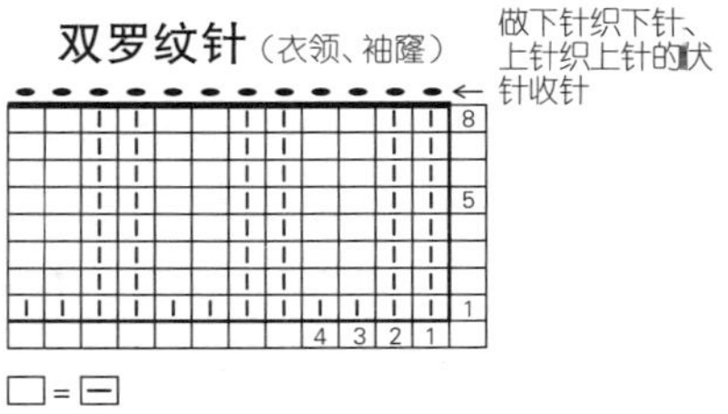

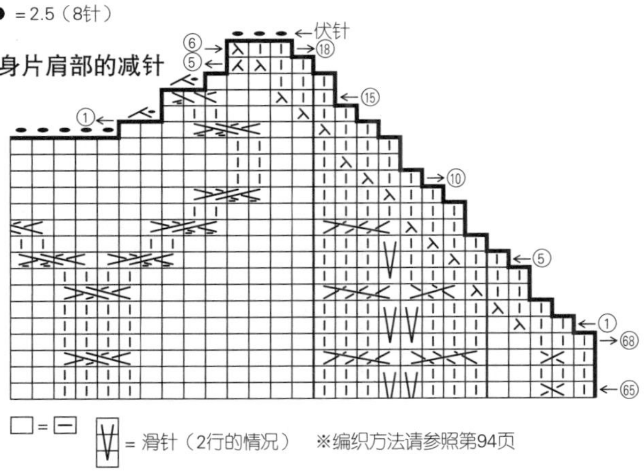

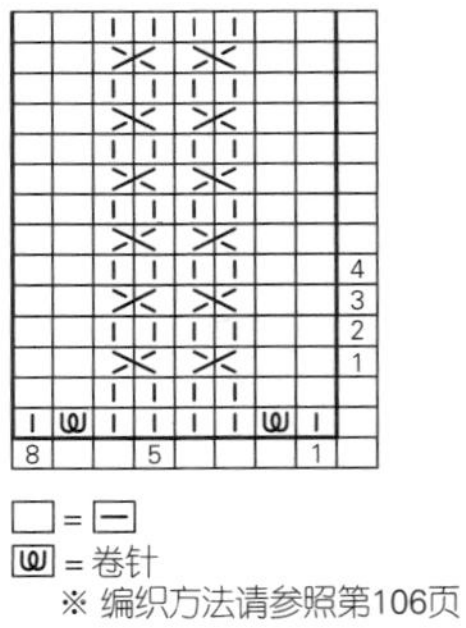

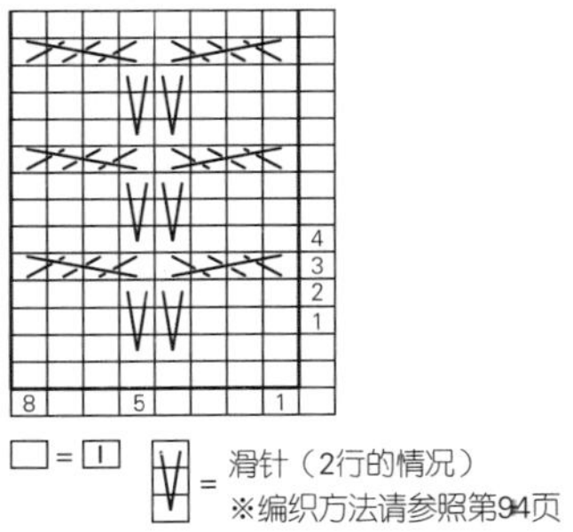

◀编织花样C见第114页

3针长针的枣形针

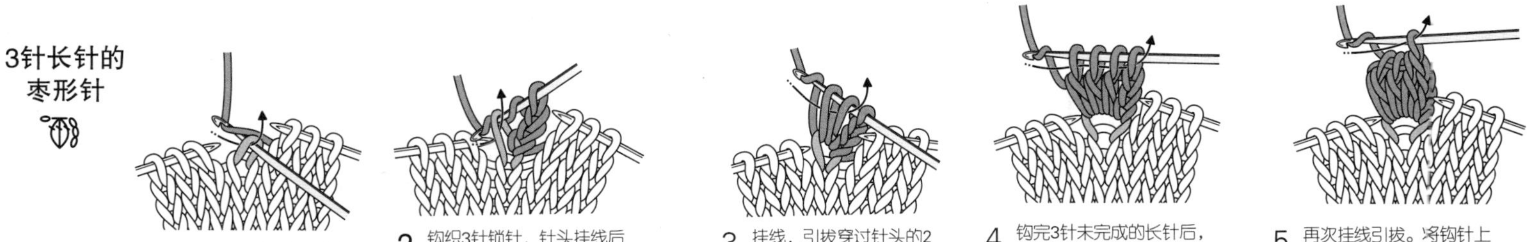

1 从前面插入钩针，挂线拉出。

2 钩织3针锁针，针头挂线后在同一个针目里插入钩针，将线松松地拉出。

3 挂线，引拔穿过针头的2个线圈(未完成的长针)。

4 钩完3针未完成的长针后，挂线，一次性引拔穿过4个线圈。

5 再次挂线引拔。将钩针上的针目移回至右棒针上，完成。

材料

手织屋 Moke Wool B 灰色(14) 390g；直径20mm的子母扣5颗

工具

棒针9号、7号、6号，钩针7/0号

成品尺寸

胸围96cm，衣长53cm，连肩袖长73.5cm

编织密度

10cm×10cm面积内：上针编织15针，22行；编织花样A、B、B’均为17.5针，22行

编织要点

●身片、袖子…手指挂线起针，身片按扭针的单罗纹针开始编织，袖子按起伏针开始编织。接着按上针编织和编织花样A、B、B’编织。腋下针目编织伏针。身片的插肩线位置立起侧边3针减针，袖子的插肩线位置立起侧边4针减针。领窝减2针及以上时做伏针减针，减1针时立起侧边1针减针。袖下的加针在1针内侧做扭针加针。

●组合…前门襟按与身片相同的要领起针后编织扭针的单罗纹针，结束时从反面编织与前一行相同的针目做伏针收针。插肩线、胁部、袖下做挑针缝合，腋下针目做下针无缝缝合。衣领挑取指定针数后编织扭针的单罗纹针，结束时按与前门襟相同的要领收针。前门襟与身片之间做挑针缝合。最后在指定位置缝上子母扣。

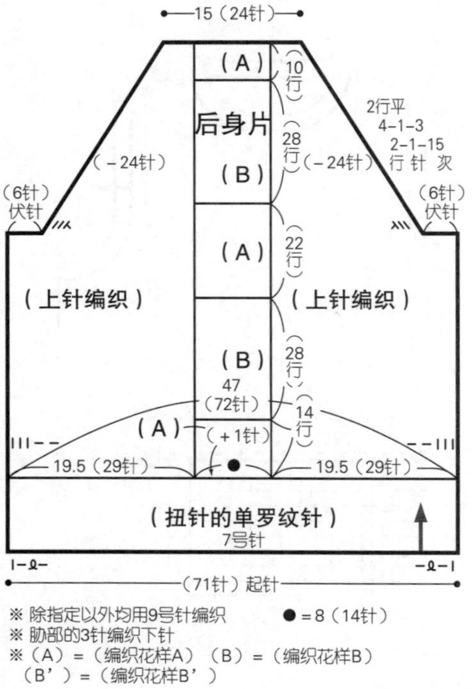

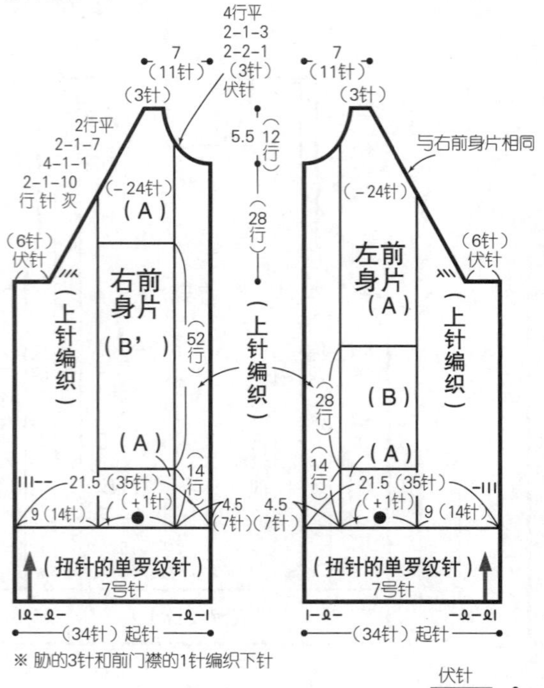

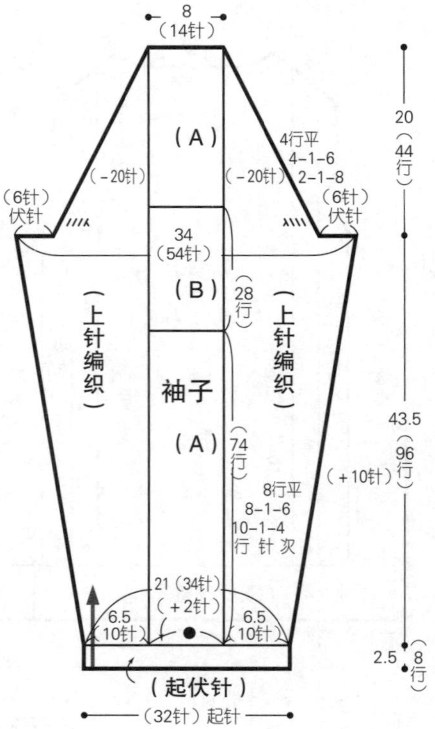

编织花样A

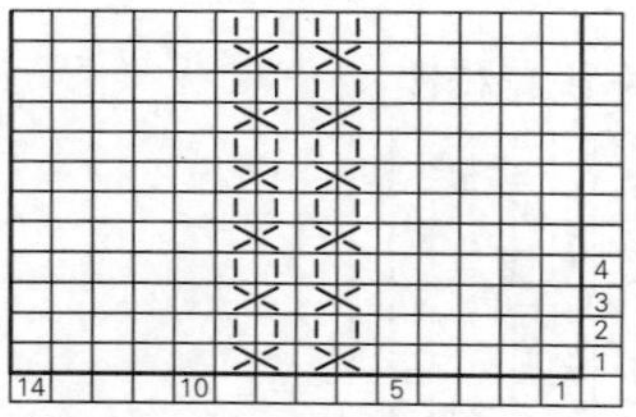

□=⊟

编织花样B

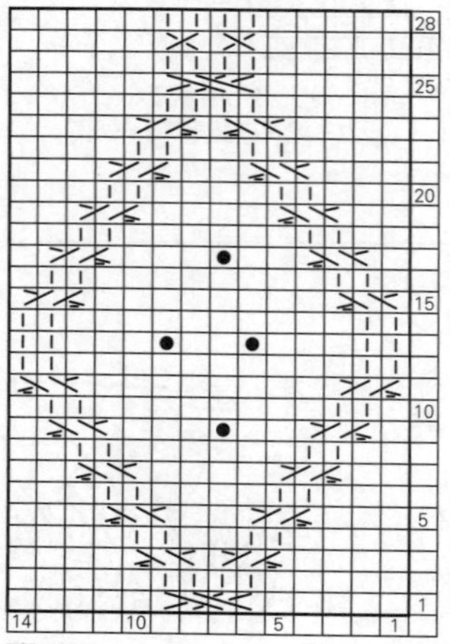

□=⊟

●= =3针长针的枣形针（7/0号针）

※ 编织方法请参照第119页

编织花样B’

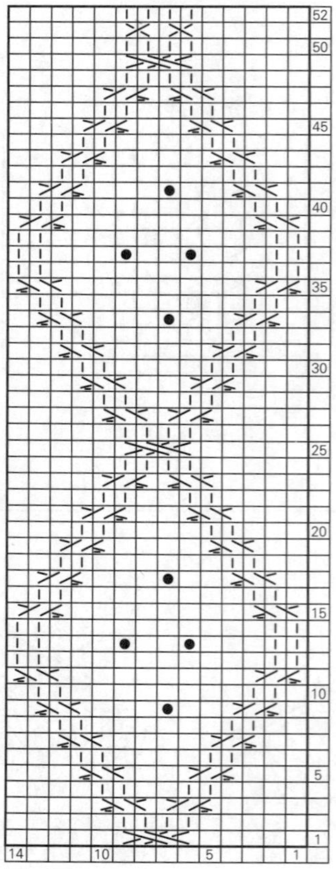

□=⊟

扭针的单罗纹针

□=⊟

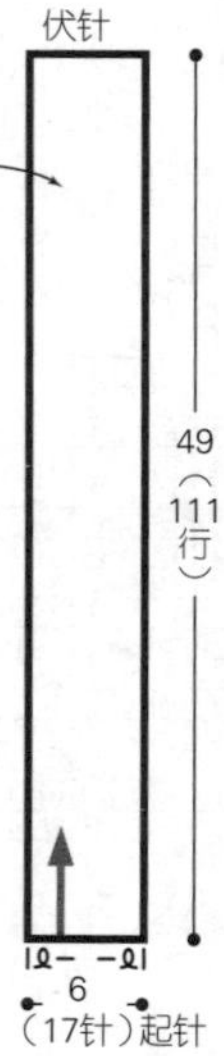

右前领窝的编织方法

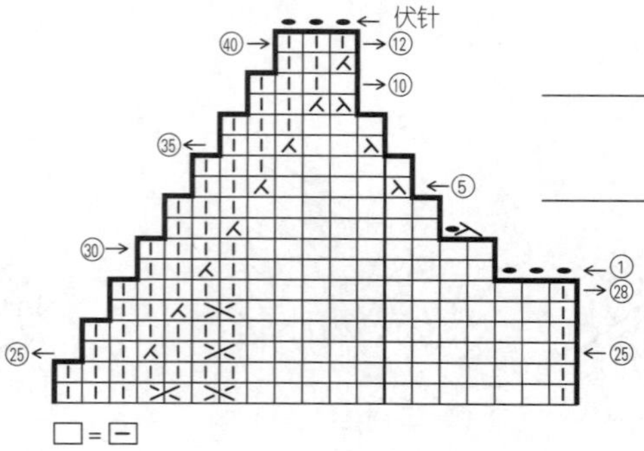

□=⊟

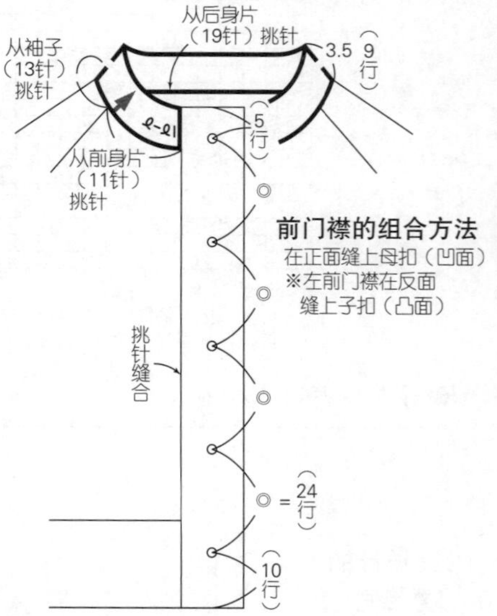

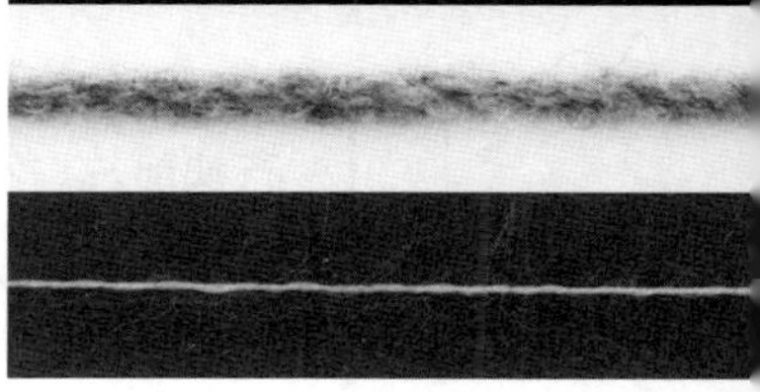

材料

手织屋 Moke Wool B 芥末黄色(04) 1 175g；Silk Mohair Reina 黄色(04) 350g；长35mm的纽扣6颗

工具

棒针11号、13号、6号、8号、10号、12号，钩针6/0号

成品尺寸

胸围122cm，衣长91.5cm，连肩袖长67.5cm

编织密度

10cm×10cm面积内：编织花样18针，23行；起伏针13.5针，20.5行（前门襟）；下针编织15针，21行（袖口）

编织要点

●身片、袖子…用指定线合股编织。手指挂线起针，身片按起伏针和编织花样编织，袖子按编织花样编织。加2针以上时做卷针加针，加1针时在1针内侧做扭针加针。减2针及以上时做伏针减针，减1针时立起侧边1针减针。前门襟按与身片相同的要领起针后编织起伏针。在右前门襟留出扣眼，结束时做伏针收针。衣领也按相同要领起针，参照图示一边调整密度一边编织下针，结束时按与前门襟相同的要领收针。口袋内层也按相同要领起针后编织下针，结束时按与前门襟相同的要领收针。

●组合…肩部、袖子中心做盖针接合。胁部做挑针缝合，△、▲部分与口袋内层的相合标记对齐，将口袋内层用卷针缝缝在前身片上，然后环形钩织袋口。袖口挑取指定针数后编织下针，结束时做伏针收针。袖下做半回针缝缝合。袖子、前门襟、衣领参照组合方法与身片缝合。将下摆、袖口的贴边向内侧翻折后做藏针缝缝合。最后缝上纽扣。

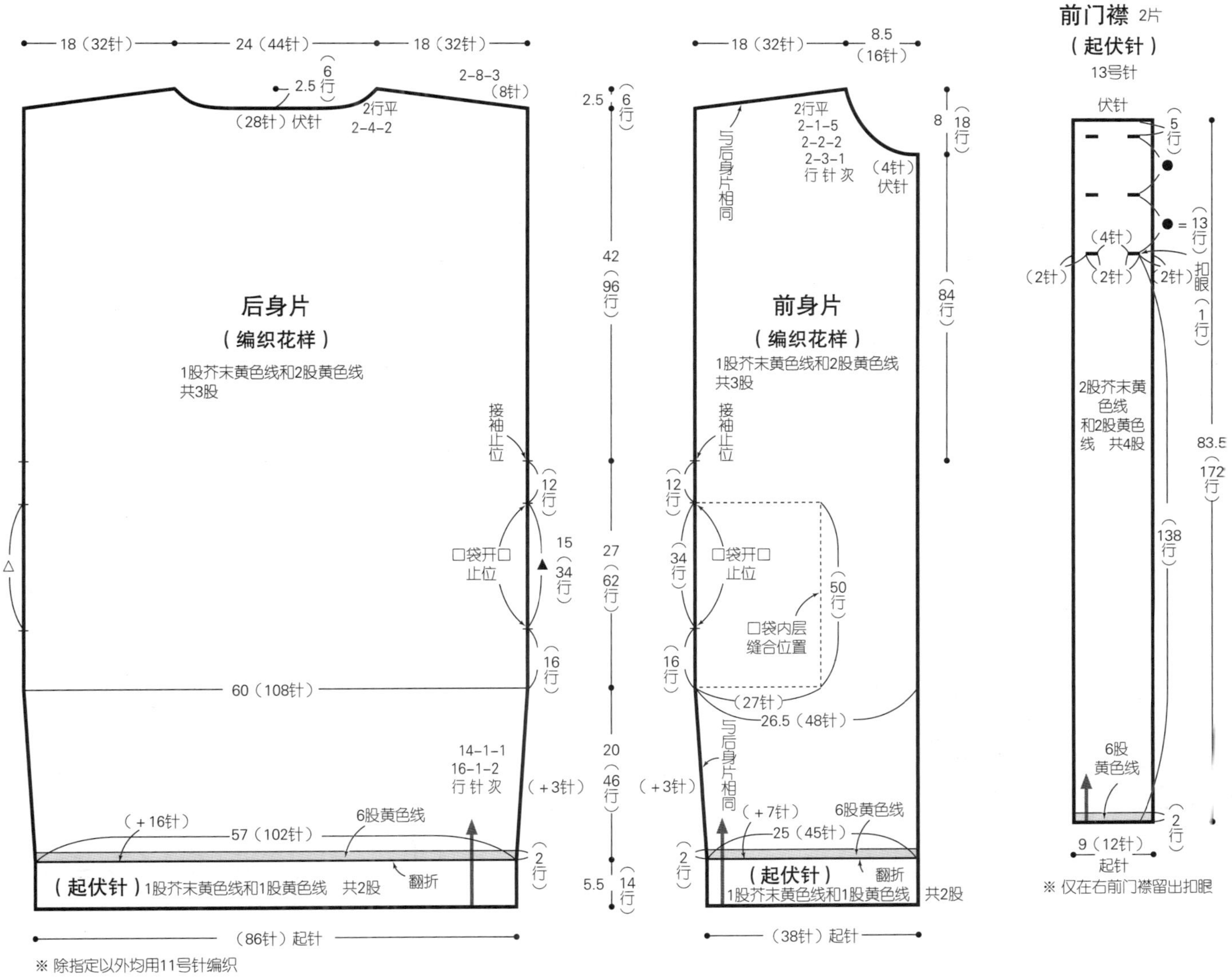

卷针加针（2针以上）

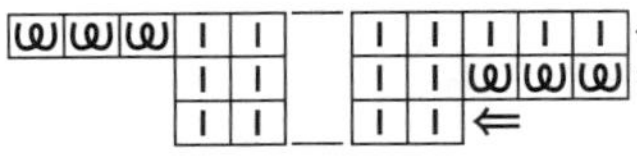

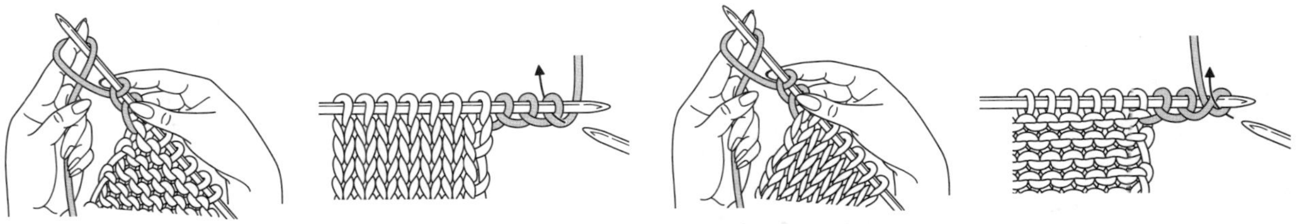

1 在食指所绕线圈里插入棒针后退出手指，重复此操作直到加至所需针数。

2 翻回正面，如箭头所示入针编织下针。其余2针也按相同的要领编织，一直编织至行尾。

3 按与步骤1相同的要领，在食指所绕线圈里插入棒针加针。

4 翻至反面，如箭头所示入针编织上针。其余2针也按相同的要领编织。

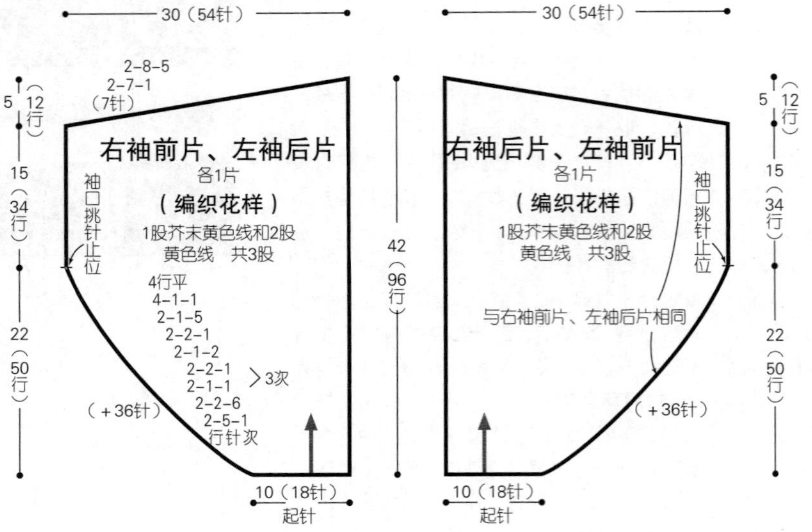

袖口 （下针编织）

10号针

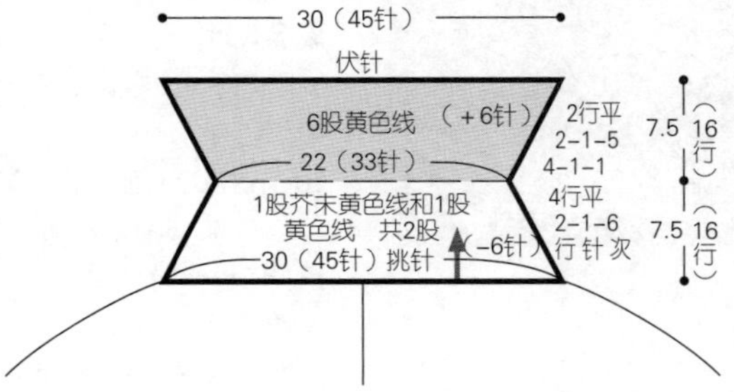

右袖前片、左袖后片的加针

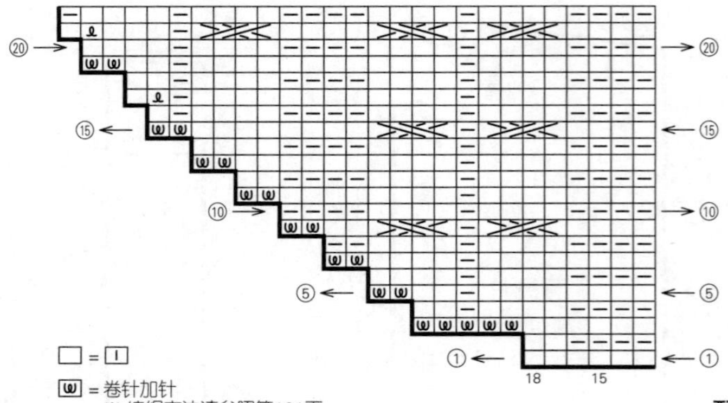

□ = Ｉ

Ⓦ = 卷针加针

※ 编织方法请参照第121页

Ⓛ = 扭针加针

编织花样

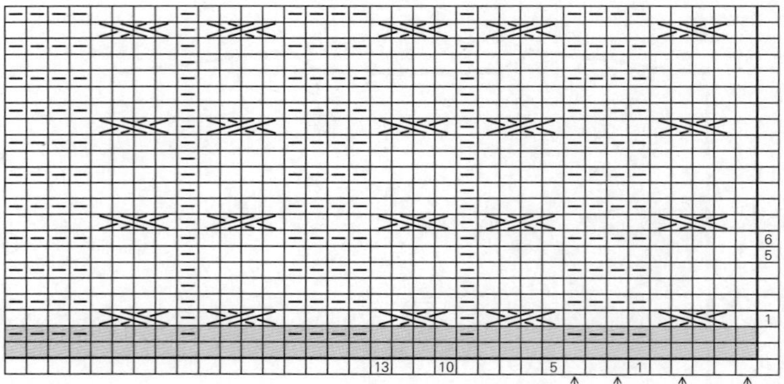

后身片、左前身片 右袖前片、左袖后片

右前身片 右袖后片、左袖前片

编织起点

□ = Ｉ

配色 ▨ = 6股黄色线

□ = 1股芥末黄色线和2股黄色线 共3股

※ 袖子全部用1股芥末黄色线和2股黄色线共3股线编织

右袖后片、左袖前片的加针

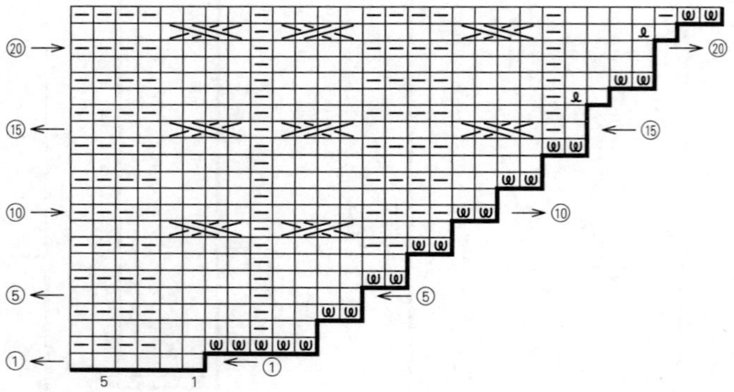

□ = Ｉ

Ⓦ = 卷针加针

Ⓛ = 扭针加针

口袋内层 2片

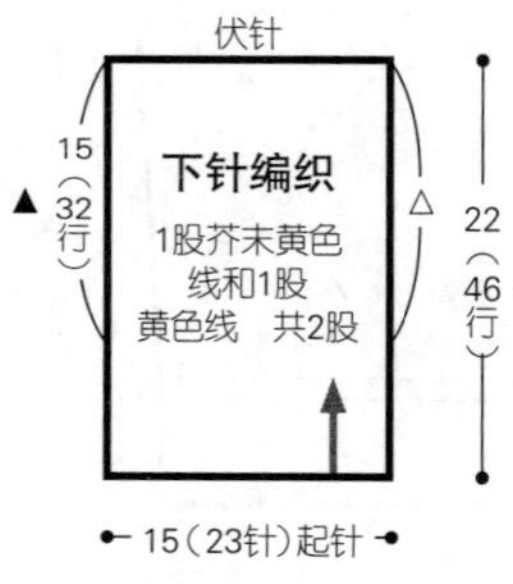

※ 右口袋与后身片的▲、左口袋与后身片的△对齐做挑针缝合

扣眼（右前门襟）

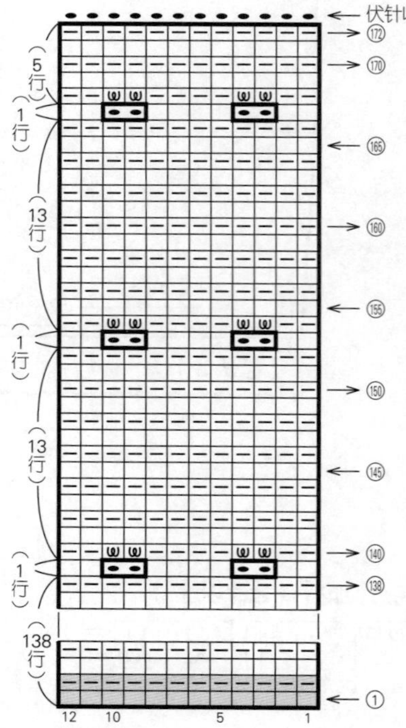

□ = Ｉ

Ⓦ = 卷针

※ 编织方法请参照第106页

配色 ▨ = 6股黄色线

□ = 2股芥末黄色线和2股黄色线共4股

衣领（下针编织）

调整密度 ※参照图示

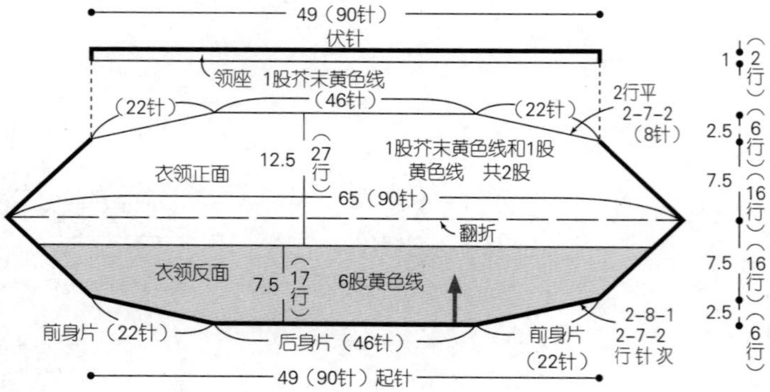

起伏针

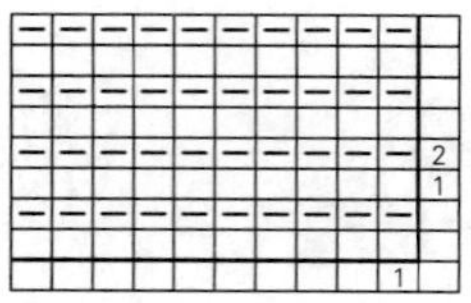

□ = Ｉ

衣领的引返编织

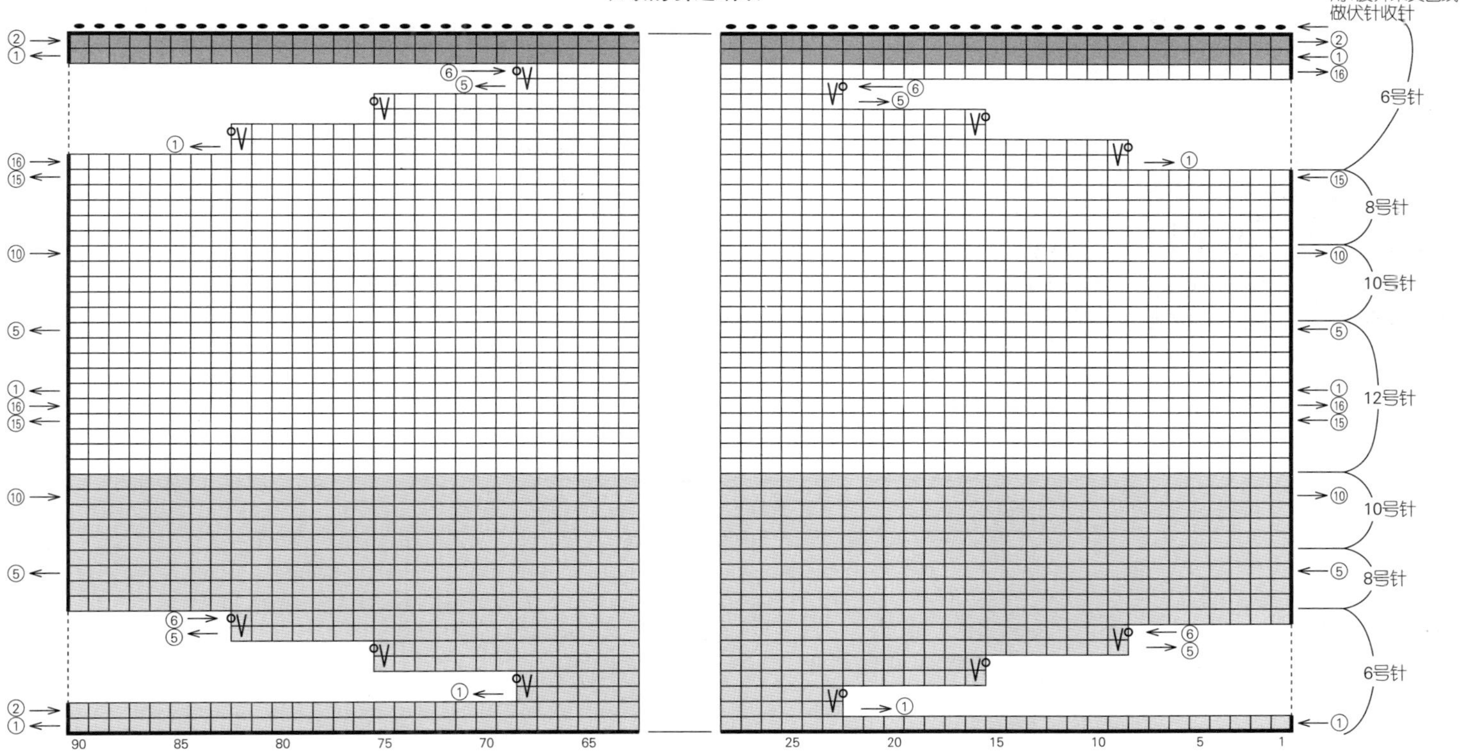

□ = ▯

配色
- ▨ = 6股黄色线
- □ = 1股芥末黄色线和1股黄色线　共2股
- ■ = 1股芥末黄色线

组合方法

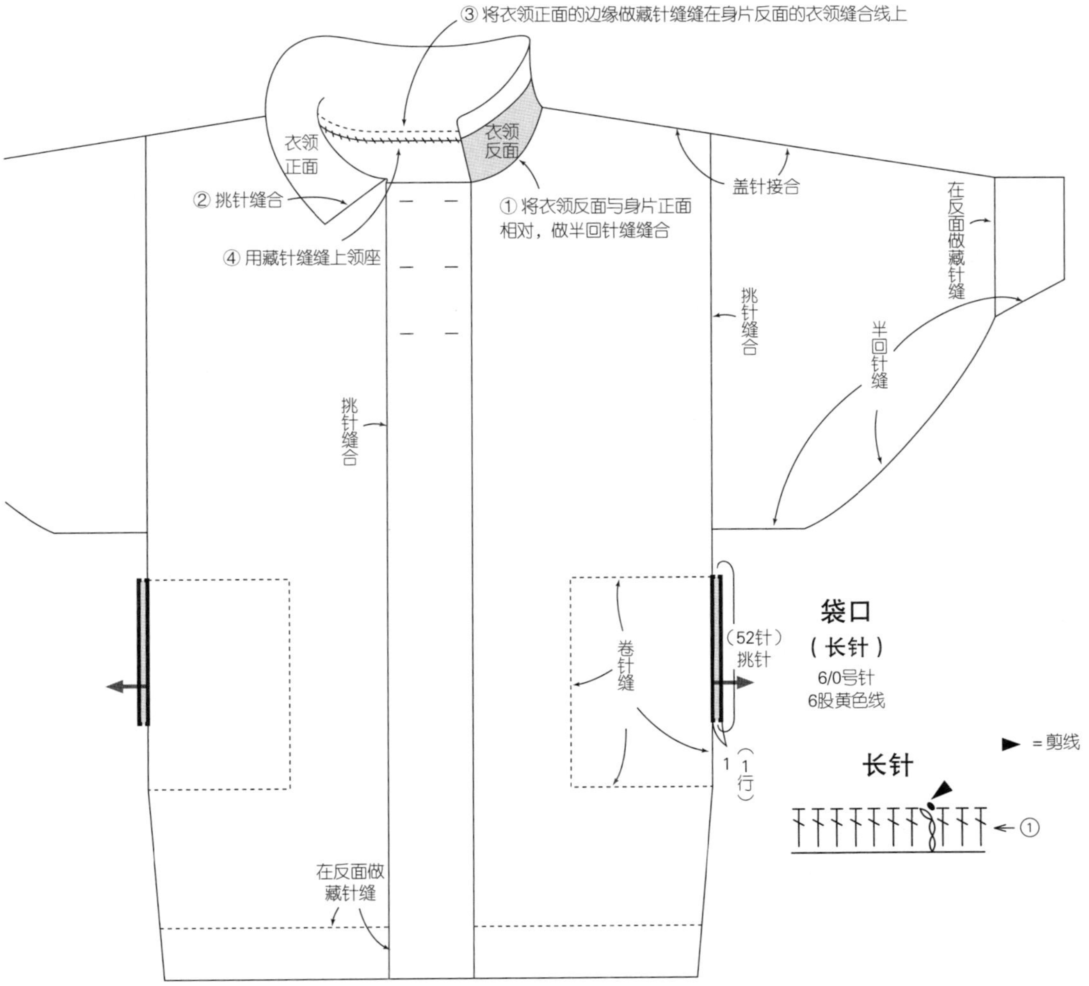

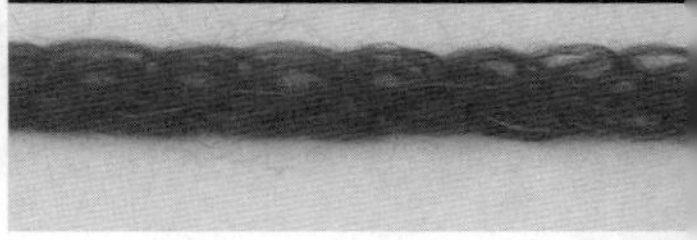

材料

Clover Landscape 粉色系段染（60-102）310g/4团

工具

棒针14号、12号

成品尺寸

胸围89cm，衣长60.5cm，连肩袖长74cm

编织密度

10cm×10cm面积内：上针编织15.5针，23行；编织花样1个花样9针5cm，23行10cm

编织要点

●育克…按照编织顺序编织。手指起针，编织上针编织和编织花样至第20行，往返编织。参照图示钩织加针。前领窝另线锁针起针10针，环形编织。

●身片、袖子…前后身片从腋下的另线锁针和育克挑取指定数量的针目，做上针编织和单罗纹针。编织终点做单罗纹针收针。衣袖从腋下解开另线锁针的针目和育克的休针挑针，做上针编织、编织花样和单罗纹针。编织终点和身片相同。

●组合…衣领挑取指定数量的针目，编织起伏针。编织终点松松地做上针的伏针收针。

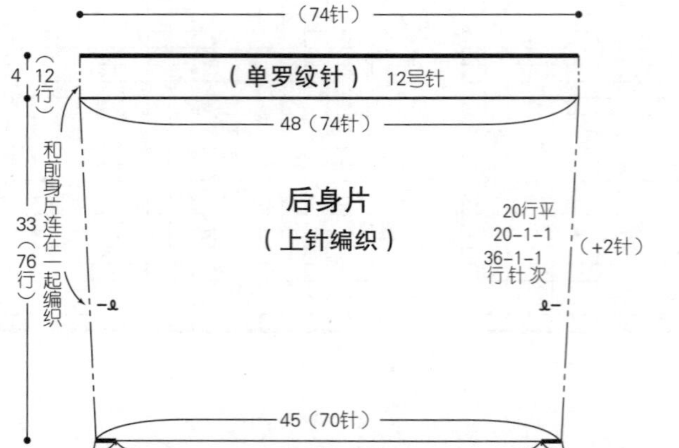

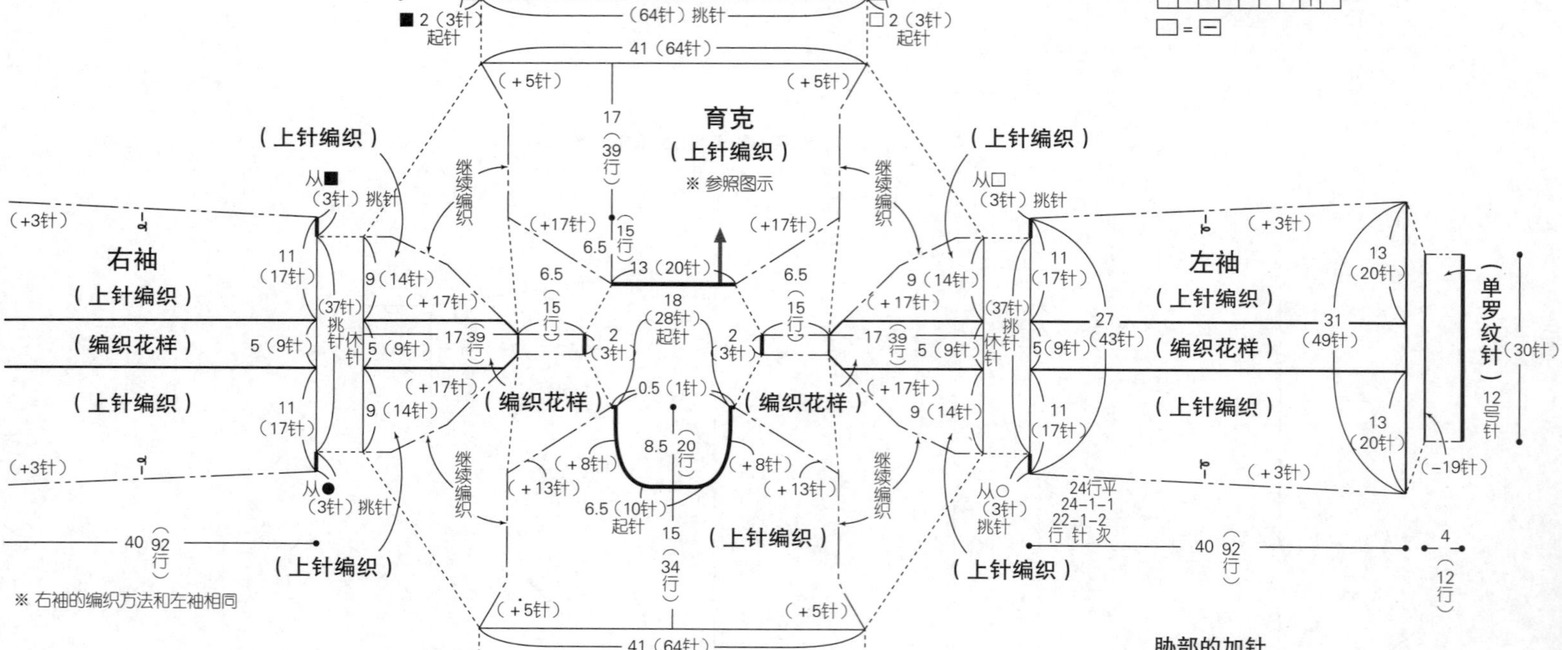

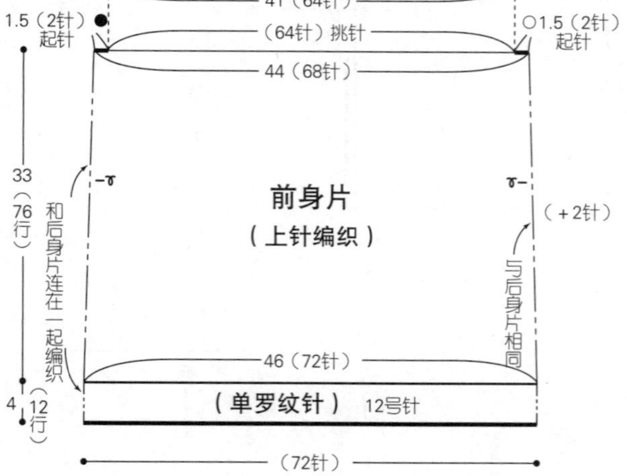

衣领（起伏针） 12号针

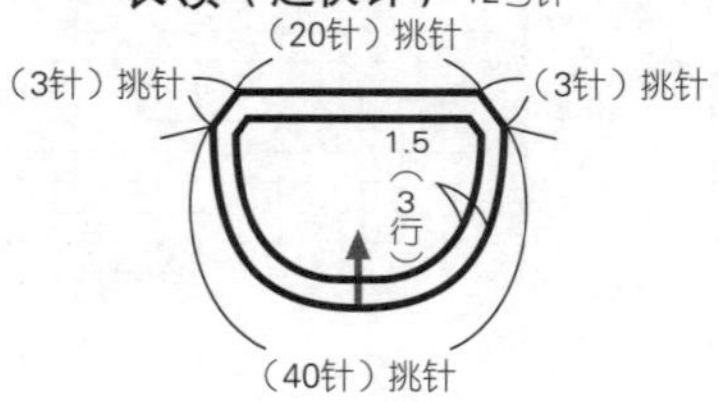

起伏针

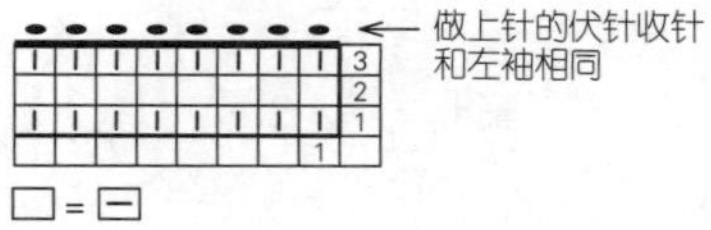

单罗纹针

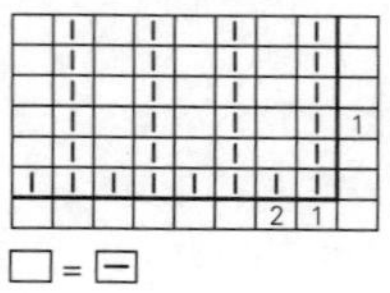

胁部的加针

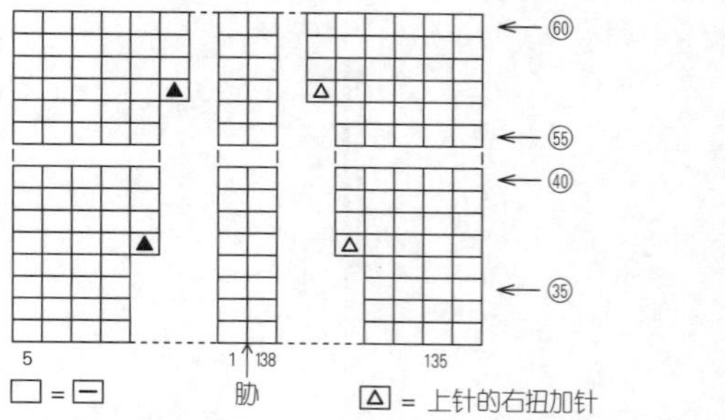

※ 袖下的加针方法相同

△ = 上针的右扭加针

▲ = 上针的左扭加针

※ 编织方法请参照第127页

※除指定以外均用14号针编织

※腋下的另线锁针将前后身片连在一起，左右两侧各起针（5针）

※单罗纹针收针的方法请参照第104页

编织顺序

1.从第1团内侧拉出线，从领窝开始编织。

2.第2团从外侧开始编织，接着育克编织身片。

3.第2团编完后，第3团从内侧拉出线编织至下摆。

4.左右袖均从第3、4团的外侧编织。

5.衣领从第4团的内侧拉出线编织。

育克的编织方法

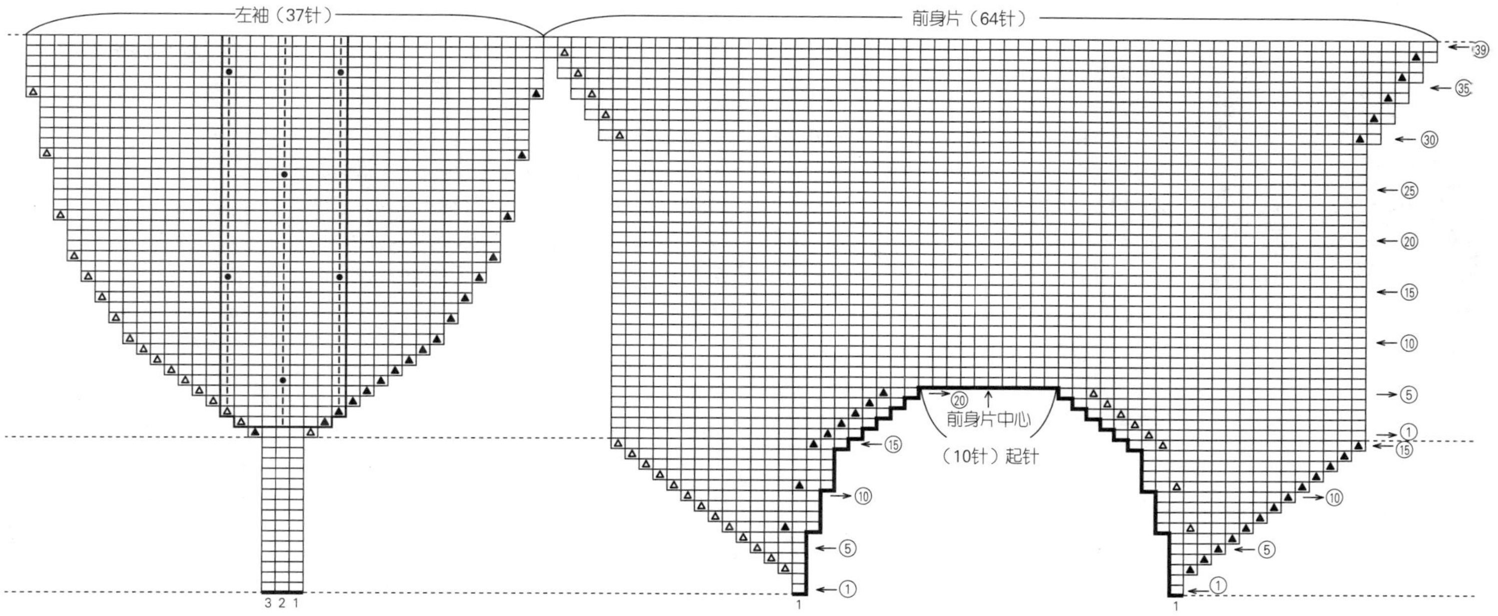

编织花样

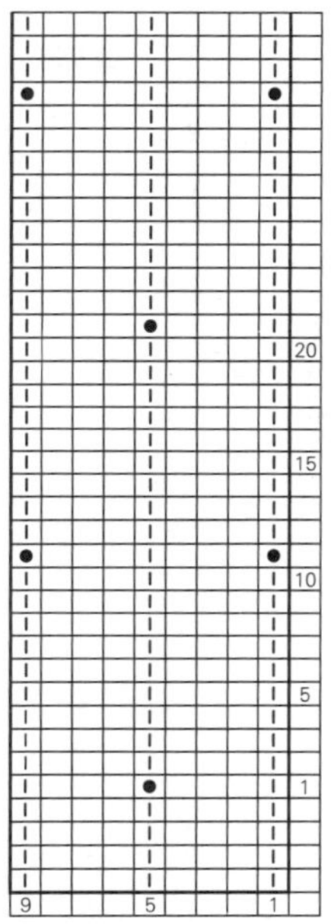

□ = ⊟

● =

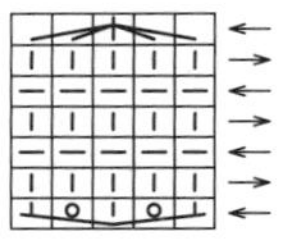

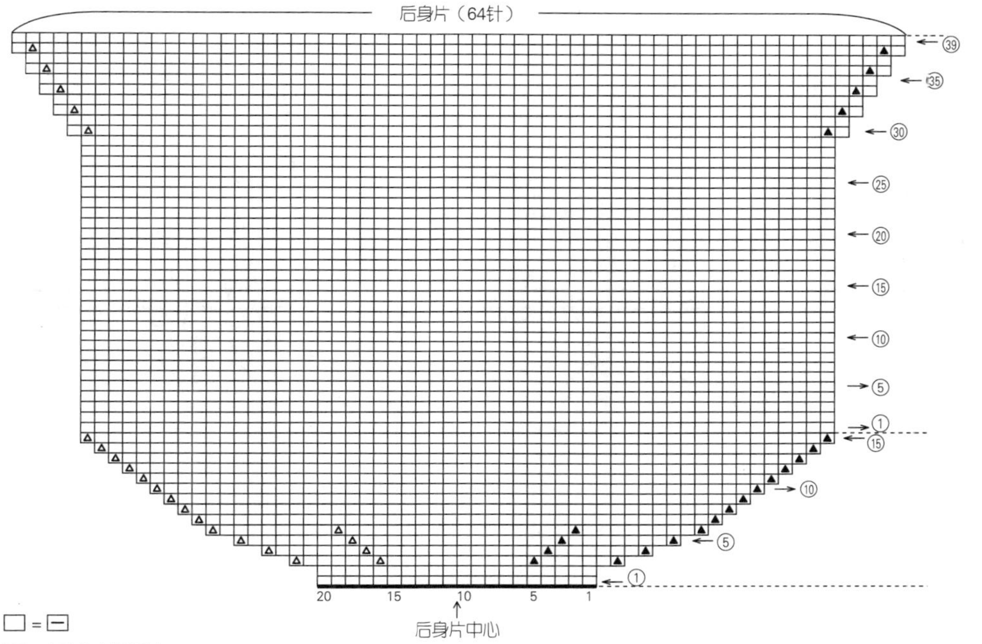

□ = ⊟

△ = 上针的右扭加针

▲ = 上针的左扭加针

※ 编织方法请参照第127页

※ 右袖的编织方法和左袖相同

5针长针的爆米花针

（整段挑针）

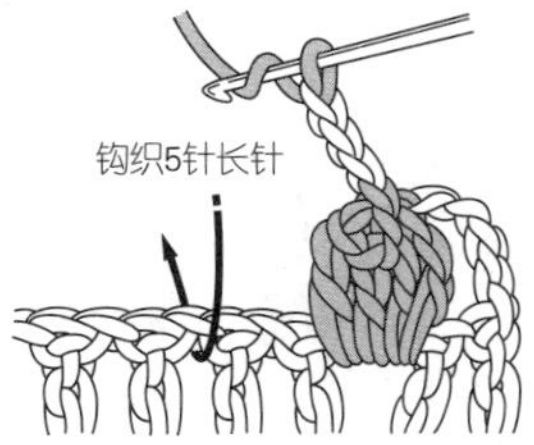

1 挂线，如箭头所示插入钩针钩织5针长针，然后抽出钩针。

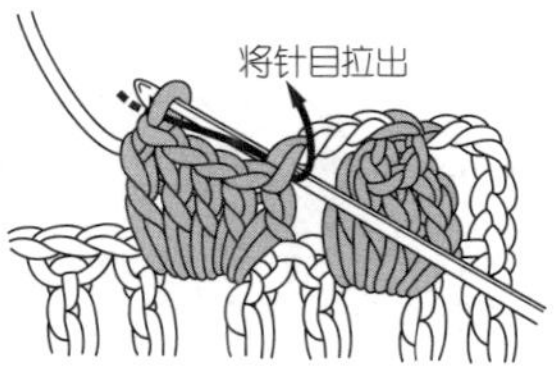

2 将钩针插入第1针长针的头部并从抽出钩针的针目中挂线拉出。

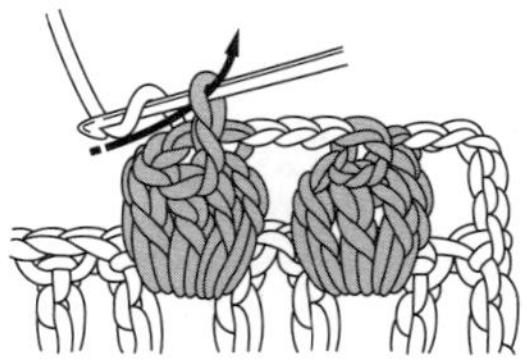

3 钩织1针锁针将针目收紧。

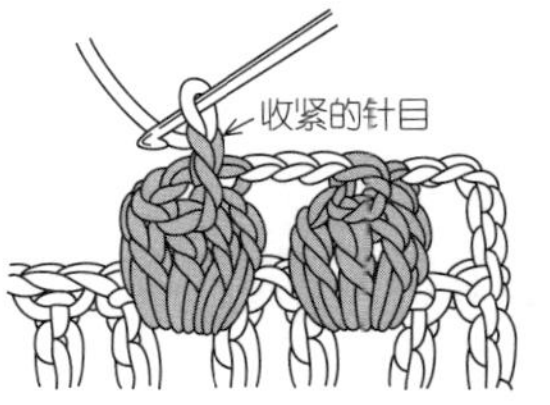

4 图为完成2针5针长针的爆米花针（整段挑针）的样子。

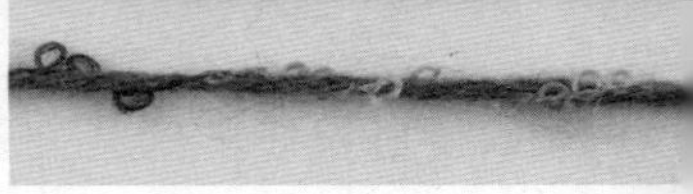

材料

钻石线 Dia Amulet 灰色（9504）370g/13团

工具

棒针5号、3号、4号，钩针5/0号

成品尺寸

胸围96cm，肩宽36cm，衣长59.5cm，袖长52cm

编织密度

10cm×10cm面积内：编织花样22.5针，36行；花片大小请参照图示

编织要点

●身片、袖子…共线锁针起针，做编织花样。减针时，2针及以上时做伏针减针，1针时立起侧边1针减针。袖下加针时，在1针内侧编织扭针加针。

●组合…肩部做盖针接合，胁部、袖下使用毛线缝针做挑针缝合。下摆环形做边缘编织，然后用连接花片的方法钩织。衣领挑取指定数量的针目，一边调整编织密度，一边编织单罗纹针。编织终点做单罗纹针收针。前领中心使用毛线缝针做挑针缝合。衣袖和身片引拔接合。

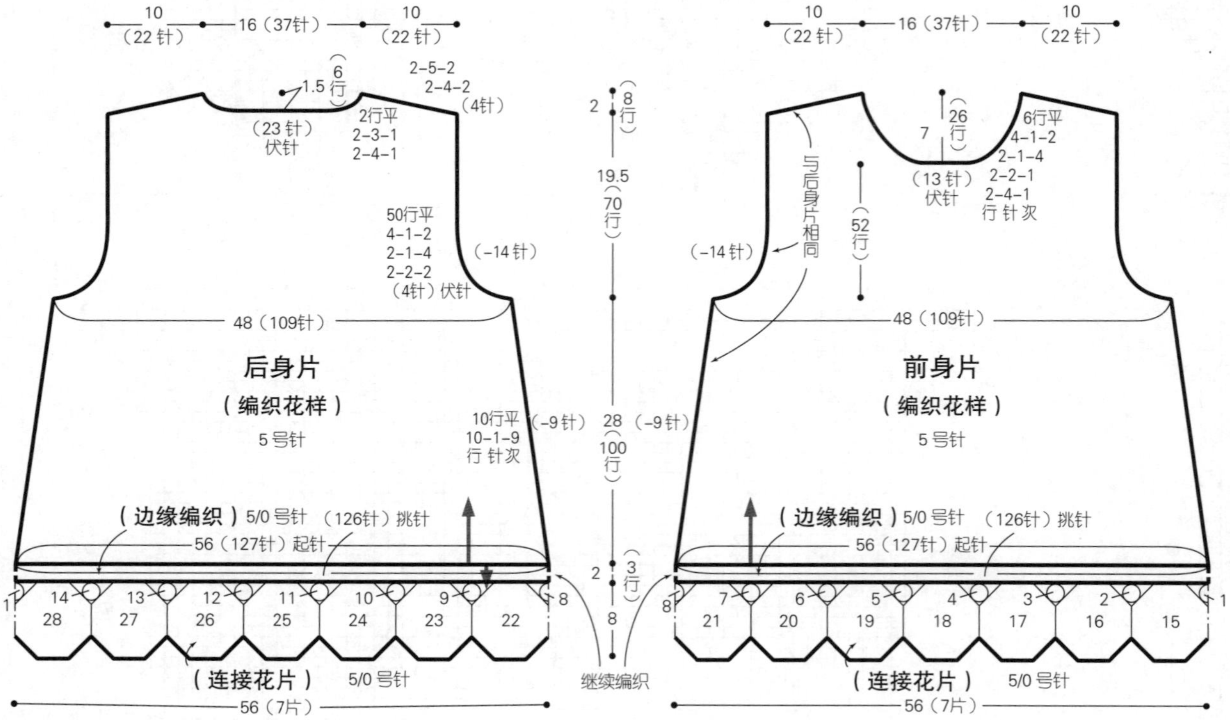

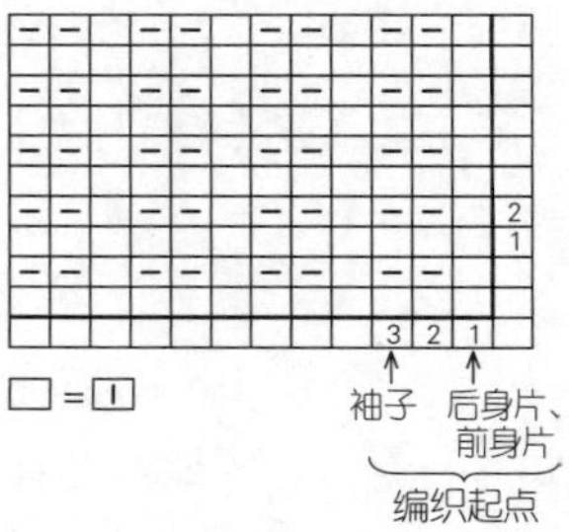

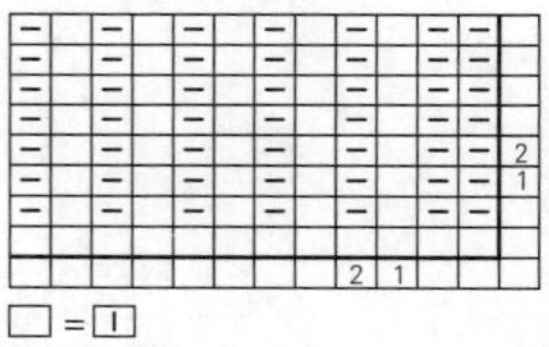

※花片内的数字表示连接顺序

○ = 花片 A

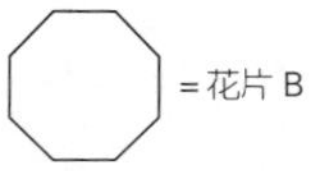

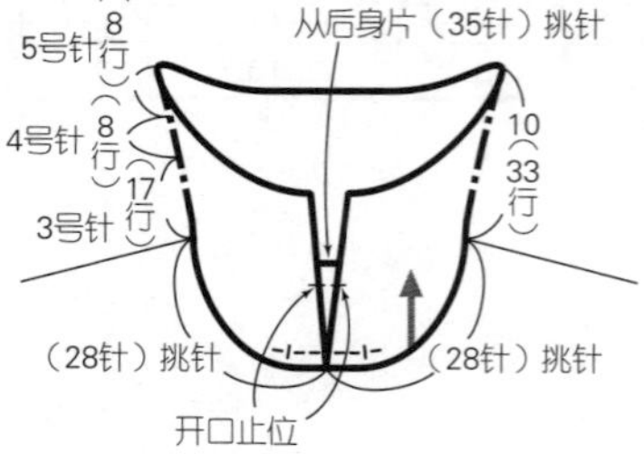

※衣领第1行编织起点和编织终点从前身片中心的同一针中挑针

※前领中心17行看着正面挑针缝合

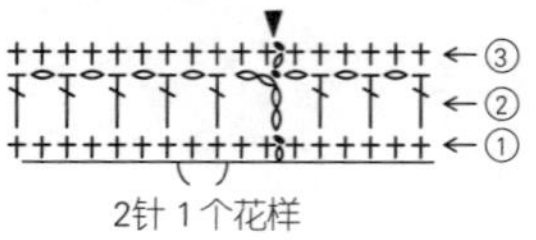

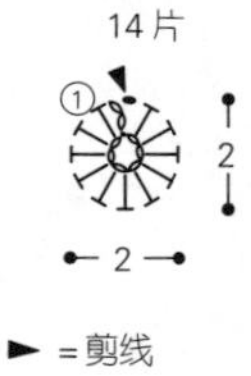

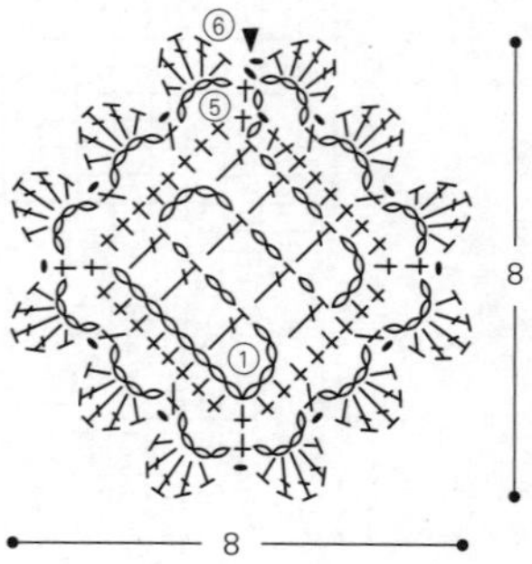

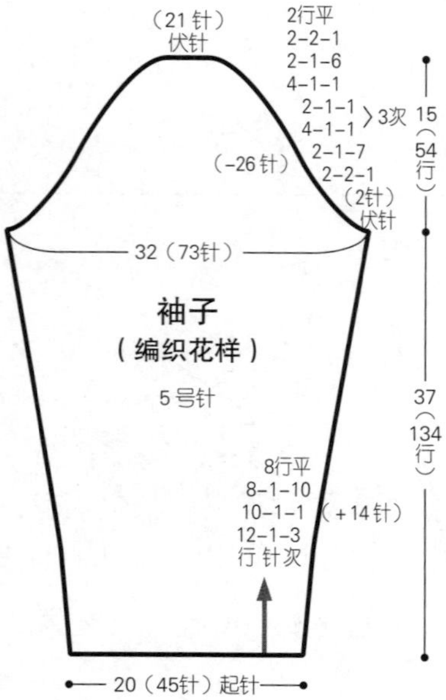

花片的连接方法

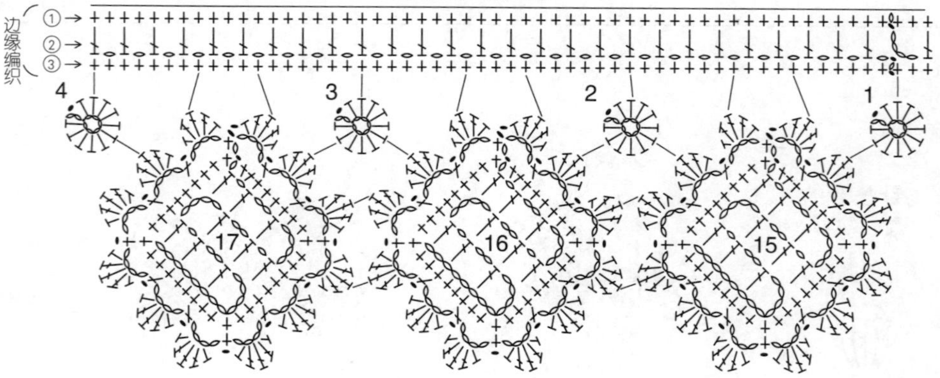

※连接花片钩织至连接位置前面，将钩针取下，从连接处的上方插入钩针，将取下钩针的针目拉出，钩织中长针或长针

材料

[套头衫] Clover Per Favore 浅灰色混合(60-412)420g/11团，原白色混合(60-411)25g/1团

[帽子] Clover Per Favore 原白色混合(60-411)70g/2团，浅灰色混合(60-412)20g/1团

工具

棒针12号、10号

成品尺寸

[套头衫] 胸围104cm，衣长59cm，连肩袖长34cm

[帽子] 头围47cm，帽深26.5cm

编织密度

10cm×10cm面积内：编织花样17针，25行

●套头衫…育克另线锁针起针，环形做编织花样。参照图示钩织加针。前后身片从腋下的另线锁针和育克挑取指定数量的针目，环形做编织花样和双罗纹针。编织终点做下针织下针、上针织上针的伏针收针。袖口从腋下解开另线锁针的针目和育克的休针挑针，环形编织双罗纹针。编织终点和下摆相同。衣领解开锁针起针挑针，编织双罗纹针和下针编织，注意从双罗纹针第9行开始做往返编织。编织终点做伏针收针。

●帽子…手指起针，编织双罗纹针。帽口下侧环形编织，帽口上侧往返编织。帽子主体将下侧和上侧重叠在一起挑针做编织花样。参照图示编织，分散减针。编织终点将线收紧收针。

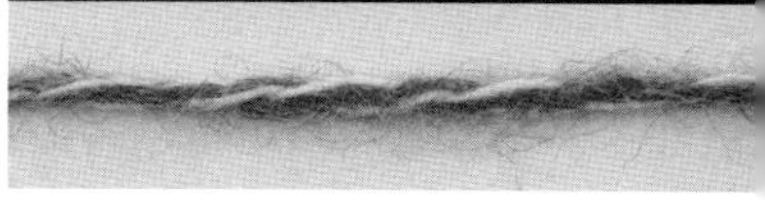

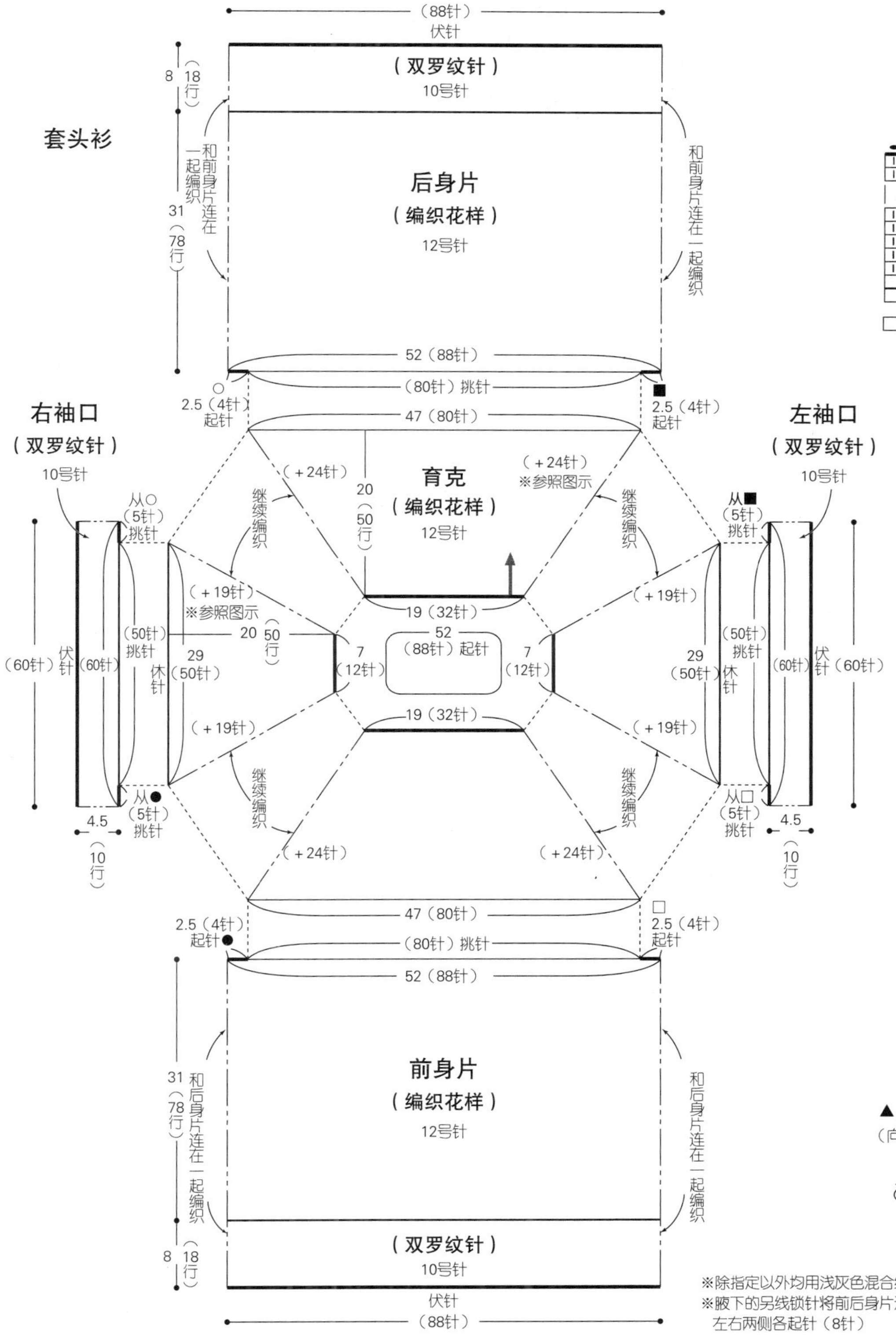

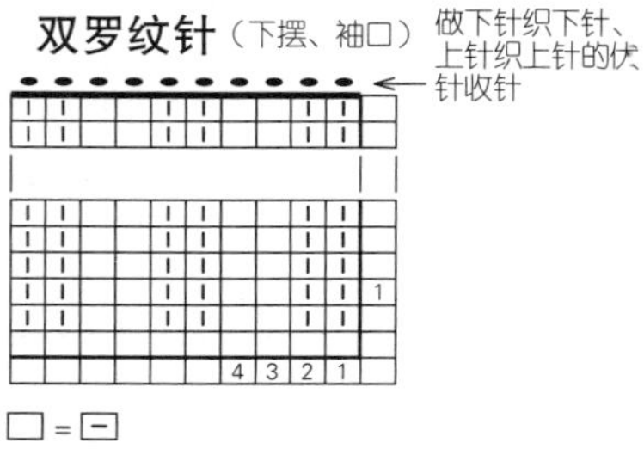

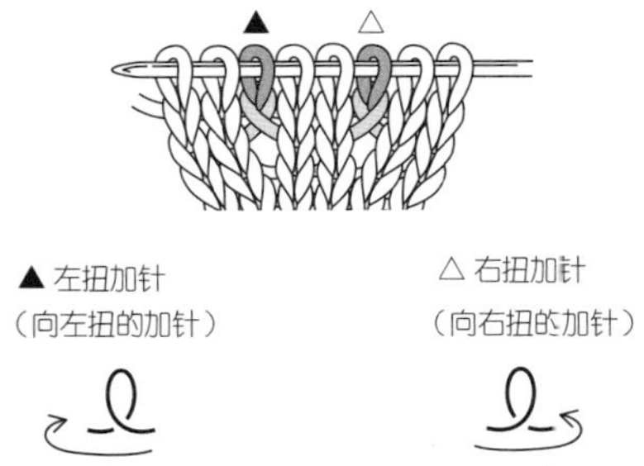

※除指定以外均用浅灰色混合线编织

※腋下的另线锁针将前后身片连在一起，左右两侧各起针（8针）

育克的编织方法

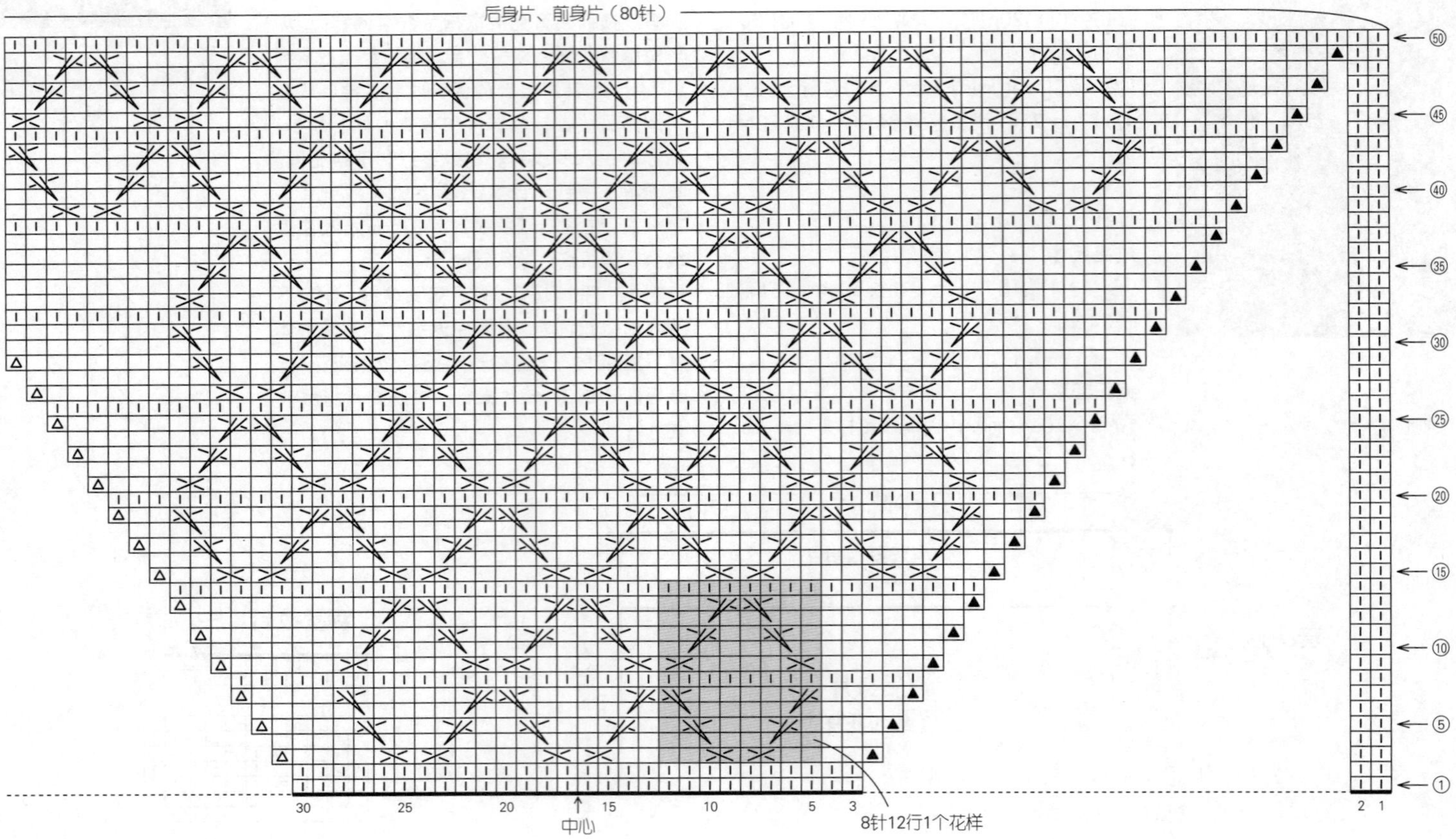

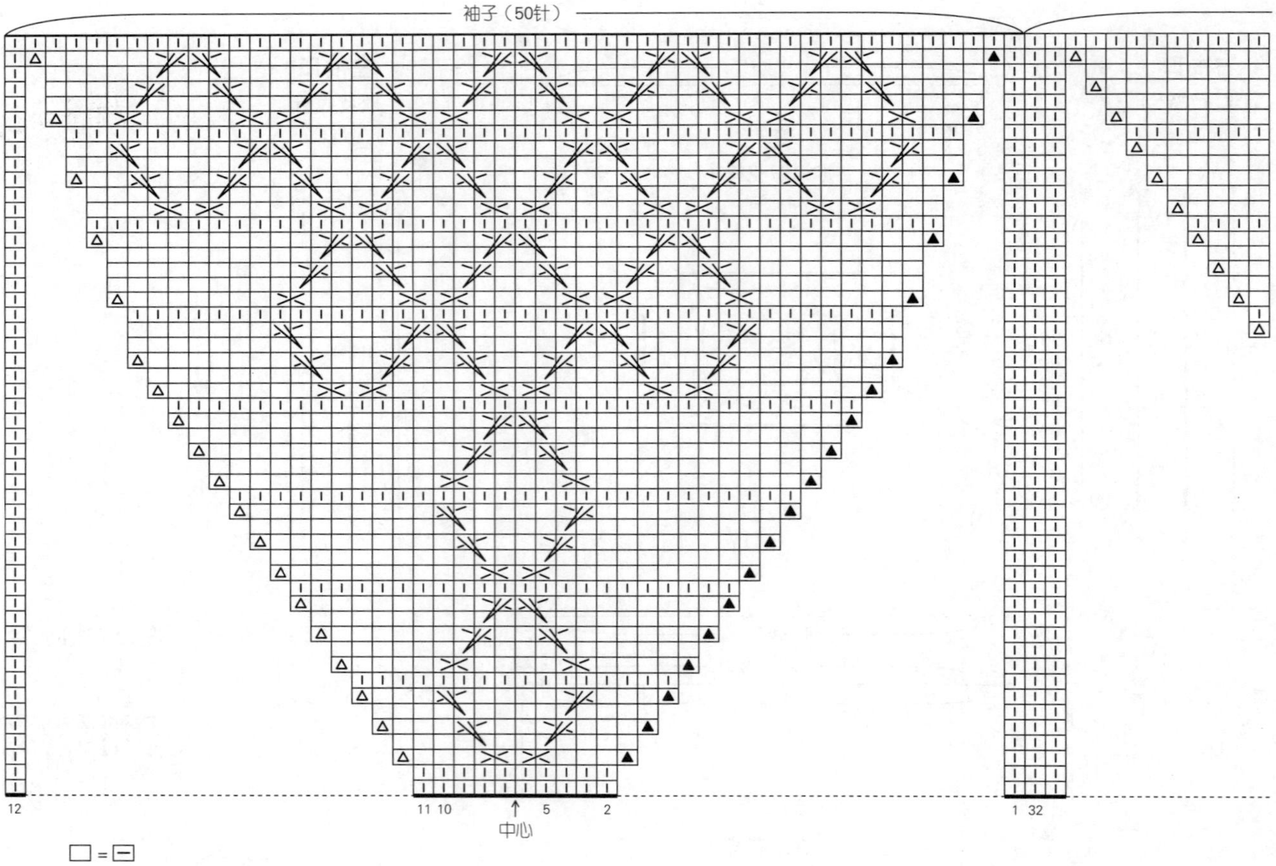

□ = ⊟

▲ = 左扭加针

△ = 右扭加针

= 左上滑针1针交叉

= 右上滑针1针交叉

※ 编织方法请参照第161页

编织花样 （后身片、前身片）

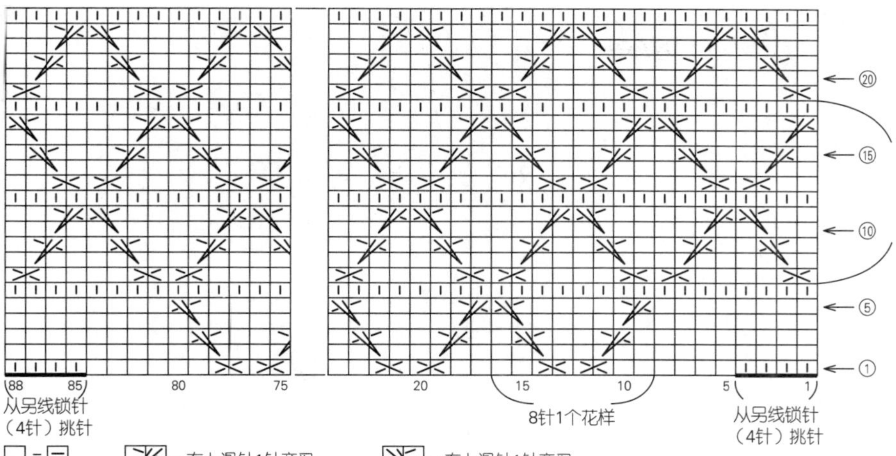

□ = ⊟

= 左上滑针1针交叉

= 右上滑针1针交叉

※ 编织方法请参照第161页

衣领 10号针 原白色混合

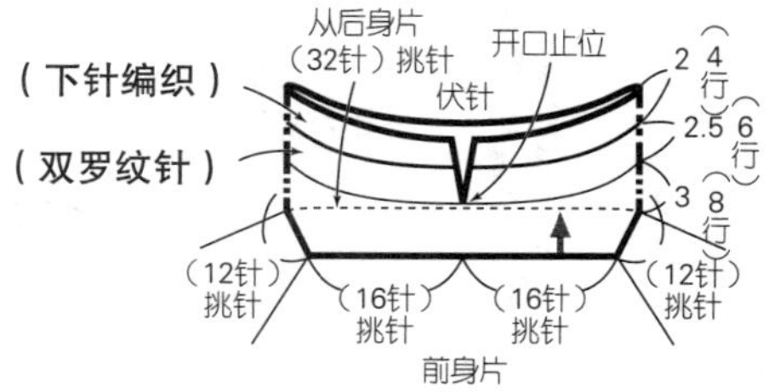

※ 全部（88针）挑针

衣领的编织方法

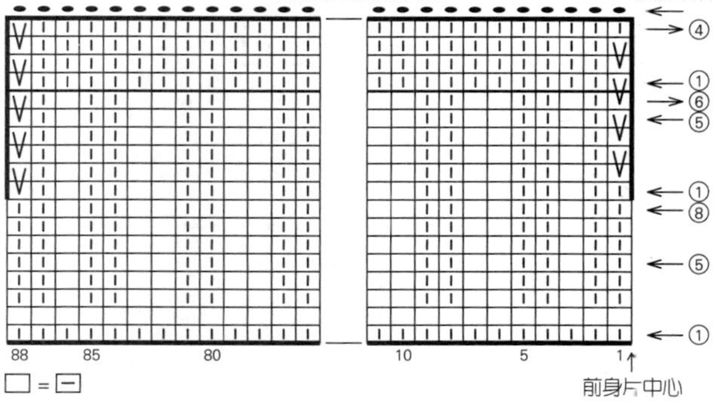

□ = ⊟

= 滑针（1行的情况）

※编织方法请参照第105页

帽口下侧 （双罗纹针）

10号针 浅灰色混合

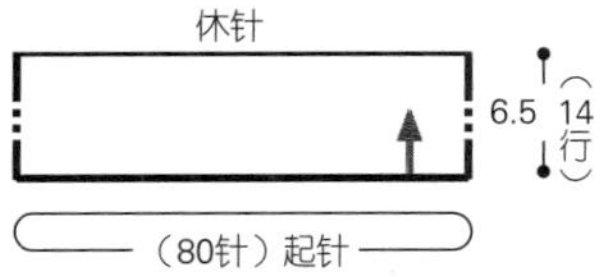

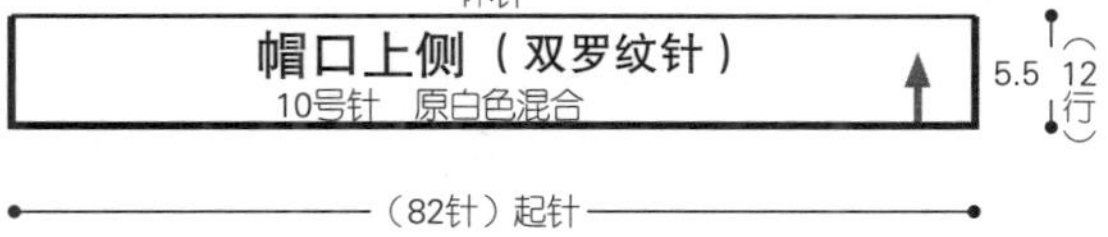

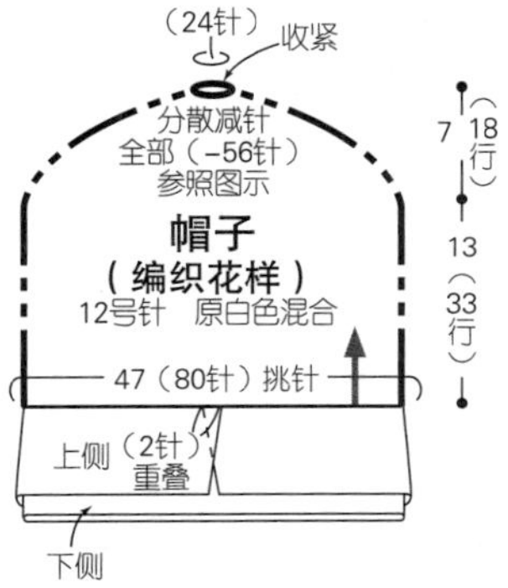

双罗纹针 （下侧）

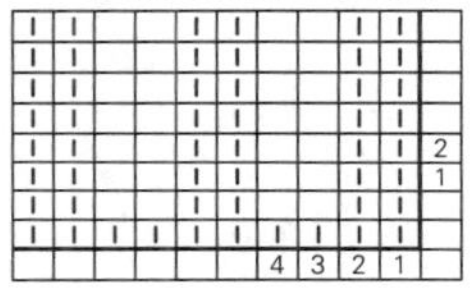

□ = ⊟

双罗纹针 （上侧）

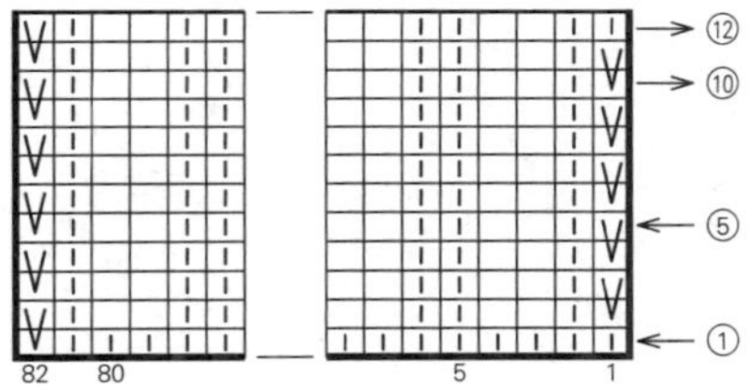

□ = ⊟

= 滑针（1行的情况）

※编织方法请参照第105页

编织花样和分散减针（帽子）

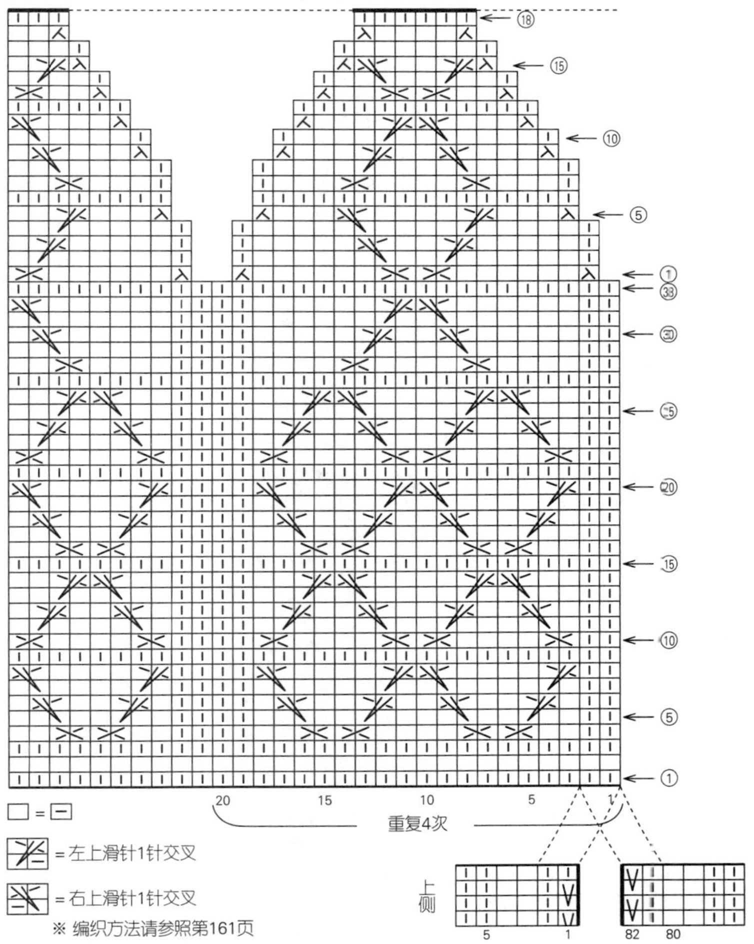

□ = ⊟

= 左上滑针1针交叉

= 右上滑针1针交叉

※ 编织方法请参照第161页

收紧

（针数较多时）

隔1针穿1次线，穿2圈后收紧

材料

Brooklyn Tweed QUARRY 黄绿色（25 Sulphur）80g/1桄

工具

钩针7/0号

成品尺寸

头围50cm

编织密度

10cm×10cm面积内：长针14.5针，8行；编织花样14.5针，5行；短针12针，20行

编织要点

●钩织锁针起针并连接成环形后从帽顶开始编织。参照图示，一边分散加、减针一边环形钩织长针和编织花样。

帽子

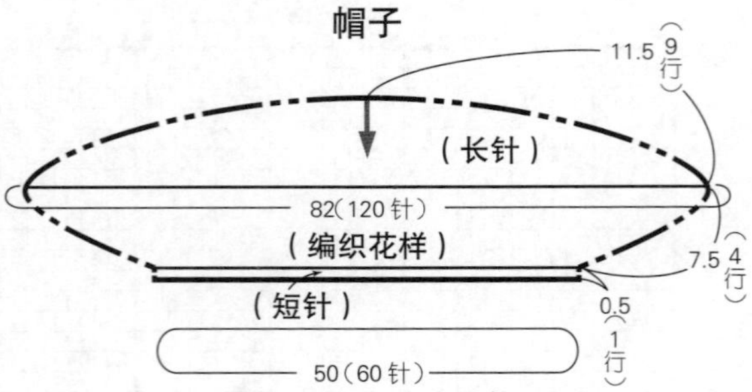

※ 全部用7/0号针钩织

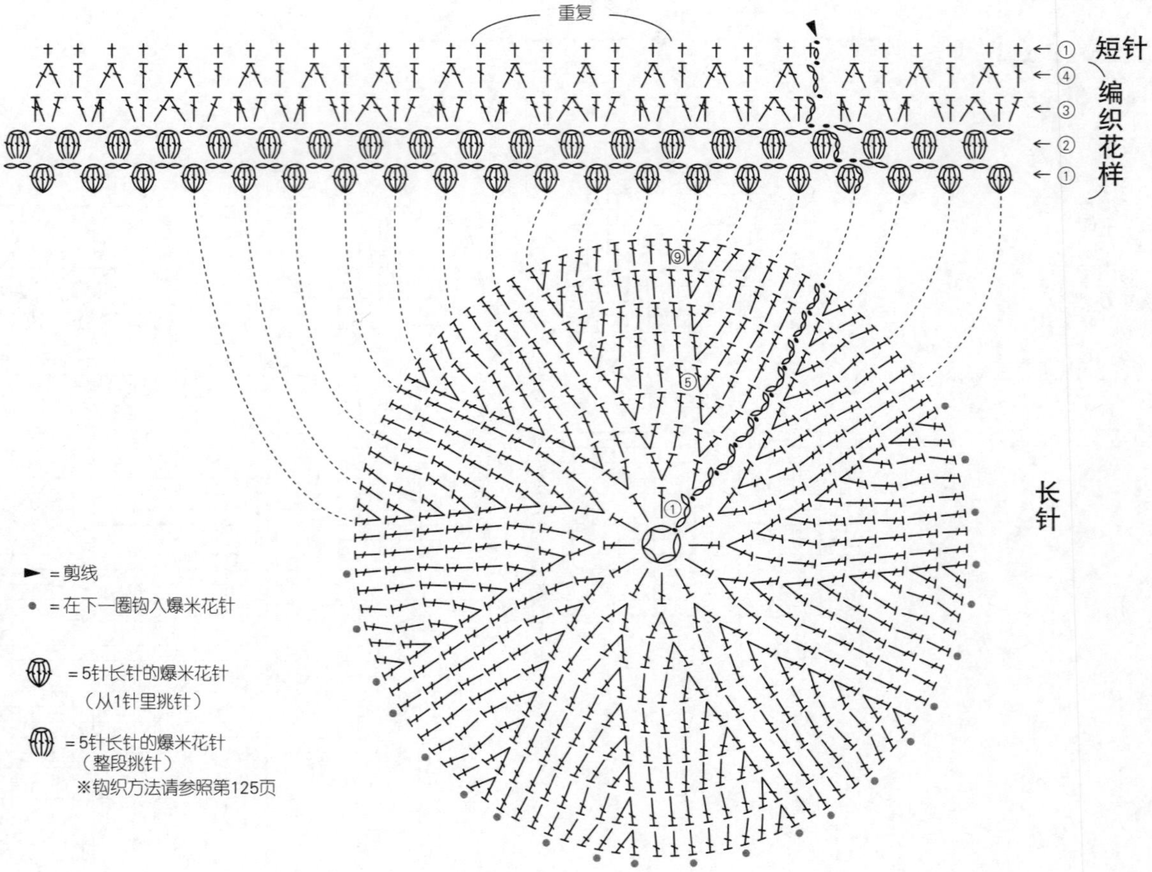

行数	针数	
第5行	60针	
第4行	60针	(-30针)
第3行	90针	(-30针)
第2行	120针	
第1行	120针	(+12针)
第9行	108针	(+12针)
第8行	96针	(+12针)
第7行	84针	(+12针)
第6行	72针	(+12针)
第5行	60针	(+12针)
第4行	48针	(+12针)
第3行	36针	(+12针)
第2行	24针	(+12针)
第1行	12针	

► = 剪线

• = 在下一圈钩入爆米花针

= 5针长针的爆米花针（从1针里挑针）

= 5针长针的爆米花针（整段挑针）

※钩织方法请参照第125页

5针长针的爆米花针（从1针里挑针）

1 在1针里钩入5针长针，暂时取下钩针，在最初的长针以及刚才取下的线圈里插入钩针。

2 将刚才取下的线圈从第1针里拉出。

3 再钩织1针锁针收紧针目。5针长针的爆米花针（从1针里挑针）完成。

材料
Brooklyn Tweed LOFT 灰色(40 Pumice) 45g/1桄，蓝色(37 Flannel) 40g/1桄，芥末黄色(36 Bale) 35g/1桄

工具
棒针8号

成品尺寸
长122cm，宽42cm（实际尺寸）

编织密度
10cm×10cm面积内：起伏针、起伏针条纹均为17针，40行

编织要点
●手指挂线起针，按起伏针和起伏针条纹编织。参照符号图，两端每2行加针，再在指定位置编织挂针加针。编织124行的起伏针条纹后换线做引返编织，结束时从反面做伏针收针。

披肩

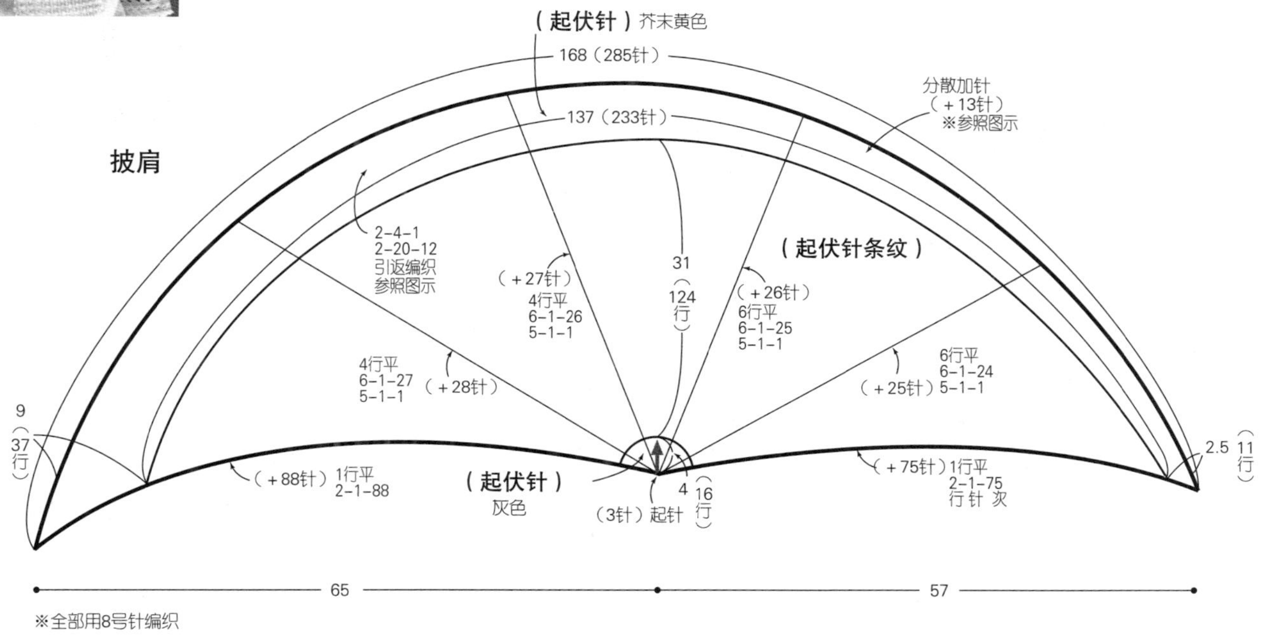

※全部用8号针编织

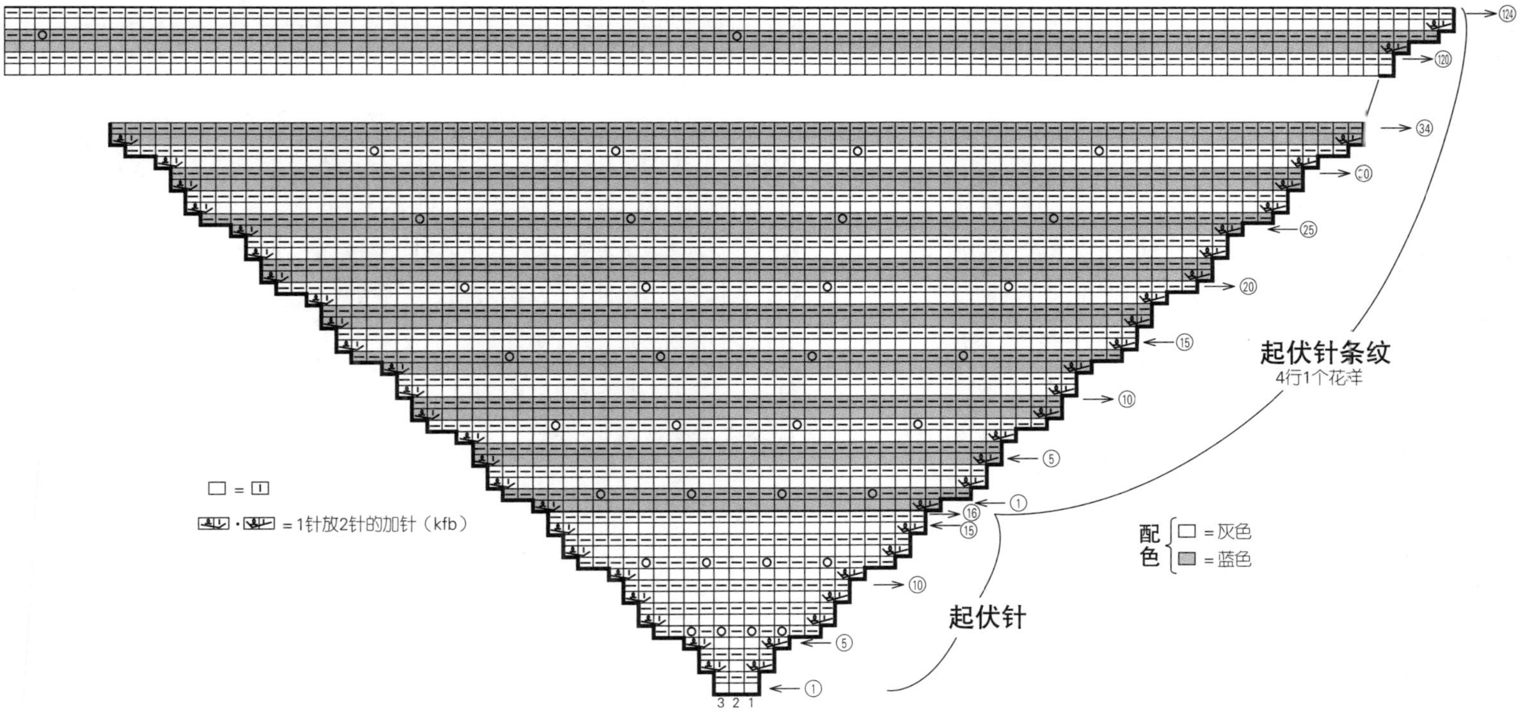

1针放2针的加针（kfb）

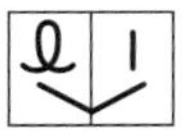

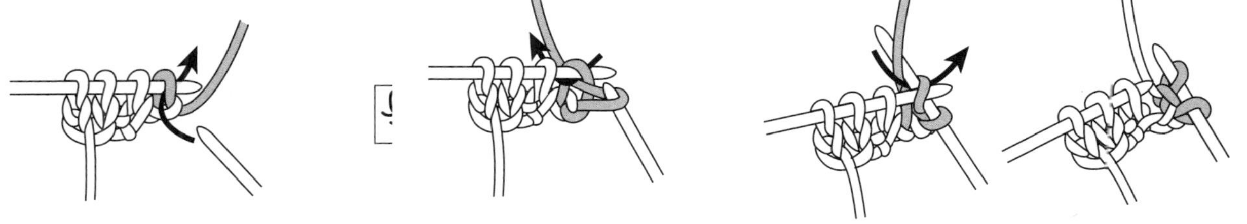

1 在边针里编织下针，不要从左棒针上取下针目。

2 按扭针的入针方式插入右棒针。

3 挂线拉出。

4 1针放2针的加针完成后的状态。这是国外常用的技法，英文缩略语为"kfb"。

起伏针的引返编织

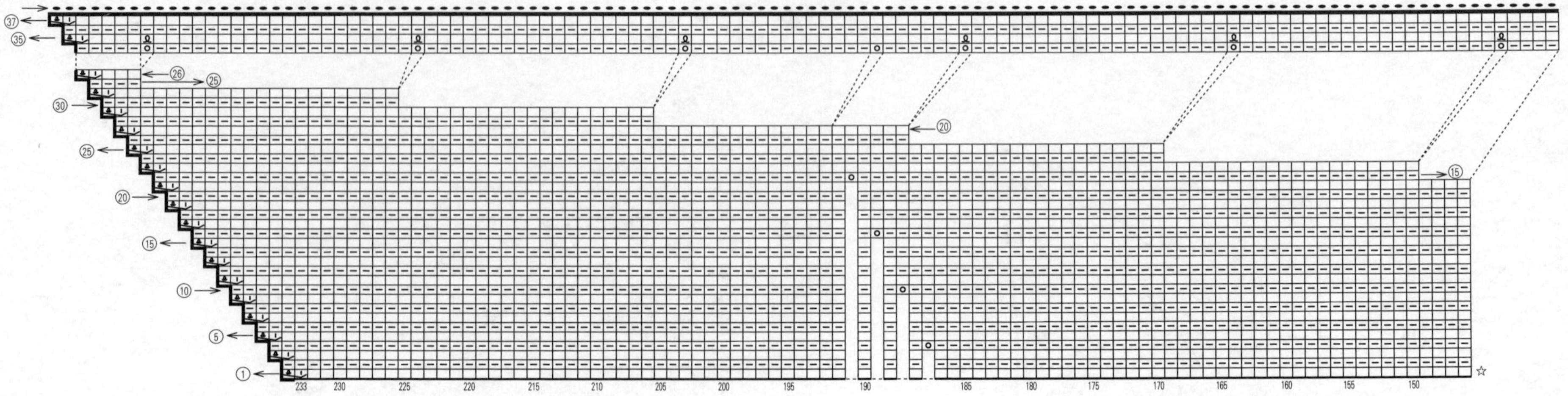

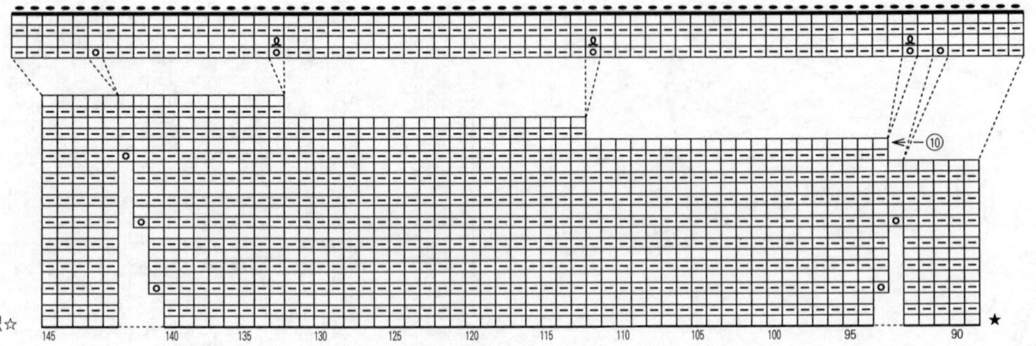

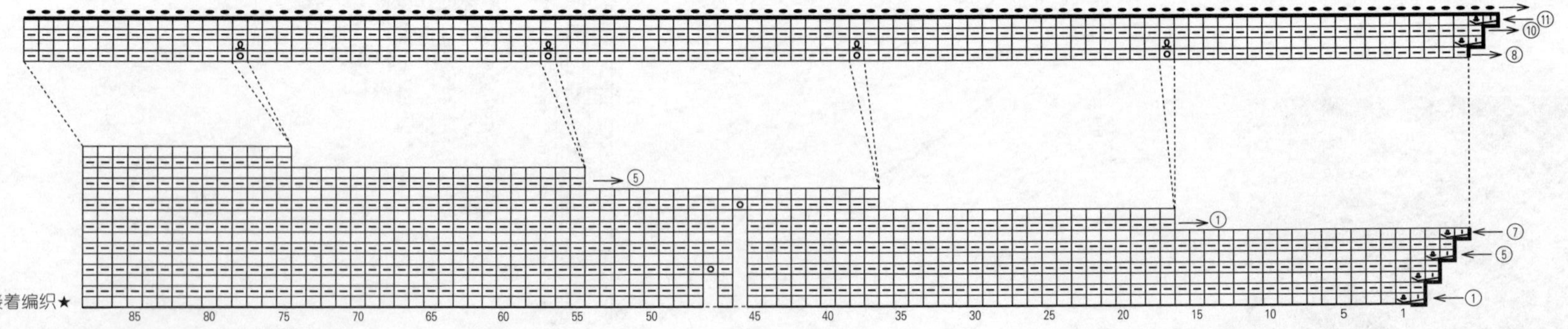

□ = Ⅰ

(kfb symbols) = 1针放2针的加针（kfb）

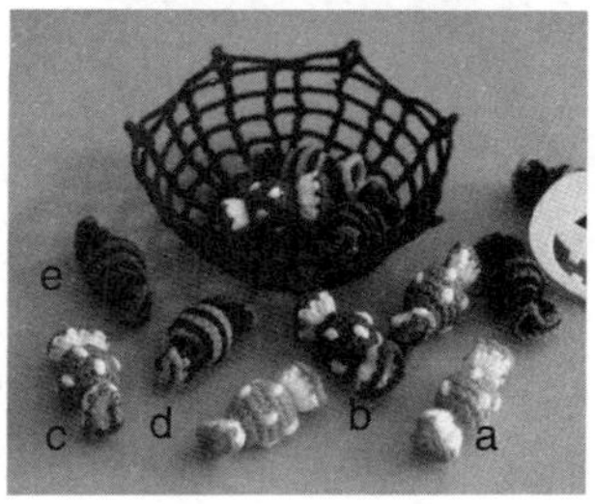

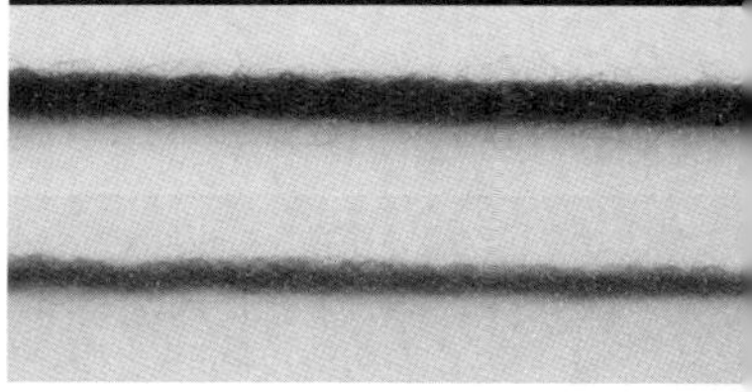

材料

和麻纳卡 Love Bonny、Piccolo 毛线的色名、色号、用量、辅材等请参照图表

工具

钩针5/0号、4/0号

成品尺寸

参照图示

编织要点

●参照图示钩织。参照组合方法图组合。

杰克灯

主体（A）

5/0号针 黄色

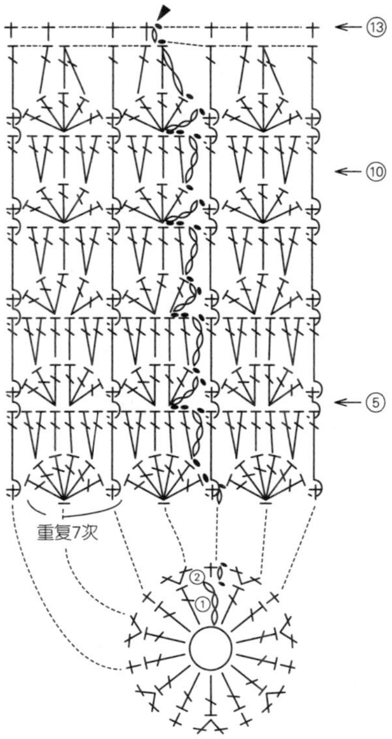

使用素材一览表

	线名、色名（色号）	用量	辅材
杰克灯A	Love Bonny黄色（106）	22g/1团	填充棉约18g
	Love Bonny深绿色（114）	2g/1团	
	Piccolo黑色（20）	少量/1团	
杰克灯B	Love Bonny橙色（126）	20g/1团	填充棉约18g
	Love Bonny深绿色（114）	2g/1团	
	Piccolo黑色（20）	少量/1团	
杰克灯C	Love Bonny卡其色（113）	20g/1团	填充棉约18g
	Love Bonny深绿色（114）	2g/1团	
	Piccolo黑色（20）	少量/1团	
糖果a（2个）	Piccolo粉色（22）	3g/1团	填充棉各1g
	Piccolo黄色（8）	3g/1团	
糖果b（2个）	Piccolo蓝色（13）	3g/1团	
	Piccolo黄色（8）	3g/1团	
糖果c（2个）	Piccolo绿色（24）	3g/1团	
	Piccolo黄色（8）	3g/1团	
糖果d（3个）	Piccolo橙色（7）	4.5g/1团	填充棉各1.5g
	Piccolo黑色（20）	4.5g/1团	
糖果e（3个）	Piccolo紫色（31）	4.5g/1团	
	Piccolo黑色（20）	4.5g/1团	
糖果篮	Piccolo黑色（20）	6g/1团	木工用胶

= 挑起前一行短针头部1根线，钩织6针长针

= 挑起前一行后侧1根线

= 剪线

= 长针的正拉针

= 短针的正拉针

脸部部件（A）

4/0号针 黑色

眼睛 2片

嘴

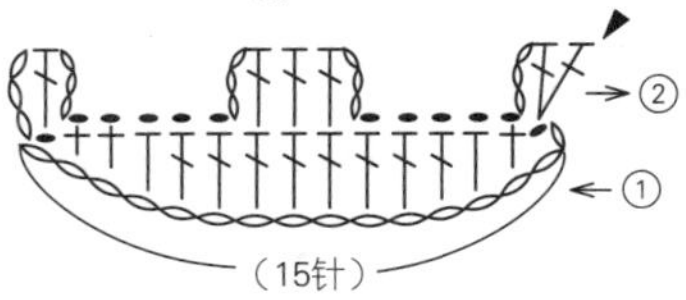

瓜蒂（B、C）

5/0号针 深绿色 各1片

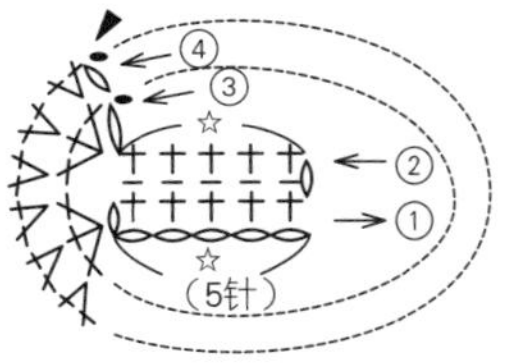

※对齐☆标记做卷针缝缝合

主体（B）

5/0号针 橙色

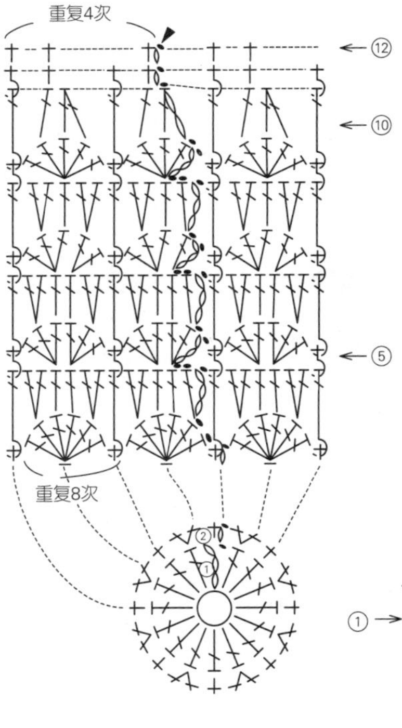

瓜蒂（A）

5/0号针 深绿色 1片

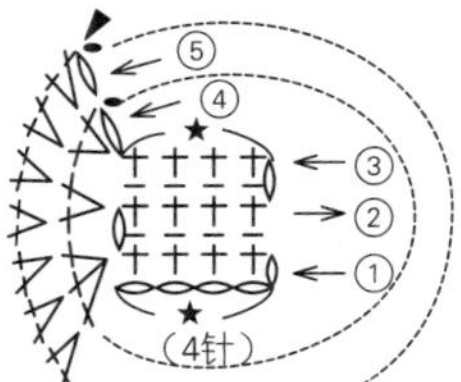

※对齐★标记做卷针缝缝合

主体（C）

5/0号针 卡其色

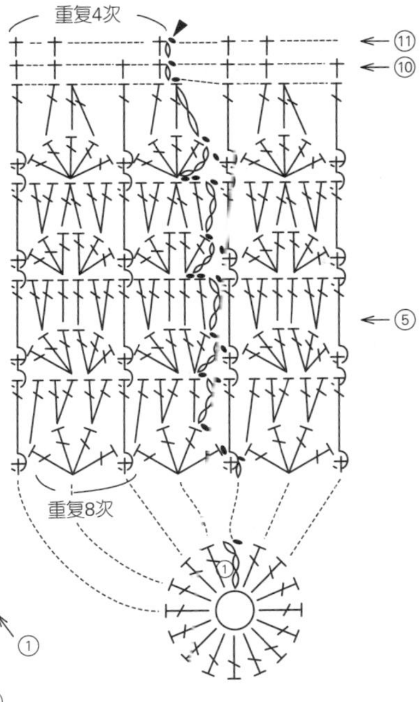

脸部部件（B）

4/0号针 黑色

右眼

左眼

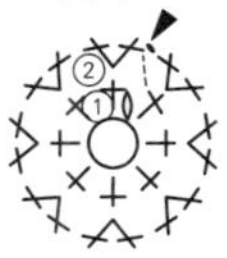

嘴

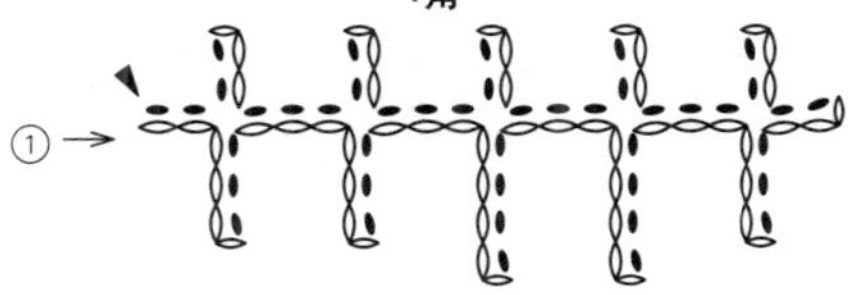

脸部部件（C）

4/0号针 黑色

眼睛 2片

嘴

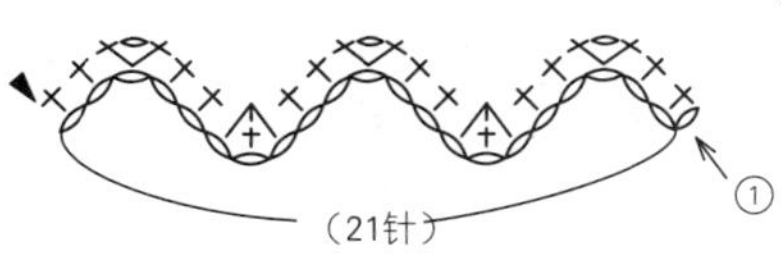

※ = 3针短针并1针（跳过中间的针目）

糖果（a、b、c）4/0号针

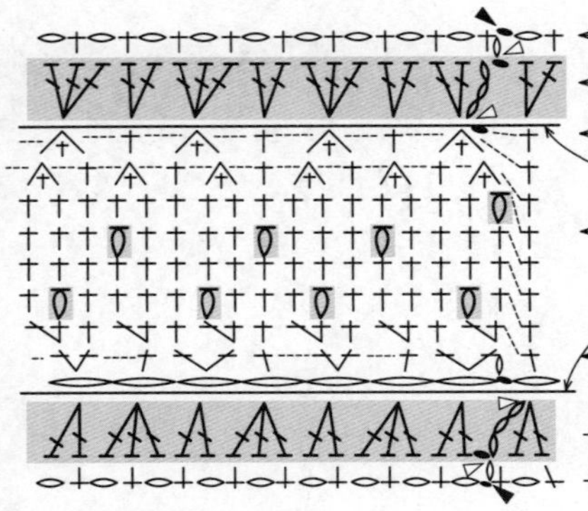

 = 2针中长针的枣形针

※黄色线包在第3行第1针里开始钩织，一边包住渡线一边钩织

配色

	a	b	c
——	粉色	蓝色	绿色
▬	黄色	黄色	黄色

▷ = 加线
► = 剪线

糖果（d、e）4/0号针

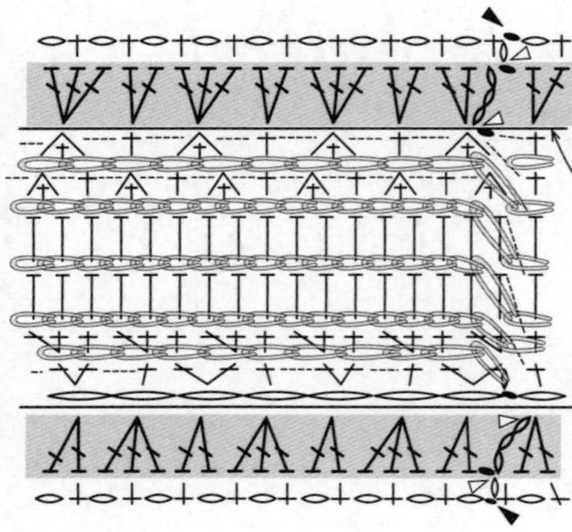

配色

	d	e
——	橙色	紫色
▬	黑色	黑色
⊂⊃	用黑色线引拔	用黑色线引拔

组合方法

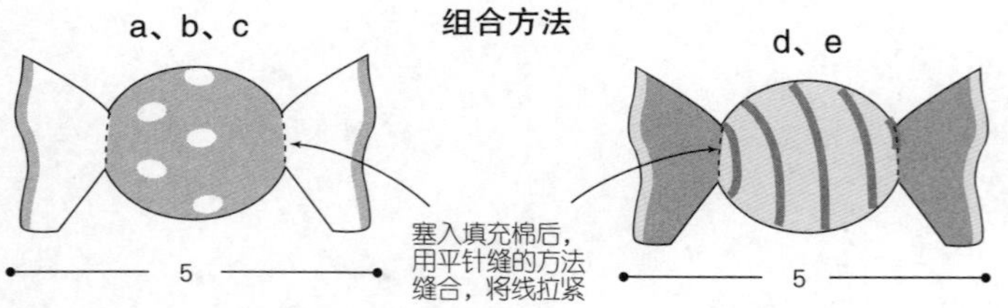

组合方法

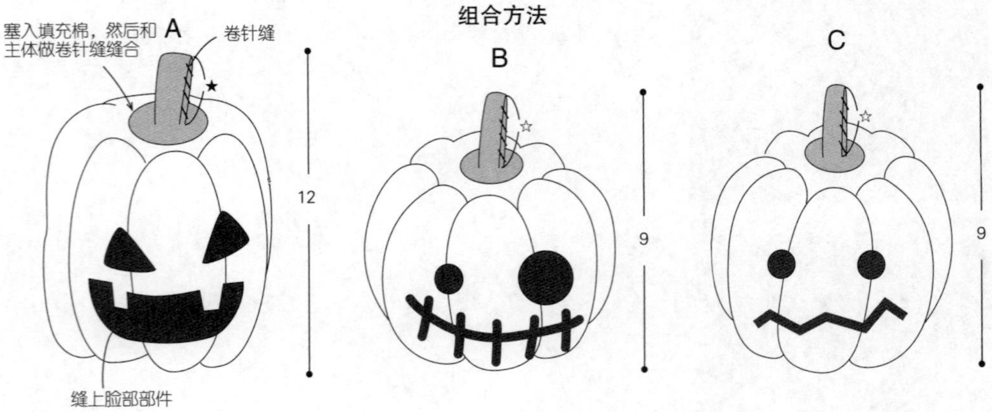

糖果篮

4/0号针

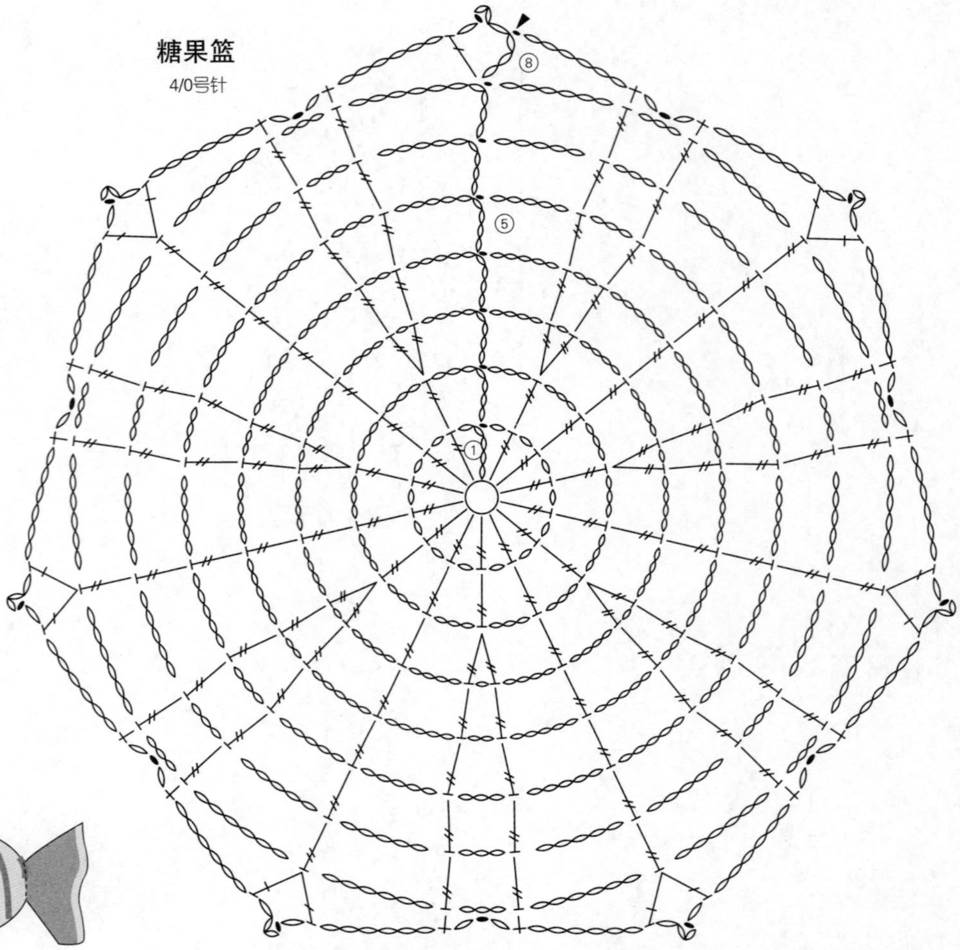

※钩织好后浸泡在用两三倍的水稀释后的木工用胶里，然后在直径14cm左右的圆球上盖上保鲜膜，铺在上面待其干燥

长针的正拉针

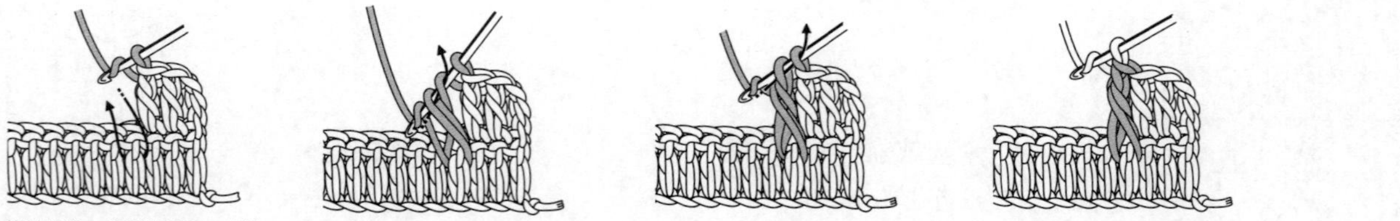

1 钩针挂线，如箭头所示，从前面将钩针插入前一行长针的底部，将线拉出。

2 挂线，从钩针上面的2个线圈中引拔出。

3 再次挂线，从钩针上面的2个线圈中引拔出。

4 长针的正拉针第1针完成了。

短针的正拉针
（在下面2行短针上钩织的情况）

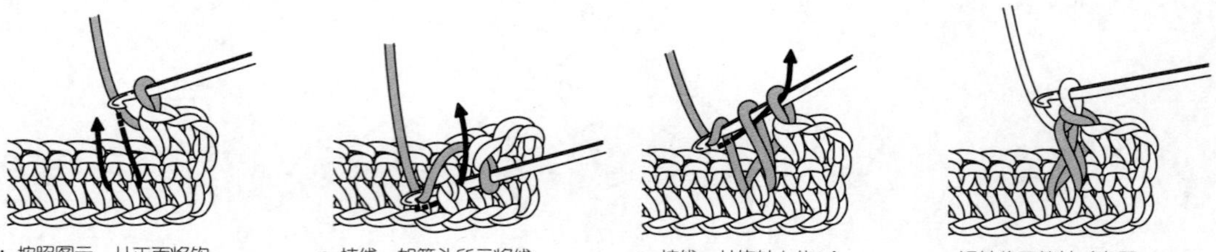

1 按照图示，从正面将钩针完全插入下面2行的短针中。

2 挂线，如箭头所示将线长长地拉出。

3 挂线，从钩针上的2个线圈中引拔出。

4 短针的正拉针（在下面2行短针上钩织的情况）完成。

材料

[背心裙] DMC Bouclette 浅紫色(41) 75g/2团，白色(01) 45g/1团

[帽子] DMC Bouclette 浅紫色(41)20g/1团，白色(01) 10g/1团

[手提包] DMC Bouclette 浅紫色(41) 25g/1团，白色(01) 10g/1团

工具

棒针8号、9号、6号，钩针7/0号

成品尺寸

[背心裙] 胸围64cm，肩宽26cm，衣长45cm

[帽子] 头围48cm，帽深16.5cm

[手提包] 宽15cm，深12.5cm

编织密度

10cm×10cm面积内：下针条纹15针，24行；编织花样A 14针，16行；编织花样B 15针，20行

编织要点

●背心裙…手指起针，做编织花样A。编织12行后，参照图示做减针的伏针收针。然后从伏针收针挑针，编织下针条纹。直到第54行，一边在指定位置减针一边编织。袖窿、领窝减针时，2针及以上时做伏针减针，1针时立起侧边1针减针。肩部做盖针接合，胁部使用毛线缝针做挑针缝合。衣领、袖窿挑起指定数量的针目编织起伏针，编织终点做伏针收针。

●帽子…手指起针，做编织花样B。编织10行后，参照图示做减针的伏针收针。然后从伏针收针挑针，编织下针条纹。参照图示编织，分散减针。编织细绳，参照组合方法组合。

●手提包…手指起针，主体环形编织下针条纹，饰边环形做编织花样B。编织终点做伏针收针，饰边要参照图示做减针的伏针收针。包口将主体和饰边重叠在一起，2片一起挑针编织起伏针。编织终点做上针的伏针收针。编织2根提手，参照组合方法组合。

背心裙

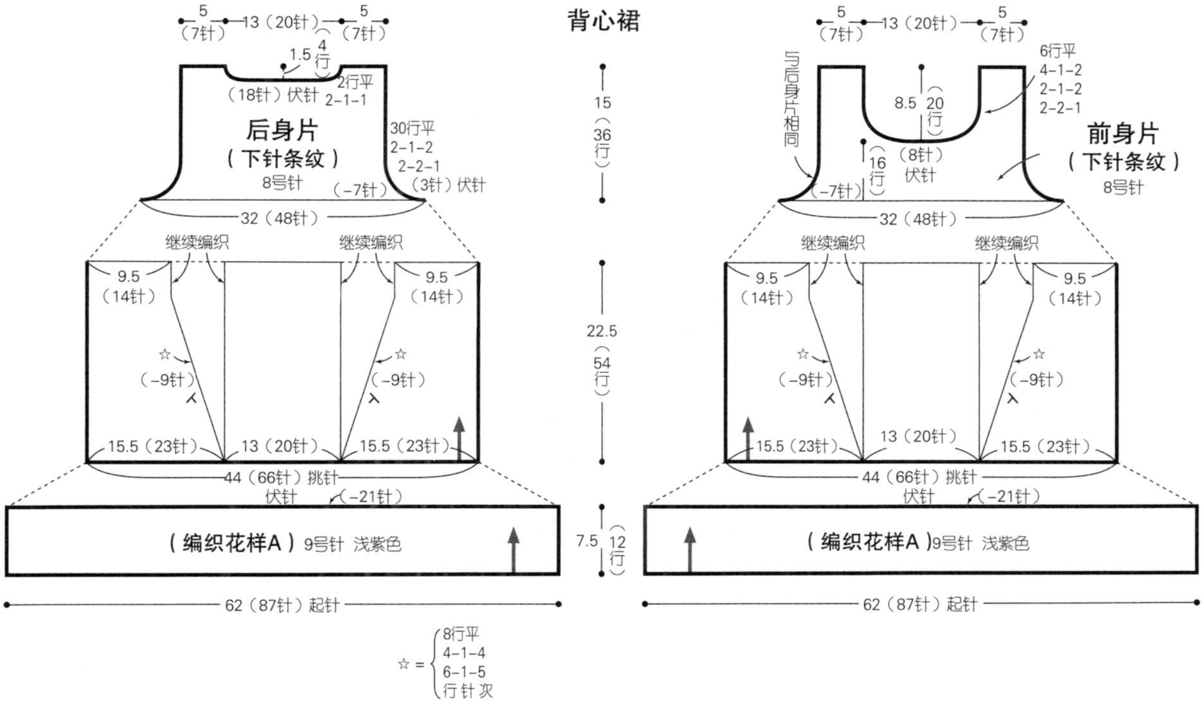

下针条纹的配色

（背心裙）

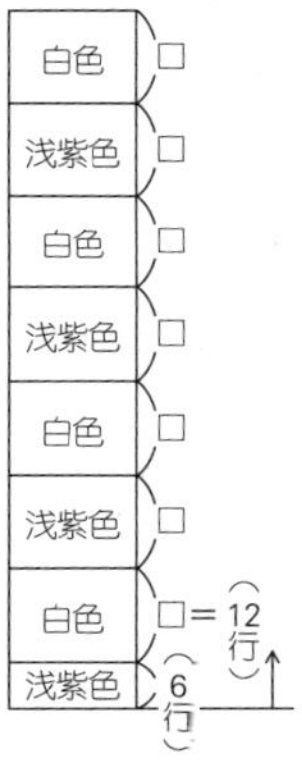

编织花样 A

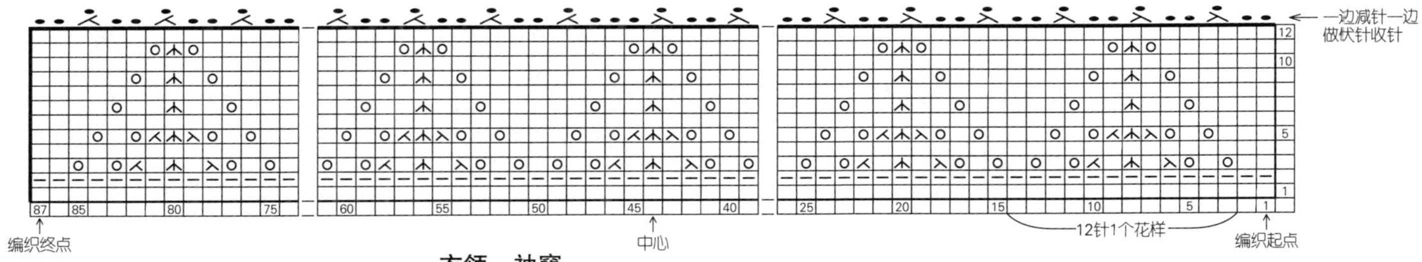

衣领、袖窿

(起伏针) 6号针 浅紫色

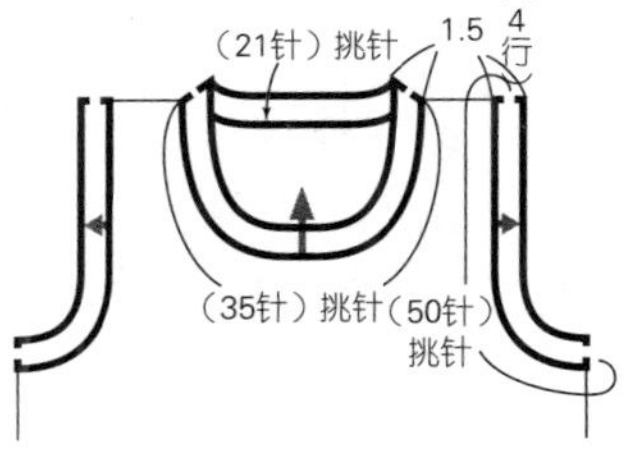

起伏针（背心裙）

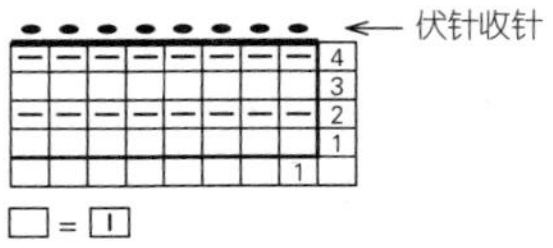

帽子（16针）

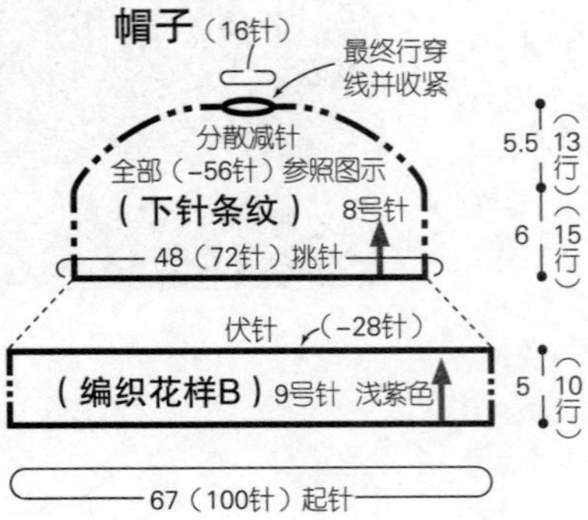

编织花样 B（帽子）

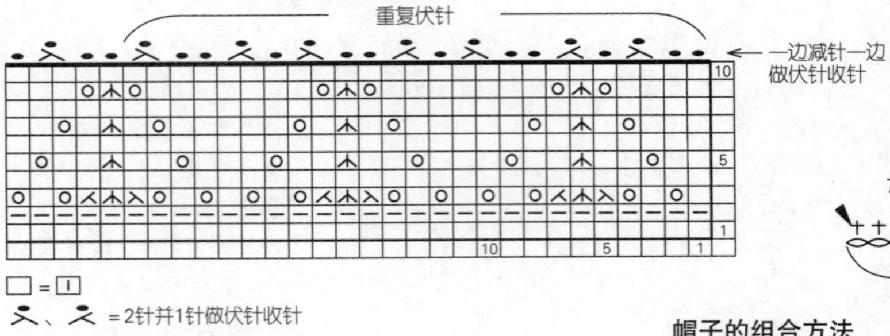

细绳 1条

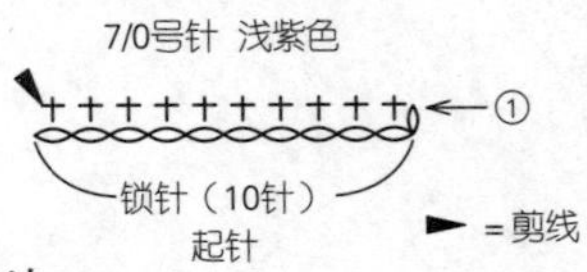

帽子的减针

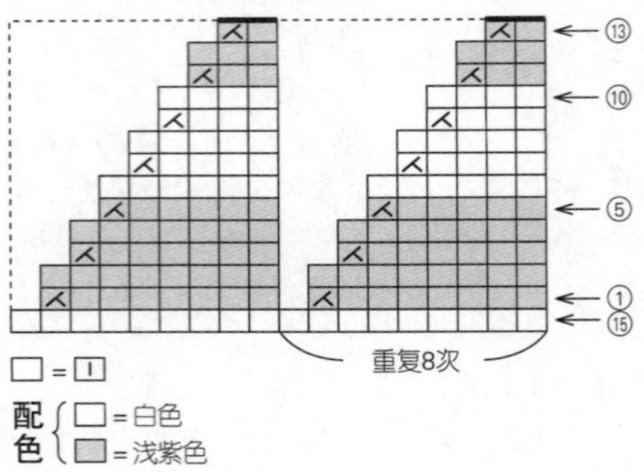

帽子的组合方法

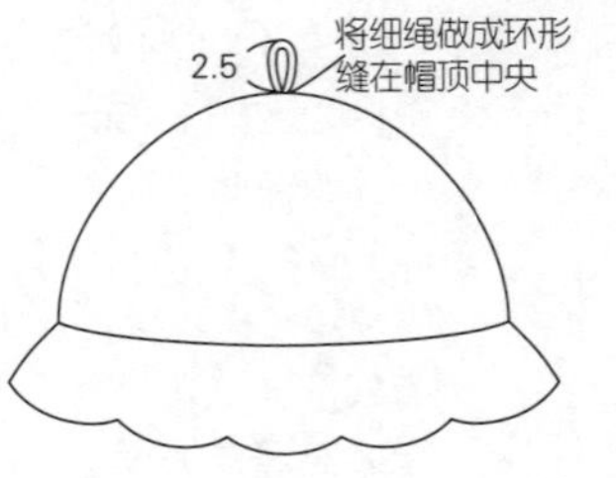

下针条纹的配色

（帽子、手提包）

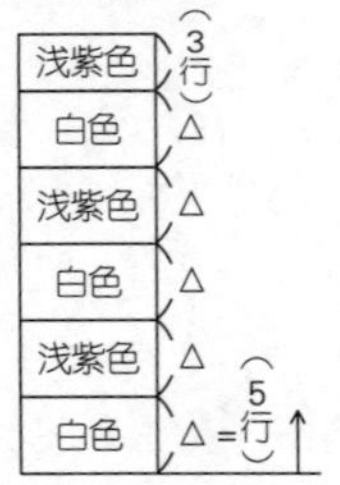

手提包

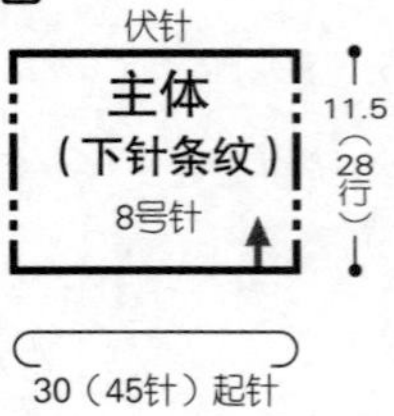

饰边 1片

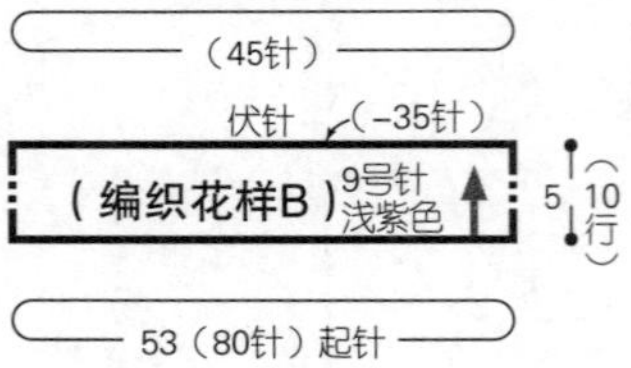

包口（起伏针）

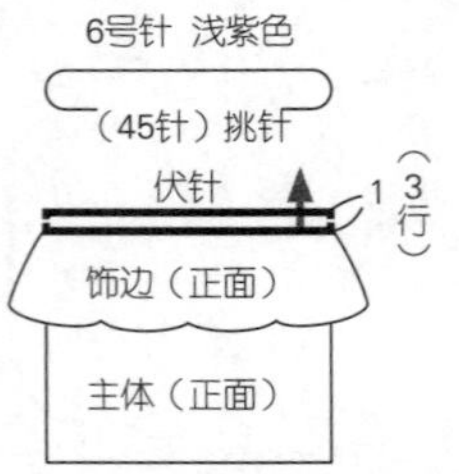

※ 将主体和饰边对齐并挑针

提手 2根

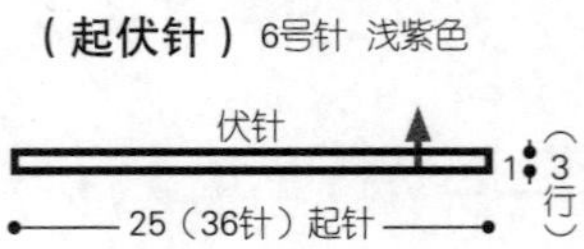

手提包的组合方法

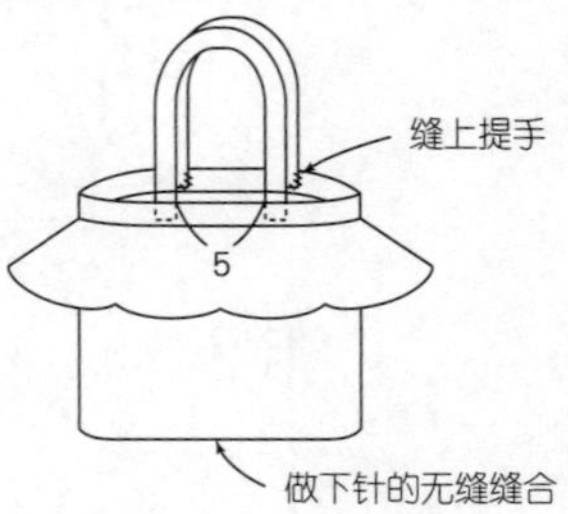

编织花样 B（手提包）

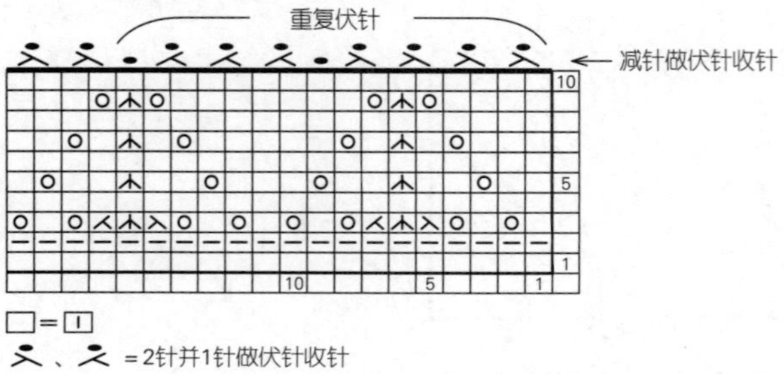

起伏针（提手）

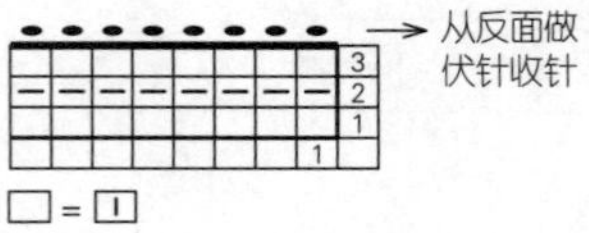

起伏针（包口）

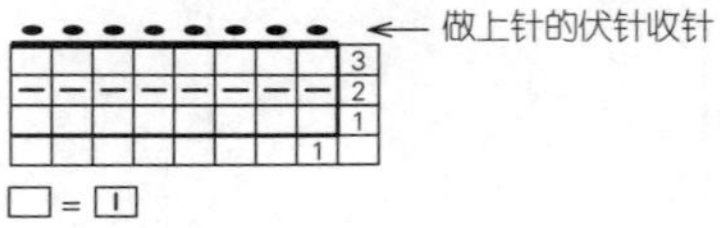

穿过左针的盖针和右上2针并1针

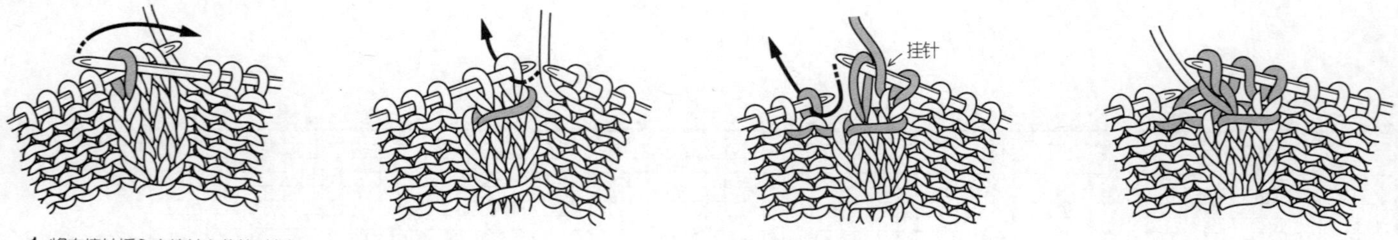

1 将右棒针插入左棒针上的第3针中，盖住右边的2针。

2 如箭头所示编织下针。

3 编织1针挂针，下一个针目编织滑针。如箭头所示编织下针。

4 用编织的针目盖住右棒针上的滑针，完成。

穿过左针的盖针和左上2针并1针

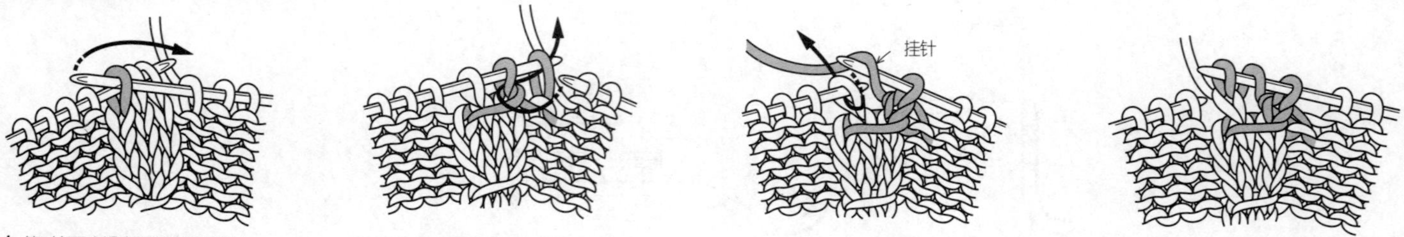

1 第1针不编织直接滑至右棒针上。后面的第3针盖住右边的2针。

2 将右棒针上的滑针移回左棒针上，如箭头所示2针一起编织下针。

3 编织1针挂针，后面的1针按照图示编织下针。

4 穿过左针的盖针和左上2针并1针完成。

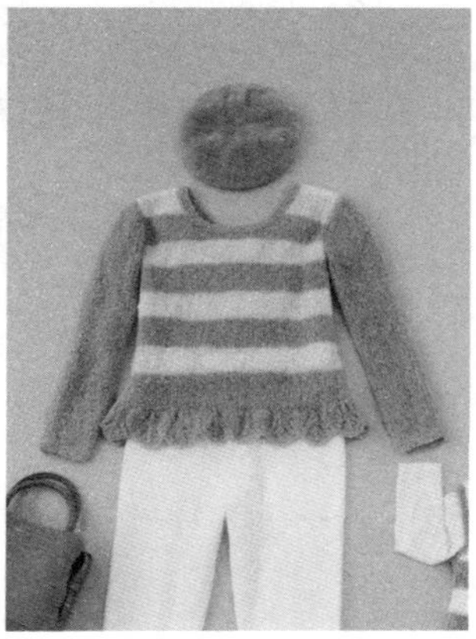

材料

DMC Bouclette 灰色(120)225g/5团，白色(01)65g/2团；直径17mm的纽扣5颗

工具

棒针8号、9号、6号

成品尺寸

胸围98cm，肩宽36cm，衣长52.5cm，袖长51cm

编织密度

10cm×10cm面积内：下针条纹、下针编织均为15针，24行；编织花样14针，16行

编织要点

●身片、袖子…身片手指起针，做编织花样。编织12行后，参照图示做减针的伏针收针。然后从伏针收针上挑针，编织下针条纹。减针时，2针及以上时做伏针减针，1针时立起侧边1针减针。袖和身片的起针方法相同，编织起伏针和下针。袖下加针时，在1针内侧编织扭针加针。

●组合…肩部做盖针接合，胁部、袖下使用毛线缝针做挑针缝合。后门襟、衣领挑取指定数量的针目，编织起伏针。左后门襟开扣眼。编织终点从反面做伏针收针。衣袖和身片引拔接合。缝上纽扣。

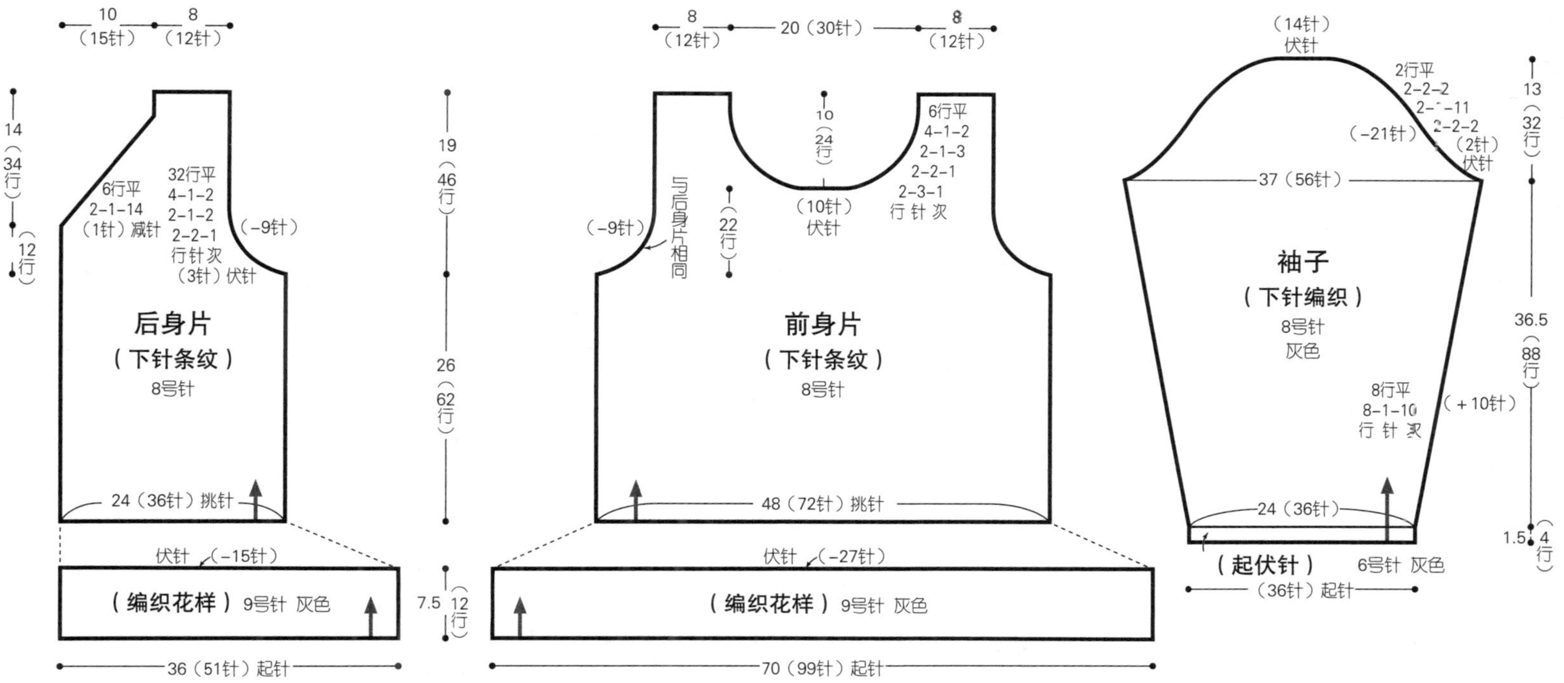

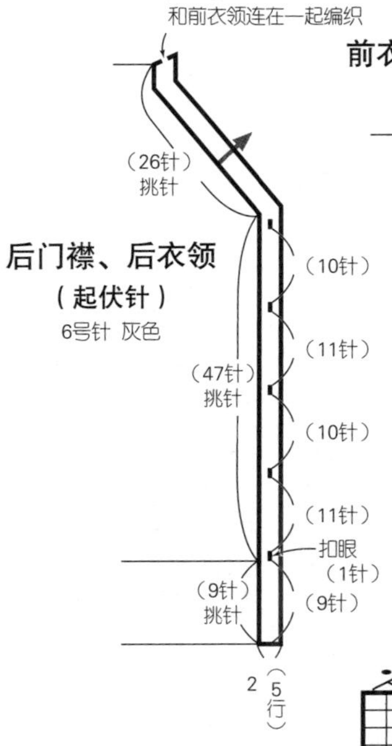

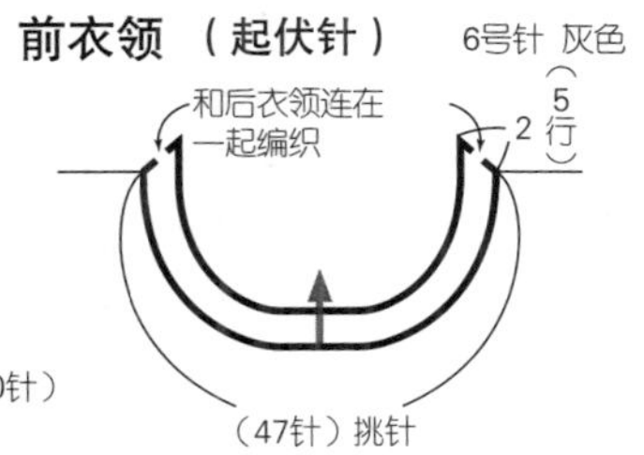

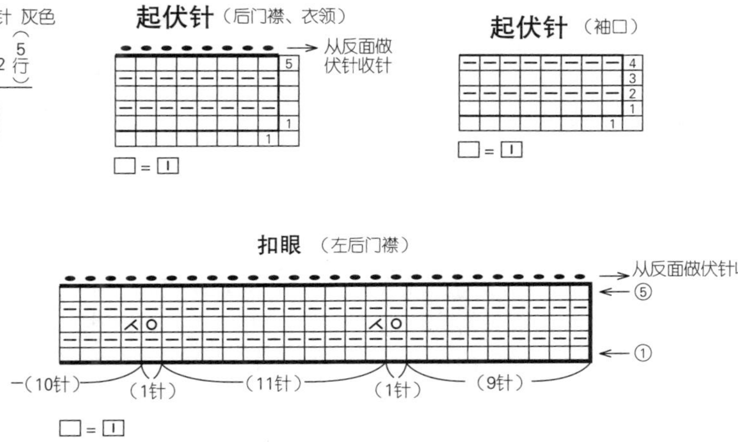

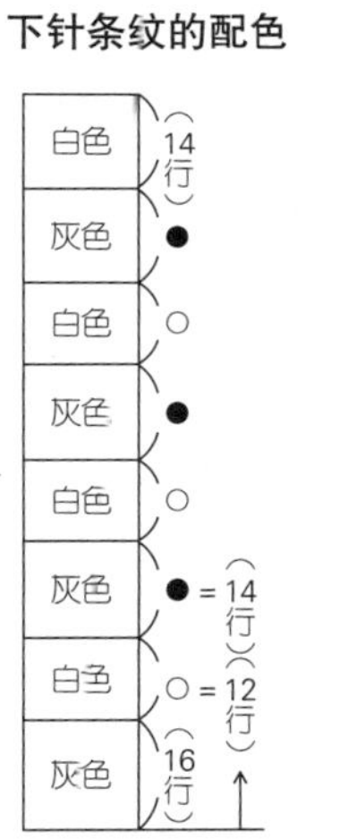

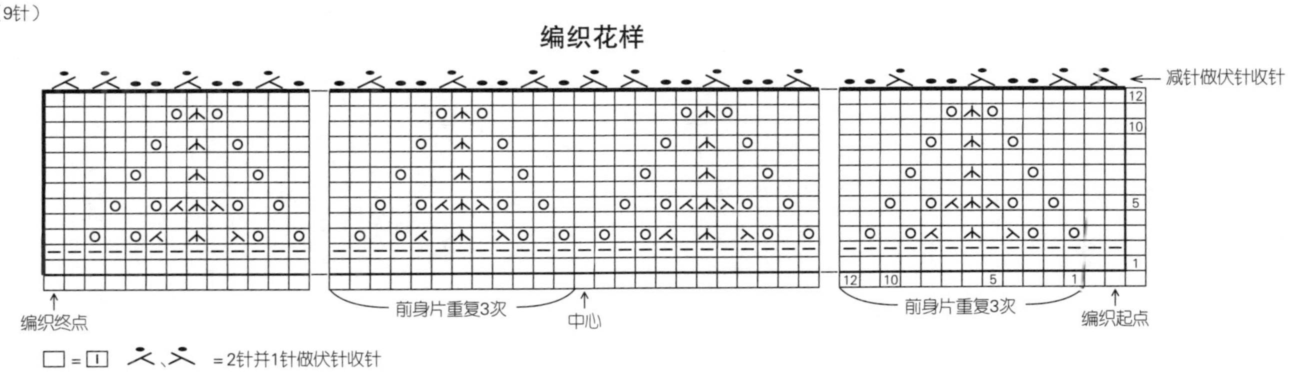

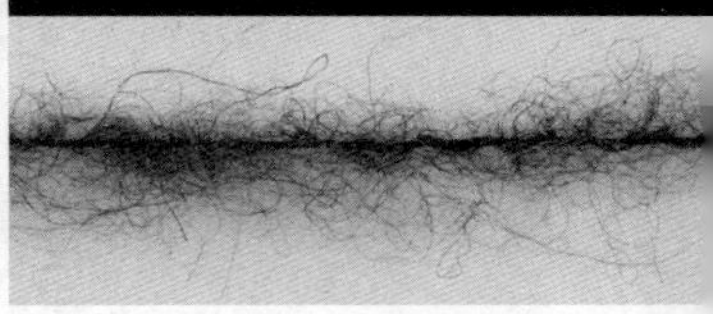

材料

钻石线 Dia Baby Alpaca 褐色(9804) 125g/4团，灰色(9803) 85g/3团，深灰色(9805) 65g/2团，米色(9802) 20g/1团，原白色(9801) 15g/1团；长11mm的风纪扣2组

工具

棒针9号、12号，钩针6/0号

成品尺寸

胸围98cm，衣长51cm(含流苏)，连肩袖长72cm

编织密度

10cm×10cm面积内：条纹花样A、A' 均为13针，27行；条纹花样B 13针，33行；起伏针12.5针，26.5行；花片边长7cm

编织要点

●身片、袖子、育克…从连接花片部分开始编织。右前身片编织38行条纹花样A后休针。条纹花样A和花片用挑针缝合的方法连接，从休针和花片挑取指定数量的针目，前后身片连在一起编织条纹花样A'。腋下针目休针，插肩线减针时，端头2针编织2针并1针。袖子从花片挑针做环形编织，袖下参照图示编织加针。插肩线使用毛线缝针做挑针缝合，育克继续编织起伏针。参照图示减针，编织终点休针。

●组合…前门襟挑取指定数量的针目，编织起伏针条纹，衣领做边缘编织。腋下针目钩织引拔针接合。下摆连接流苏，前门襟缝上风纪扣。

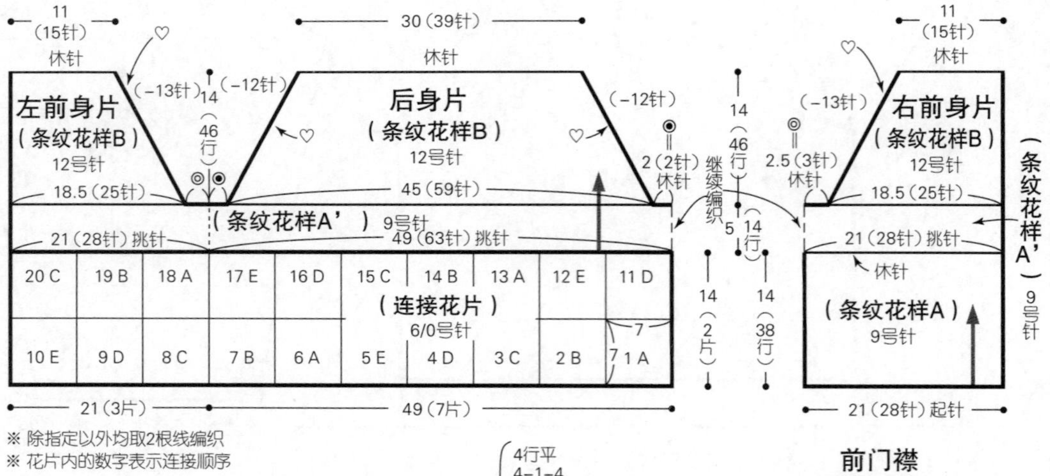

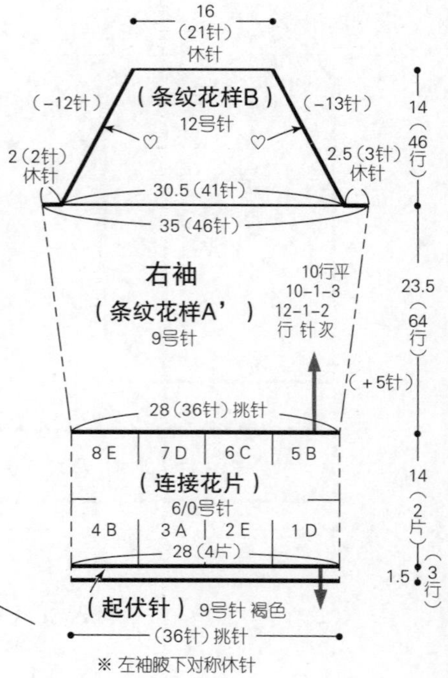

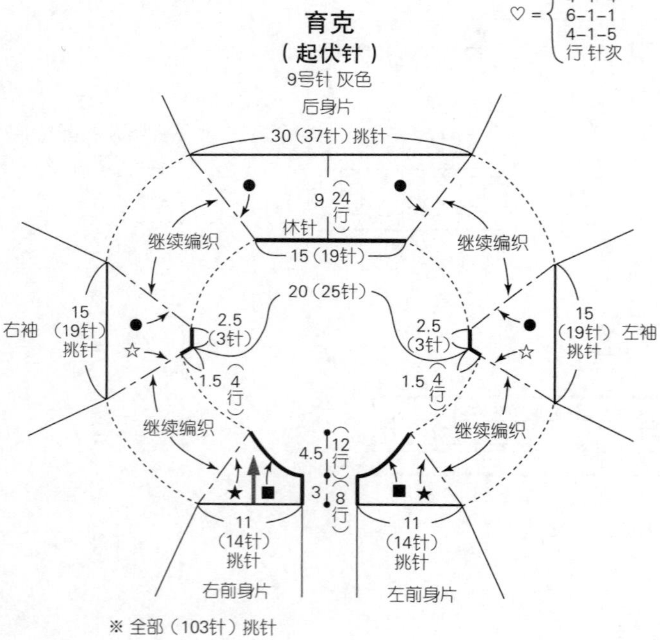

■ =(-7针)
★ =(-7针)
☆ =(-7针)
● =(-9针)
※参照图示

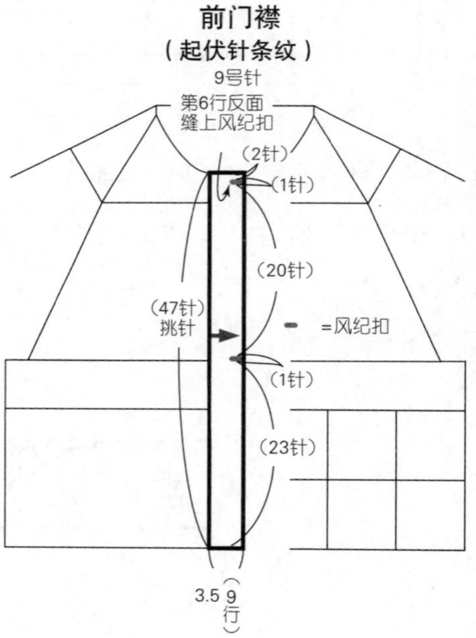

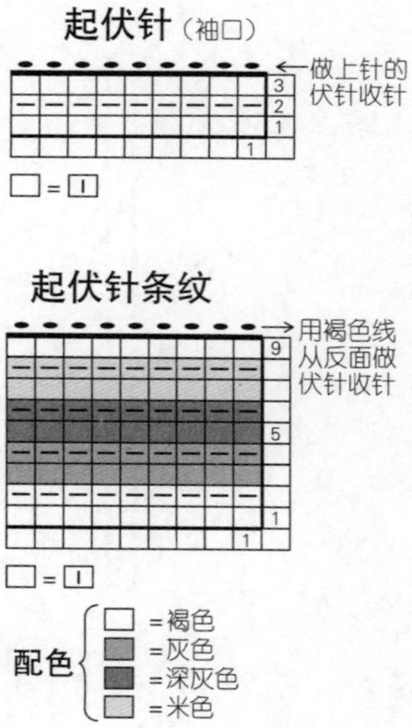

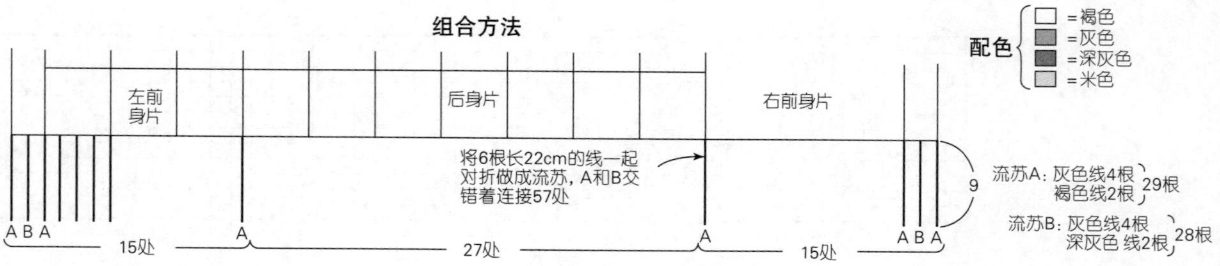

条纹花样A

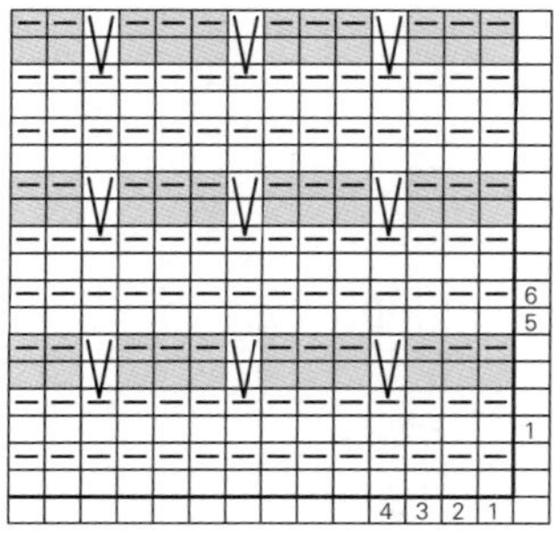

□ = Ⅰ

=上针的滑针（2行的情况） ※编织方法请参照第94页

配色 { □ =褐色 ■ =米色

花片

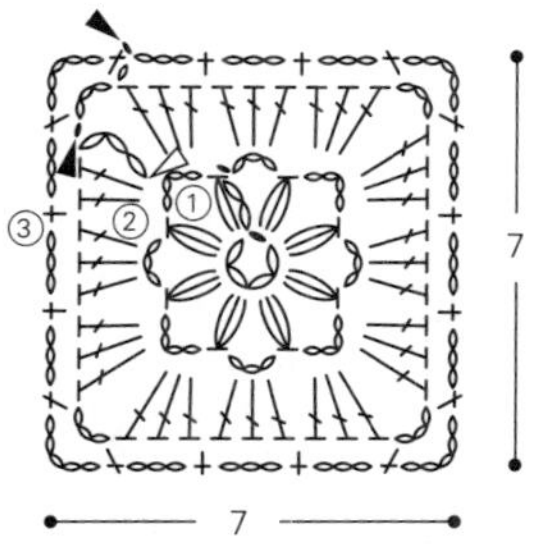

※ 全部用1根线编织

花片的配色和数量

	第1行	第2行	第3行	片数
A	灰色	原白色	灰色	6片
B	原白色	深灰色	原白色	8片
C	褐色	米色	褐色	6片
D	米色	褐色	米色	8片
E	深灰色	灰色	深灰色	8片

▷ = 加线
▶ = 剪线

花片的连接方法

※花片转角的连接方法请参照第144页

条纹花样A'

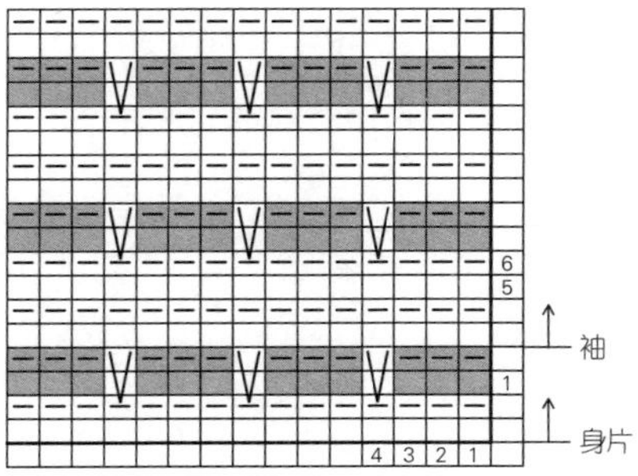

□ = Ⅰ

配色 { □ =褐色 ■ =灰色

育克的减针

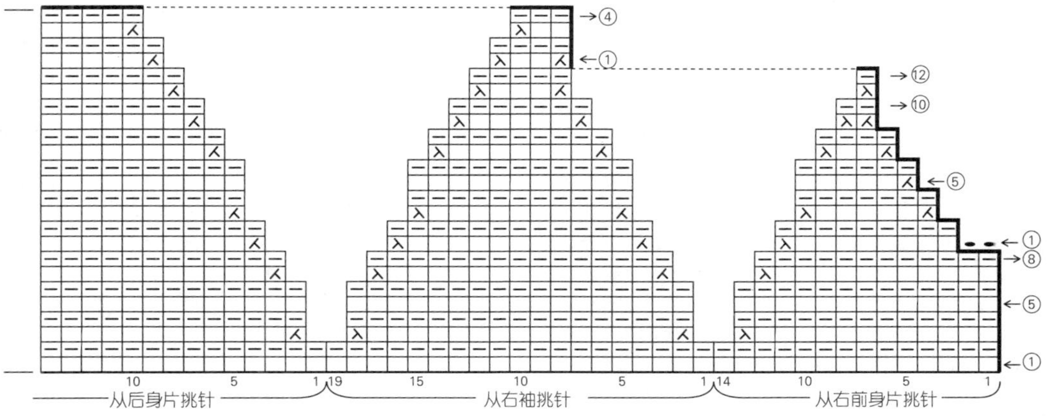

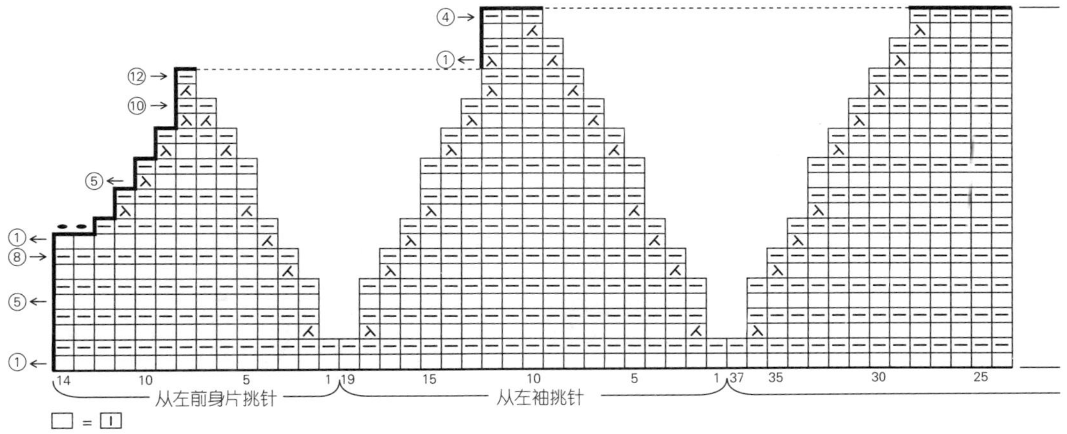

□ = Ⅰ

条纹花样B

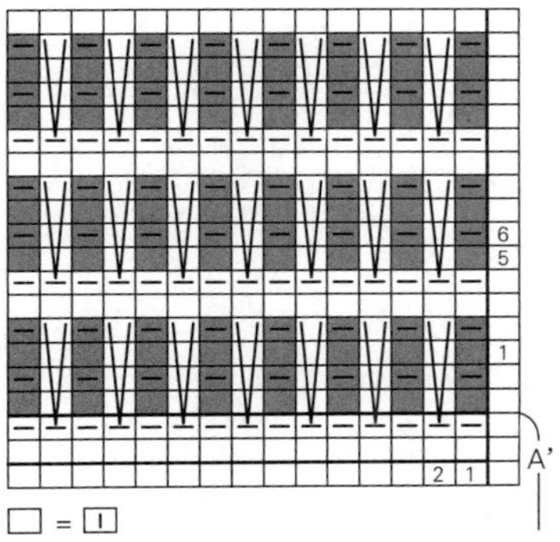

□ = Ⅰ

=上针的滑针（4行的情况）

配色 { □ =褐色 ■ =深灰色

衣领（边缘编织）

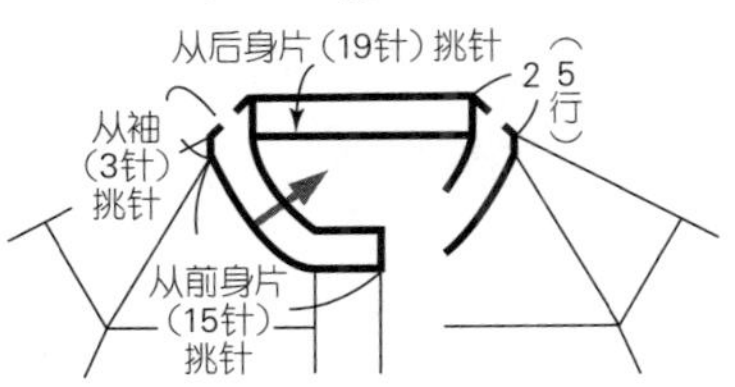

边缘编织

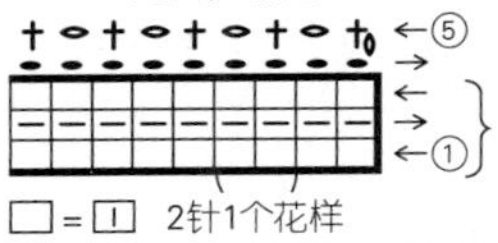

⑤ 6/0号针 取2根褐色线和4根灰色线做上针的伏针收针

① 9号针 取4根灰色线

□ = Ⅰ

✝ =将针插入第1行的挑针位置将线拉出并拉长，钩织短针

袖下的加针

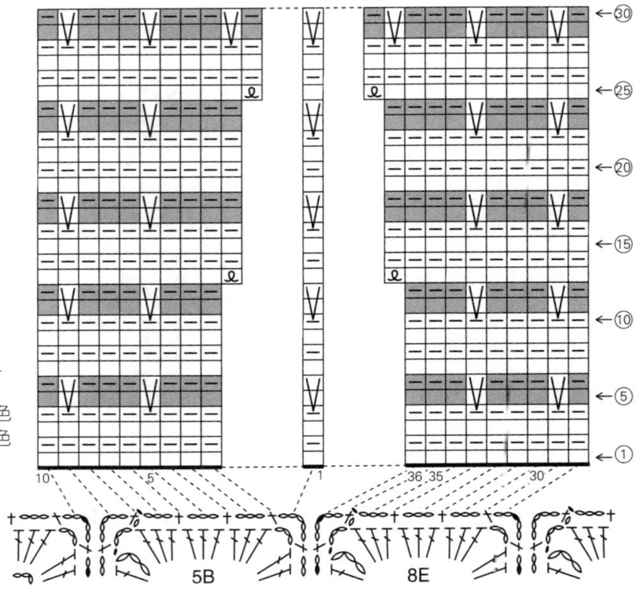

□ = Ⅰ

ℓ =扭针加针

配色 { □ =褐色 ■ =灰色

插肩线的编织方法

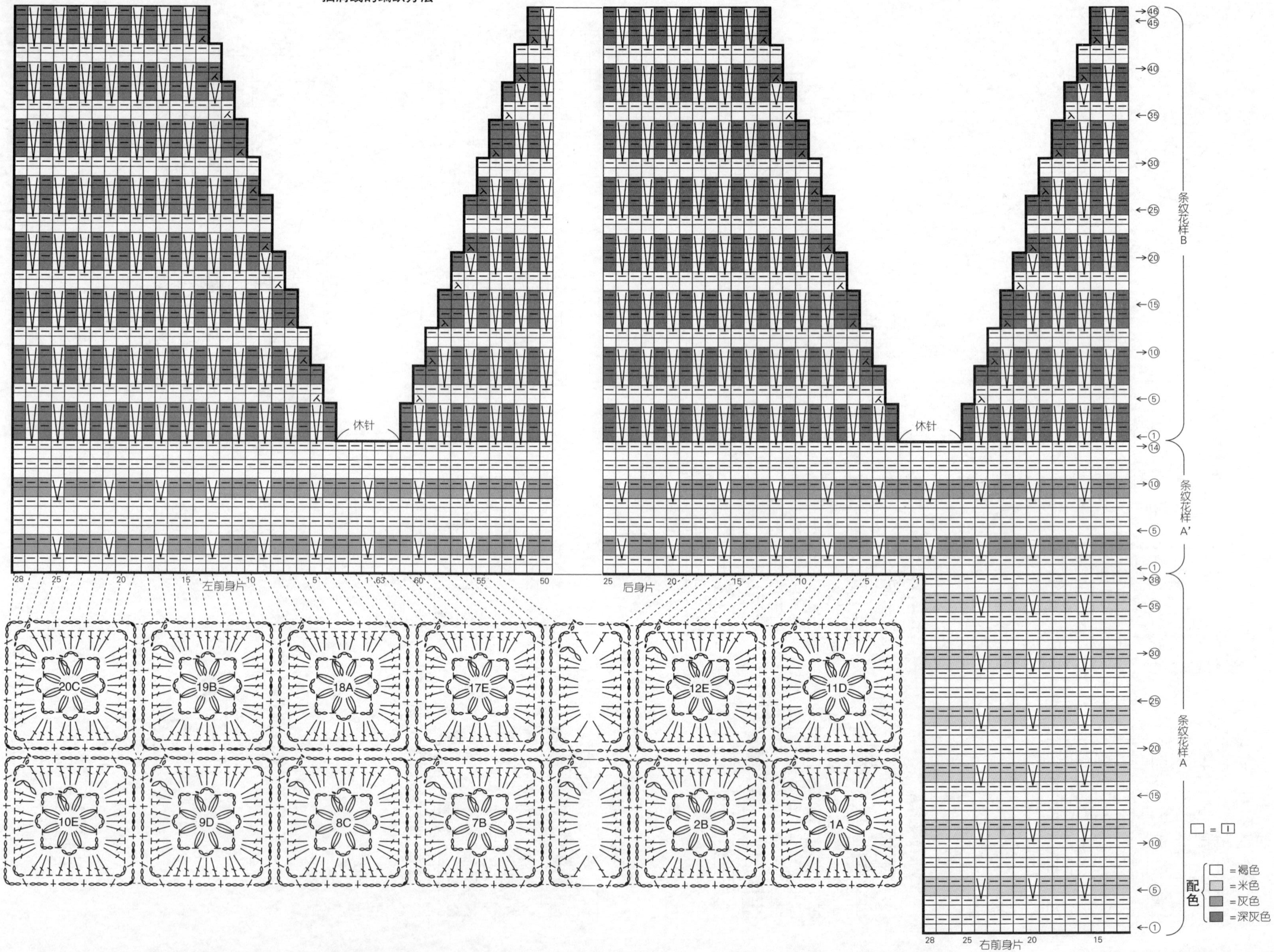

休针
休针
左前身片
后身片
右前身片
条纹花样B
条纹花样A'
条纹花样A
20C
19B
18A
17E
12E
11D
10E
9D
8C
7B
2B
1A
配色
=褐色
=米色
=灰色
=深灰色

材料

钻石线 Tasmanian Merino<Nobby>紫色系段染(9707) 370g/13团

工具

钩针4/0号、5/0号

成品尺寸

胸围102cm，衣长55cm，连肩袖长52cm

编织密度

花片边长8.5cm（4/0号针）

编织要点

●环形起针，用连接花片的方法编织。从第2片花片开始，一边在最终行钩织引拔针和相邻花片连接，一边钩织。袖口的花片需要改变钩针号数编织。

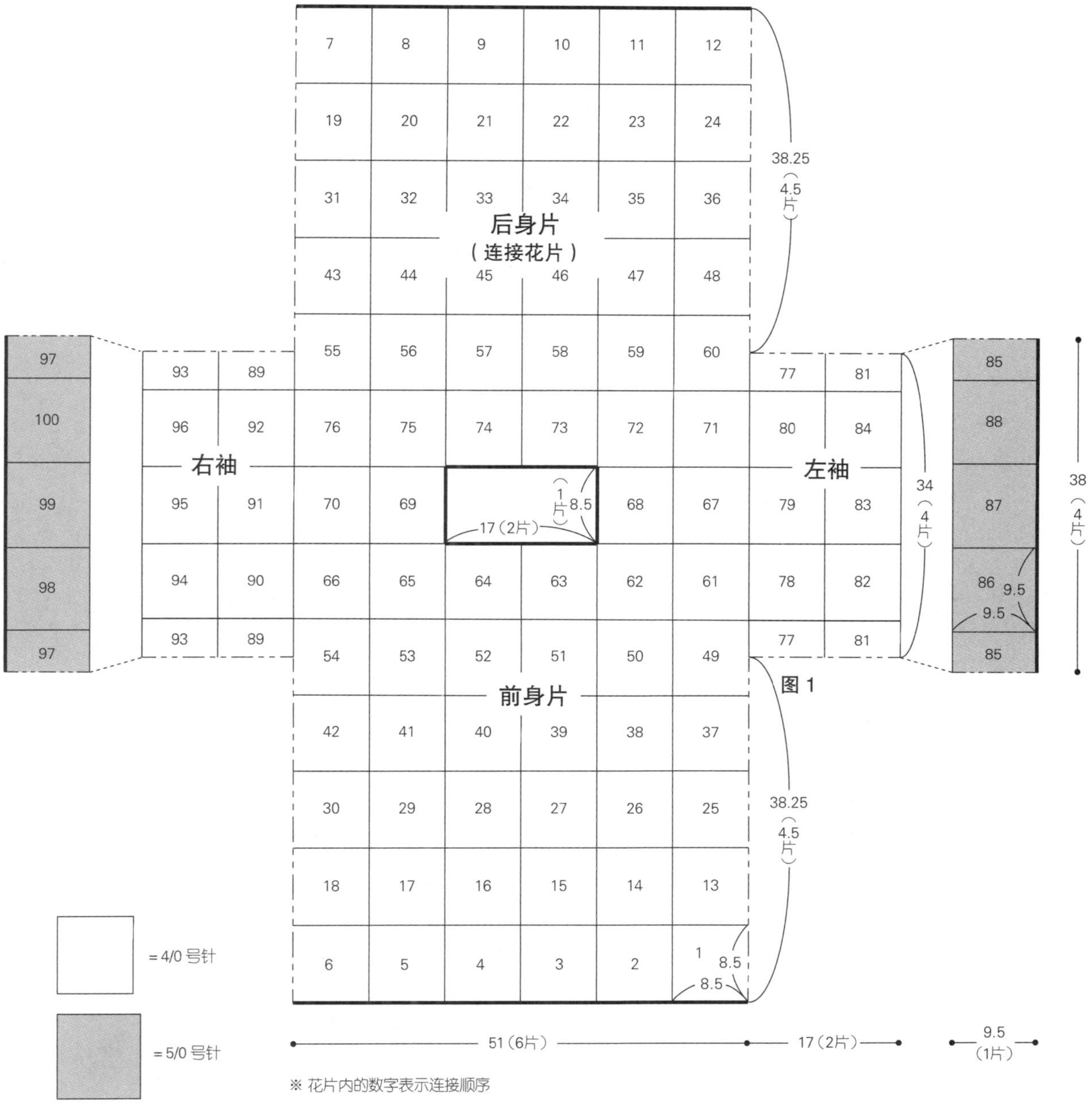

※ 花片内的数字表示连接顺序

变形的3针中长针的枣形针（整段挑针）

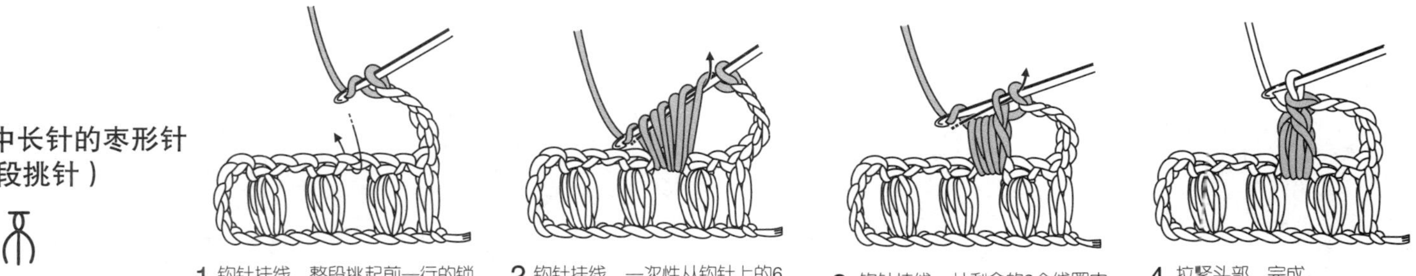

1 钩针挂线，整段挑起前一行的锁针，钩织3针未完成的中长针。

2 钩针挂线，一次性从钩针上的6个线圈中引拔出来。

3 钩针挂线，从剩余的2个线圈中引拔出来。

4 拉紧头部，完成。

花片

4/0 号针 92 片
5/0 号针 8 片

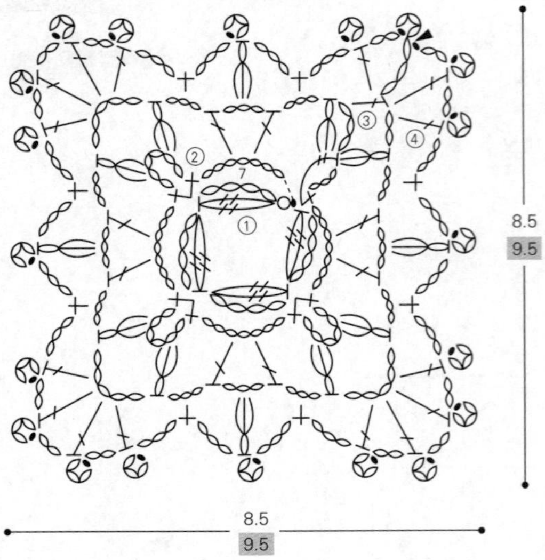

▒ = 5/0 号针　　► = 剪线

= 变形的 3 针中长针的枣形针

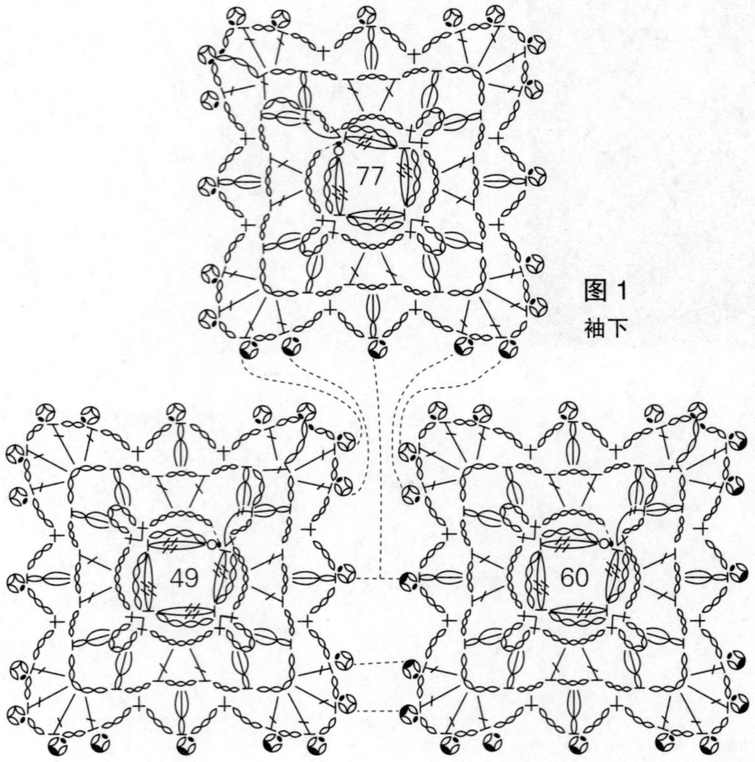

图 1
袖下

花片的连接方法

左加针

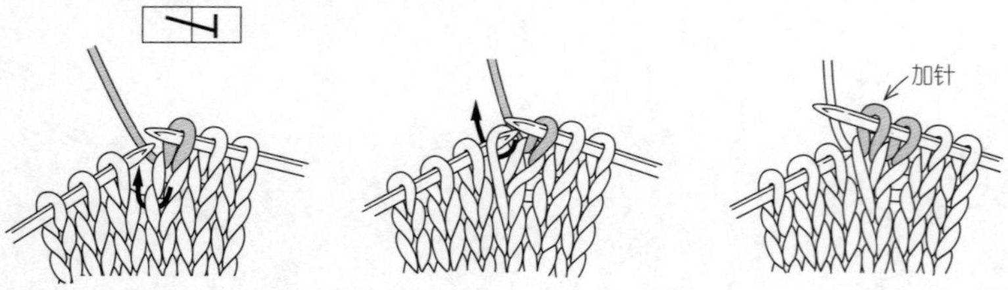

1 编织1针下针。如箭头所示，用右棒针挑起前2行的针目。

2 挂在棒针上，编织下针。

3 左加针完成。

右加针

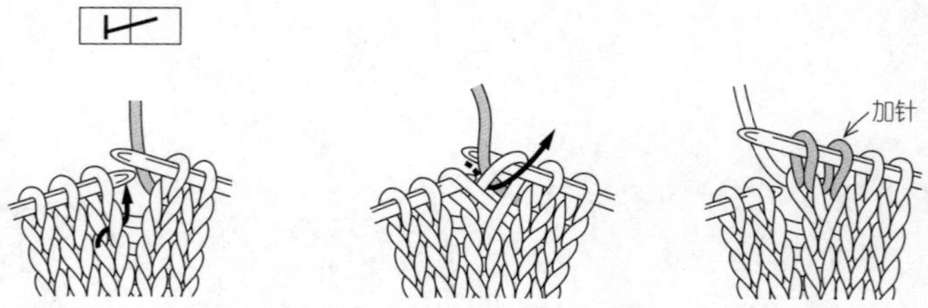

1 如箭头所示，用右棒针挑起前2行的针目。

2 编织下针。挂在棒针上的下一针也编织下针。

3 右加针完成。

50 页的作品 ★★★

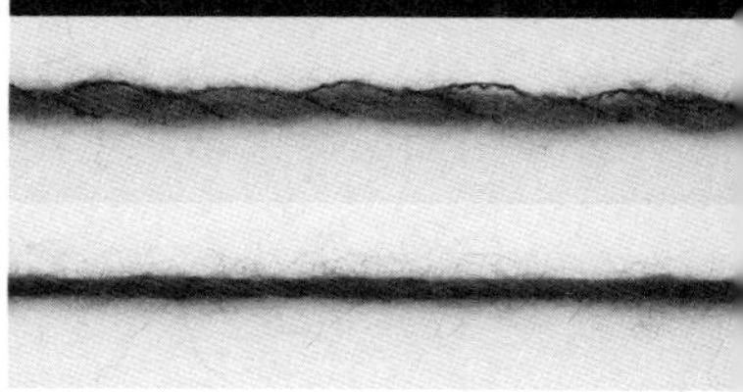

材料

钻石线 Dia Epoca 绿色、蓝色、紫色、橙色系段染（9606）195g/7团；Dia Angora More 蓝灰色（9410）55g/2团，黄色（9404）、红色（9406）、蓝绿色（9407）各50g/各2团；长30mm的纽扣1颗

工具

钩针6/0号

成品尺寸

胸围104cm，衣长53.5cm，连肩袖长60.5cm

编织密度

花片大小请参照图示、10cm×10cm面积内：条纹花样22针，10行

编织要点

● 身片、袖子…身片用连接花片的方法钩织。花片a、b、c、d连在一起钩织，花片A、A' 各钩织8片。然后钩织花片B，一边在最终行钩织引拔针和相邻花片连接，一边钩织。衣袖从指定位置挑针，环形钩织条纹花样、条纹边缘。参照图示减针钩织。

● 组合…下摆、前门襟、后衣领挑取指定数量的针目，钩织条纹边缘。钩织纽襻，缝上纽扣。

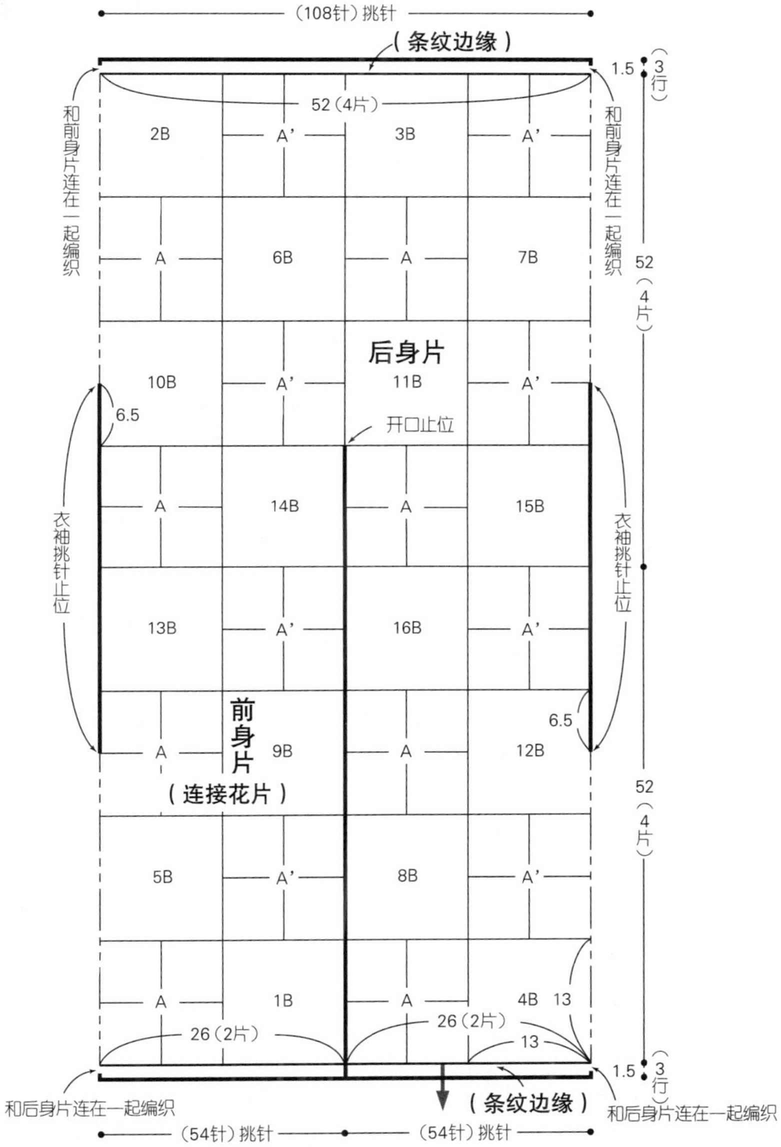

※ 花片内的数字表示连接顺序

※ 全部使用6/0号针钩织

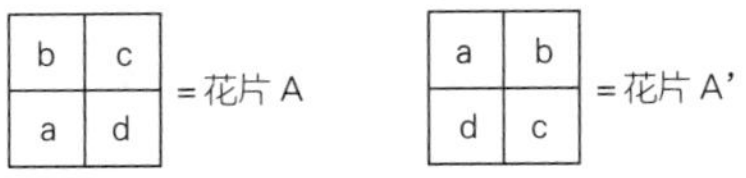

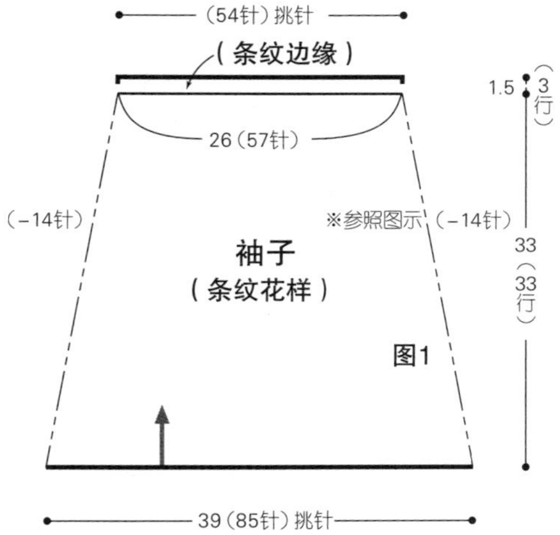

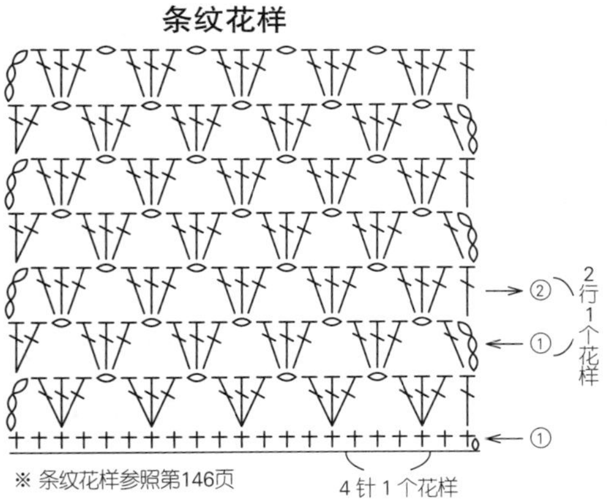

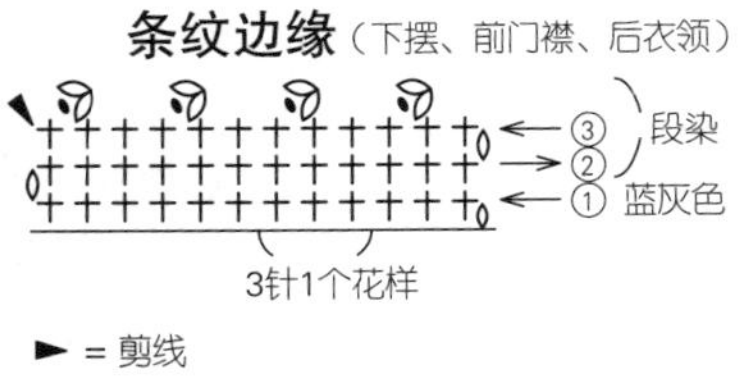

花片的配色

		第1行	第2行	第3行	第4行	第5行	第6行	第7行	第8行	第9行	第10行
A、A’	a	段染	黄色	段染	蓝灰色	段染					
	b	蓝灰色	段染	红色							
	c	段染	红色	段染	蓝绿色	段染					
	d	蓝绿色	段染	黄色							
B		黄色	蓝绿色	段染	红色	红色	段染	黄色	蓝灰色	段染	蓝绿色

花片 a、c

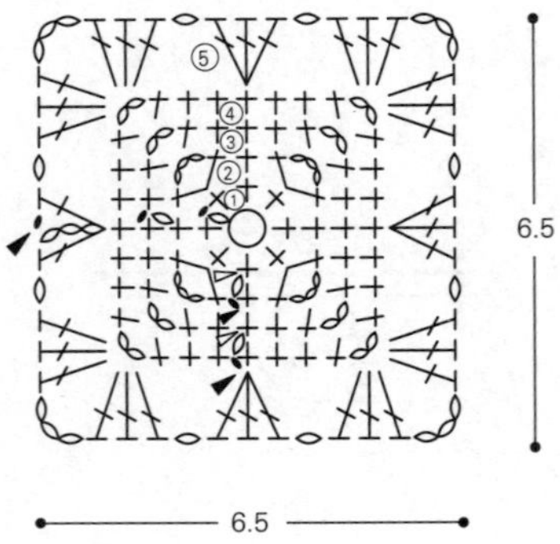

花片 b、d

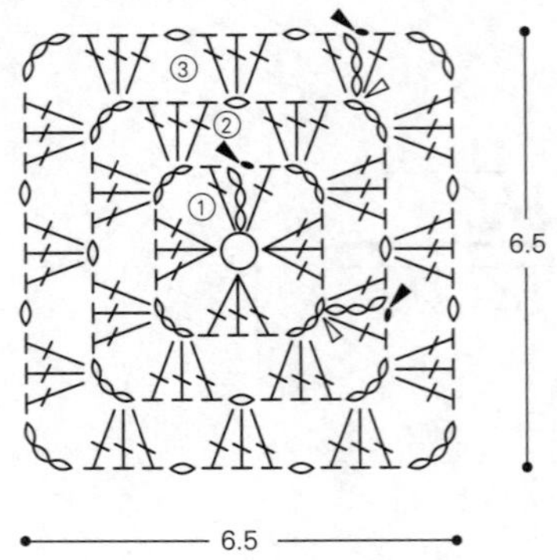

▷ = 加线
► = 剪线

花片 A、A’ 各8片

※ 按照a、b、c、d的顺序连接

花片 B 16片

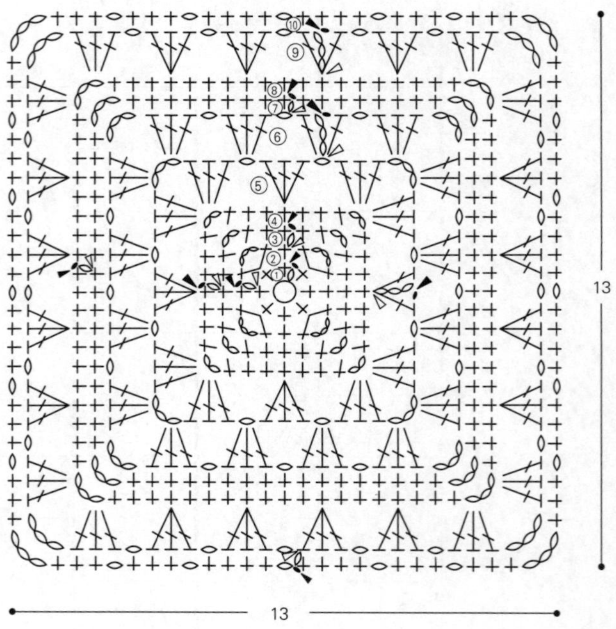

花片转角的连接方法

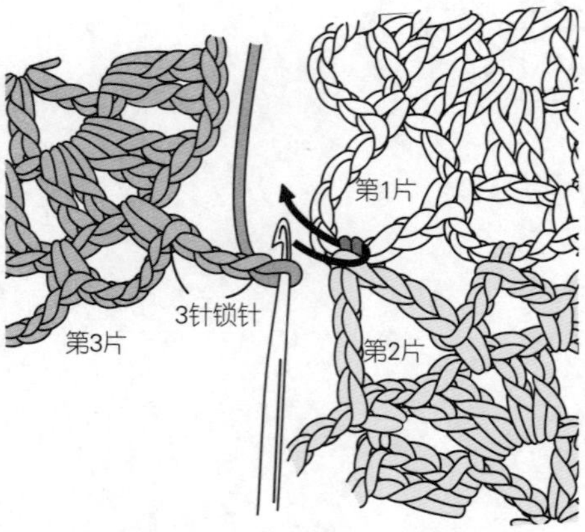

1 在连接第3片位置前面钩织3针锁针，从上面将钩针插入第2片织片引拔针的底部2根线中。

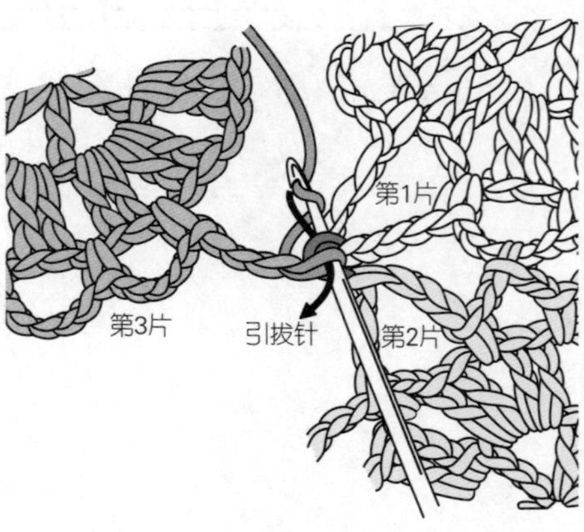

2 挂线并引拔。第4片也在同样的地方钩织引拔针连接。

花片的连接方法

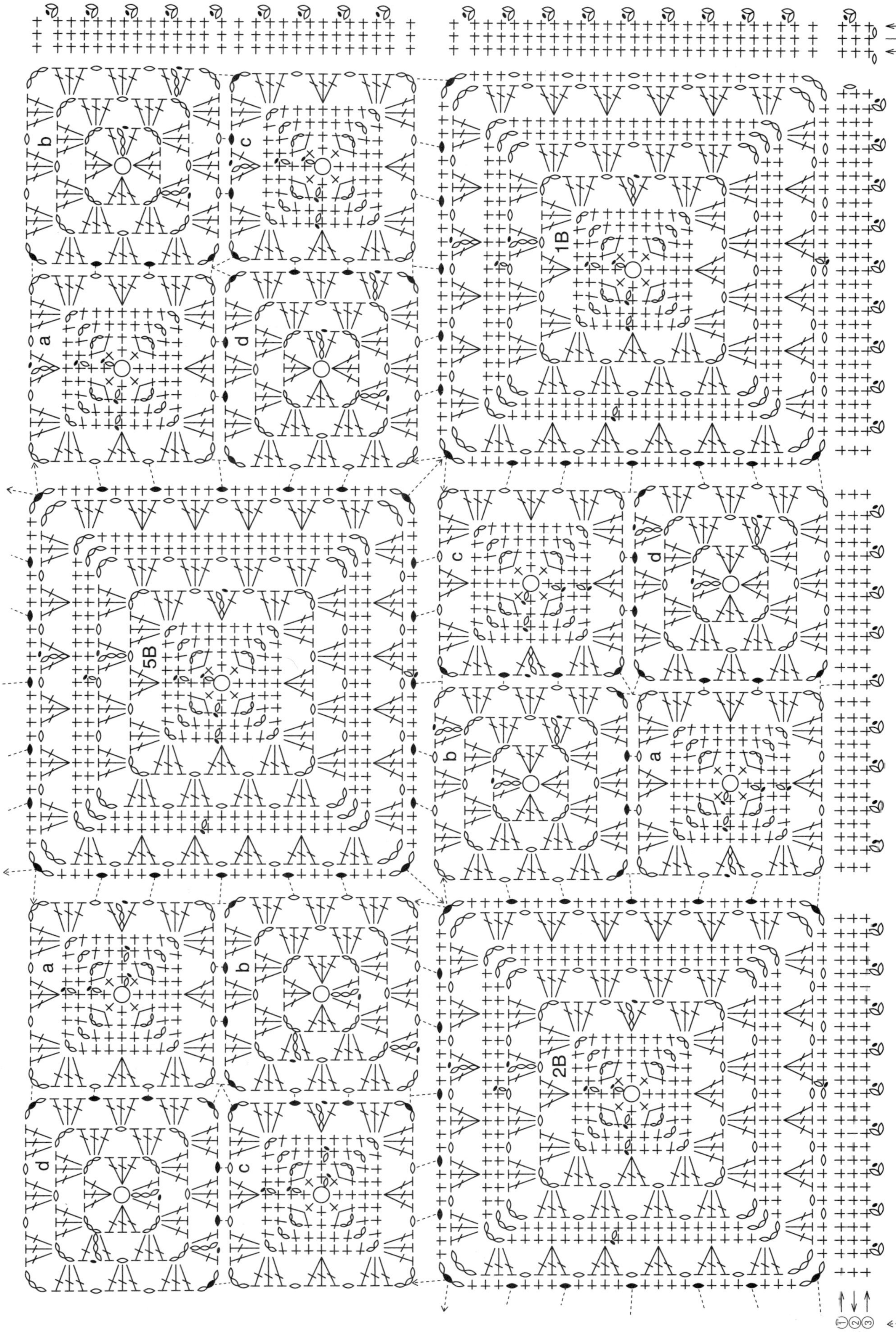

①②③ 条纹边缘

条纹边缘 ①②③

= 将钩针插入2片花片中，一次性引拔

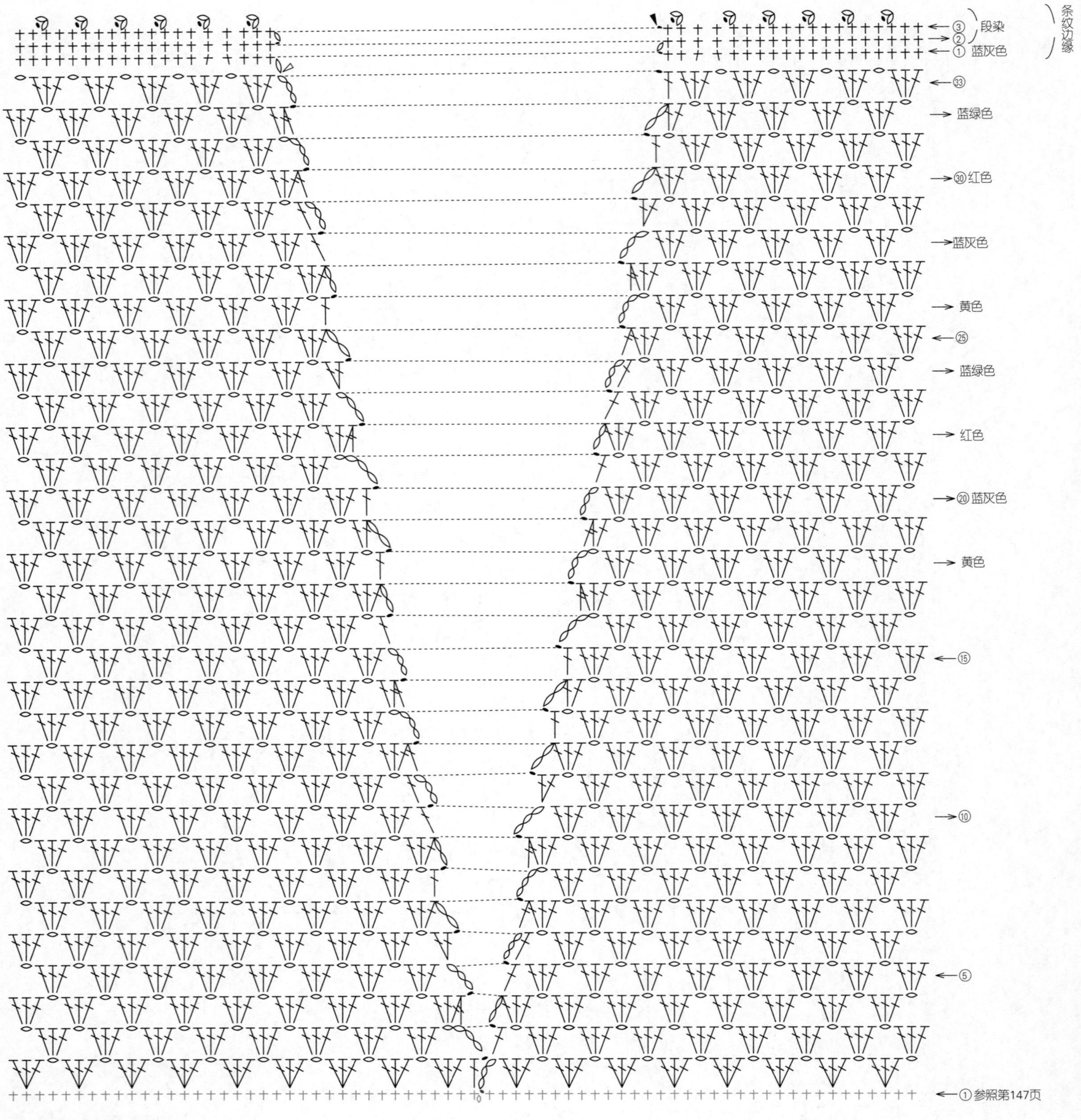

※ 除指定以外均用段染线钩织

▷ = 加线

► = 剪线

图 1
袖下

扭针的单罗纹针收针

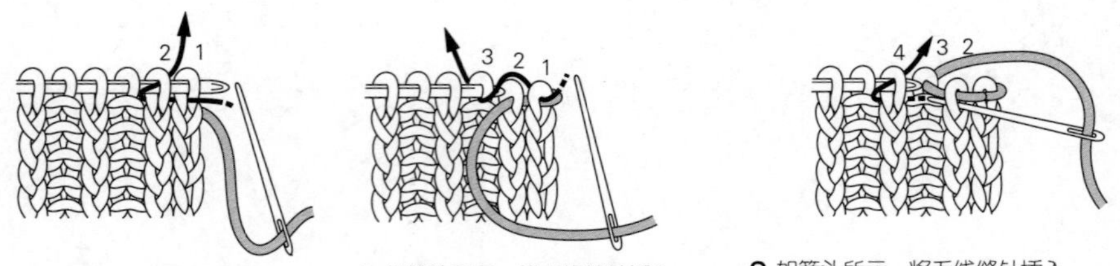

1 如箭头所示，将毛线缝针插入针目1和2中，将针目2扭一下。

2 如箭头所示，将毛线缝针插入针目1和3中。

3 如箭头所示，将毛线缝针插入针目2和4中，一边扭转下针一边做单罗纹针收针。

前门襟、后衣领
（条纹边缘）

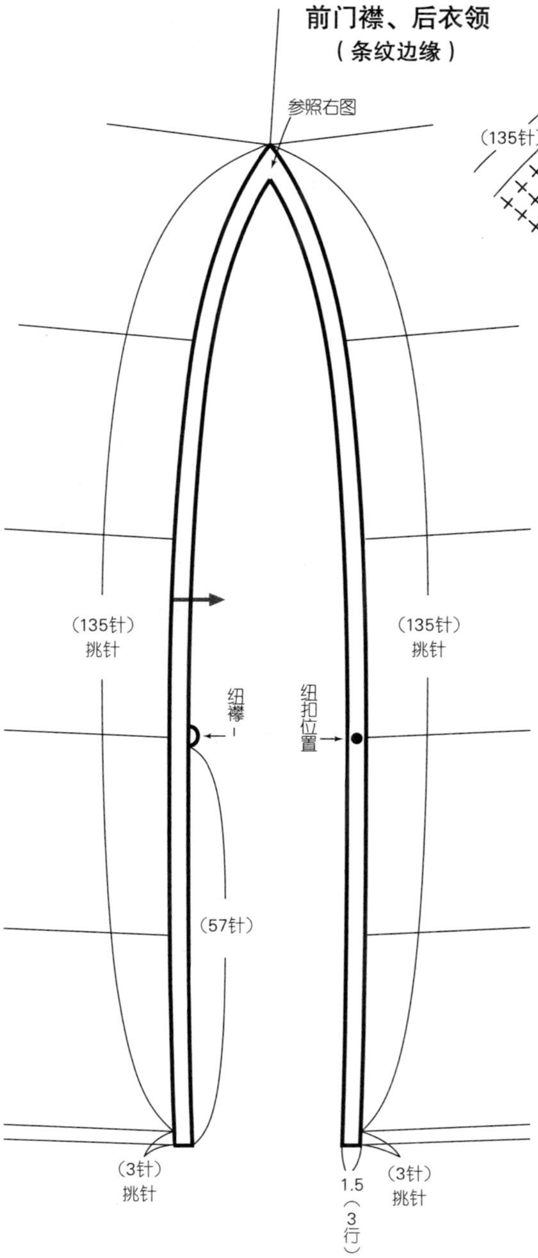

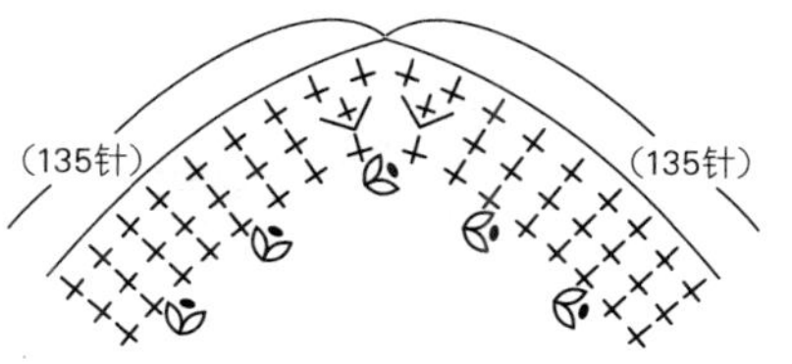

纽襻 段染

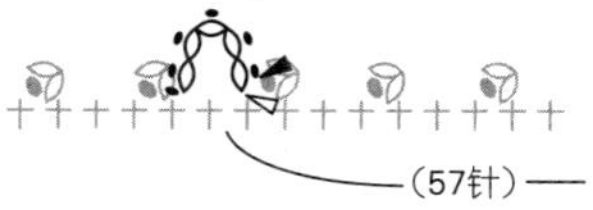

▷ = 加线
► = 剪线

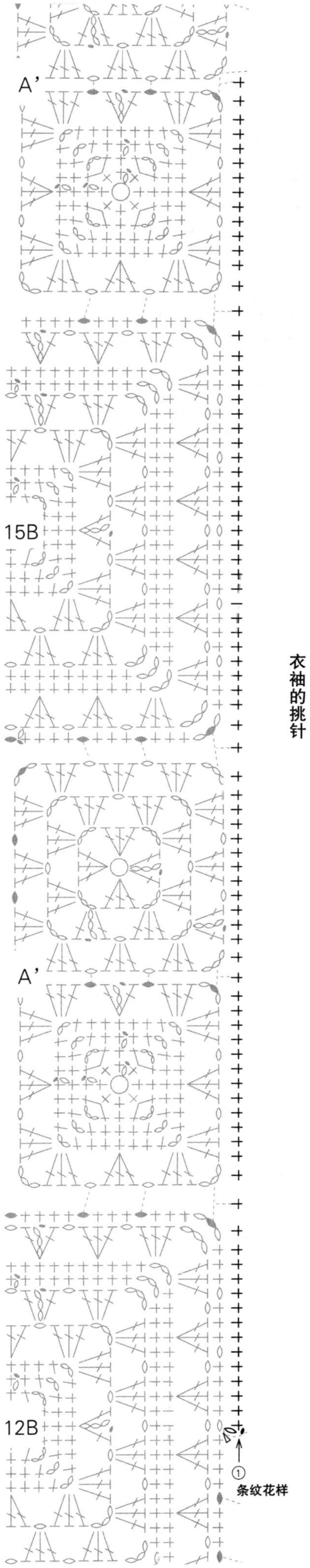

下针刺绣

1针1行的情况（纵向刺绣）

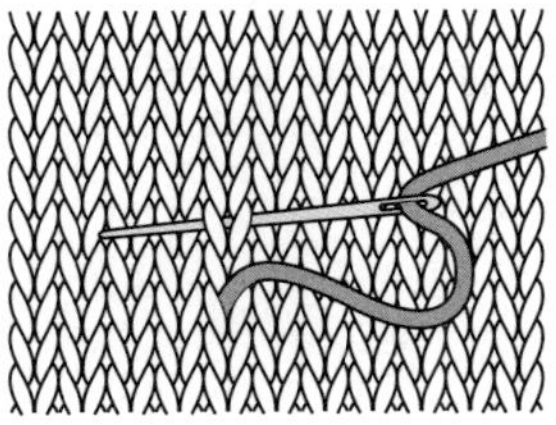

1 分开针目从反面出针，和针目的状态一样，挑起2根倒八字的线。

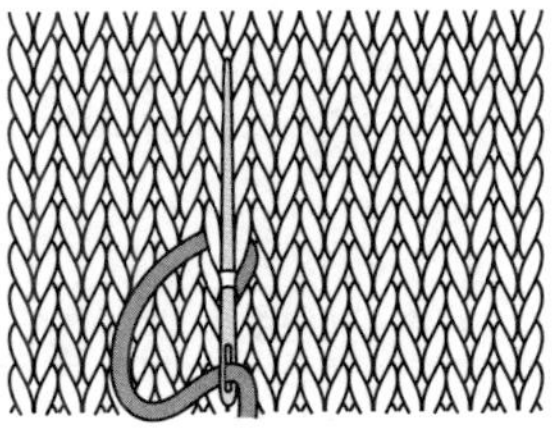

2 从出针处入针，在1行上方出针。

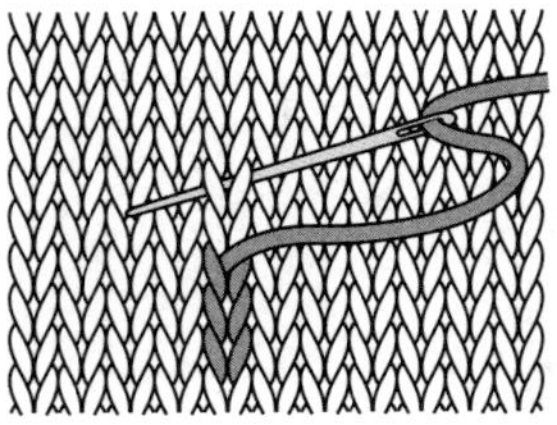

3 重复步骤1、2。

（斜向刺绣）

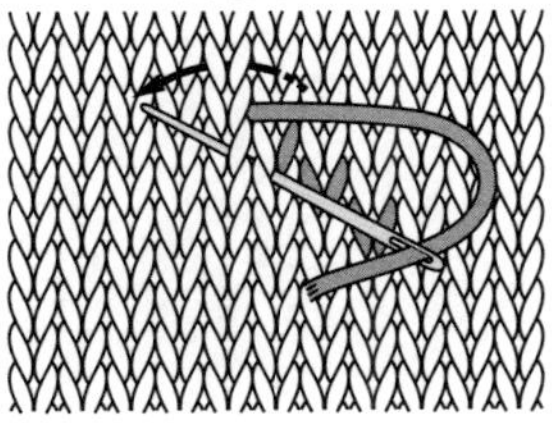

从出针处入针，在1行、1针斜上方出针，然后挑起1行上方的针目。

材料

Hobbyra Hobbyre Wool Cute 毛线的色名、色号、使用量等请参照图表。50cm×60cm的内袋用布(手提包)

工具

钩针3/0号、5/0号

成品尺寸

[围脖]周长63cm,宽23cm

[毛毯]宽95cm,长78cm

[手提包]宽36cm,深23cm

编织密度

花片直径7cm(3/0号针),9.5cm(5/0号针)

编织要点

●用连接花片的方法钩织。从第2片花片开始,一边在长针的头部钩织和相邻花片连接,一边钩织。围脖一边连接成环形一边钩织。手提包的花片钩完后,包口、侧面和提手钩织短针,参照组合方法组合。

围脖(连接花片) 3/0号针

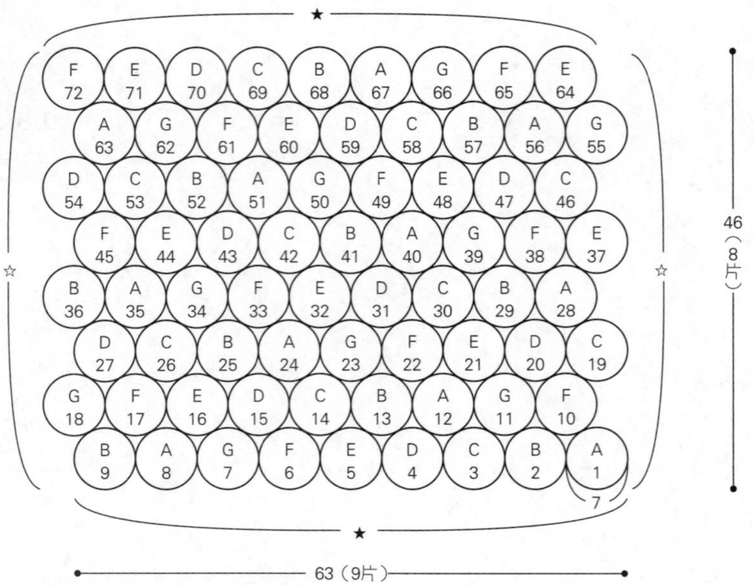

※花片内的数字表示连接顺序
※☆、★标记处连在一起
※全部使用1根线钩织

围脖的连接方法

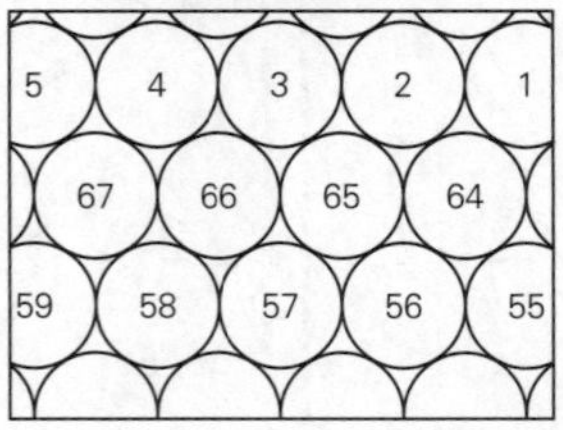

※花片64~72看着正面钩织,花片55~63、1~9连在一起

▷ = 加线
▶ = 剪线

花片(通用)

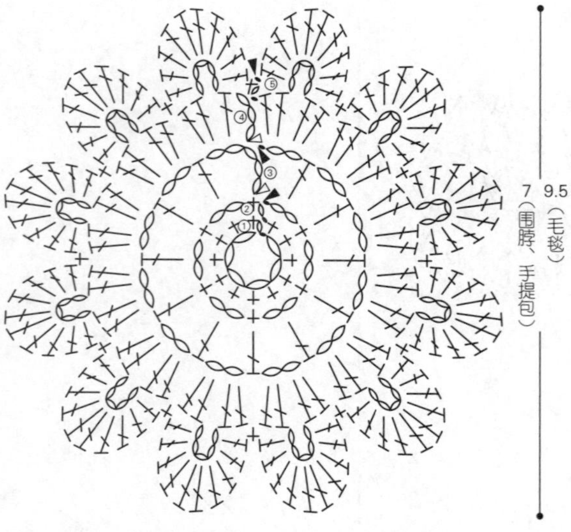

※第5行的短针要将钩针插入前一行长针里面钩织

花片的配色和数量一览表

	第1、2行	第3行	第4、5行	围脖	毛毯	手提包
A	米色	绿色	紫色	11片	12片	7片
B	粉色	紫色	绿色	10片	13片	6片
C	深粉色	浅褐色	粉色	10片	13片	6片
D	橙色	粉色	浅褐色	10片	12片	6片
E	绿色	米色	橙色	10片	12片	6片
F	浅褐色	橙色	深粉色	11片	12片	6片
G	紫色	深粉色	米色	10片	12片	7片

毛线的使用量一览表

	围脖	毛毯	手提包
浅褐色(14)	各25g/各1团	各100g/各4团	50g/2团
粉色(01)			各25g/各1团
深粉色(02)			
紫色(09)			
橙色(13)			
绿色(18)			
米色(22)			

毛毯

（连接花片） 5/0号针

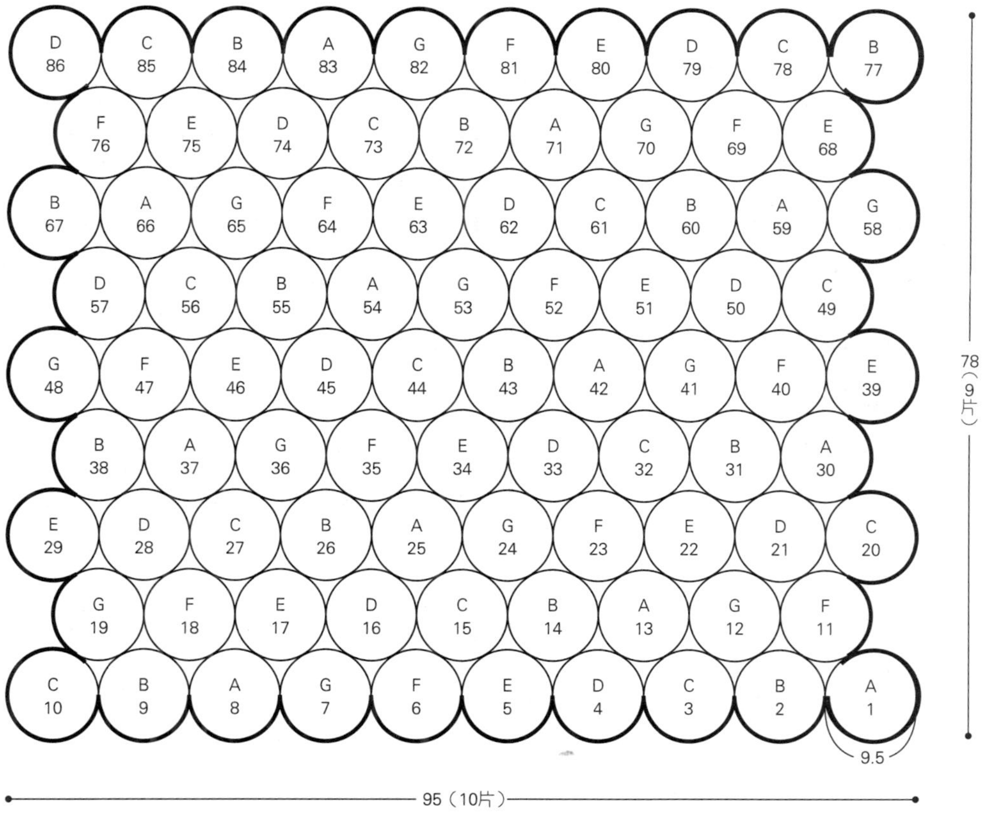

※花片内的数字表示连接顺序
※全部使用2根线编织

花片的连接方法（通用）

※ 在连接花片的地方钩织5针长针后，将钩针取下并插入连接侧的长针中，从取下钩针的针目引拔出。
然后钩织1针长针，按照相同的方法连接。钩织剩下的4针长针

手提包
（连接花片）

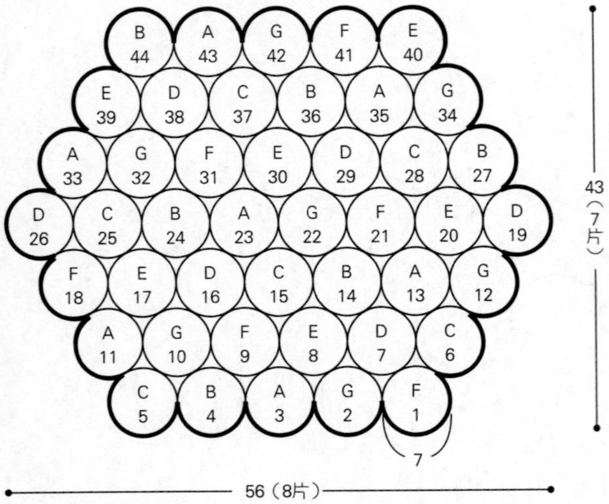

※全部取1根线使用3/0号针钩织
※花片内的数字表示连接顺序

包口、侧面、提手
（短针）浅褐色

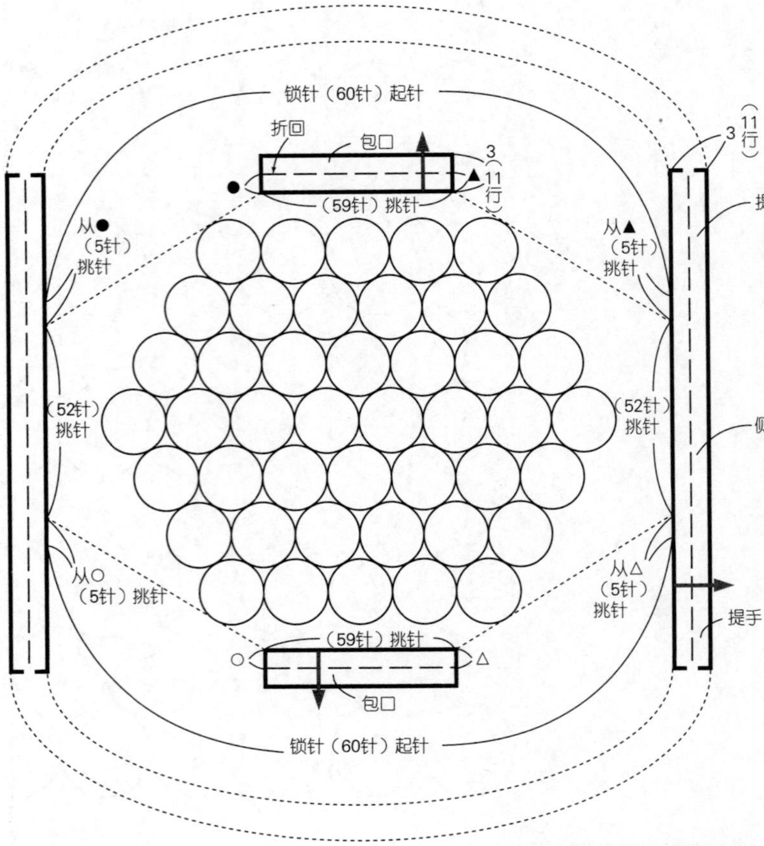

※侧面、提手全部（244针）挑针

内袋的制作方法
缝合后，抽褶至指定尺寸

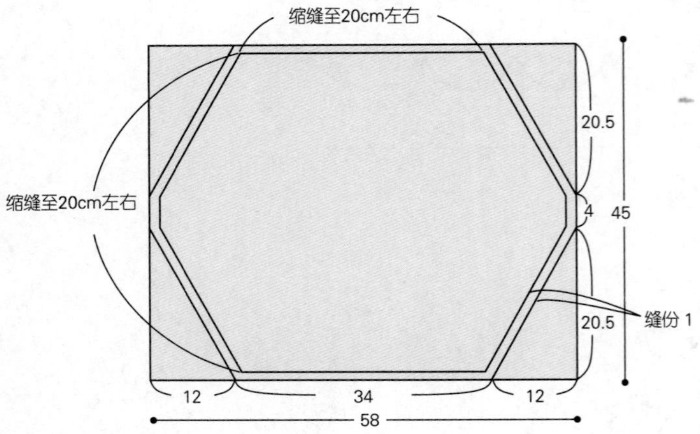

包口、侧面和提手的钩织方法
1.从花片上挑针，包口钩织短针。
2.参照图示将提手用的锁针缝在包口。
3.从包口横向、花片、锁针挑针，侧面和提手处环形钩织短针。

组合方法

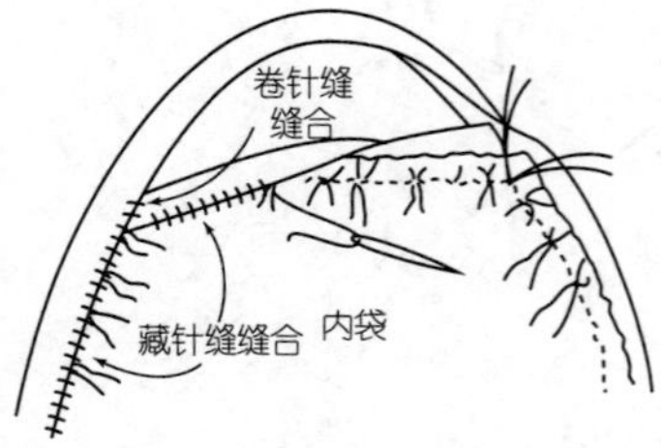

1.将手提包和内袋反面相对对齐，将内袋的缩缝位置缝在短针和花片的交界处。
2.将包口对折包住内袋缝份，做藏针缝缝合。
3.侧面的短针也按照相同方法折叠，用藏针缝的方法和内袋缝合。
4.将提手对折，2片重叠在一起用浅褐色线钩织1行短针接合。
5.包口和提手的连接处用共线做卷针缝缝合。

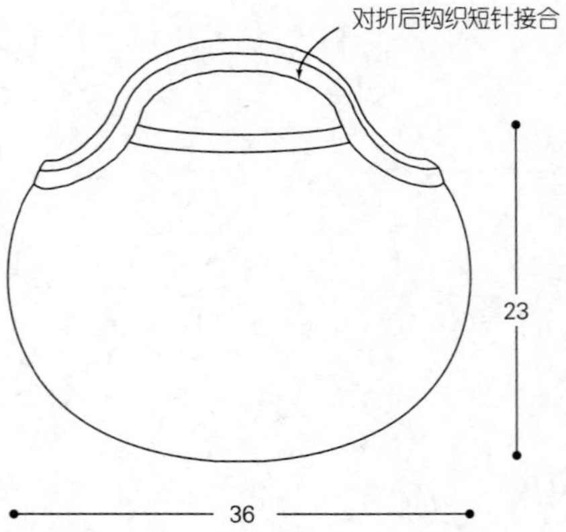

穿过左针的盖针
（铜钱花）
（3针的情况）

1 如箭头所示，右棒针插入左棒针上的第3针中，盖住右侧的2针。

2 右棒针从织片前面插入左棒针右侧的针目中，编织下针。

3 挂线，右棒针插入左侧的针目，编织下针。

4 完成。

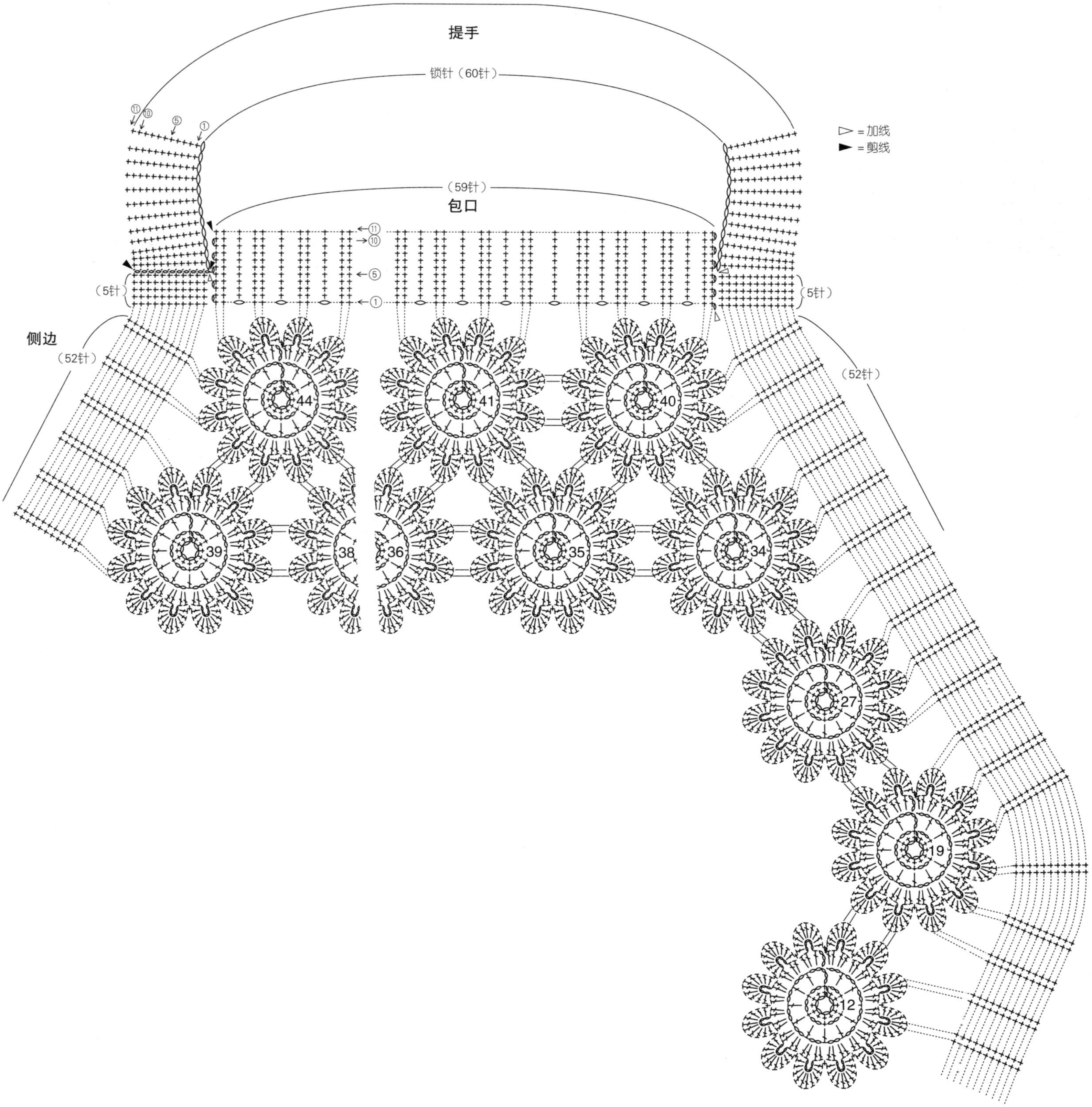

向下编织3行的泡泡针

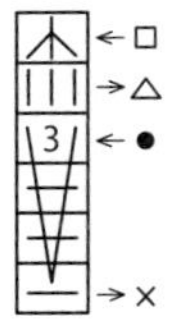

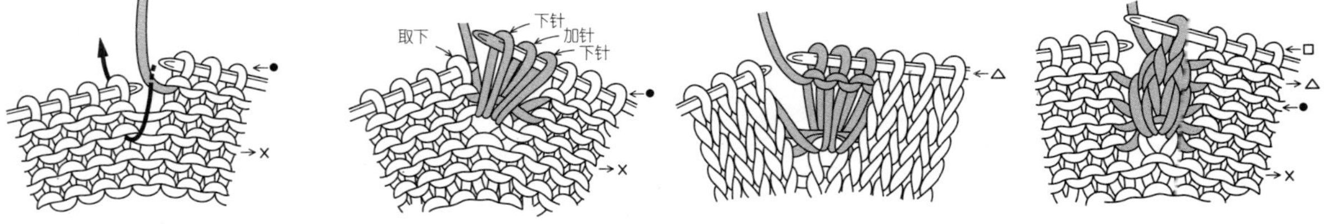

1 如箭头所示，将右棒针插入3行下面×行的针目中，编织一定高度的下针。

2 编织挂针，将右棒针插入同一针目中编织下针，将左棒针上的针目取下1针。

3 下一行从反面编织普通的上针。

4 在□行将3针編织中上3针并1针，完成。

材料

和麻纳卡 Kasane 原白色系段染(1)、米色系段染(29)各35g/各2团；Emilie 深灰色(3)、芥末黄色(5)各10g/各1团；Alpaca Leggero 浅褐色(6)、绿色(12)各10g/各1团；直径1.4cm、长48cm的挂毯棒1根

工具

织美绘织布机，30齿线轴交换板

成品尺寸

宽29cm，长102cm(含流苏)

编织密度

Kasane线10cm50行(挂在织布机上面时)

编织要点

●按照指定的顺序穿过纵线，两端要2根线织。一边参照图示，一边织平纹。织完后从织布机上取下，纵线端头4根1组、其他3根1组用卷结的方法打结，剪齐。参照组合方法穿上挂毯棒。

54 页的作品 ★★

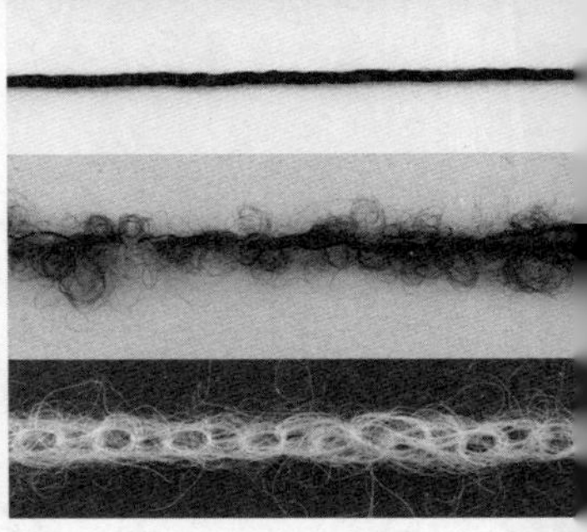

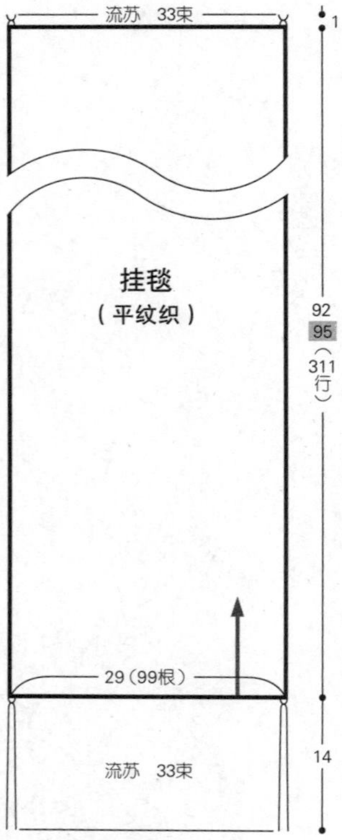

※ 织布宽度为33cm
※ 除指定以外均用1根线织
※ ▒ =挂在织布机上面时的尺寸

纵线的配色

原白色系段染2股并为1根	原白色系段染24根	米色系段染49根	原白色系段染24根	原白色系段染2股并为1根

※ 两端取2根线
※ 纵线的长度为145cm
※ 原白色系段染：52根
　米色系段染：49根

横线的配色

米色系段染	75行
芥末黄色　取6根线	1行
原白色系段染	6行
深灰色　取6根线	1行
原白色系段染	6行
芥末黄色　取6根线	1行
原白色系段染	8行
深灰色　取6根线	3行
原白色系段染	8行
浅褐色　取5根线	5行
原白色系段染	8行
绿色　取5根线	9行
原白色系段染	24行
芥末黄色　取6根线	1行
原白色系段染	6行
深灰色　取6根线	1行
原白色系段染	6行
芥末黄色　取6根线	1行
原白色系段染	24行
浅褐色　取5根线	1行
深灰色　取6根线	3行
浅褐色　取5根线	1行
芥末黄色　取6根线	9行
深灰色　取6根线	7行
浅褐色　取5根线	5行
绿色　取5根线	11行
米色系段染	80行

卷结

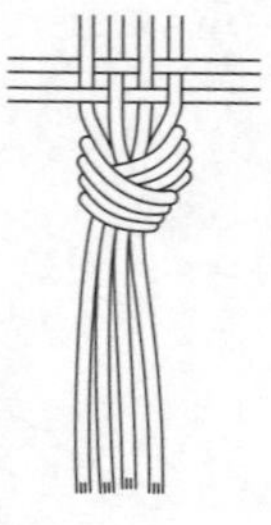

组合方法

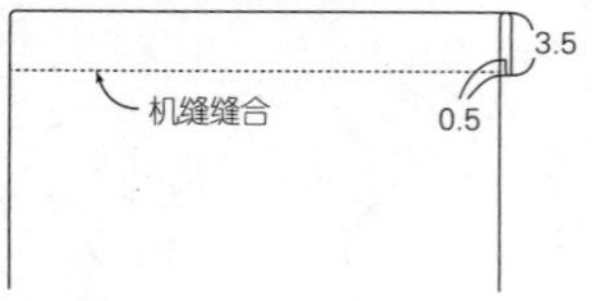

55 页的作品 ★★★

材料

和麻纳卡 Stame 藏青色(56) 75g/2团；Stame Tweed 红 色(233) 75g/2团；35cm×35cm的靠垫芯1个

工具

织美绘织布机，40齿线轴交换板

成品尺寸

长35cm，宽35cm

编织密度

10cm17行(挂在织布机上面时)

编织要点

●按照指定的顺序穿过纵线，注意有不穿线的地方。一边参照图示进行横向的配色，一边用平纹织、往返织的方法织。织完后从织布机上取下，参照组合方法组合在一起。

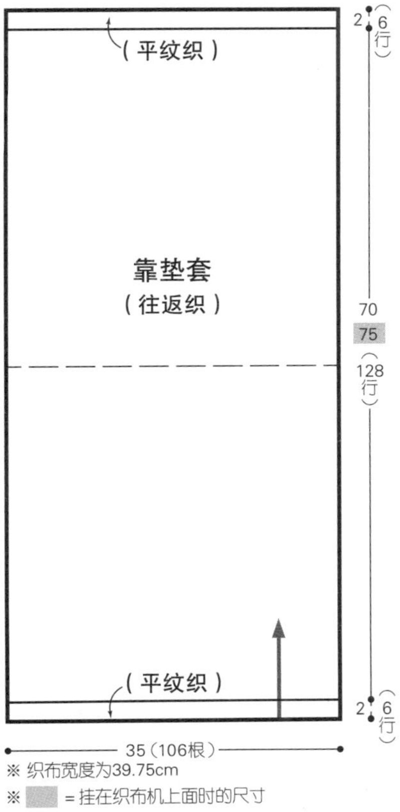

纵线的配色

交换板	孔	沟	孔	沟	孔	沟	孔	沟	孔	沟	孔	沟		孔	沟	孔	沟	孔	沟		孔	沟	孔
线 根数	藏青色 1根		藏青色 1根	藏青色 1根		藏青色 1根	红色 1根		红色 1根	红色 1根		红色 1根	○重复7次	藏青色 1根		红色 1根	藏青色 1根		红色 1根	◉重复9次	藏青色 1根		红色 1根

※ 纵线的长度为120cm

※ 藏青色：53根 红色：53根

横线的配色

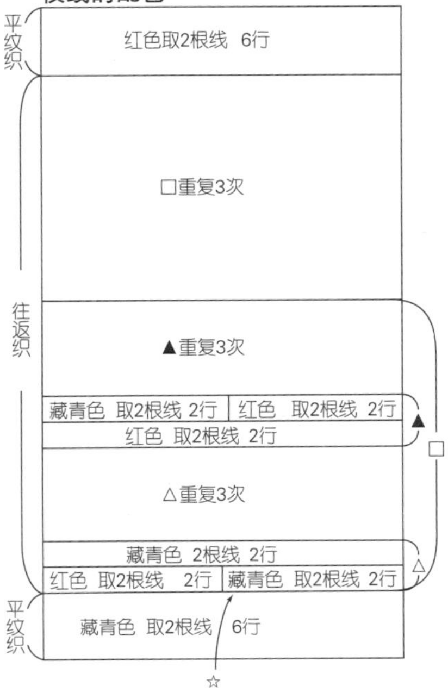

组合方法

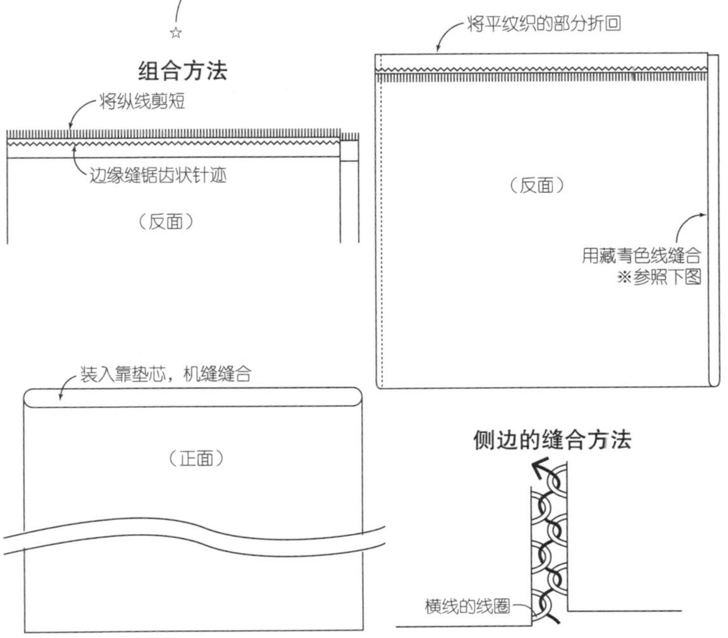

往返织

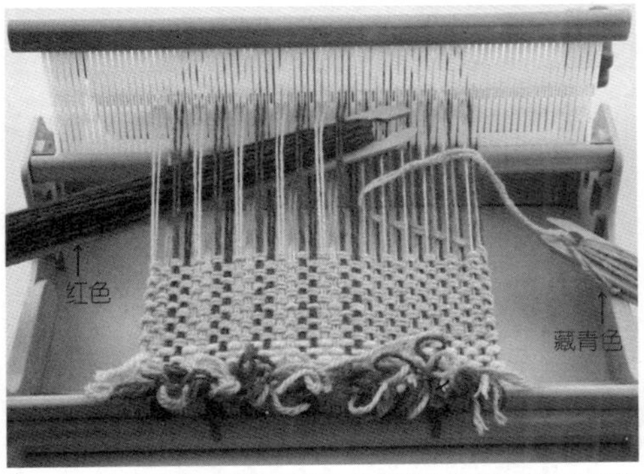

1 升起线轴交换板，将藏青色线、红色线的梭子均穿至纵线的☆处。

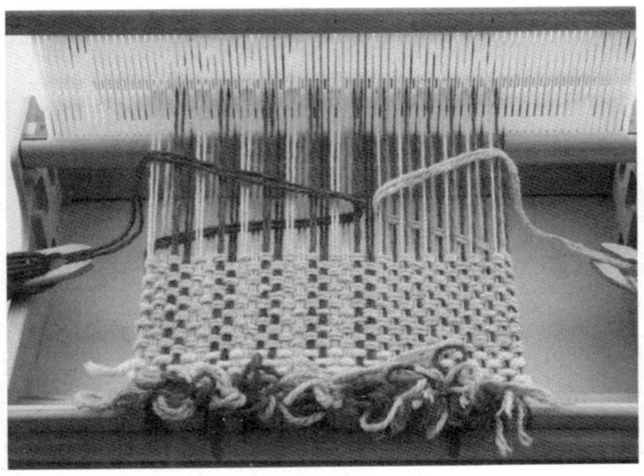

2 将梭子放在两边，拉动交换板。

3 降下交换板，穿过藏青色线。

4 将红色线的梭子从步骤1穿线处右侧2根线中穿过，拉动交换板。

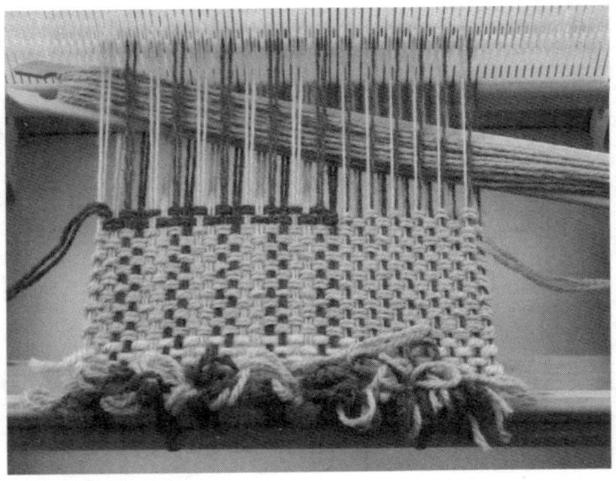

5 后面的2行用藏青色线织。

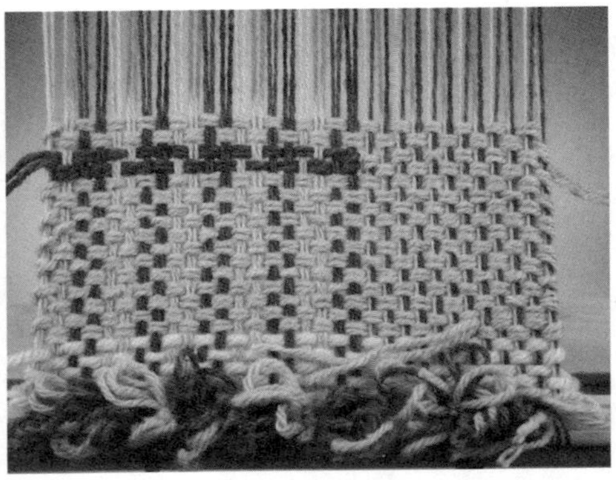

6 这是完成4行花样的样子。参照横线的配色，按照相同要领织下去。

材料

和麻纳卡 Spectre Modem 灰绿色(52) 65g/2团，芥末黄色(28) 45g/2团，红色(32)、藏青色(44)各20g/各1团

工具

织美绘织布机，40齿线轴交换板

成品尺寸

宽38cm，长85cm（含流苏）

编织密度

10cm30行（挂在织布机上面时）

编织要点

●按照指定的顺序穿过纵线。一边参照图示进行横向配色，一边用平纹织的方法织。织完后从织布机上取下，纵线6根1组用卷结的方法打结，剪齐。

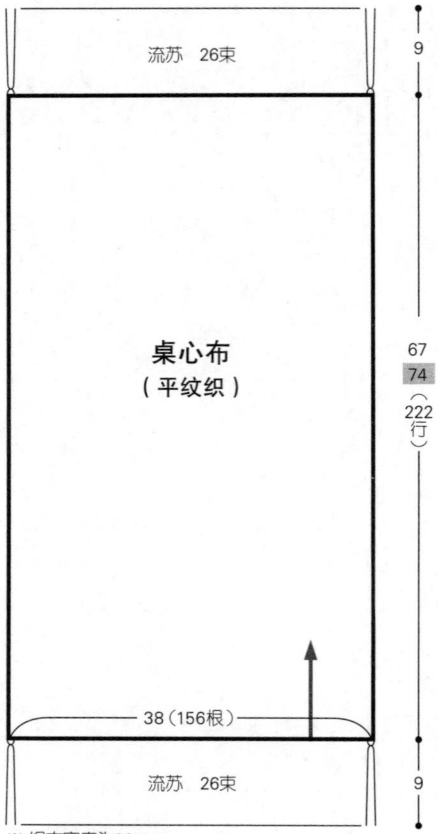

※ 织布宽度为39cm
※ 卷结的打结方法请参照第152页
※ ▒ = 挂在织布机上面时的尺寸

纵线的配色

灰绿色2根	芥末黄色2根	灰绿色4根	○重复24次	芥末黄色2根	灰绿色2根

※ 纵线的长度为120cm
※ 灰绿色线：104根　芥末黄色线：52根

横线的配色

藏青色	34行
芥末黄色	6行
红色	34行
藏青色	6行
芥末黄色	40行
红色	22行
藏青色	17行
灰绿色	7行
藏青色	26行
红色	30行

用钩针辅助起针

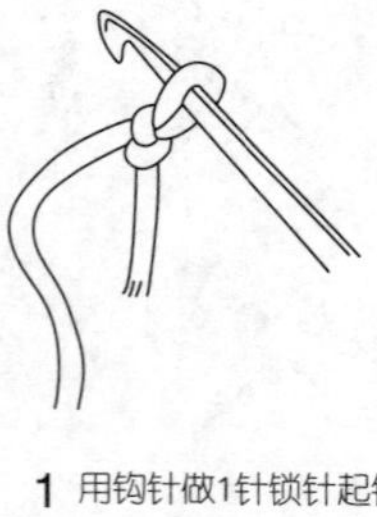

1 用钩针做1针锁针起针。

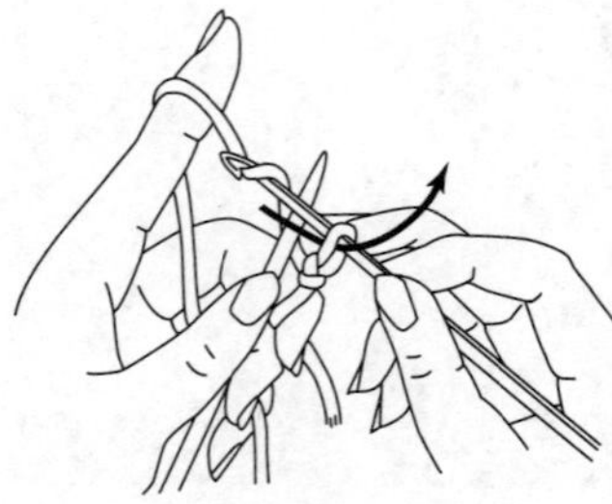

2 将棒针放在线上，从上面挂线钩织锁针。

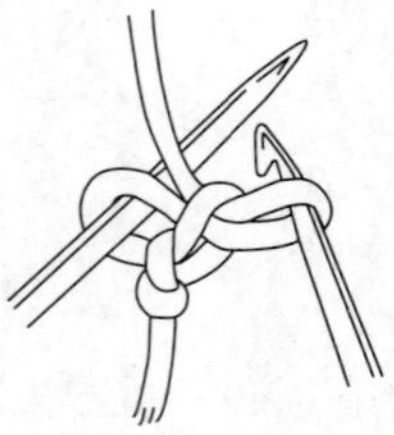

3 完成了1针。

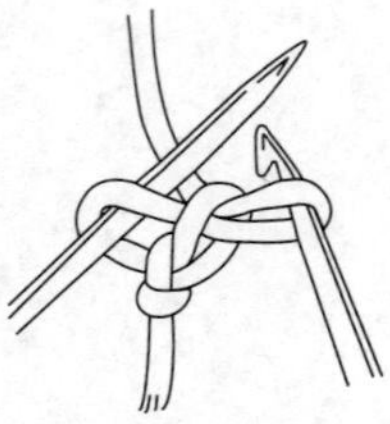

4 将线放在棒针下面。

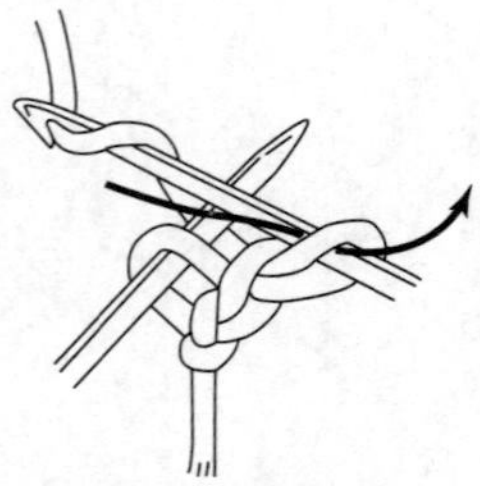

5 从上面挂线并拉出。第2针完成了。重复步骤4、5。

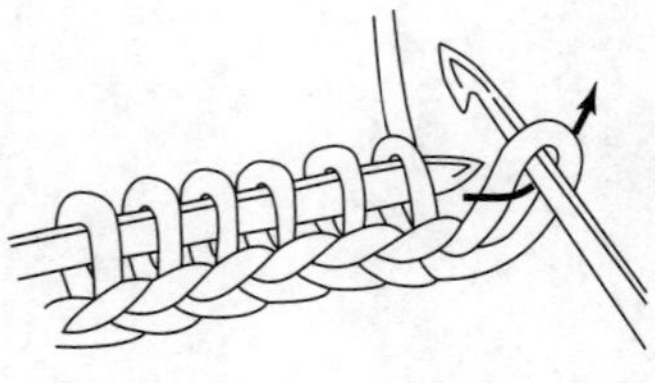

6 比所需要的针数少起1针，将钩针上的最后1针移到棒针上即可。

55页的作品★★★

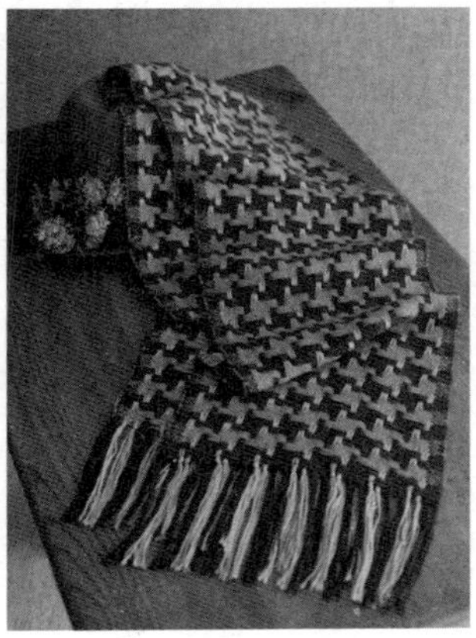

材料

和麻纳卡 Soie Et Laine 棕色(11) 30g/2团，米色(3) 25g/1团；Cashmere 绿色(116)、橙色(122)各25g/各2团

工具

织美绘织布机，40齿线轴交换板

成品尺寸

宽23cm，长174cm（含流苏）

编织密度

10cm45行（挂在织布机上面时）

编织要点

●按照指定的顺序穿过纵线。一边参照图示，一边用平纹织和浮织的方法织。织完后从织布机上取下，纵线4根1组用卷结的方法打结，剪齐。

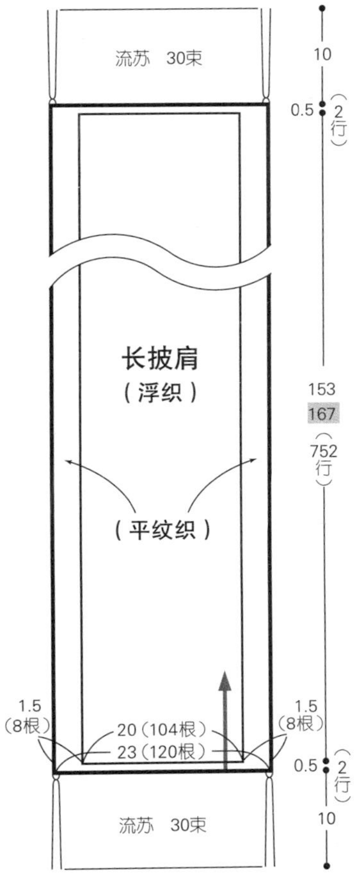

※ 卷结的打结方法请参照第152页

※ 织布宽度为30cm

※ ▒ = 挂在织布机上面时的尺寸

纵线的配色

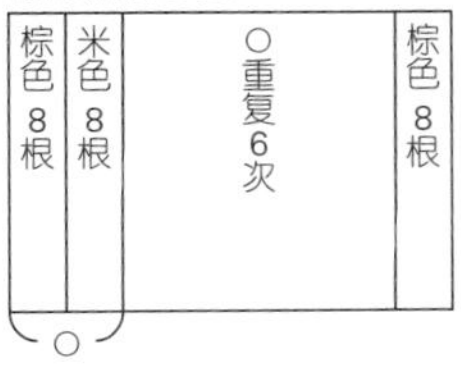

※ 纵线的长度为230cm

※ 棕色线：64根　米色线：56根

横线的配色

橙色	10行	
△重复45次		
绿色	8行	△
橙色	8行	△
绿色	10行	

配色

- ■ = 棕色
- □ = 米色
- ▨ = 绿色
- ▤ = 橙色

浮织

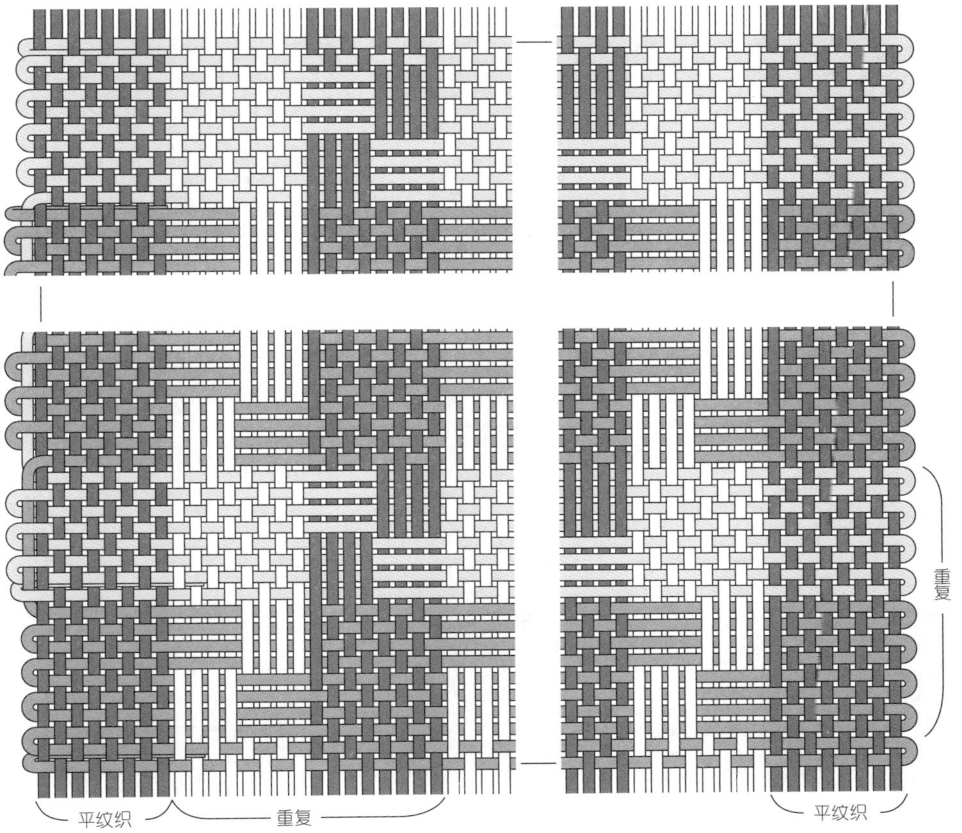

浮织

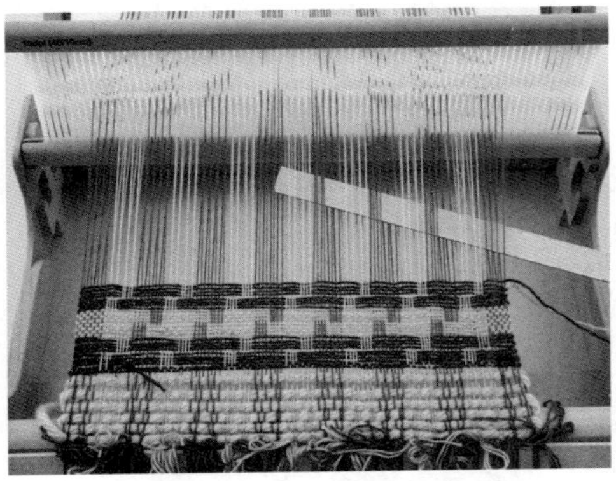

1 升起线轴交换板，棕色线各取4根用硬纸板前后隔开。

2 立起硬纸板，穿过梭子。移开硬纸板，拉动交换板。

3 降下交换板，按照步骤1、2的要领继续织。

材料

和麻纳卡 Spectre Modem 灰色(57) 160g/4团；Composition 黑色系混合((7) 75g/3团

工具

织美绘织布机，40齿、30齿线轴交换板 2块

成品尺寸

宽32cm，长188cm(含流苏)

编织密度

10cm28行(挂在织布机上面时)

编织要点

●参照纵线的穿法，穿在线轴交换板A上。将交换板B放在A的前面，交换板B也穿上线。参照织法操作2块交换板进行织。织完后从织布机上取下，纵线7根1组用卷结的方法打结，剪齐。

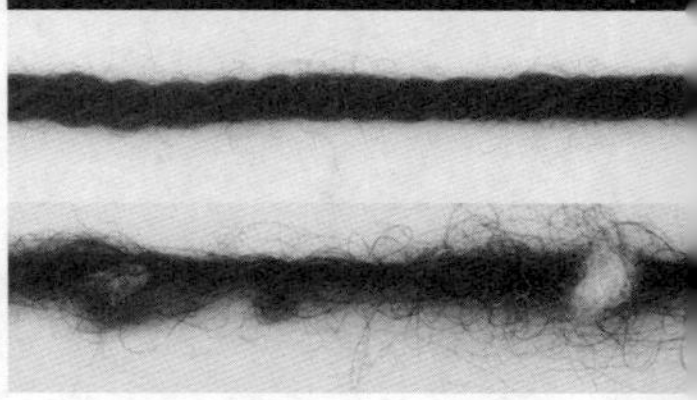

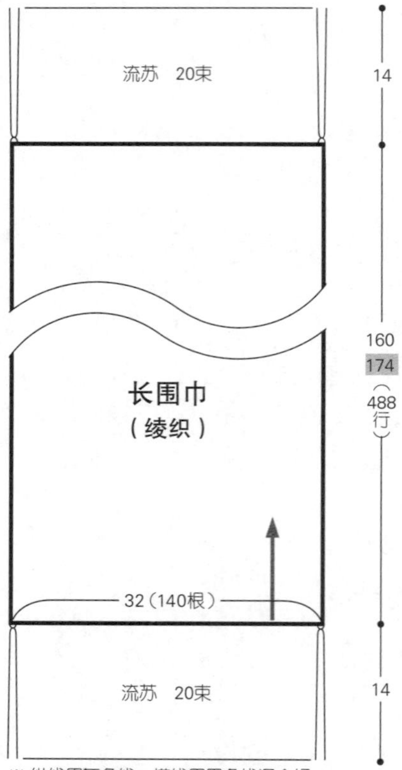

※ 纵线用灰色线，横线用黑色线混合织
※ 织布宽度为38cm
※ 卷结的打结方法请参照第152页
※ ▒ =挂在织布机上面时的尺寸

纵线的穿法

交换板A

交换板	沟	孔	沟	孔	沟	孔	沟	孔	
根数	取2根线	1根线	取2根线	1根线	取2根线	1根线	1根线	╲	○重复13次

交换板B

交换板	孔	沟	孔	沟	孔	沟	孔	沟	
根数	1根线	取2根线	1根线	取2根线	╲	1根线	1根线	取2根线	●重复13次

※ 纵线的长度为225cm
※ 灰色线140根

绫织的织法

① 交换板A：降下
交换板B：暂停
② 交换板A：升起
交换板B：升起
③ 交换板A：暂停
交换板B：降下
①→②→③→①→③→②→①→③的顺序重复织8行

绫织

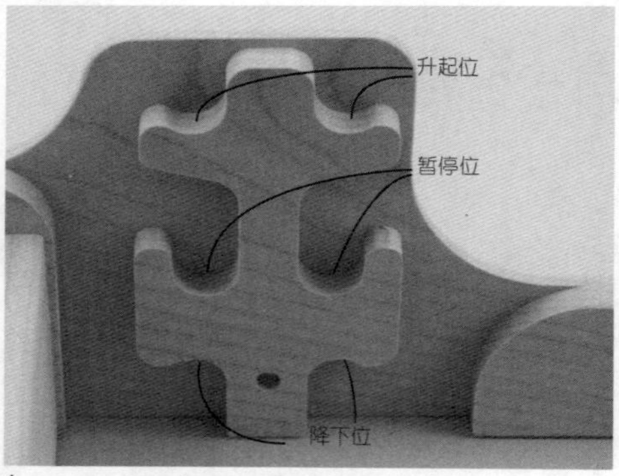

1 使用可以放2块交换板的支架。

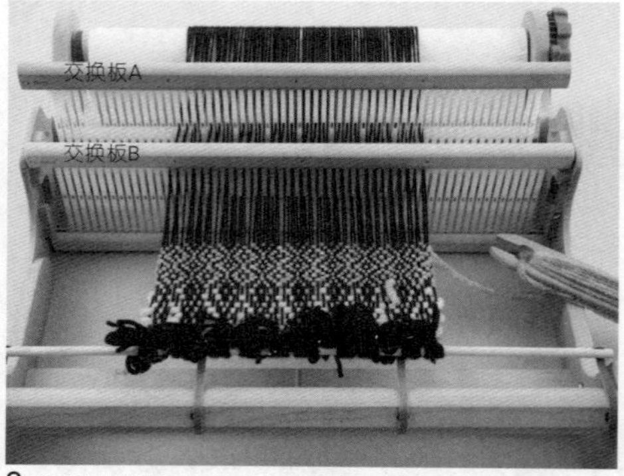

2 参照纵线的穿法，依次将线穿入交换板A、交换板B。

3 降下交换板A，暂停交换板B，织1行。(①)

4 同时升起交换板A、B，织1行。(②)

5 暂停交换板A，降下交换板B，织1行。(③)

6 继续按照①、③、②、①、③的顺序织下去。重复8行。

56、57 页的作品 ★★

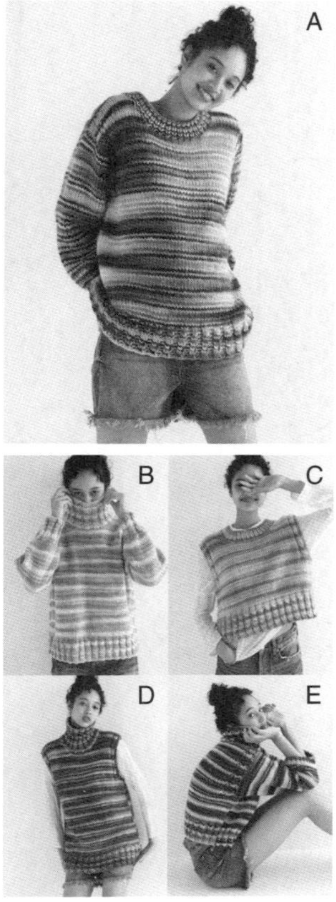

材料

[A] 蓝色、芥末黄色系段染(5) 760g/8团
[B] 米色系段染(1) 715g/8团
[C] 粉色、橙色系段染(2) 355g/4团
[D] 绿色、黄色系段染(4) 540g/6团
[E] 灰色系段染(7) 605g/7团

工具

棒针 8mm、7mm，钩针 10/0 号

成品尺寸

[A] 胸围 112cm，肩宽 49cm，衣长 66cm，袖长 48cm
[B] 胸围 112cm，肩宽 49cm，衣长 57cm，袖长 48cm
[C] 胸围 112cm，肩宽 50cm，衣长 46.5cm
[D] 胸围 112cm，肩宽 50cm，衣长 66cm
[E] 胸围 112cm，肩宽 49cm，衣长 46.5cm，袖长 36.5cm

编织密度

10cm×10cm 面积内：下针编织 11 针，16.5 行

编织要点

● 通用…身片手指起针，做编织花样 A、下针编织、编织花样 B，环形编织。前领窝减针时，2 针及以上时做伏针减针，1 针时立起侧边 1 针减针。注意前领窝有休针的地方。肩部做盖针接合，胁部使用毛线缝针做挑针缝合。

● A…袖子和身片的起针方法相同，做编织花样 A 和下针编织。加针时，在 1 针内侧编织扭针加针。编织终点休针。衣领挑取指定数量的针目，环形编织单罗纹针，编织终点做下针织下针、上针织上针的伏针收针。衣袖对齐针与行和身片缝合。袖下使用毛线缝针做挑针缝合。

● B…袖子按照和 A 相同的方法编织。衣领环形做编织花样 A。编织终点和 A 相同。

● C…衣领按照和 A 相同的方法编织。袖窿钩织 1 行短针收尾。

● D…衣领的编织方法同 B，袖窿的编织方法同 C。

● E…衣袖编织单罗纹针和下针编织，按照 A 的方法组合。衣领按照 B 的方法编织。

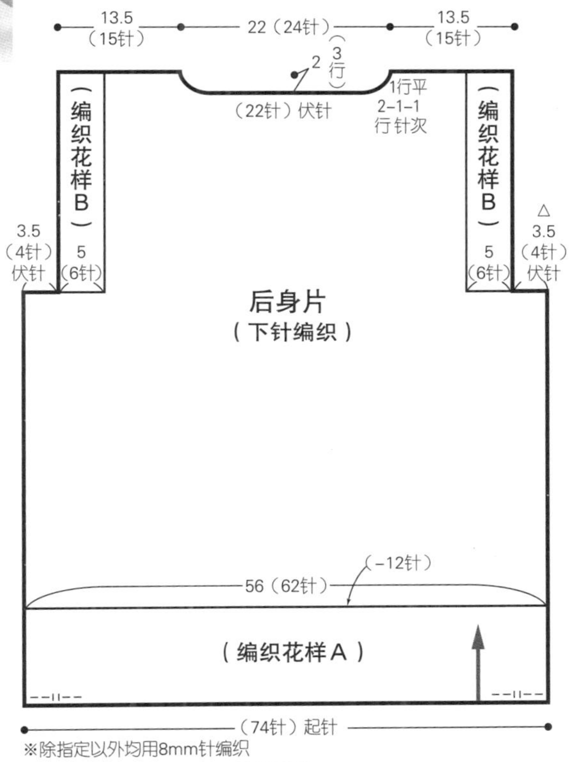

※除指定以外均用8mm针编织

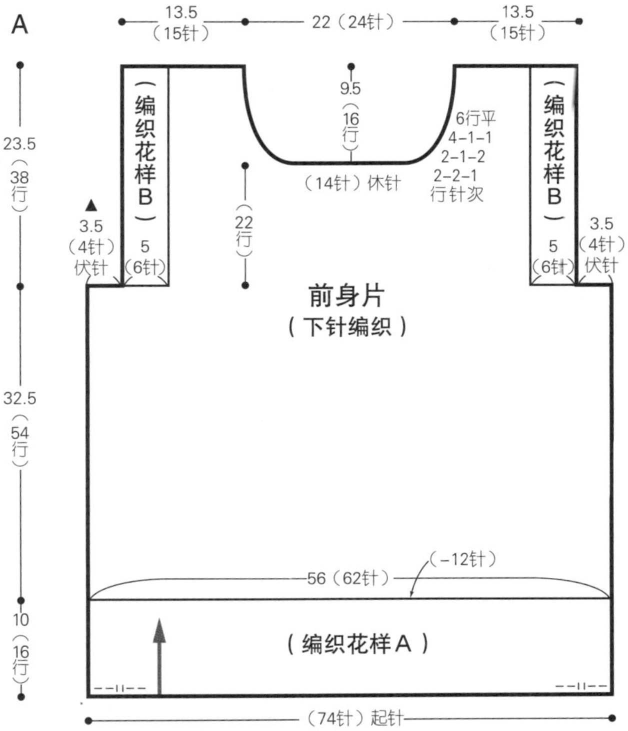

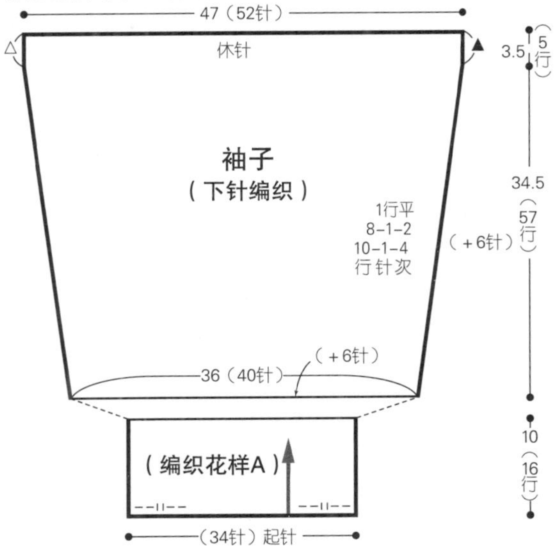

※对齐标记是右袖的

编织花样A

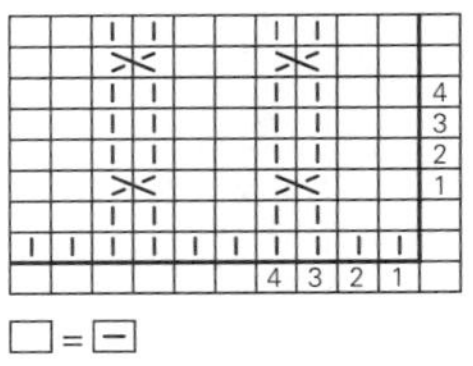

编织花样B

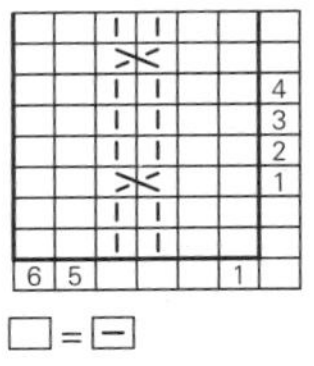

单罗纹针

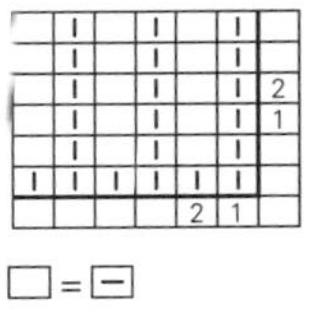

衣领 (A、C)
(单罗纹针) 7mm针

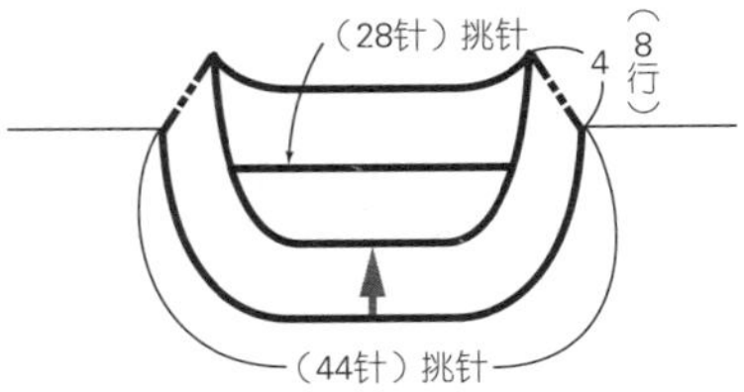

B

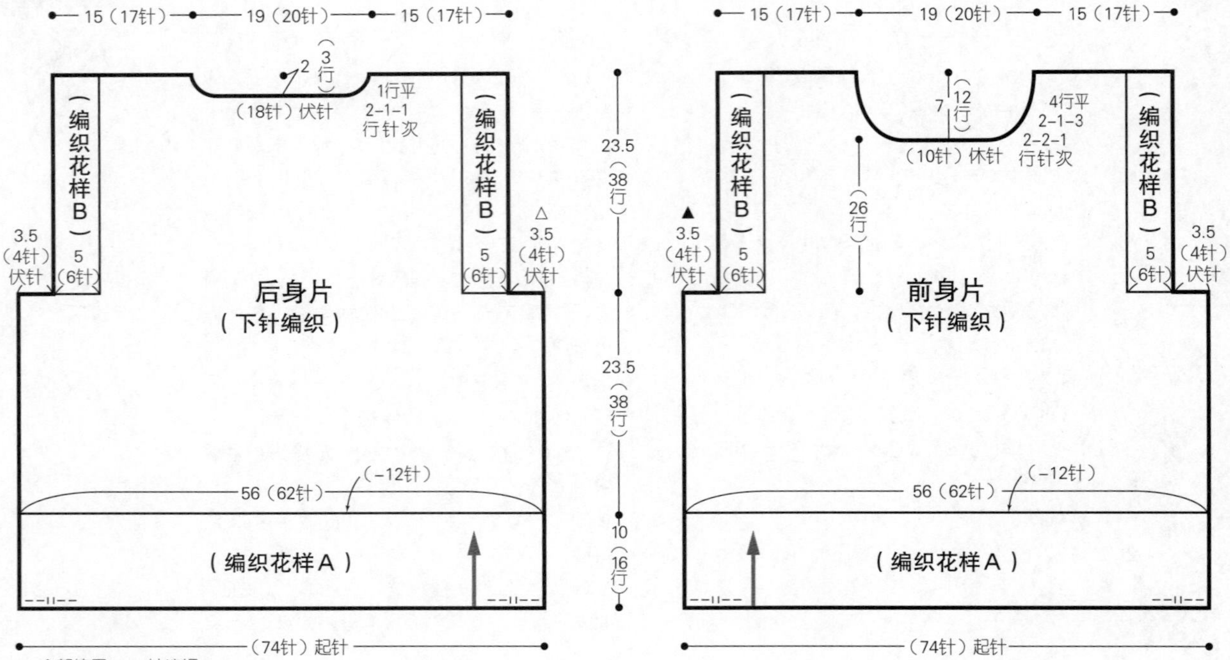

※全部使用8mm针编织

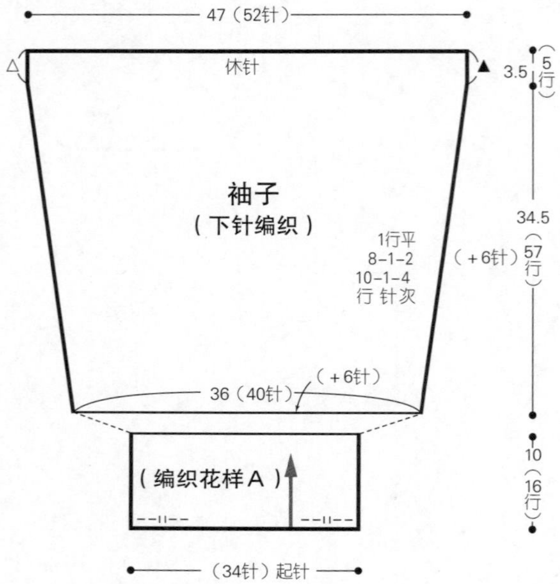

※对齐标记是右袖的

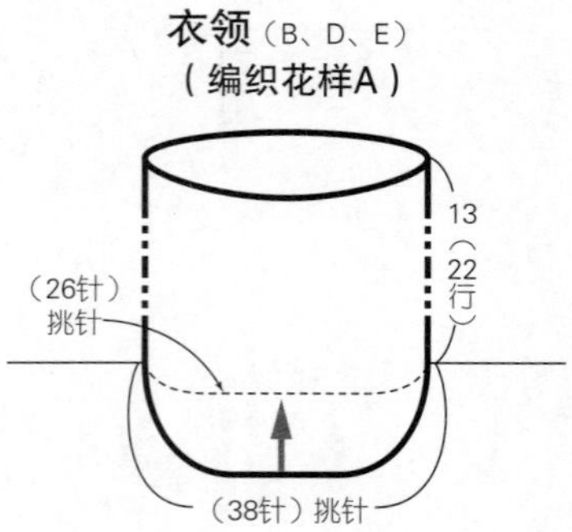

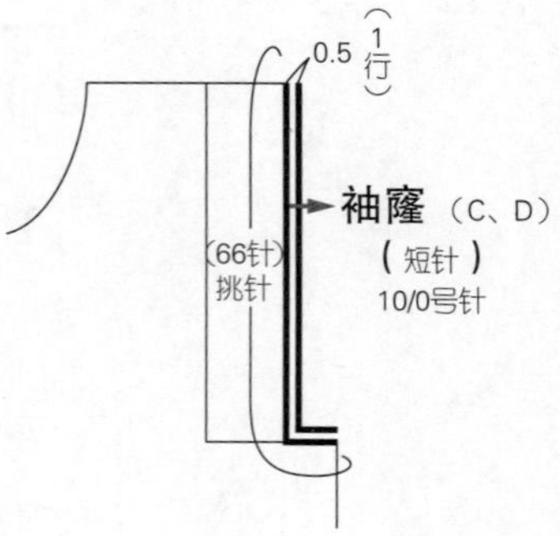

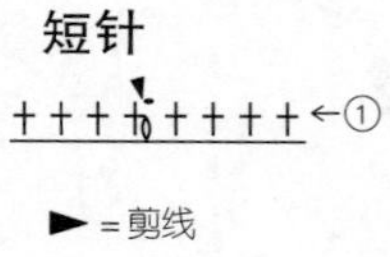

C

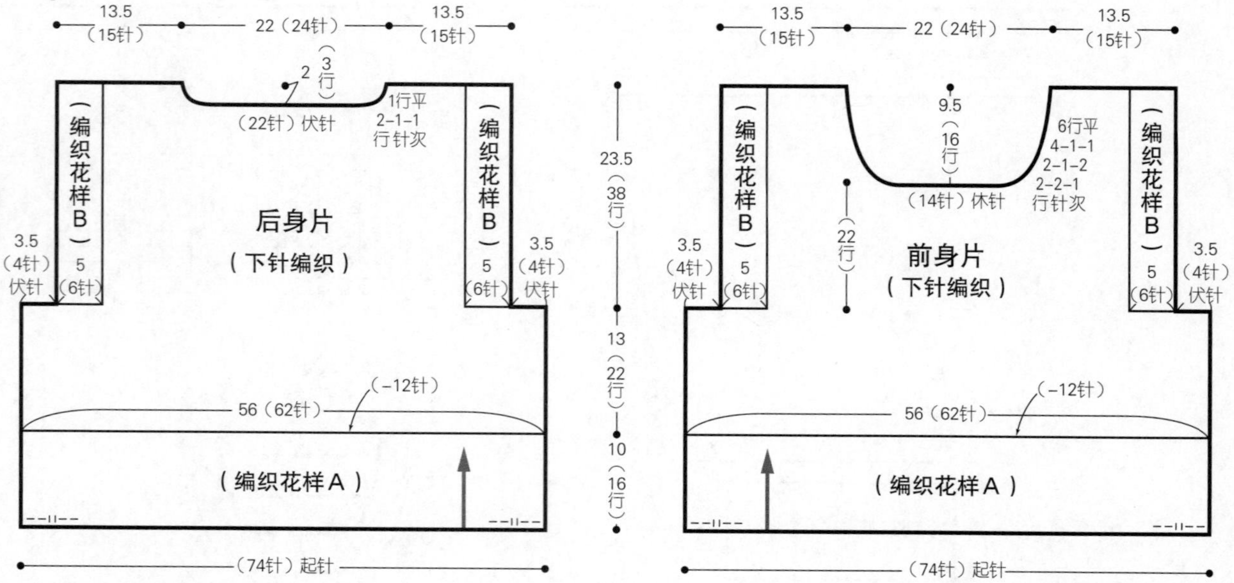

※除指定以外均用8mm针编织

D

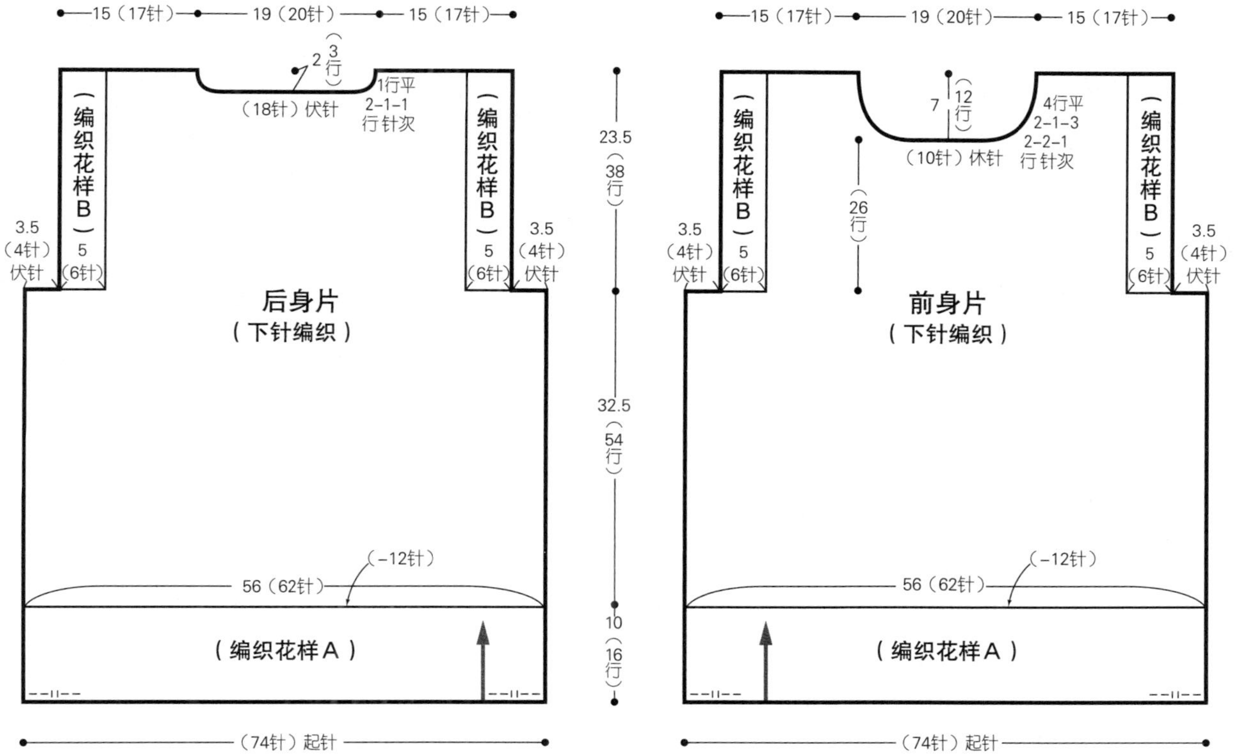

※除指定以外均用8mm针编织

E

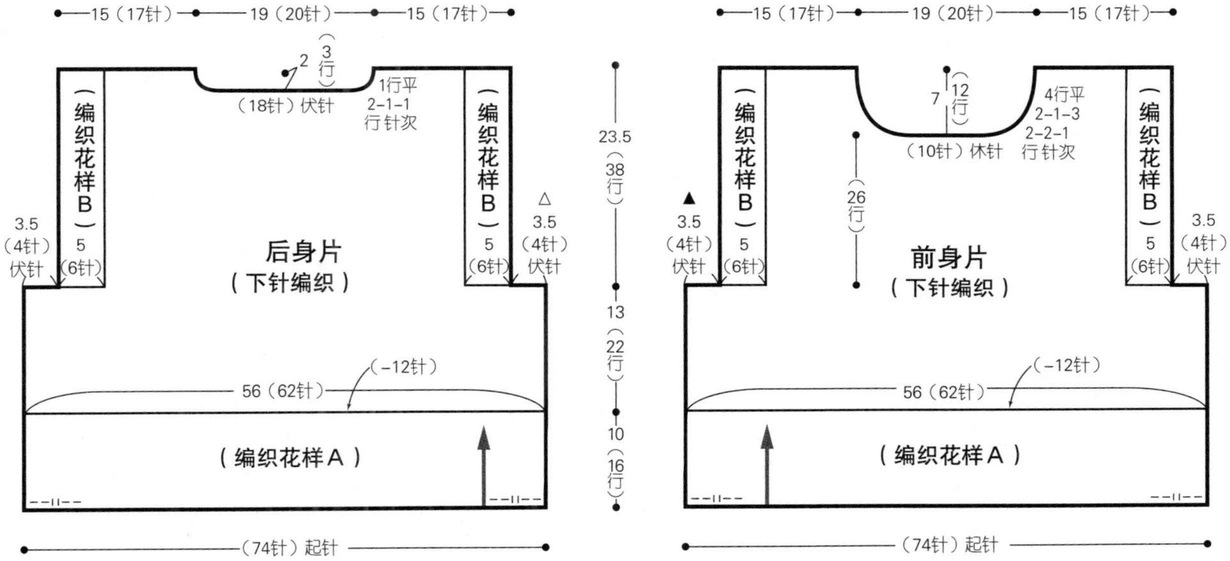

※除指定以外均用8mm针编织

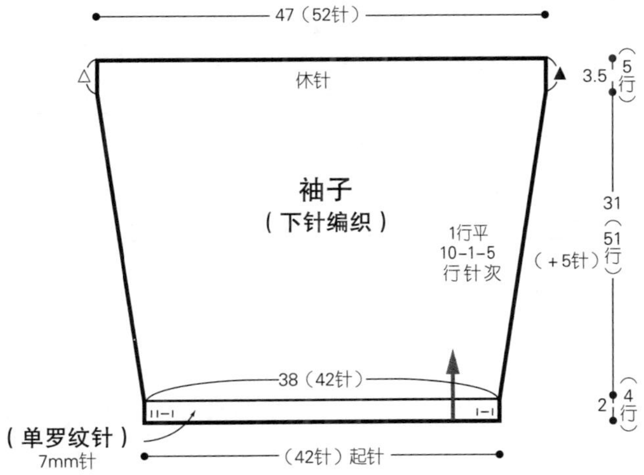

※对齐标记是右袖的

材料

[背心]芭贝　艾罗依卡(32)灰色(120) 260g/6团，深粉色(189)50g/1团，粉色(180)40g/1团，浅蓝色(207) 10g/1团，深黄色(203)少量/1团

[狗狗毛衫]芭贝　艾罗依卡(32)粉色(180) 210g/5团，黄绿色(202)、深黄色(203)各35g/各1团，浅蓝色(207) 5g/1团，深粉色(189)少量/1团

工具

棒针10号、12号、8号，钩针8/0号

成品尺寸

[背心]胸围98cm，衣长57cm，连肩袖长24.5cm

[狗狗毛衫]腰围81cm，衣长67.5cm

编织密度

10cm×10cm面积内：配色花样17针，22行；编织花样17针，23行；单罗纹针条纹A、B'均为17针，24行；双罗纹针19针，26行

编织要点

●背心…手指起针，编织单罗纹针条纹A、配色花样、编织花样。袖口搭配单罗纹针编织。采用横向渡线的方法编织配色花样。接着编织单罗纹针条纹B。肩部休针，衣领开口做单罗纹针收针。肩部做盖针接合，胁部使用毛线缝针做挑针缝合。

●狗狗毛衫…另线锁针起针，背部做编织花样和配色花样，腹部编织双罗纹针。减针时，2针及以上时做伏针减针，1针时立起侧边1针减针。加针时，在1针内侧编织扭针加针。对齐▲、△标记做盖针接合，对齐●、○标记使用毛线缝针做挑针缝合。下摆、衣领挑取指定数量的针目，环形编织双罗纹针配色花样。编织终点做下针织下针、上针织上针的伏针收针。编织细绳，缝上指定位置，完成。

背心

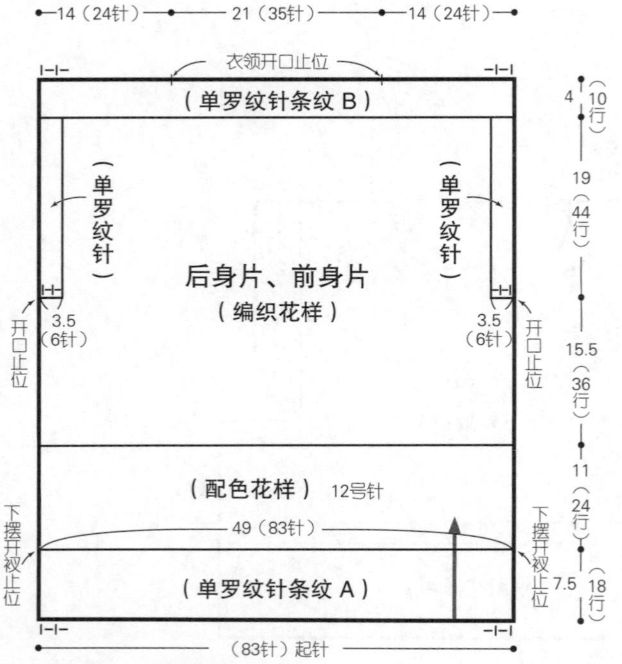

※ 除指定以外均用10号针编织
※ 除指定以外均用灰色线编织
※ 横向渡线编织配色花样的方法请参照第102页

编织花样

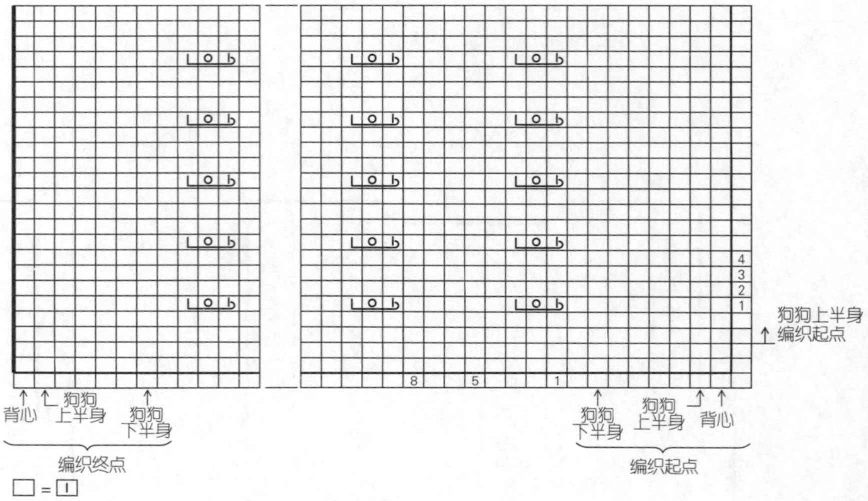

□ = Ⅰ

= 穿过左针的盖针（铜钱花）（3针的情况）
※ 编织方法请参照第150页

配色花样

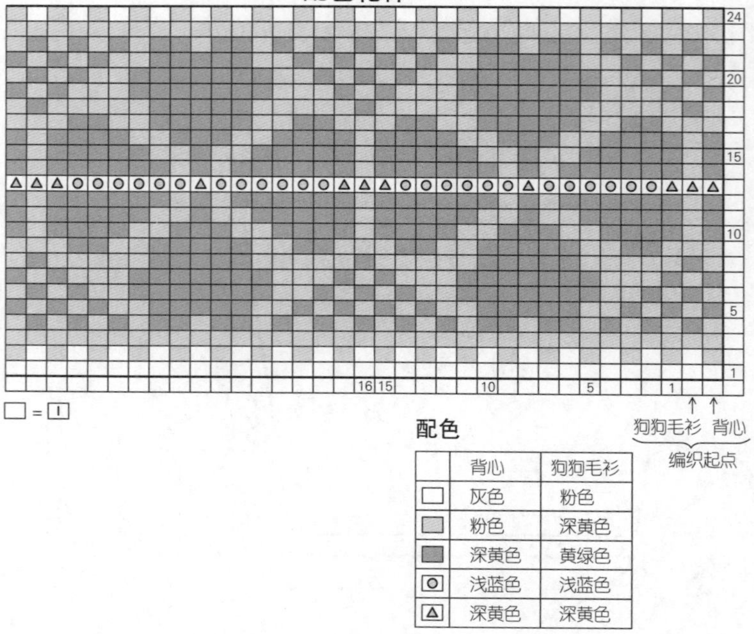

□ = Ⅰ

配色

	背心	狗狗毛衫
□	灰色	粉色
▨	粉色	深黄色
■	深黄色	黄绿色
⊙	浅蓝色	浅蓝色
△	深黄色	深黄色

单罗纹针条纹 A

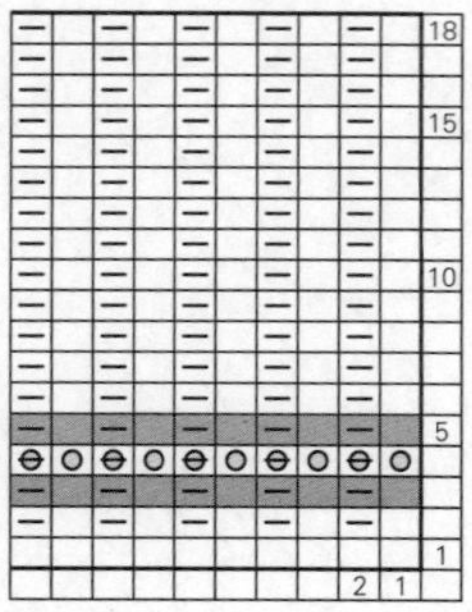

□ = Ⅰ

单罗纹针条纹 B

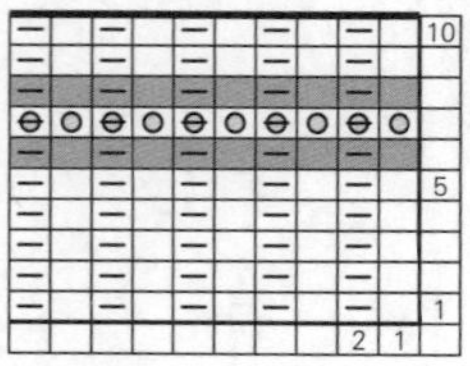

□ = Ⅰ

配色：□ = 灰色；■ = 深黄色；⊙ = 浅蓝色

狗狗毛衫

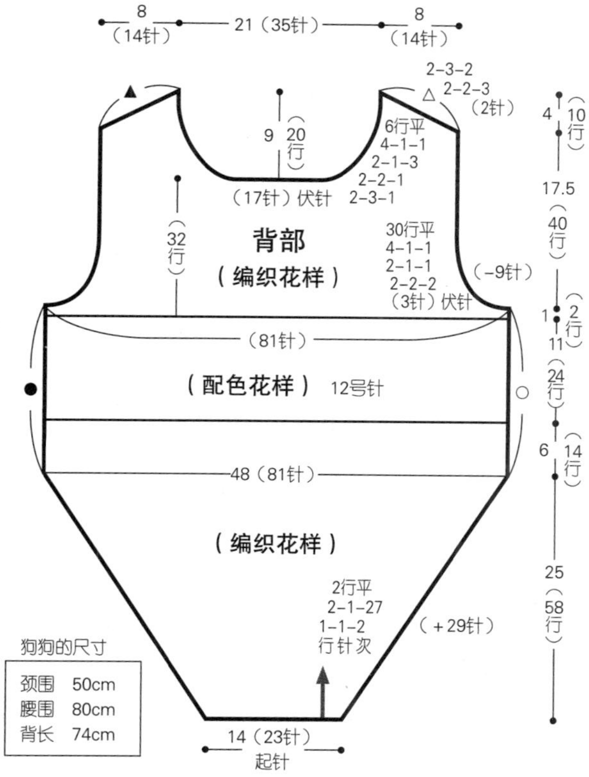

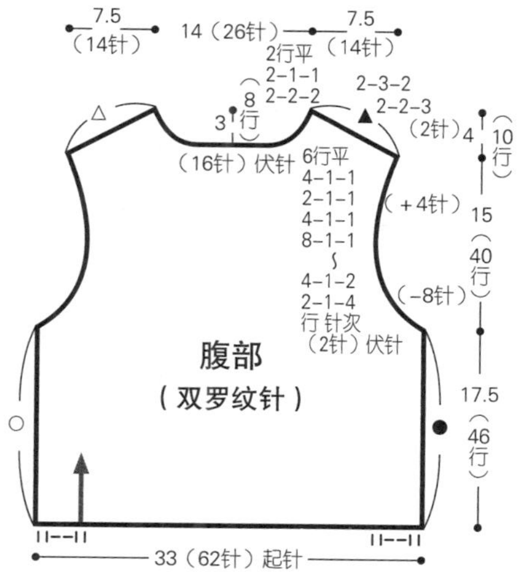

双罗纹针配色花样

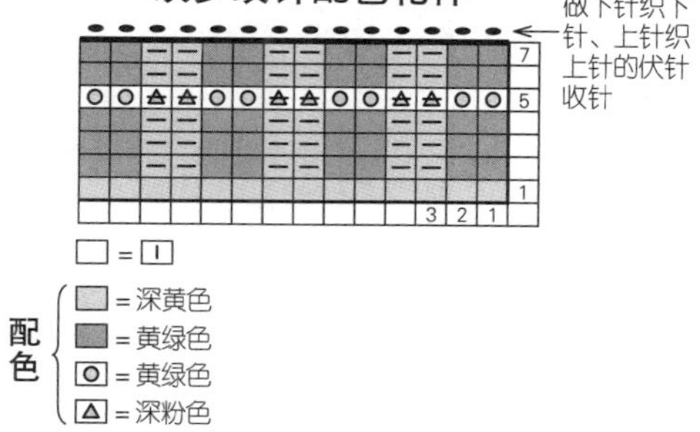

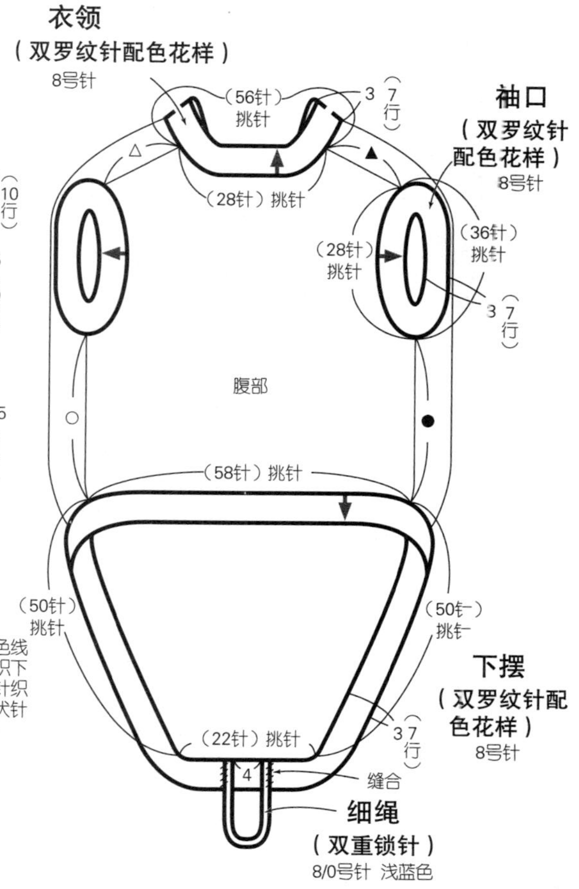

双重锁针

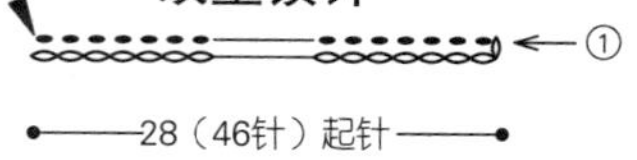

※ 除指定以外均用10号针和粉色线编织

※ 横向渡线编织配色花样的方法请参照第102页

右上滑针1针交叉

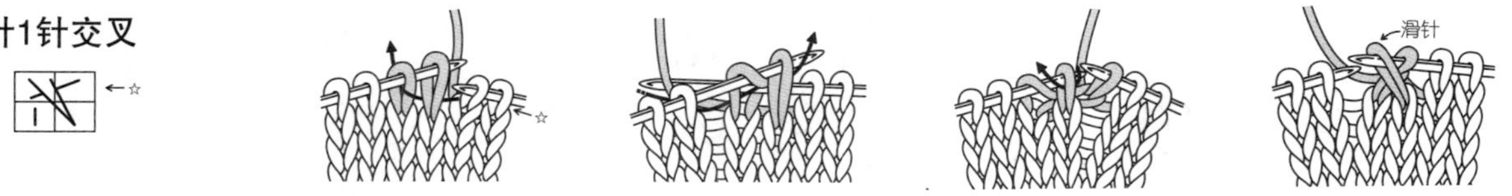

1 如箭头所示，经过右边1针的后侧将右棒针插入左边1针。

2 编织下针。

3 编织好的针目保持不动，如箭头所示将右棒针插入右边的针目。

4 右上滑针1针交叉完成。

左上滑针1针交叉

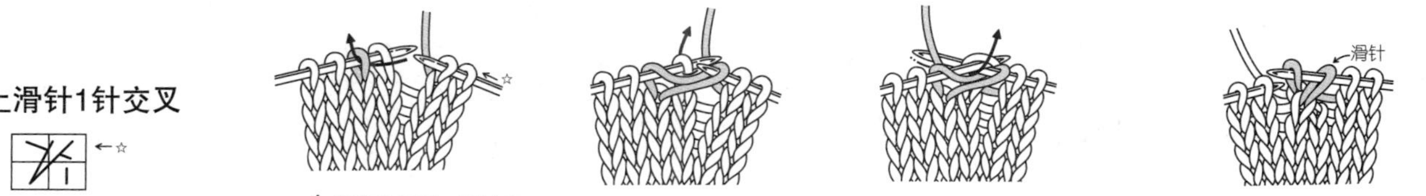

1 如箭头所示，经过右边1针的前侧将右棒针插入左边1针。

2 不编织并将针目向右拉长，然后将右棒针插入右边的针目。

3 编织下针。

4 将左边1针从左棒针上取下，左上滑针1针交叉完成。

材料
达摩手编线 饱含空气的Wool Alpaca 棕色(3)
[S号] 180g/6团
[M号] 195g/7团
[L号] 220g/8团
[XL号] 250g/9团

工具
棒针7号、5号，钩针5/0号

成品尺寸
[S号] 胸围94cm
[M号] 胸围100cm
[L号] 胸围106cm
[XL号] 胸围116cm

编织密度
10cm×10cm面积内：下针编织19针，26行，编织花样1个花样24针8cm，26行10cm

编织要点
●身片…依次编织左后身片、右后身片。手指起针，编织双罗纹针、下针编织。参照图示编织加针和往返编织。编织指定的行数后，从左右后身片挑针，前身片做下针编织和编织花样。前领窝减2针及以上时做伏针减针，减1针时立起侧边1针减针，其余针目休针。
●组合…参照组合方法，肩部做引拔接合，胁部使用挑针缝合。衣领、袖口挑取指定数量的针目，编织单罗纹针。编织终点做单罗纹针收针。编织细绳，缝在指定位置。

S、M号

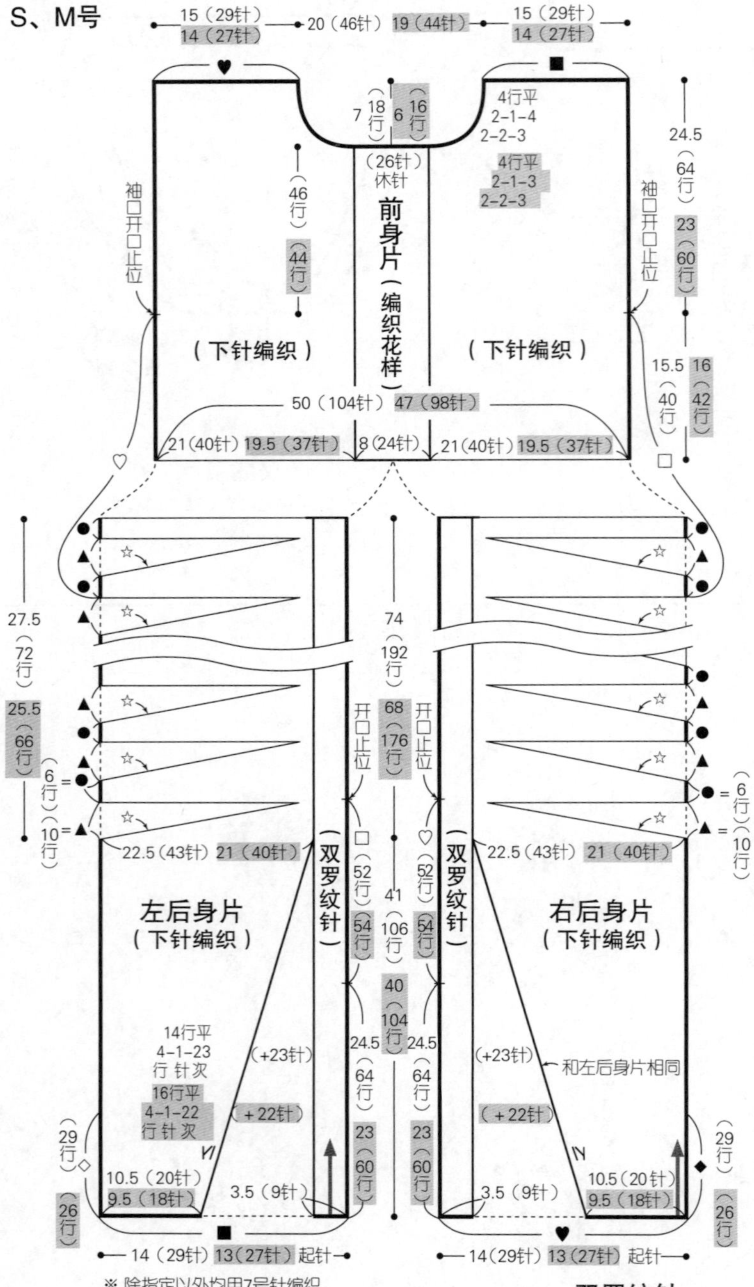

※ 除指定以外均用7号针编织

无阴影处＝M号、通用
▒ ＝S号

☆＝ 2-3-1 / 2-8-4 /（8针） ； 2-2-1 / 2-8-3 / 2-7-1 /（7针）

编织花样

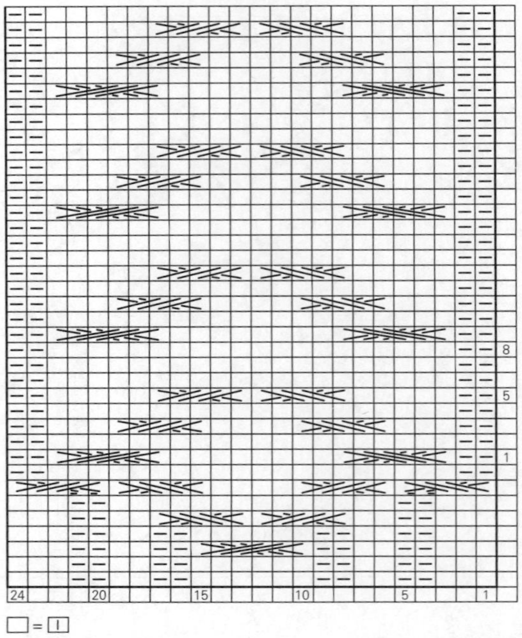

衣领（单罗纹针）
5号针

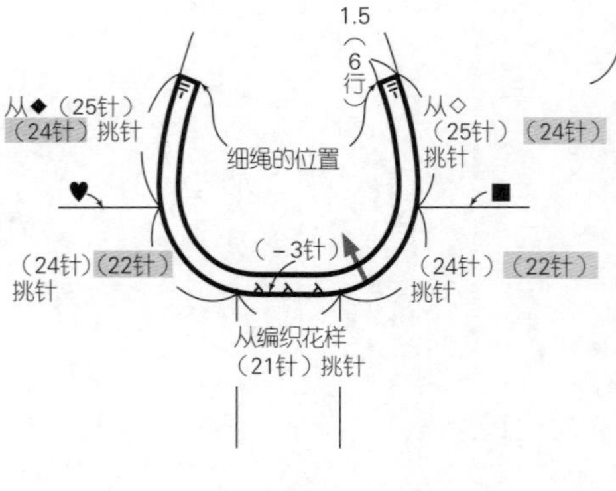

袖口（单罗纹针）
5号针

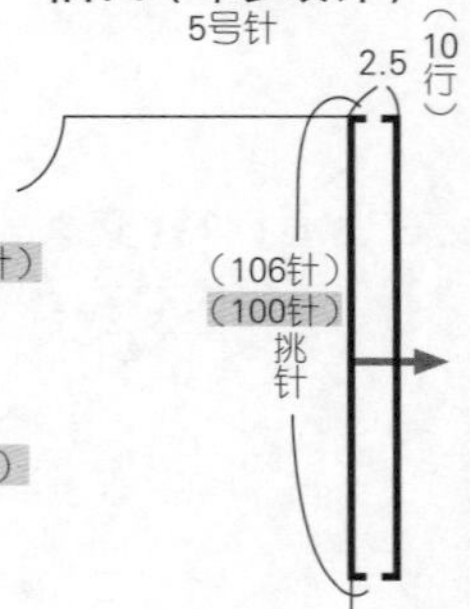

※单罗纹针收针的方法请参照第104页

单罗纹针

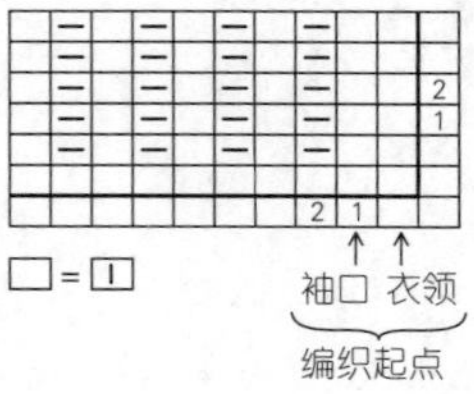

双罗纹针

细绳（双重锁针）2条
5/0号针

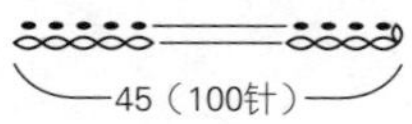

组合方法

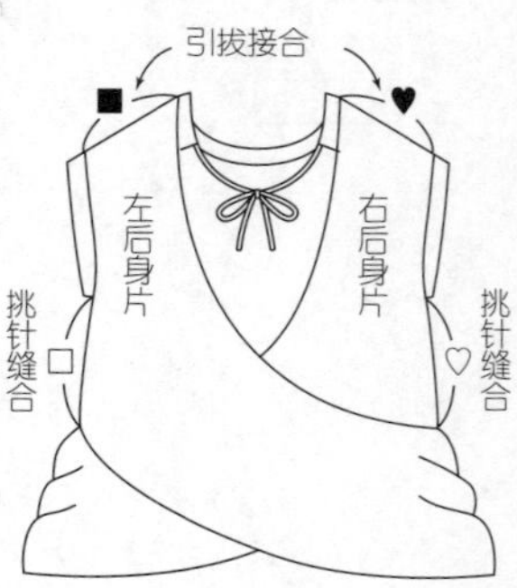

左后身片的往返编织（M号）

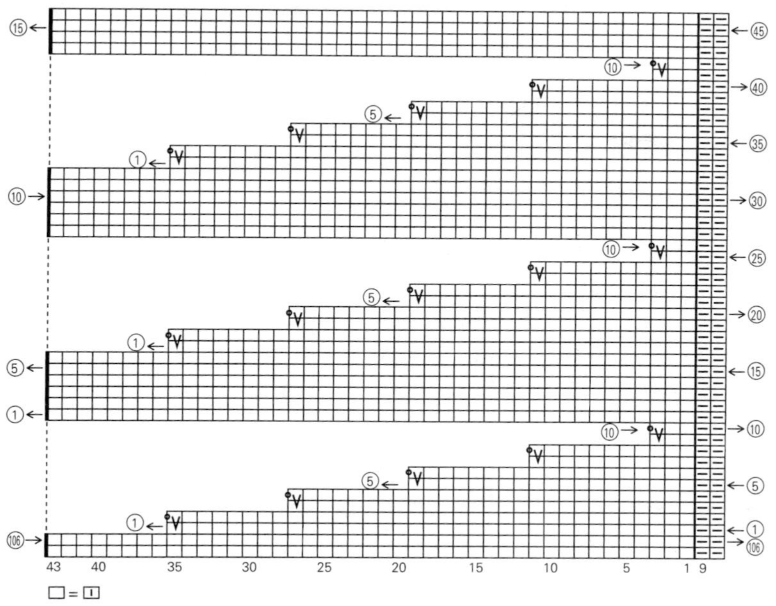

右后身片的往返编织（M号）

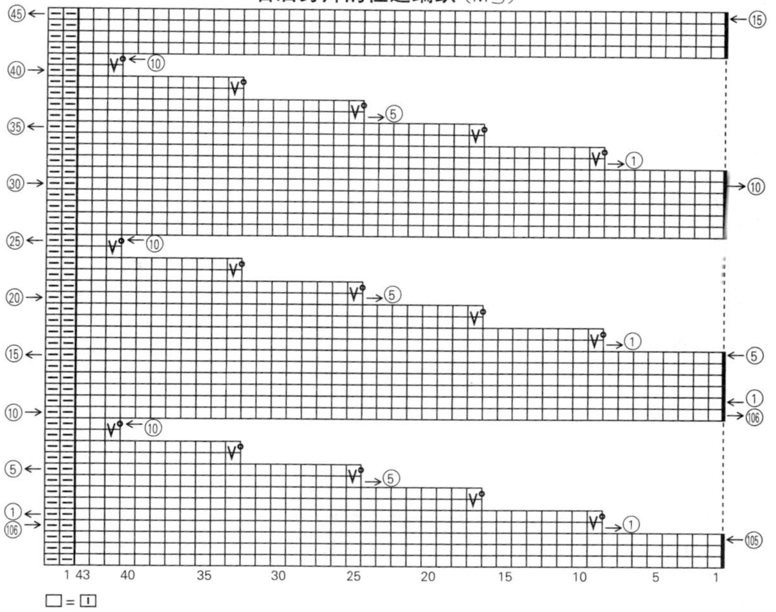

L、XL号

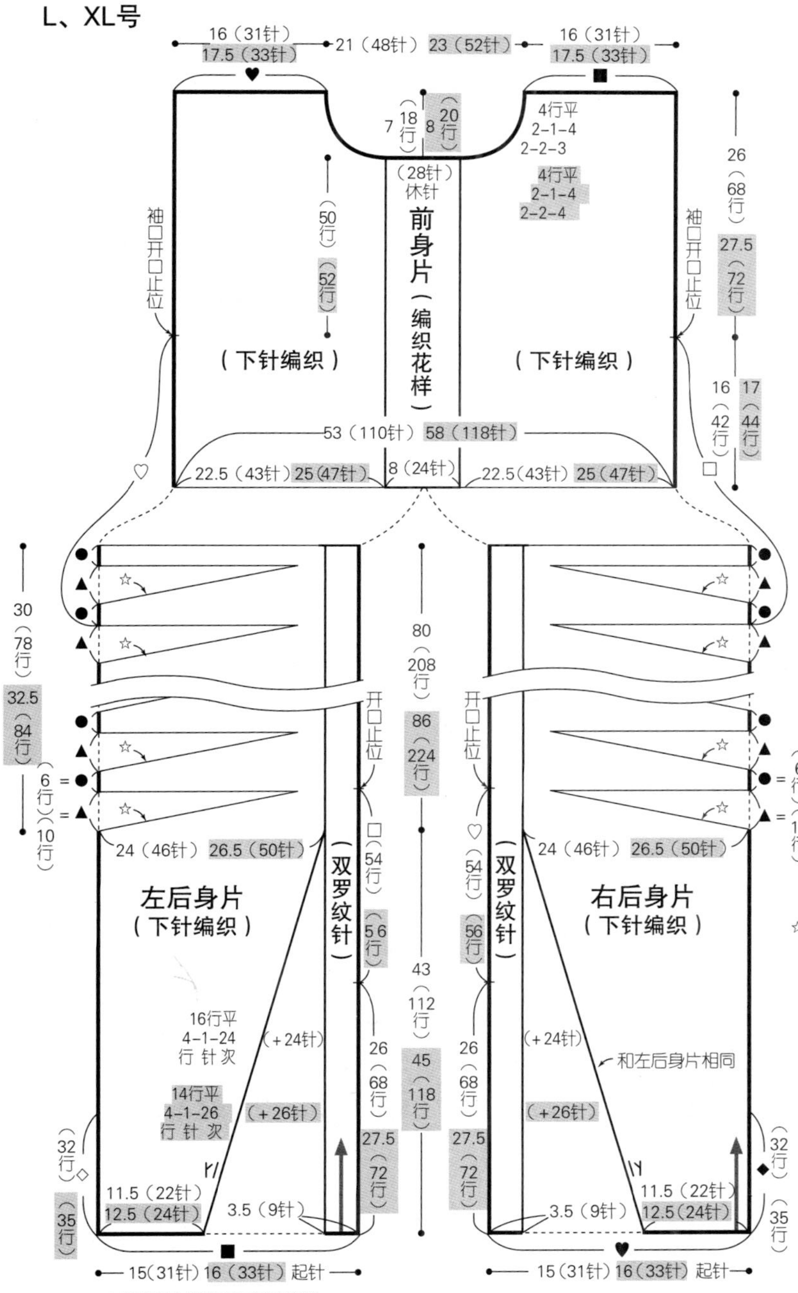

※ 除指定以外均用7号针编织

袖口（单罗纹针）

5号针

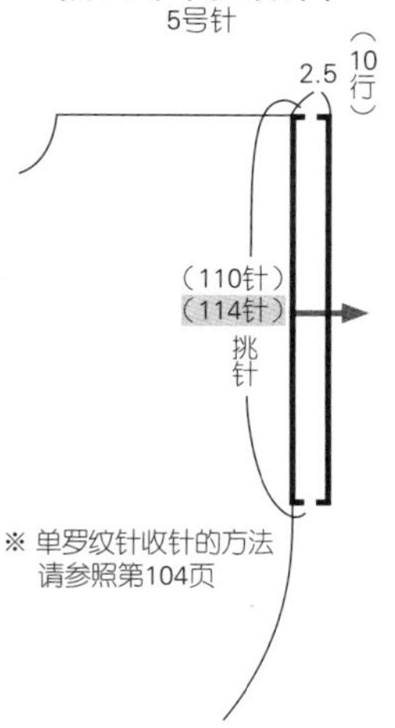

※ 单罗纹针收针的方法请参照第104页

衣领（单罗纹针）

5号针

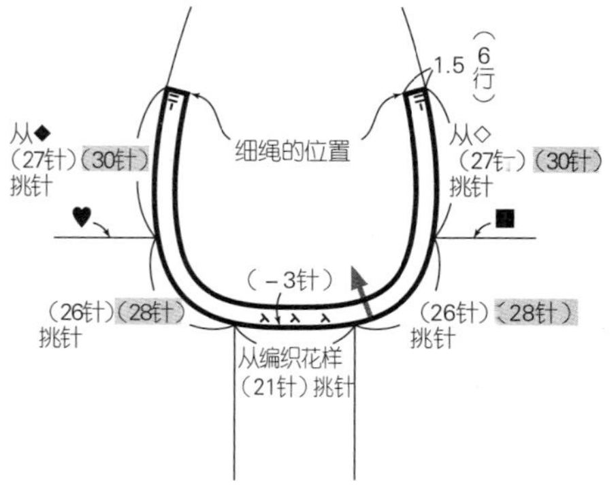

左后身片的加针

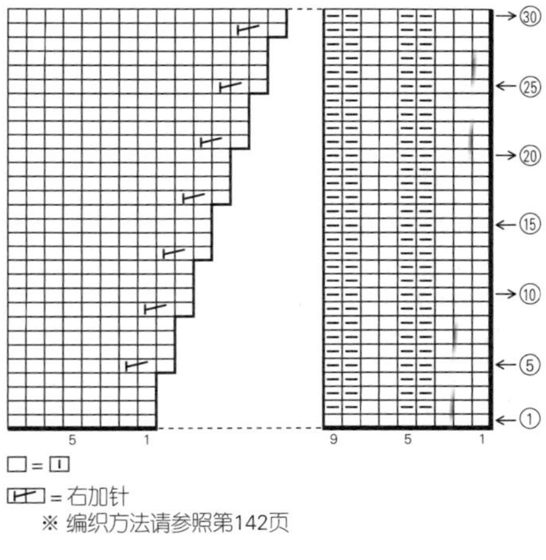

※ 编织方法请参照第142页

右后身片的加针

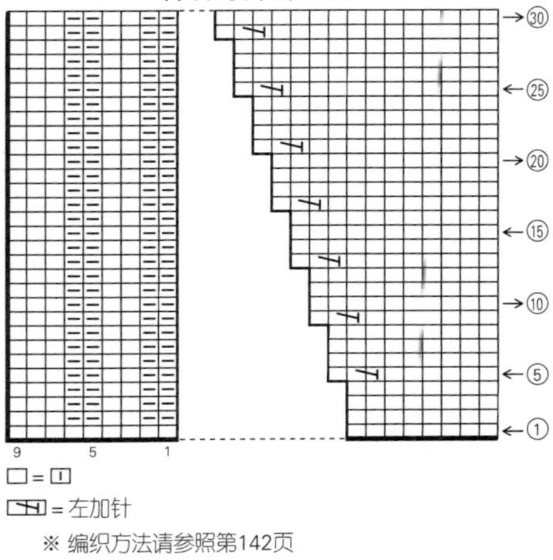

※ 编织方法请参照第142页

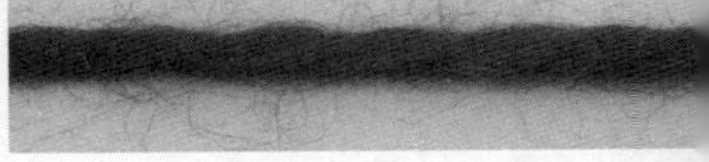

材料

芭贝 Monarca 藏青色(906) 450g/9团，白色(901) 60g/2团；直径20mm的纽扣4颗

工具

棒针9号、8号

成品尺寸

胸围122.5cm，衣长56cm，连肩袖长75.5cm

编织密度

10cm×10cm面积内：下针编织、下针条纹均为18.5针，24行

编织要点

●身片、袖子…手指起针，身片编织单罗纹针和下针编织，袖子编织下针条纹。减针时，立起侧边1针减针。加针时，在1针内侧编织扭针加针。

●组合…肩部做盖针接合，胁部、袖下使用毛线缝针做挑针缝合。前门襟、衣领挑取指定数量的针目，编织单罗纹针。右前门襟开扣眼。编织终点做下针织下针、上针织上针的伏针收针。衣袖和身片做引拔接合。缝上纽扣。

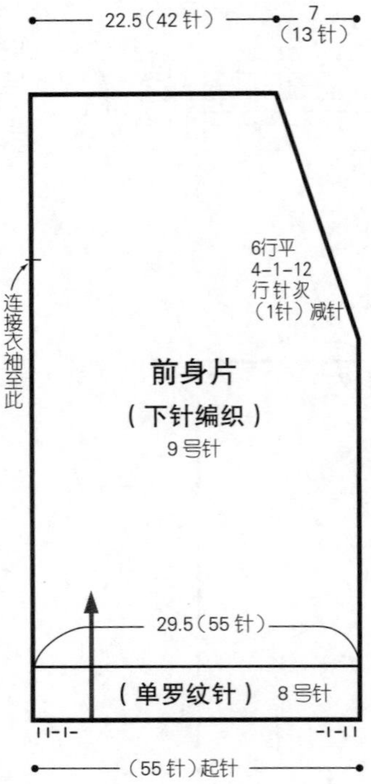

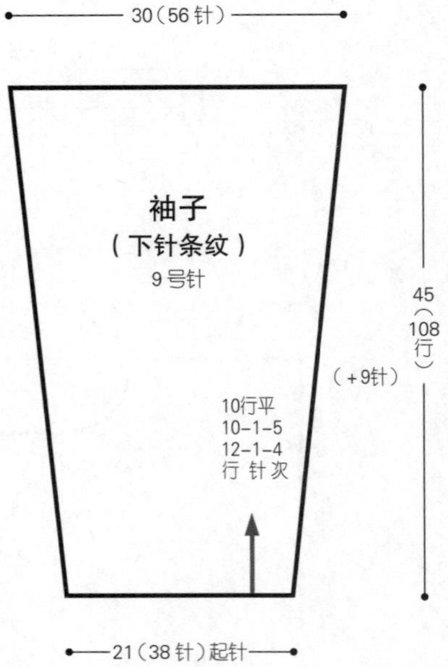

※除指定以外均用藏青色线编织

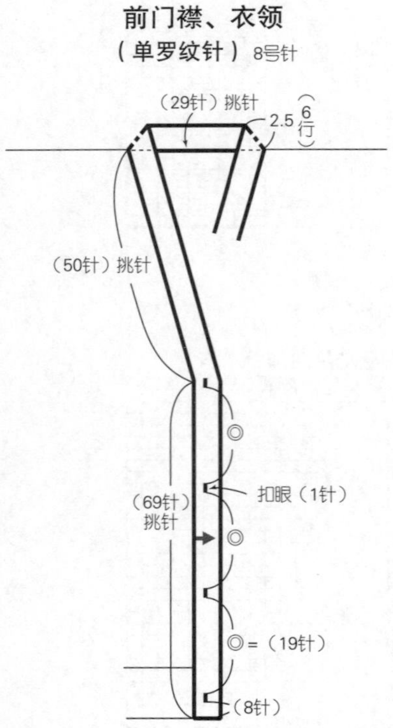

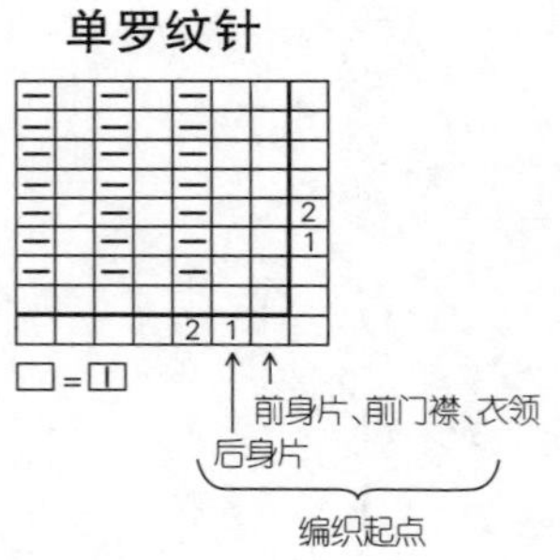

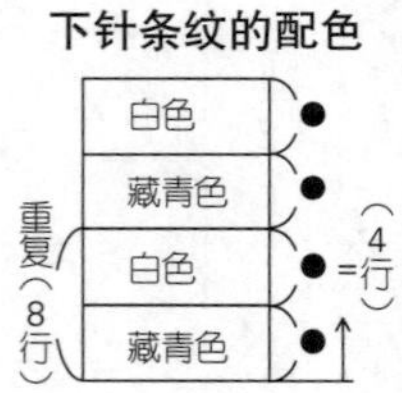

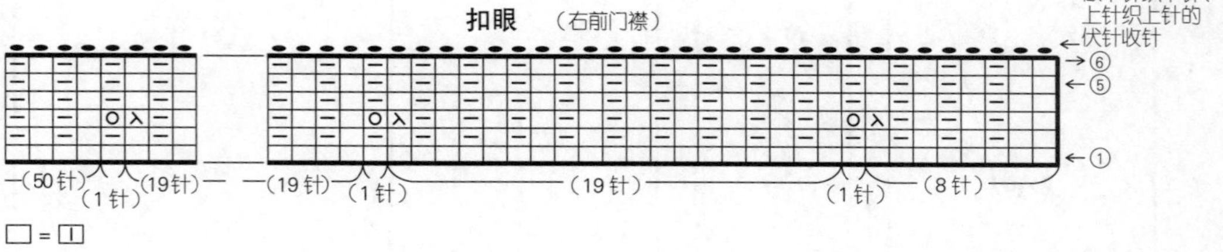

材料

芭贝 Monarca 白色（901）475g/10团，藏青色（906）、浅蓝色（907）各30g/各1团，红色（904）15g/1团

工具

棒针9号、7号

成品尺寸

胸围130cm，衣长50.5cm，连肩袖长69cm

编织密度

10cm×10cm面积内：下针编织、配色花样均为20针，23行

编织要点

●身片…手指起针，编织下针编织、配色花样。组合使用纵向渡线和横向渡线的方法编织配色花样。参照图示编织加减针，编织终点做伏针收针。

●组合…胁部使用毛线缝针做挑针缝合。下摆从前后身片上一起挑针，环形编织单罗纹针。编织终点做单罗纹针收针。袖挑取指定数量的针目，环形编织下针编织。参照图示编织减针。接着编织单罗纹针，编织终点和下摆的相同。衣领挑取指定数量的针目，编织单罗纹针。编织终点休针，折向内侧并按照下针无缝缝合的要领缝合成双层。

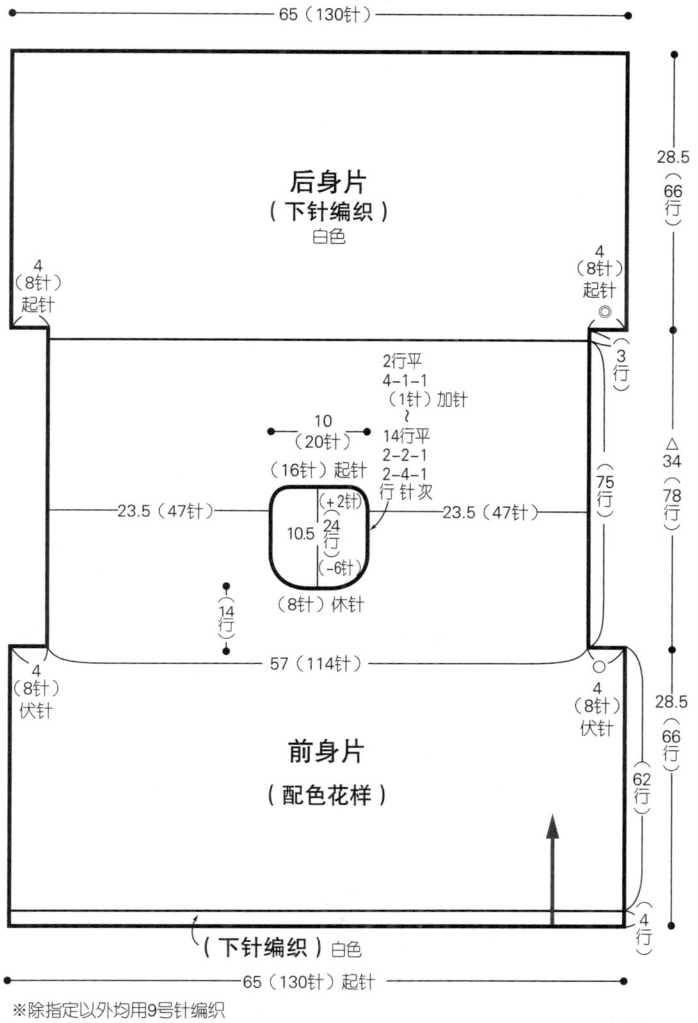

※除指定以外均用9号针编织

※纵向渡线编织配色花样的方法和横向渡线编织配色花样的方法请参照第102页

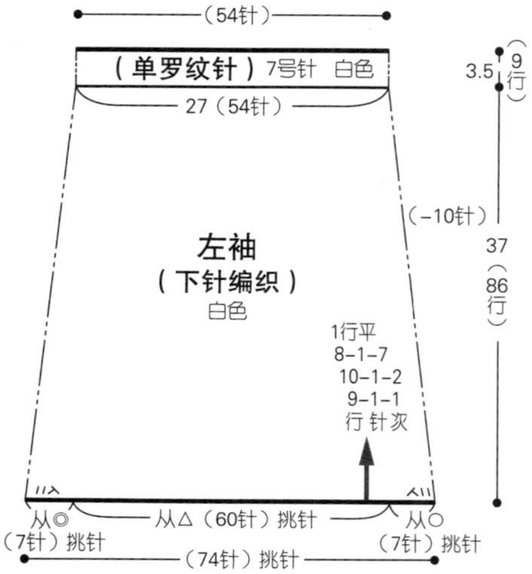

※右袖对称挑针

※单罗纹针收针的方法请参照第104页

袖下的减针

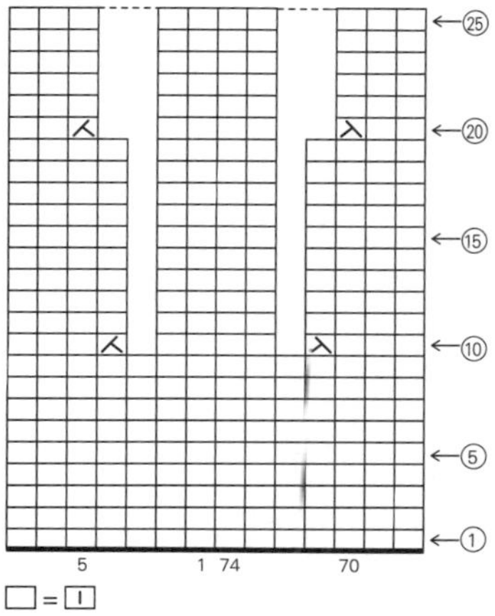

衣领

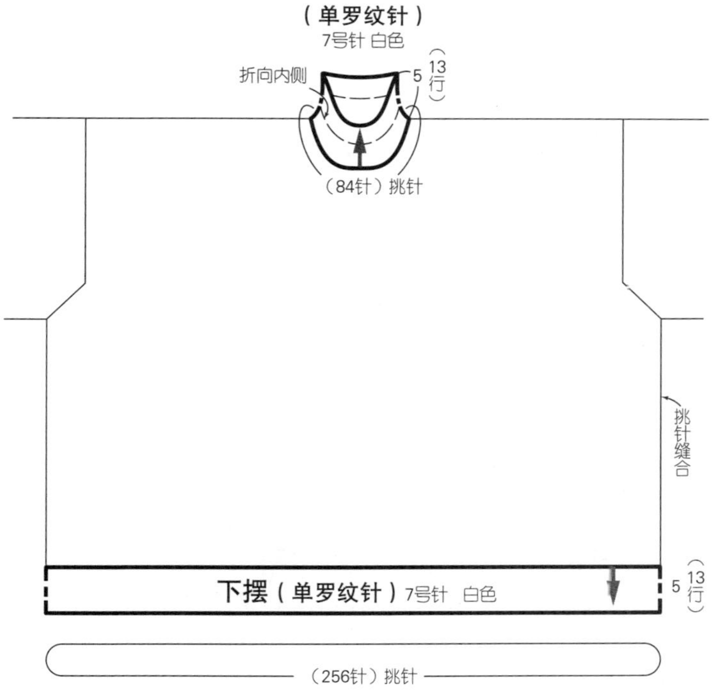

单罗纹针

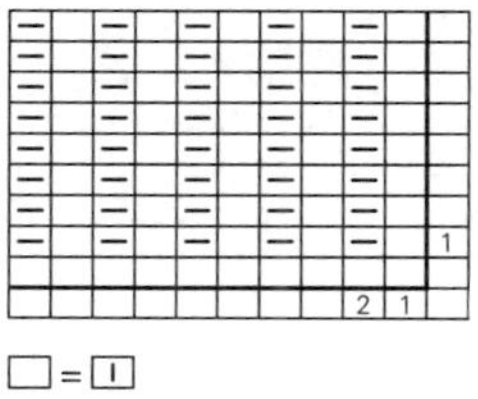

配色花样

※从中心对称编织

□=▯
= 右加针
= 左加针 ※编织方法请参照第142页
= 卷针加针 ※编织方法请参照第121页

配色
□ = 白色
■ = 藏青色
■ = 红色
⊡ = 浅蓝色

材料

芭贝 博博利(489) 灰米色(434) 435g/11团

工具

棒针5号、3号

成品尺寸

胸围103cm，衣长51cm，连肩袖长60cm

编织密度

10cm×10cm面积内：下针编织23针，30.5行；编织花样C 26针，33.5行

编织要点

●手指起针，右袖口编织双罗纹针。然后参照图示一边加针一边做下针编织、编织花样A和编织花样B编织右袖。前后身片分别从右袖挑针。前身片做编织花样B和编织花样C，后身片做编织花样B和下针编织。左袖从前后身片一起挑针，做下针编织、编织花样A和编织花样B。参照图示编织减针。左袖口编织双罗纹针。编织终点做下针织下针、上针织上针的伏针收针。袖口和袖下使用毛线缝针做挑针缝合。

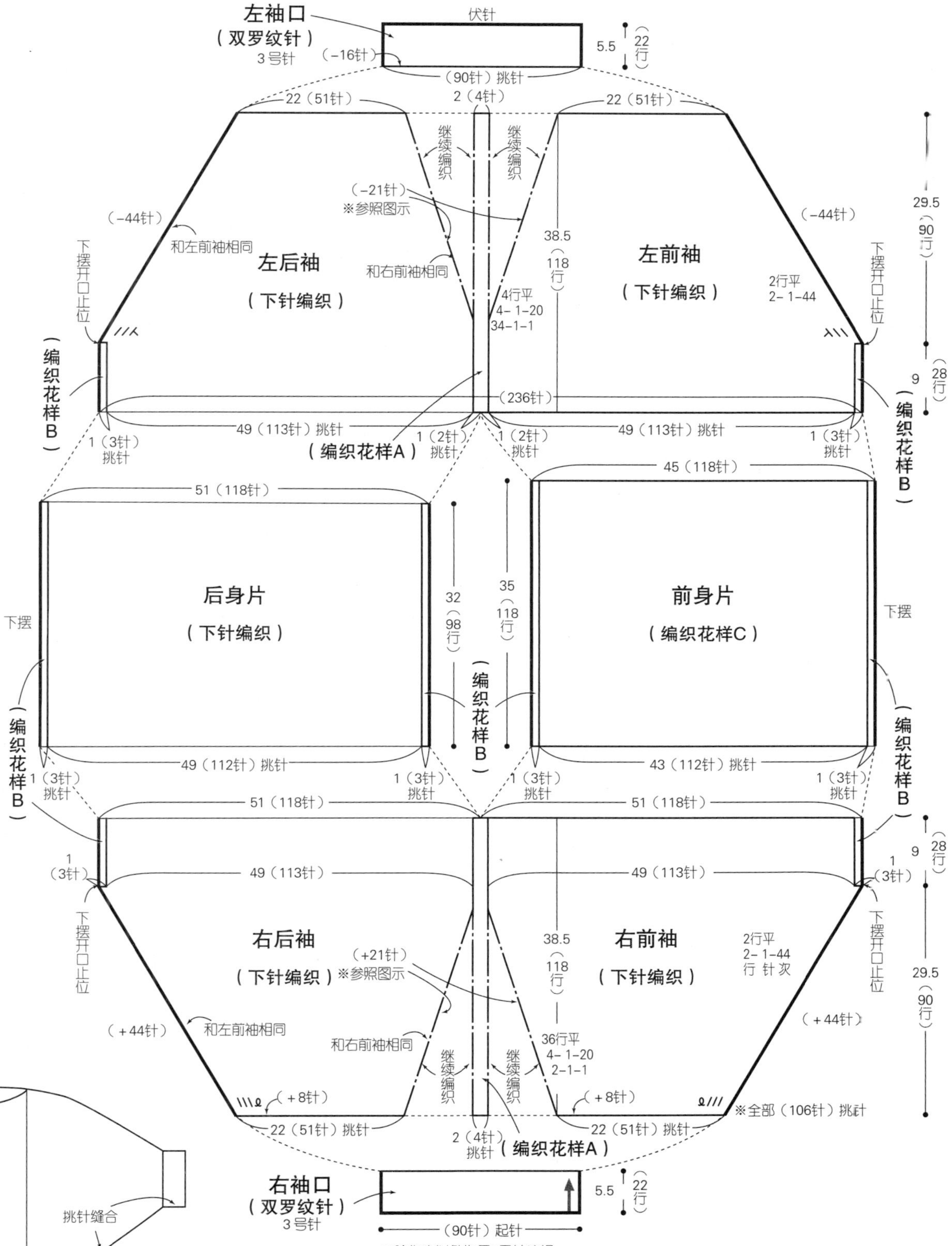

※除指定以外均用5号针编织

组合方法

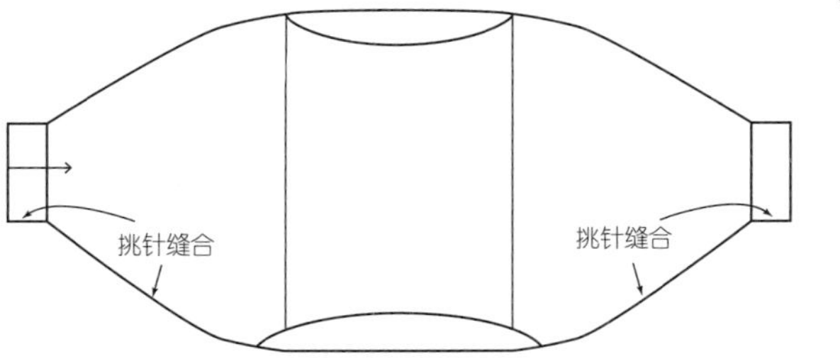

双罗纹针

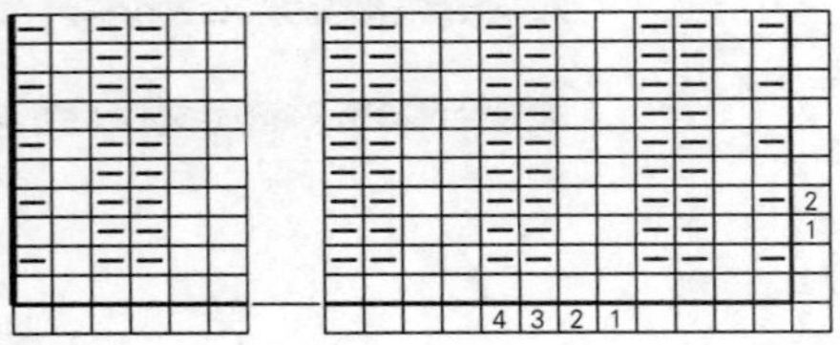

□ = 丨

编织花样A

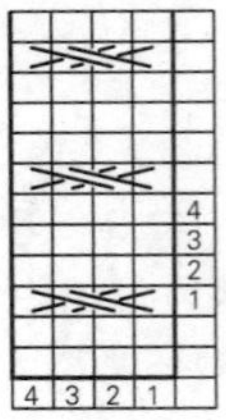

□ = 丨

编织花样B

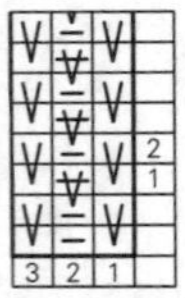

V = 滑针（1行的情况）

※编织方法请参照第105页

V̲ = 上针的浮针（1行的情况）

※编织方法请参照第100页

编织花样C

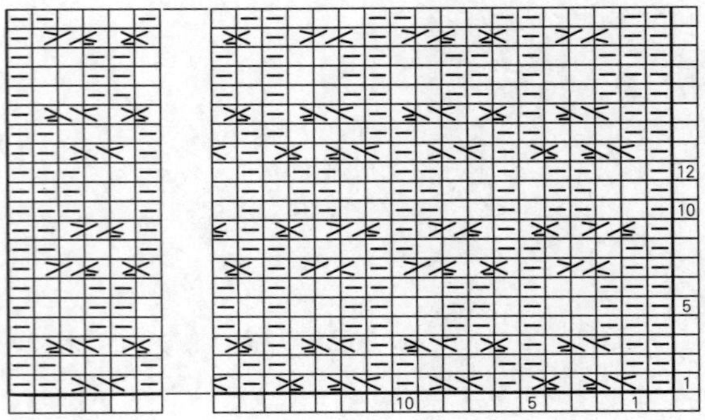

□ = 丨

右后袖、右前袖的编织方法

▲ = 左扭加针

△ = 右针加针

※编织方法请参照第127页

⊬ = 右加针

※编织方法请参照第142页

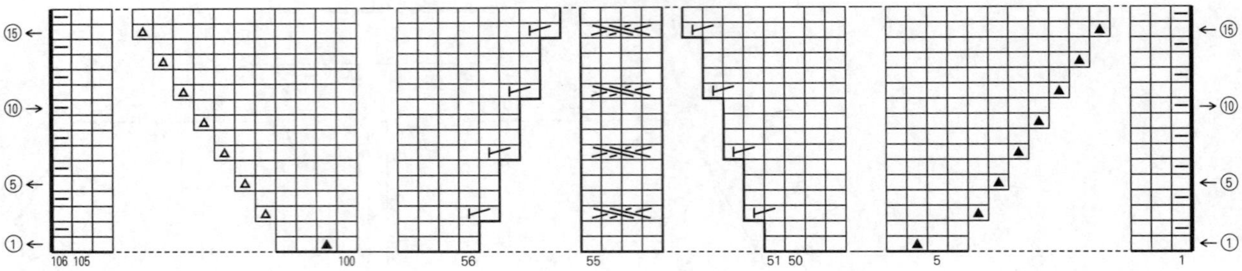

□ = 丨

左前袖、左后袖的编织方法

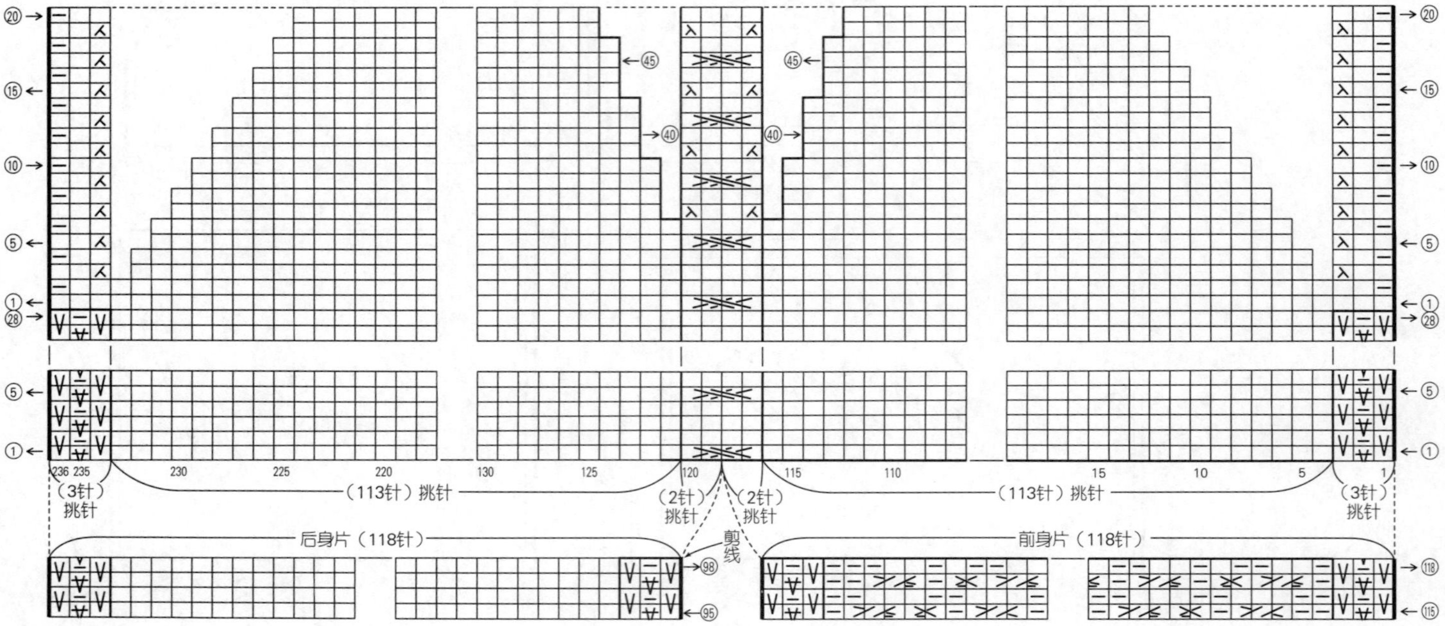

□ = 丨

右上扭针1针交叉（中间织入1针上针）

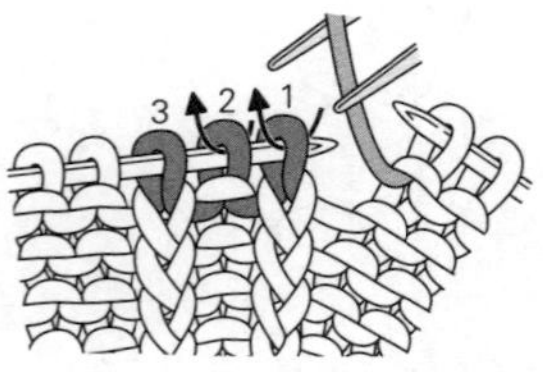

1 将针目1和2移至两个麻花针上。

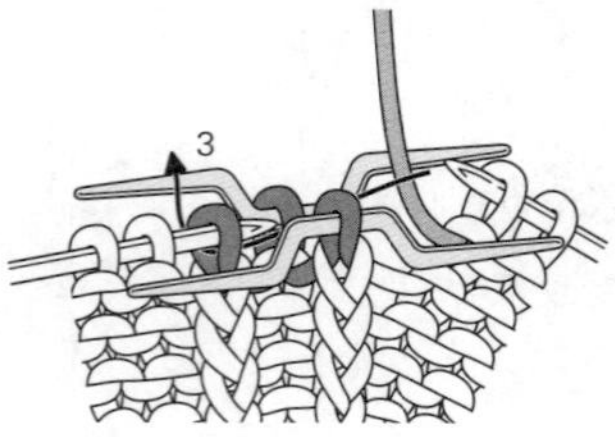

2 将针目1放在前面，针目2放在后面。将右棒针插入针目3中。

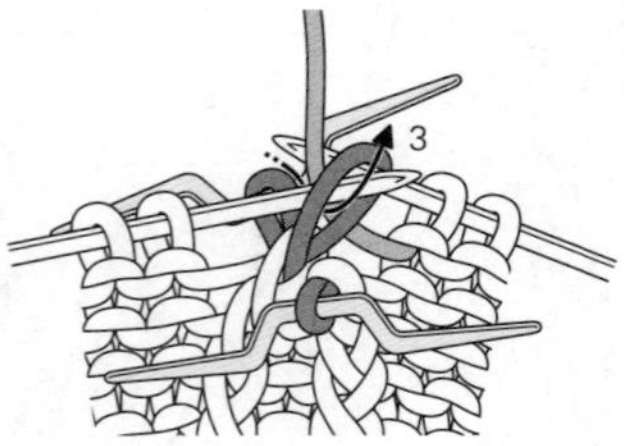

3 编织扭针。

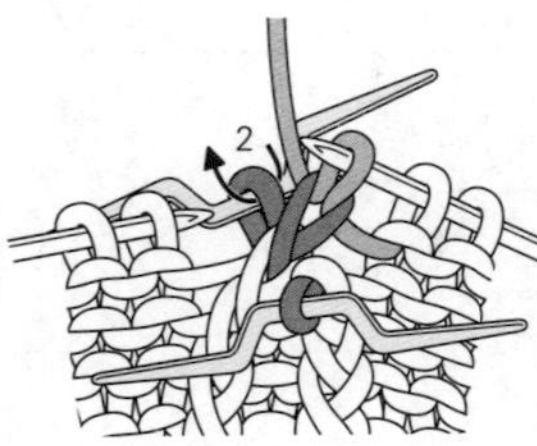

4 将右棒针从后侧插入针目2中。

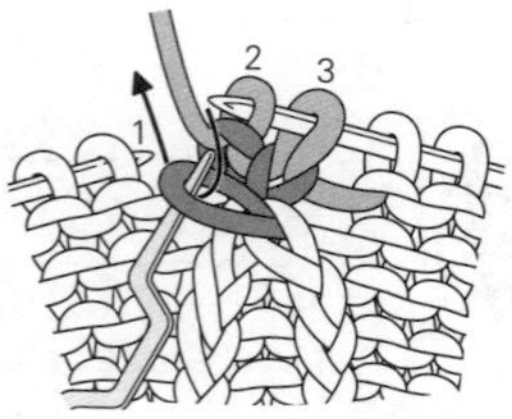

5 编织上针。将右棒针如箭头所示插入针目1中。

6 编织扭针。右上1针交叉（中间织入1针上针）完成。

材料

钻石线 Diamohairdeux <Alpaca> 米色(730) 245g/7团；直径15mm的纽扣3颗

工具

棒针6号、4号

成品尺寸

胸围98.5cm，肩宽36cm，衣长53.5cm，袖长54cm

编织密度

10cm×10cm面积内：编织花样25针，29行；上针编织23针，29行

编织要点

●身片、袖子…另线锁针起针，做上针编织和编织花样。加减针时以花样为优先，有些地方会适当调整，请参照图示编织。下摆、袖口解开起针时的锁针挑取针目后按边缘编织A编织，结束时做扭针的单罗纹针收针。

●组合…肩部做盖针接合，胁部、袖下做挑针缝合。衣领、前门襟挑取指定针数后做边缘编织B。在右前门襟留出扣眼，结束时按与下摆相同的要领收针。袖子与身片之间做引拔缝合。最后缝上纽扣。

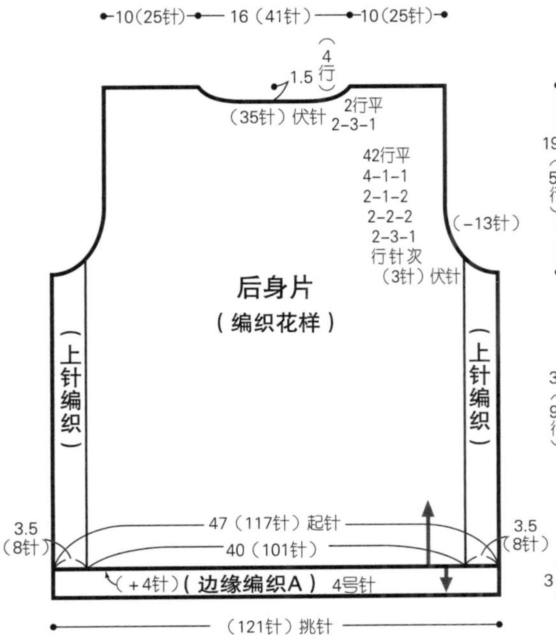

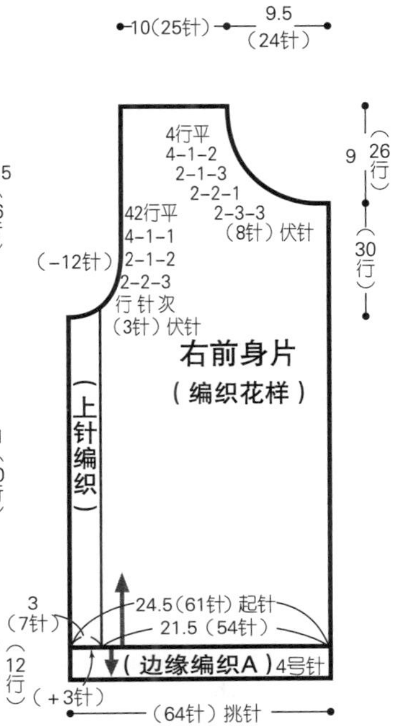

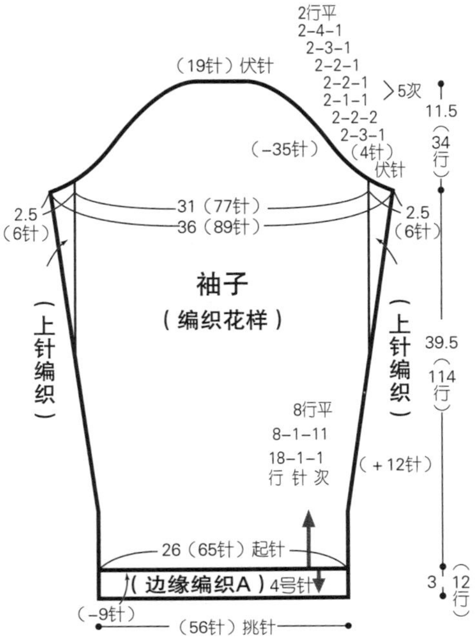

※ 除指定以外均用6号针编织
※ 扭针的单罗纹针收针方法请参照第146页
※ 对称编织左前身片

边缘编织A

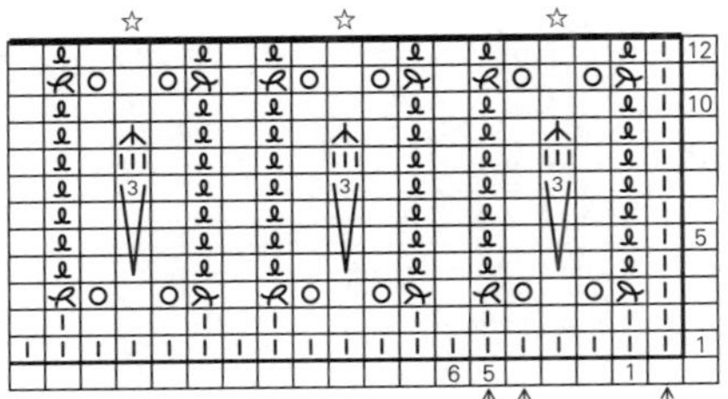

□=⊟
= 扭针的右上2针并1针
= 扭针的左上2针并1针
※编织方法请参照第179页
= 向下编织3行的泡泡针
※编织方法请参照第151页

左前身片　后身片、袖子　右前身片　编织起点

※ 将☆处的针目作为扭针做扭针的单罗纹针收针

边缘编织B

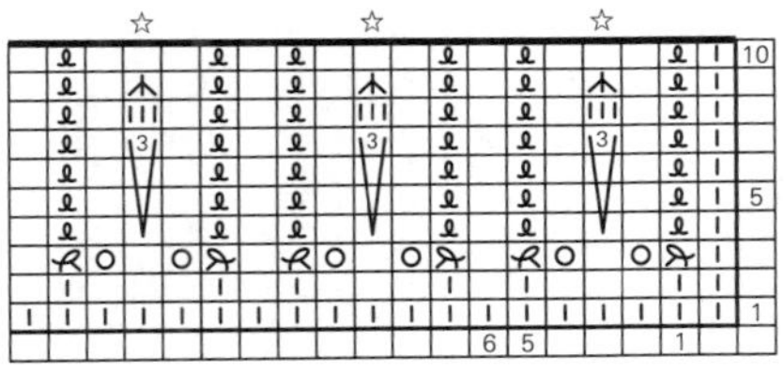

□=⊟

衣领、前门襟
(边缘编织B)
4号针

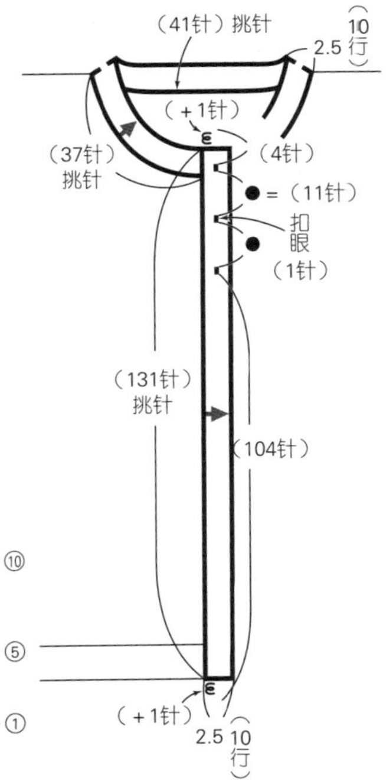

扣眼(右前门襟)

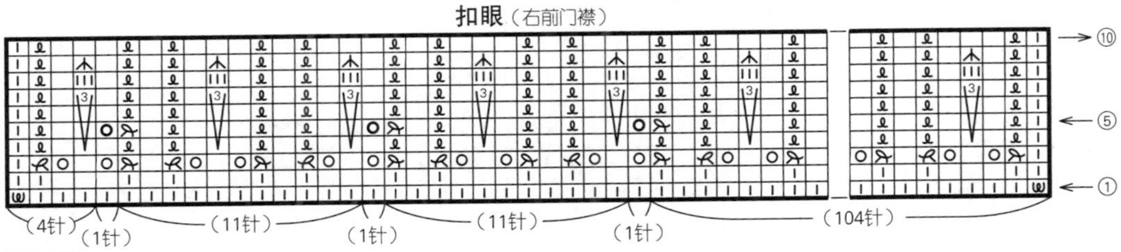

□=⊟
= 卷针

编织花样

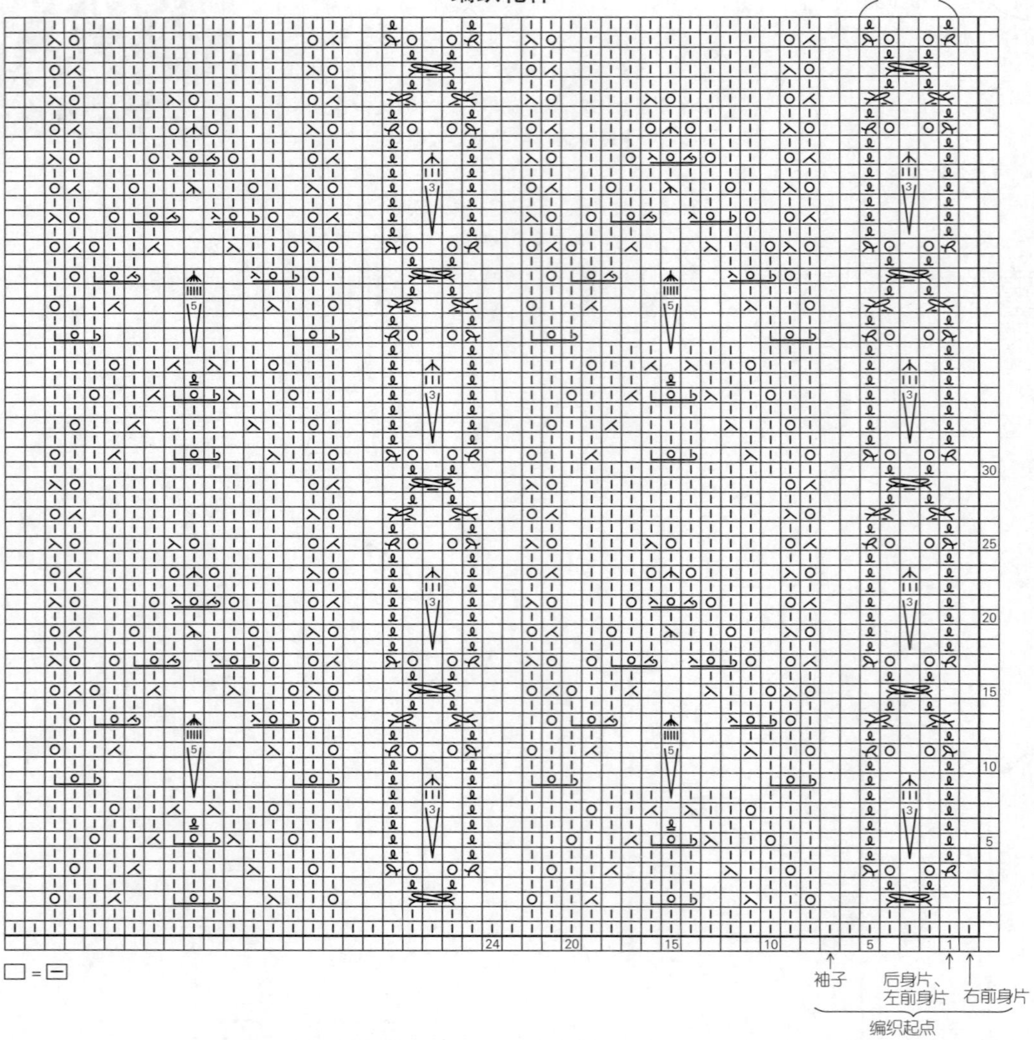

= 穿过左针的盖针（铜钱花）（3针的情况）
※ 编织方法请参照第150页

= 穿过左针的盖针和右上2针并1针

= 穿过左针的盖针和左上2针并1针
※ 编织方法请参照第136页

= 穿过左针的盖针和左上2针并1针、右上2针并1针

= 向下编织3行的泡泡针
※ 编织方法请参照第151页

= 右上扭针1针交叉（中间织入1针上针）
※ 编织方法请参照第168页

= 扭针的左上2针并1针
= 扭针的右上2针并1针
※ 编织方法请参照第179页

= 左上扭针1针交叉（下侧为上针）
= 右上扭针1针交叉（下侧为上针）
※ 编织方法请参照第111页

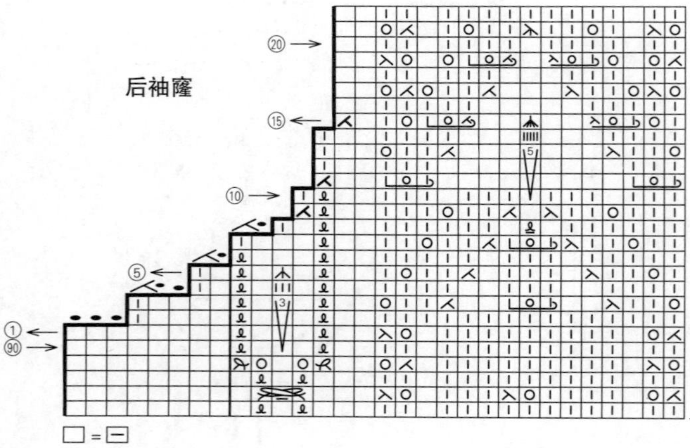

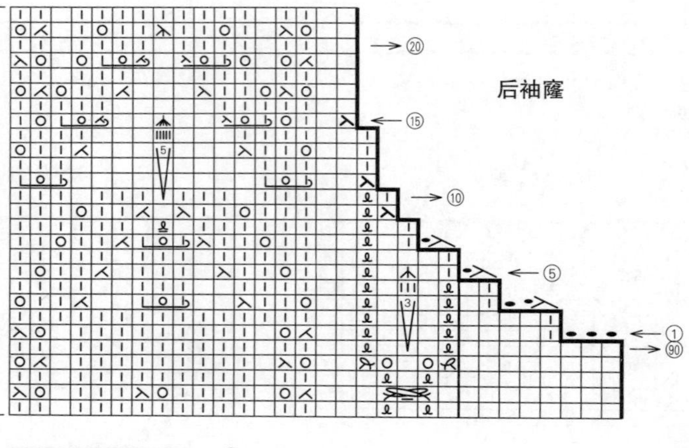

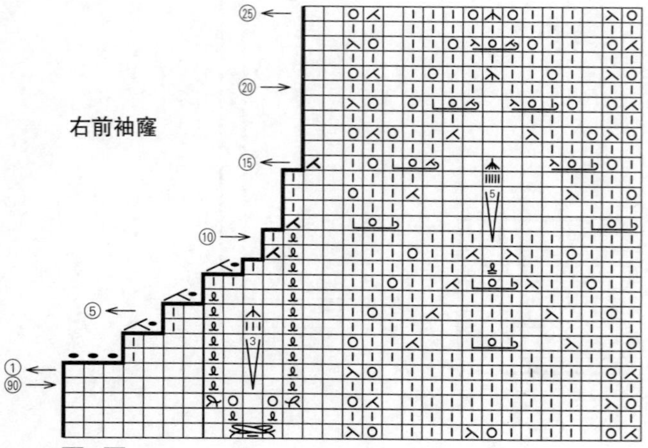

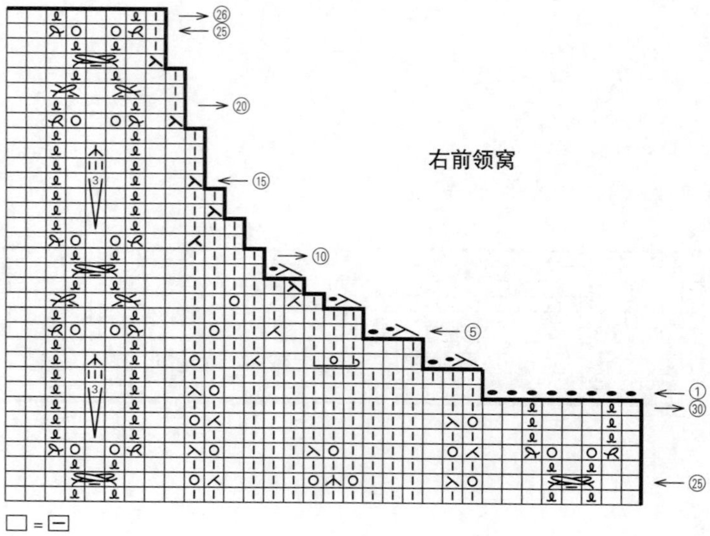

左前领窝

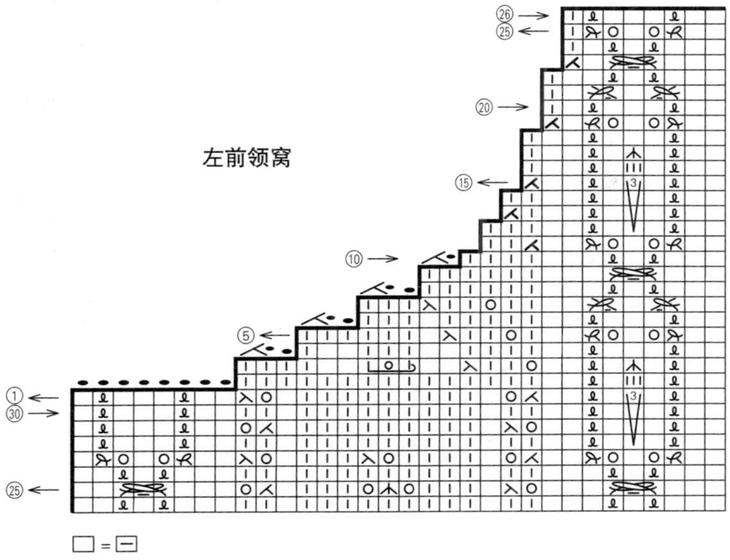

左前袖窿

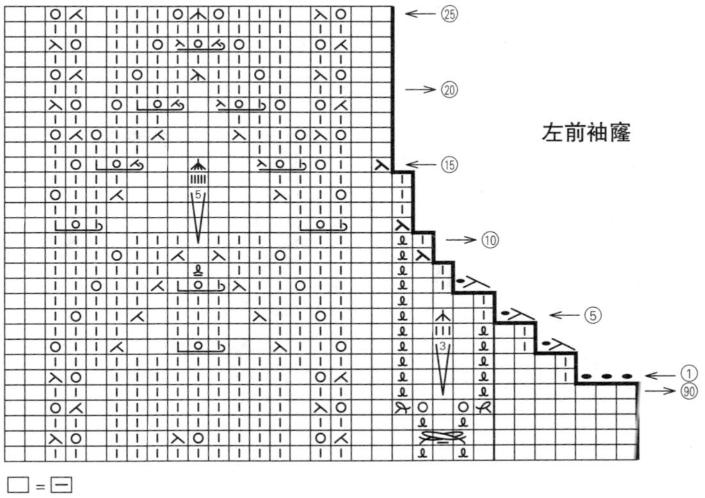

袖山

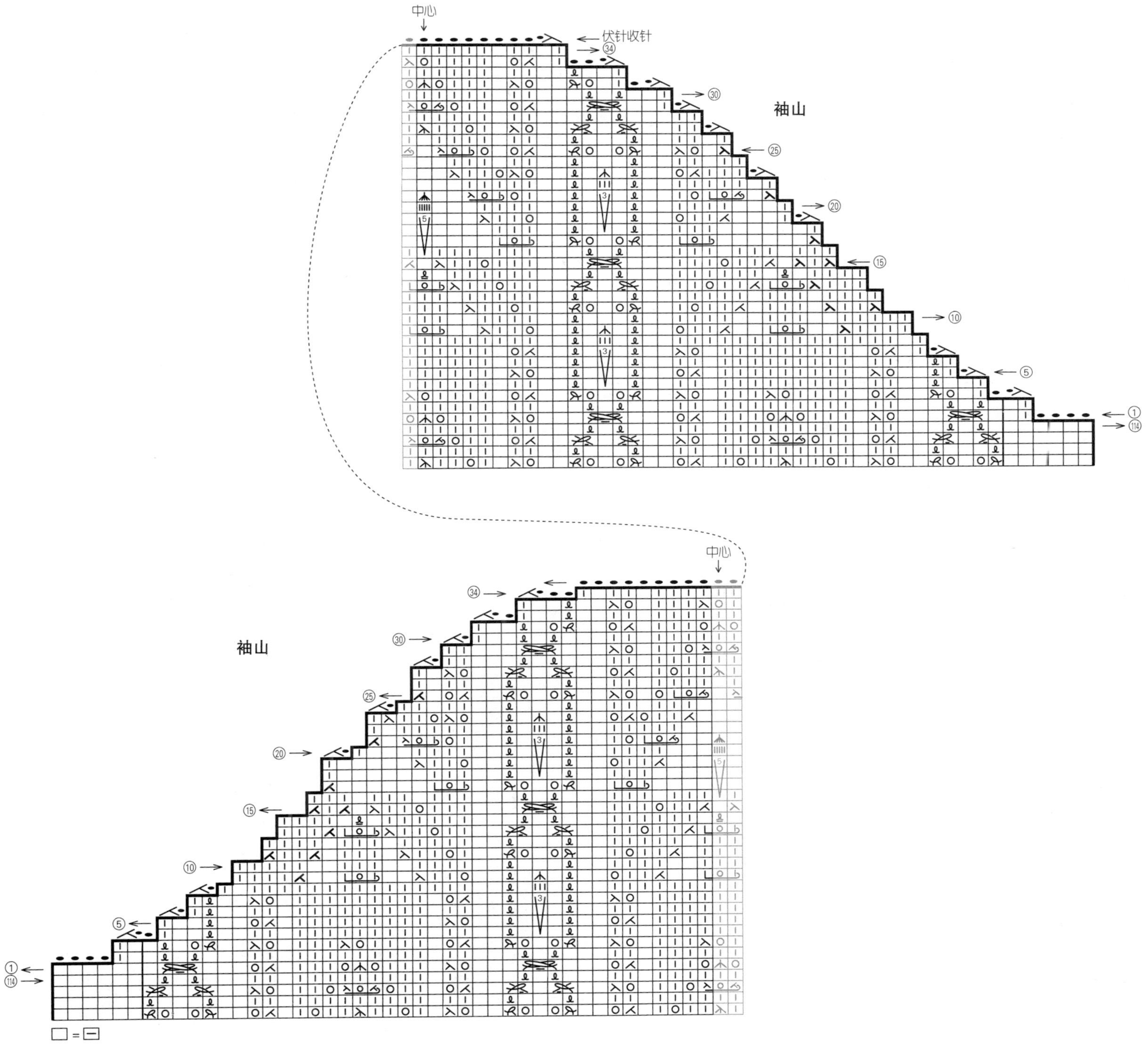

材料

野吕英作 Kureyon 黑色、灰色、蓝色、黄绿色系（428）515g/11团

工具

棒针8号、7号，钩针6/0号

成品尺寸

胸围103cm，肩宽37cm，衣长56cm，袖长55cm

编织密度

10cm×10cm面积内：下针编织17针，26行

编织要点

●身片、袖子…单罗纹针起针，编织单罗纹针、下针编织。肋部减针时，端头第2针和第3针编织2针并1针。前身片的口袋处编入1行另线。肋部、袖下加针时，在1针内侧编织右加针。袖窿、领窝、袖山减针时，2针及以上时做伏针减针，1针时立起侧边1针减针，前领窝的21针休针。从口袋位置挑针，袋口编织单罗纹针，编织终点做单罗纹针收针。口袋内层做下针编织，编织终点做伏针收针。

●组合…肩部做盖针接合，肋部、袖下使用毛线缝针做挑针缝合。衣领挑取指定数量的针目，编织单罗纹针。编织终点和袋口的处理方法相同。在指定位置编织纽襻。编织纽扣，固定在指定位置。衣袖和身片引拔接合。

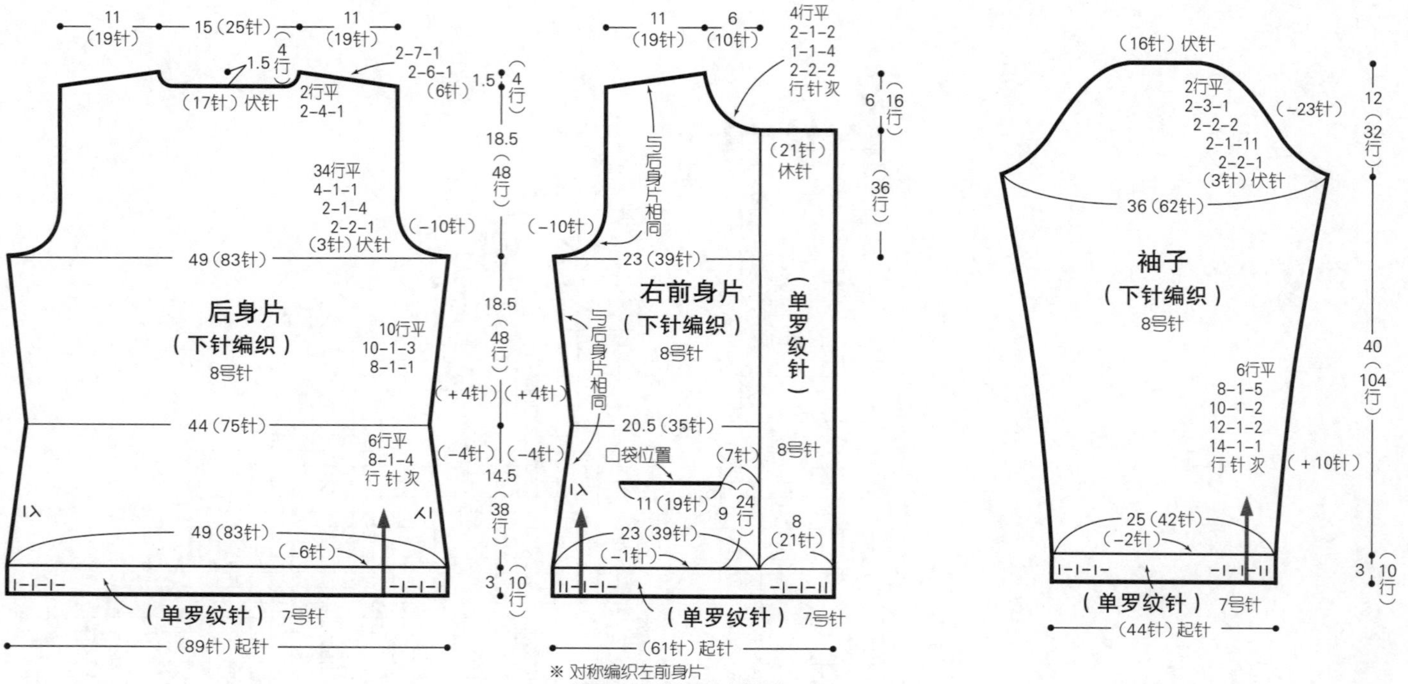

※ 对称编织左前身片

※ 单罗纹针起针的方法请参照第182页

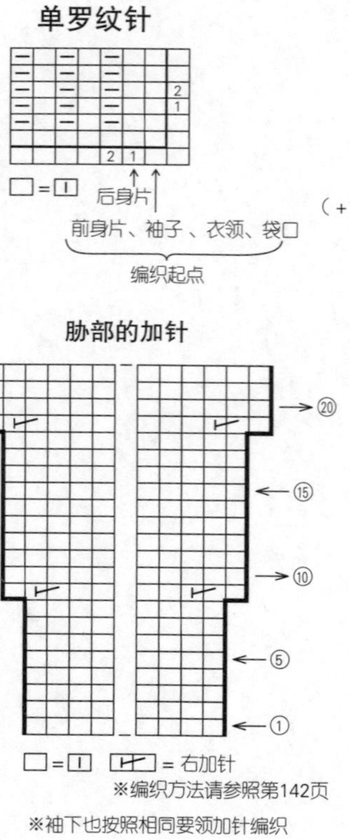

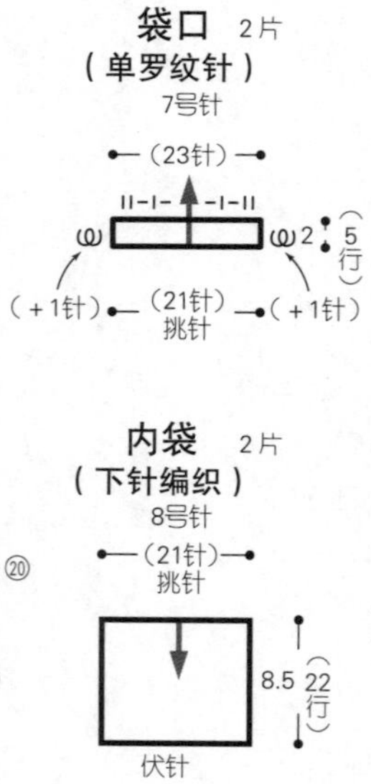

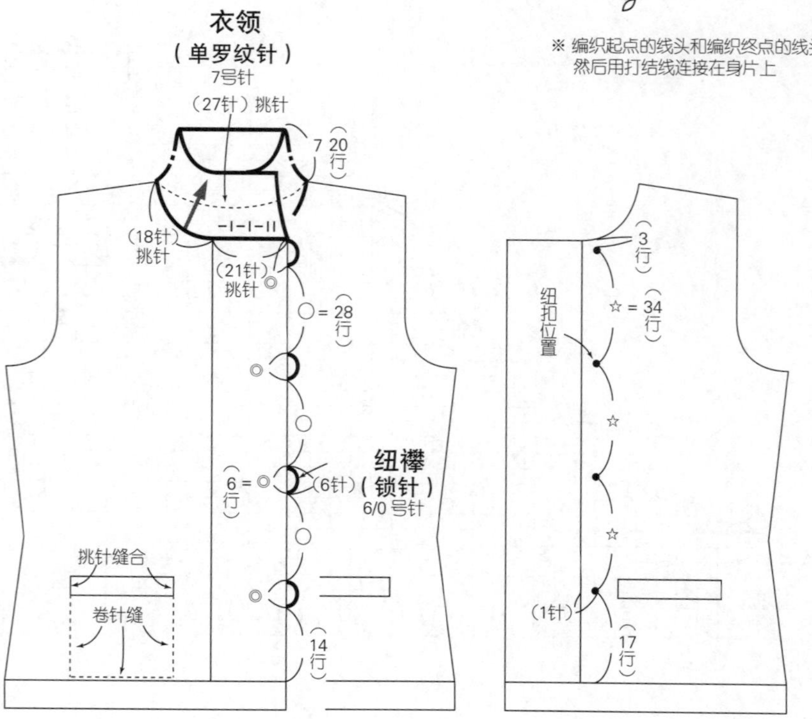

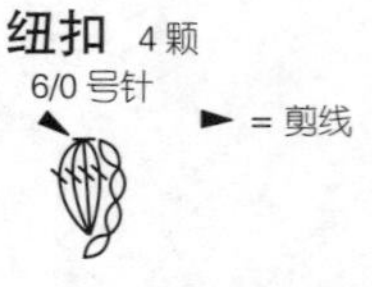

※ 编织起点的线头和编织终点的线头打结，然后用打结线连接在身片上

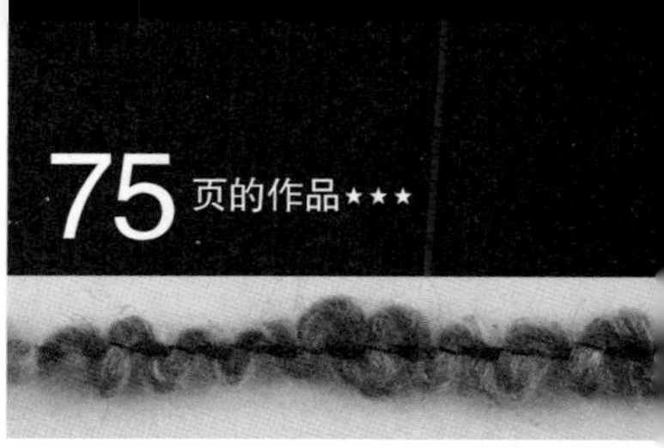

材料

野吕英作 Azuki 原白色、褐色、灰色系(1) 300g/3团；直径30mm的纽扣1颗

工具

棒针9号

成品尺寸

胸围80cm，衣长50cm

编织密度

10cm×10cm面积内：下针编织、起伏针均为11针，20.5行；编织花样10针，20.5行

编织要点

●身片…事先用共线松松地编织2条26针的另线锁针。用钩针辅助在棒针上起针，编织起伏针、下针编织。下摆一边参照图示开孔，一边编织。袖窿的伏针注意不要编织得太紧。从另线锁针起针上面挑针，继续编织。编织终点按照和袖窿相同的方法做伏针收针。

●组合…衣领从身片挑针，编织起伏针和编织花样。参照图示编织扣眼。编织终点松松地做伏针收针。缝上纽扣。

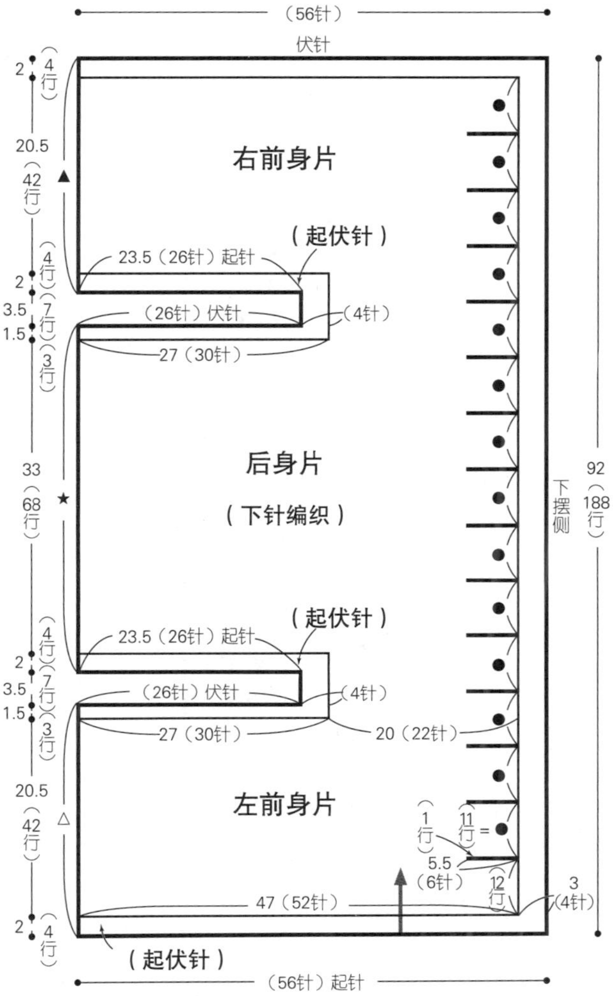

※ 全部使用9号针编织

※ 用钩针辅助起针的方法请参照第154页

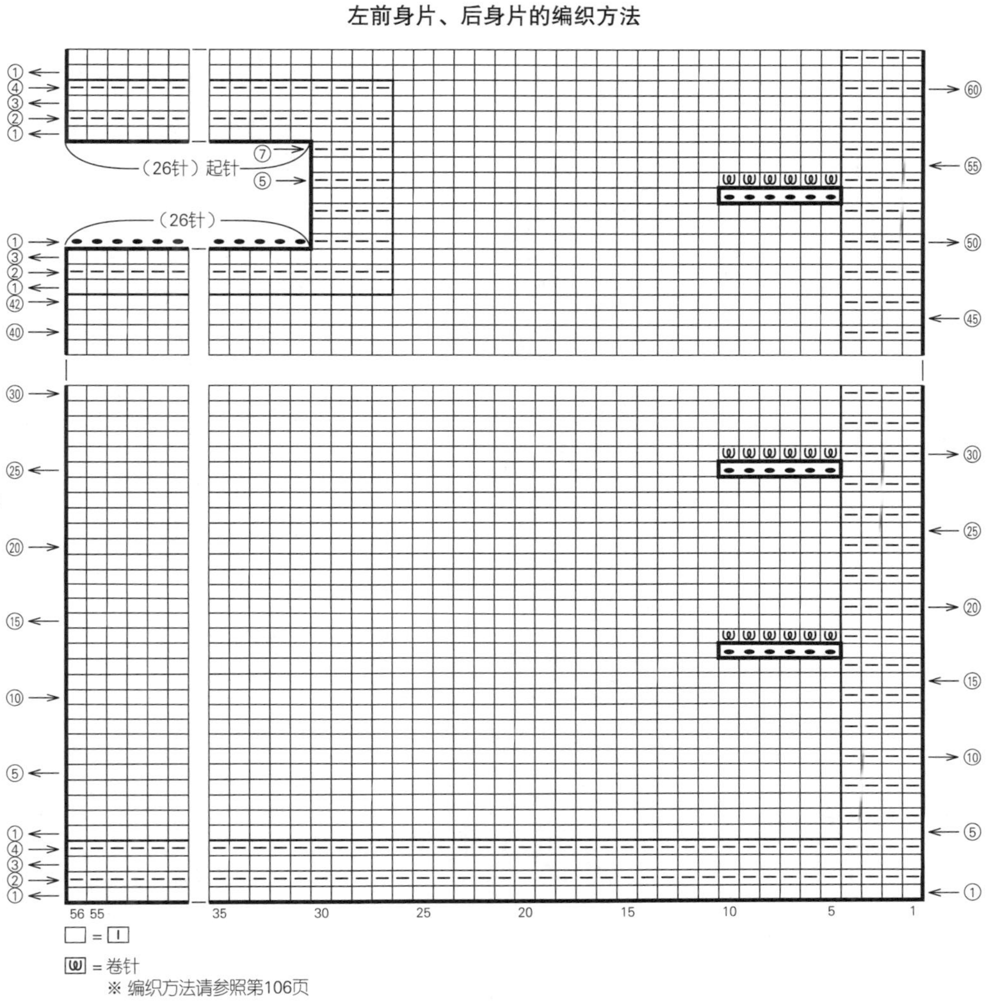

※ 编织方法请参照第106页

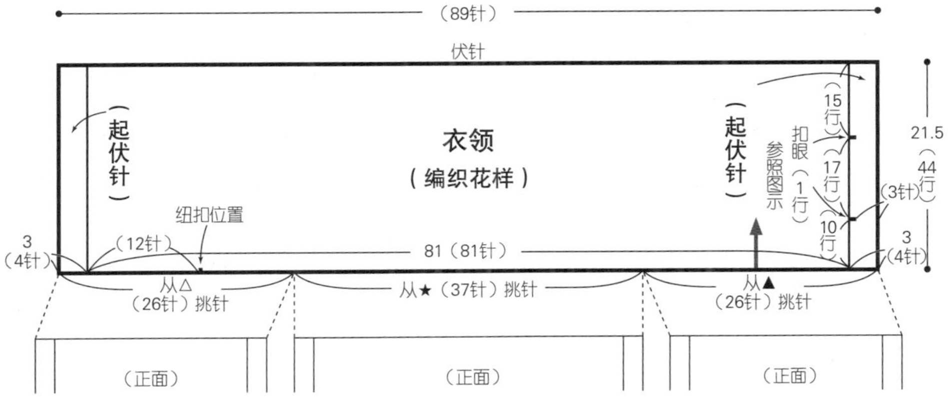

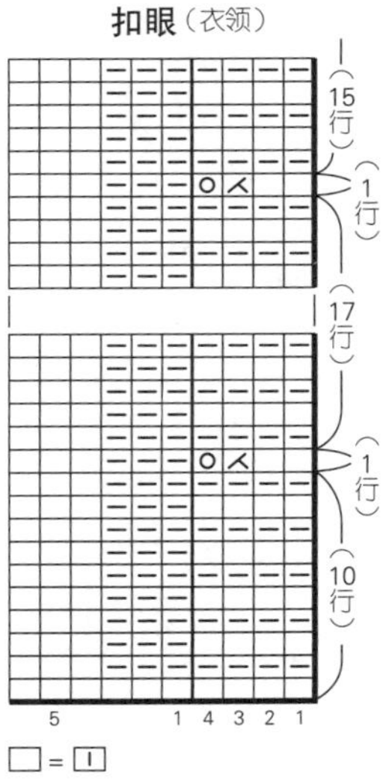

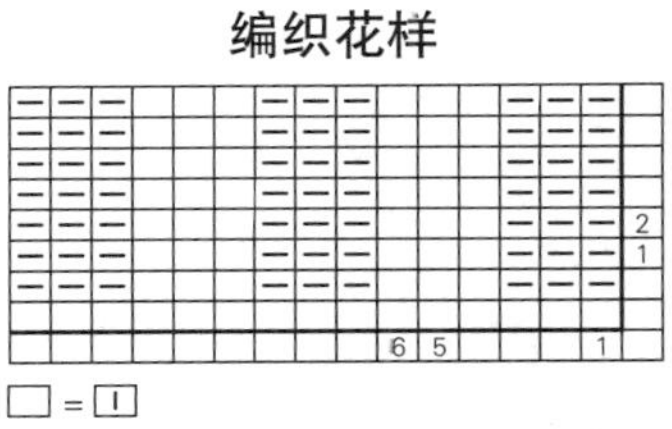

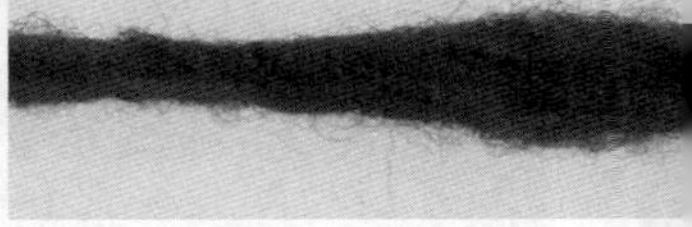

材料

野吕英作 曙系列 橙色、深粉色、蓝色系（8）625g/7团；直径25mm的纽扣3颗

工具

棒针15号，钩针10/0号

成品尺寸

胸围99cm，衣长54.5cm，连肩袖长57cm

编织密度

10cm×10cm面积内：编织花样11.5针，18.5行；下针编织11.5针，15.5行

编织要点

●身片、袖子…手指起针，编织起伏针、编织花样和下针编织。身片编织28行下针编织后，前后身片分开编织。插肩线、领窝、袖下减针时，2针及以上时做伏针减针，1针时立起侧边1针减针。袖下加针时，在1针内侧编织扭针加针。

●组合…插肩线、袖下使用毛线缝针做挑针缝合，腋下针目做下针的无缝缝合。衣领的起针方法和身片相同，一边分散减针一边编织。参照组合方法，将衣领和身片组合在一起。在指定位置扩大针目作为扣眼。缝上纽扣。

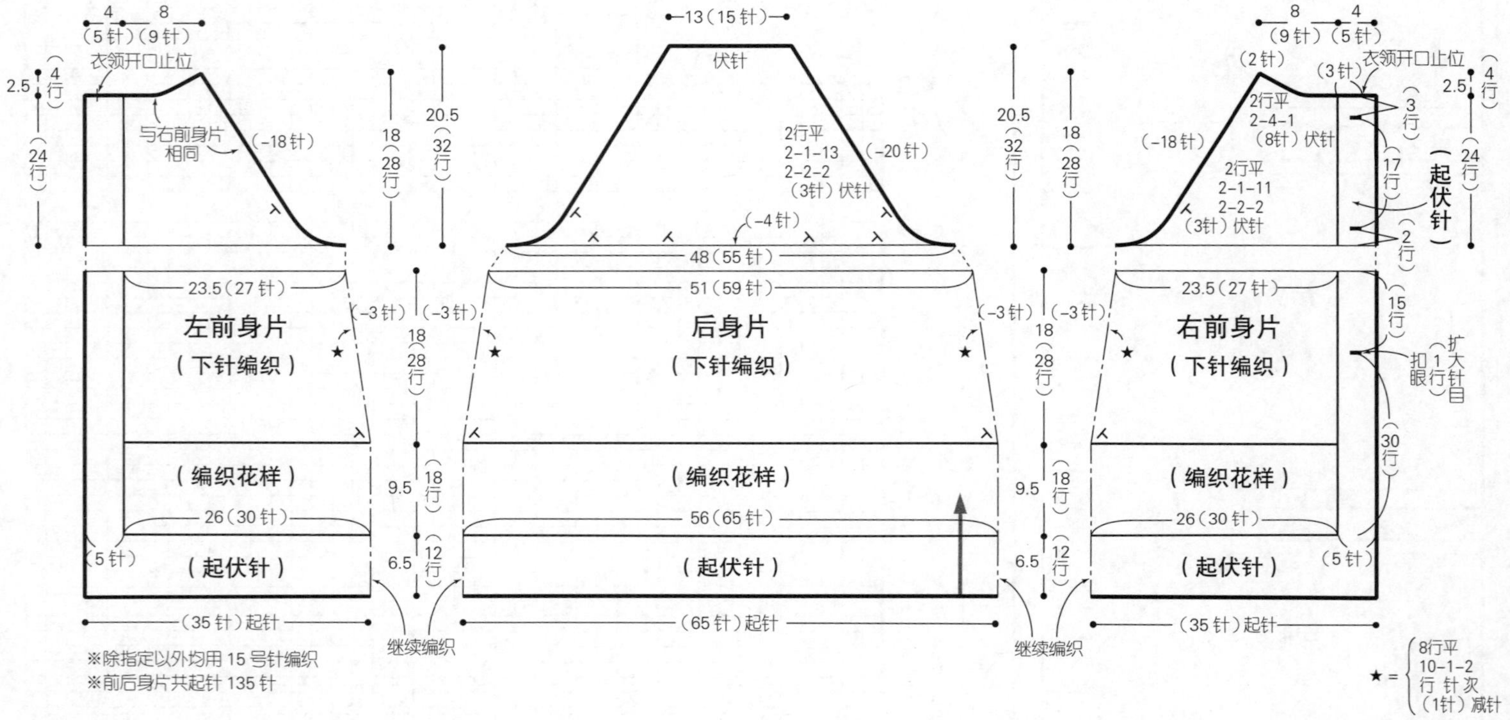

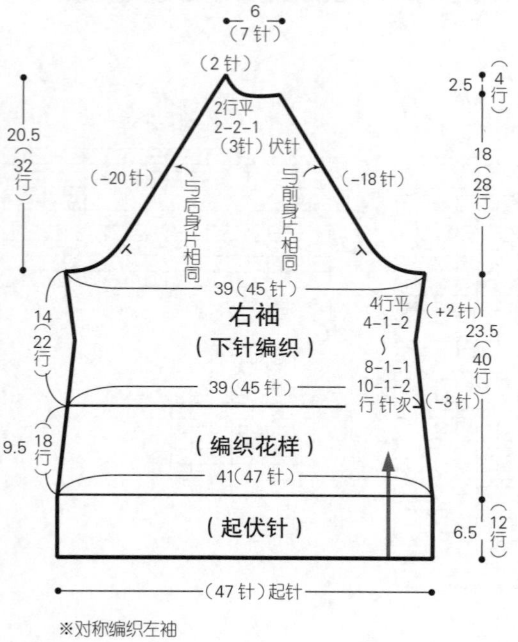

编织花样

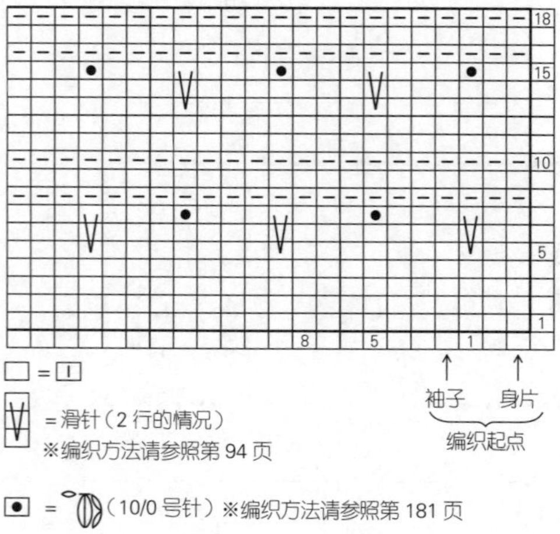

起伏针

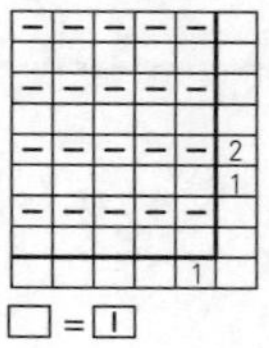

衣领和身片的组合方法

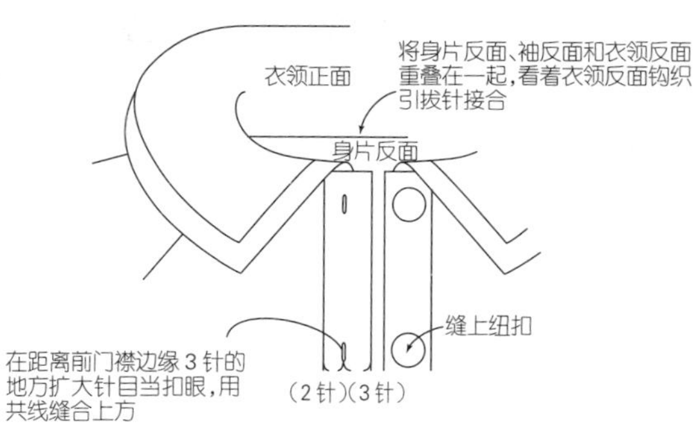

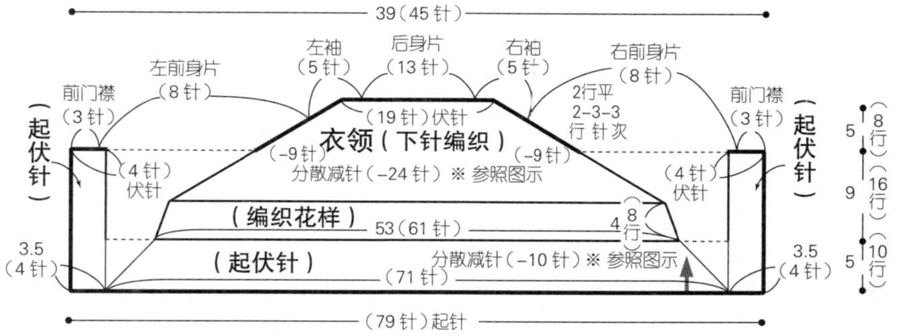

衣领的编织方法

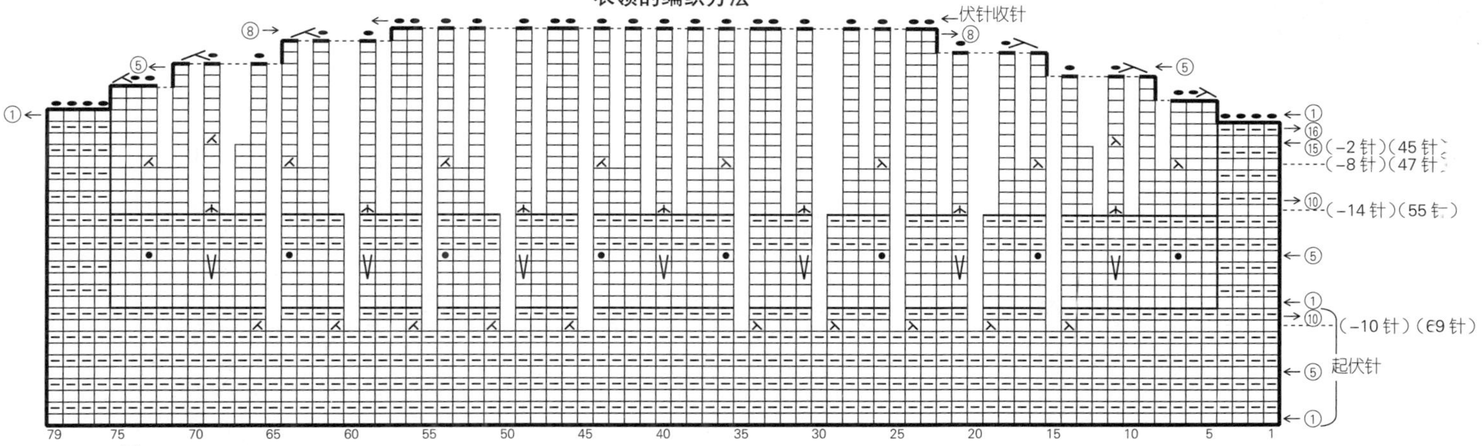

□ = 丨 　 V = 滑针（2 行的情况）※编织方法请参照第 94 页 　 ● = （10/0 号针）※编织方法请参照第 181 页

另线锁针双罗纹针起针

两端均为2针下针时

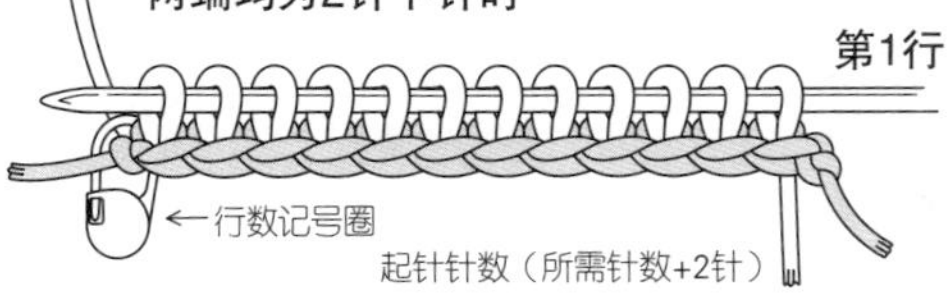

1 用编织线从另线锁针的里山挑针（比编织双罗纹针时的针号大2号）。最后穿上行数记号圈。

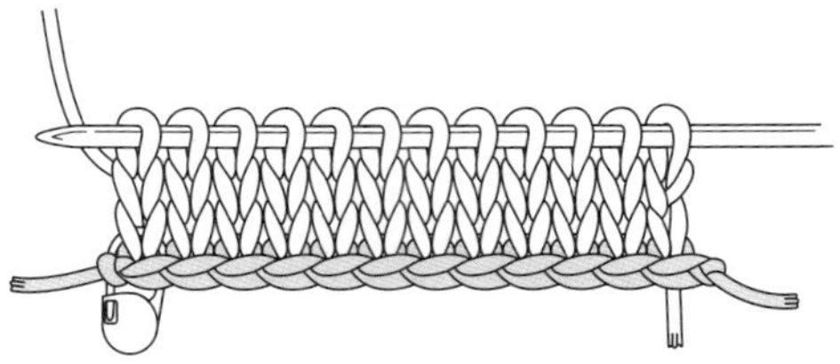

2 编织3行下针。

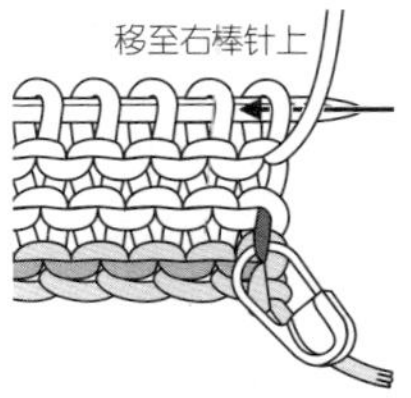

3 转动织片，换为编织罗纹针时用的针号，将第1针直接移至右棒针上。

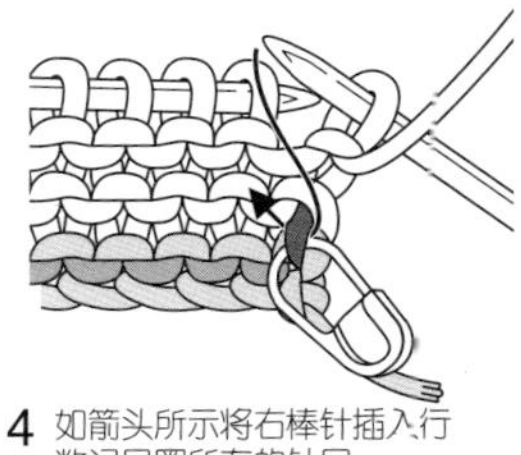

4 如箭头所示将右棒针插入行数记号圈所在的针目。

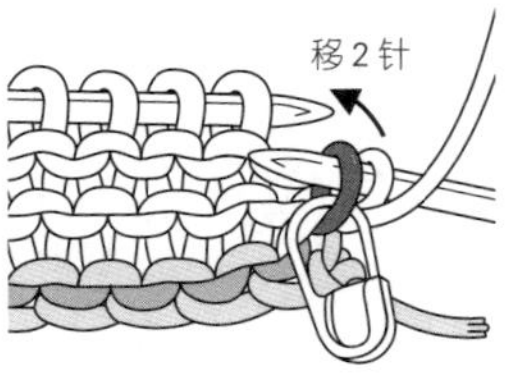

5 直接拉起，将2针一起移至左棒针上。

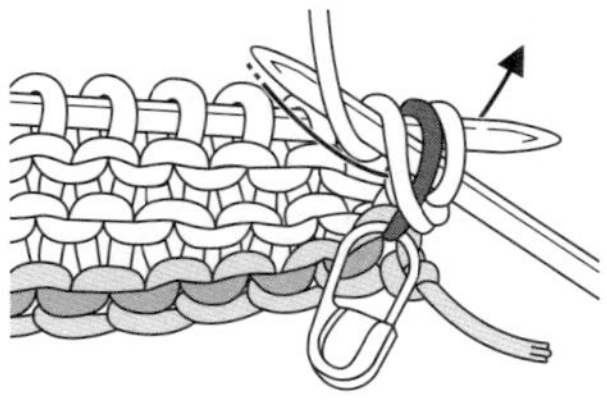

6 移过来的2针一起编织上针。

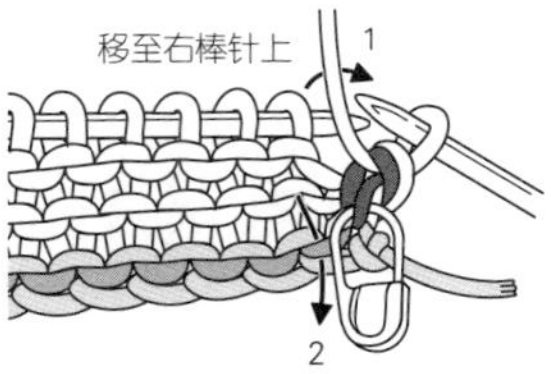

7 下一针也直接移至右棒针上，然后如箭头所示将右棒针半针中。

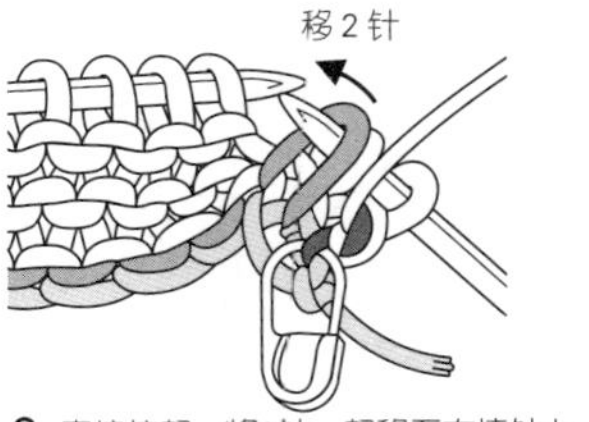

8 直接拉起，将2针一起移至左棒针上。

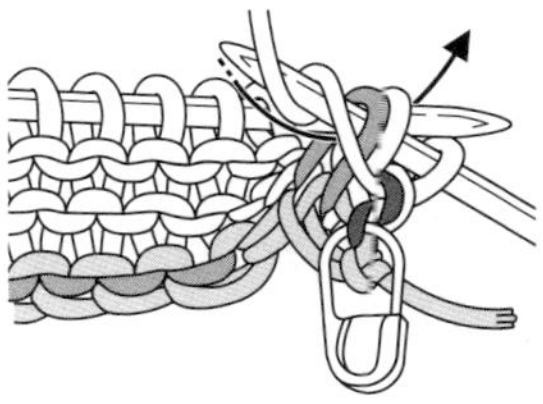

9 移过来的2针一起编织上针。

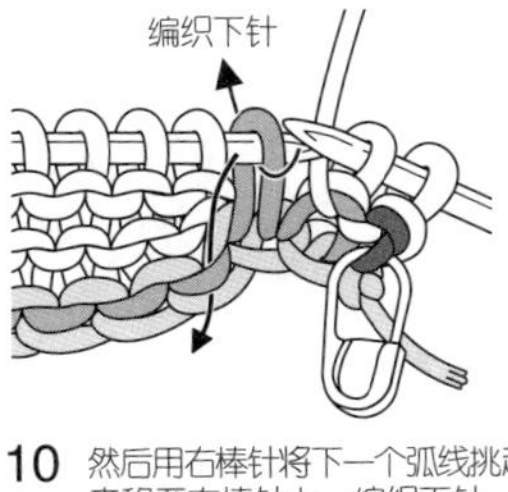

10 然后用右棒针将下一个弧线挑起来移至左棒针上，编织下针。

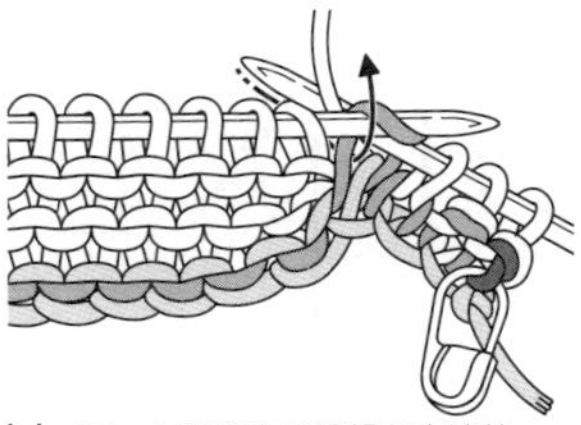

11 下一个弧线也按照相同方法拉起，编织下针。

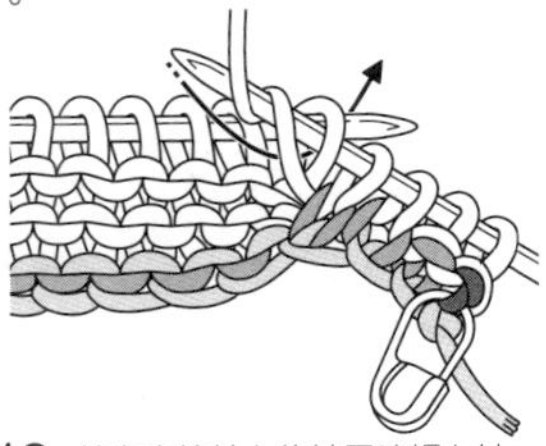

12 挂在左棒针上的针目编织上针。

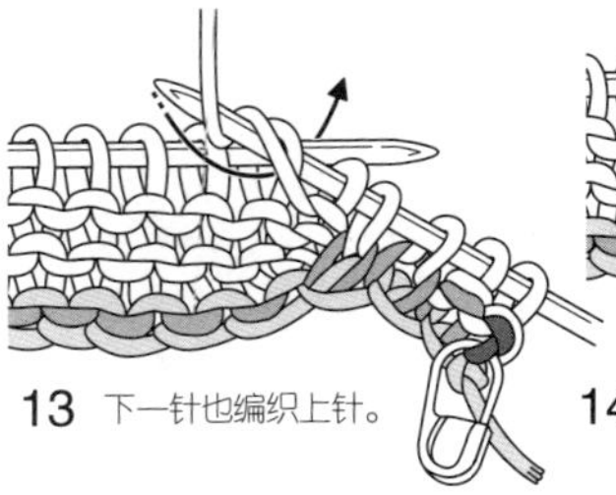

13 下一针也编织上针。

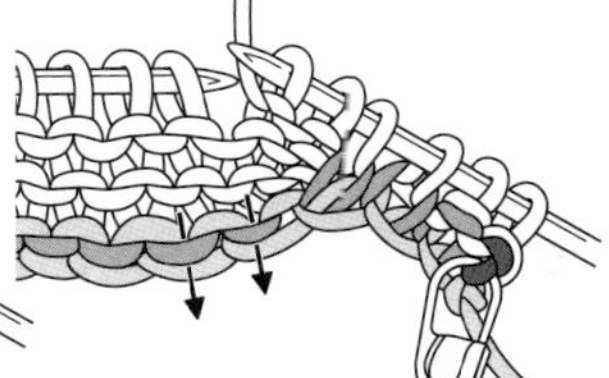

14 重复步骤10~13。

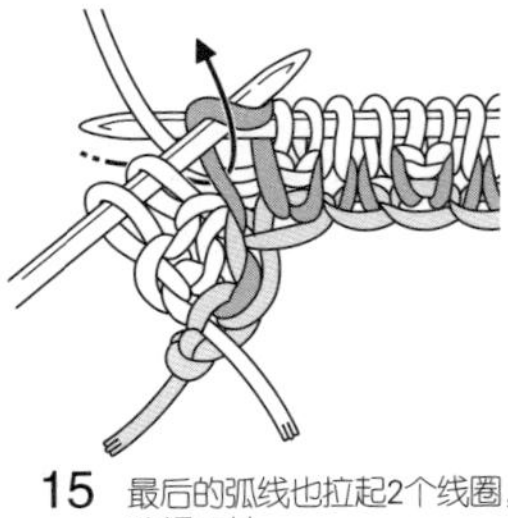

15 最后的弧线也拉起2个线圈，编织下针。

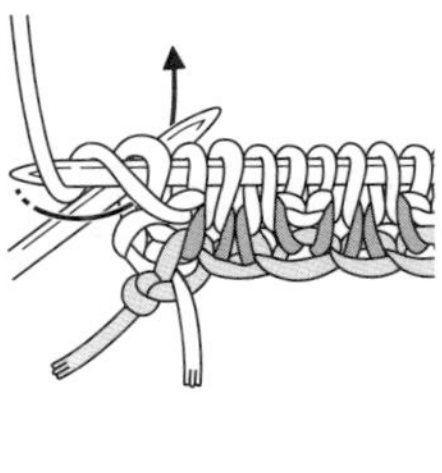

16 挂在左棒针上的2针编织上针。

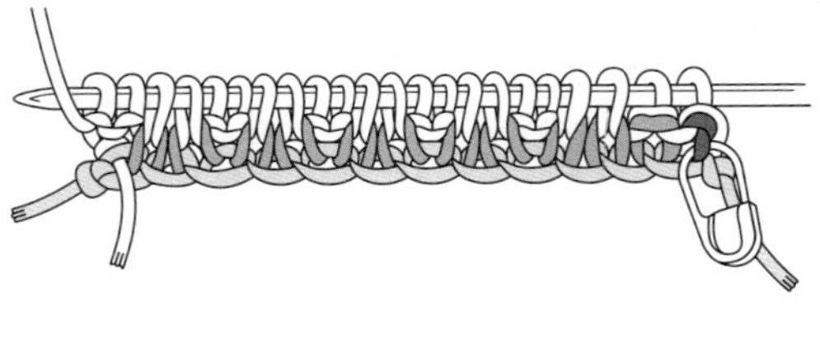

17 起针完成了。图为编织好2行罗纹针的情形。

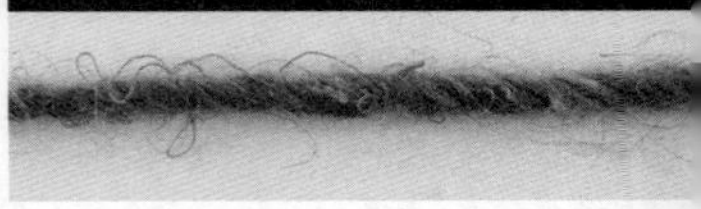

材料

野吕英作 Silk Garden 红紫色、蓝紫色系（499）370g/8团

工具

棒针9号

成品尺寸

胸围98cm，衣长59.5cm，连肩袖长67cm

编织密度

10cm×10cm面积内：下针编织15.5针，23行

编织要点

●身片、袖子…手指起针，编织起伏针、下针编织和编织花样。编织花样参照图示一边交换针目一边编织。袖下参照图示加针编织。编织终点休针。

●育克…从指定位置挑针，一边分散减针，一边编织。一边和领窝的针目编织2针并1针，一边编织衣领。编织终点休针，使用钩针做引拔接合。

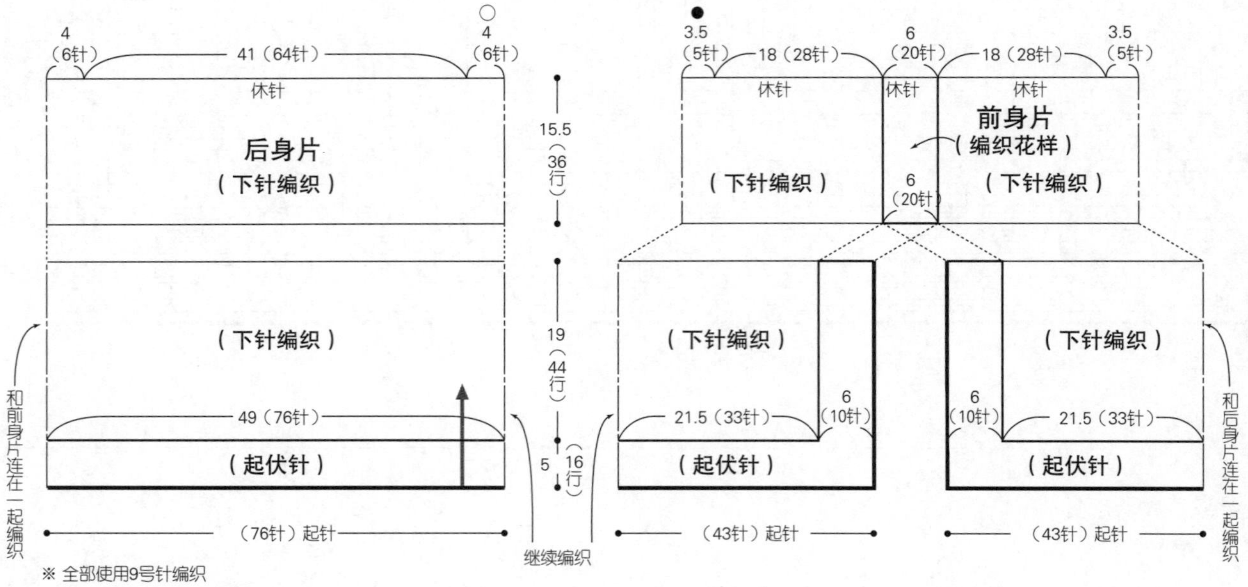

※ 全部使用9号针编织

※ ●、○标记做下针的无缝缝合

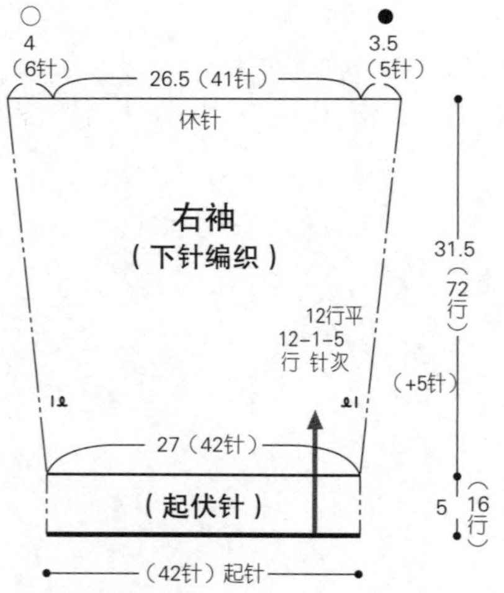

※ 对称编织左袖

※ 对齐标记是右袖

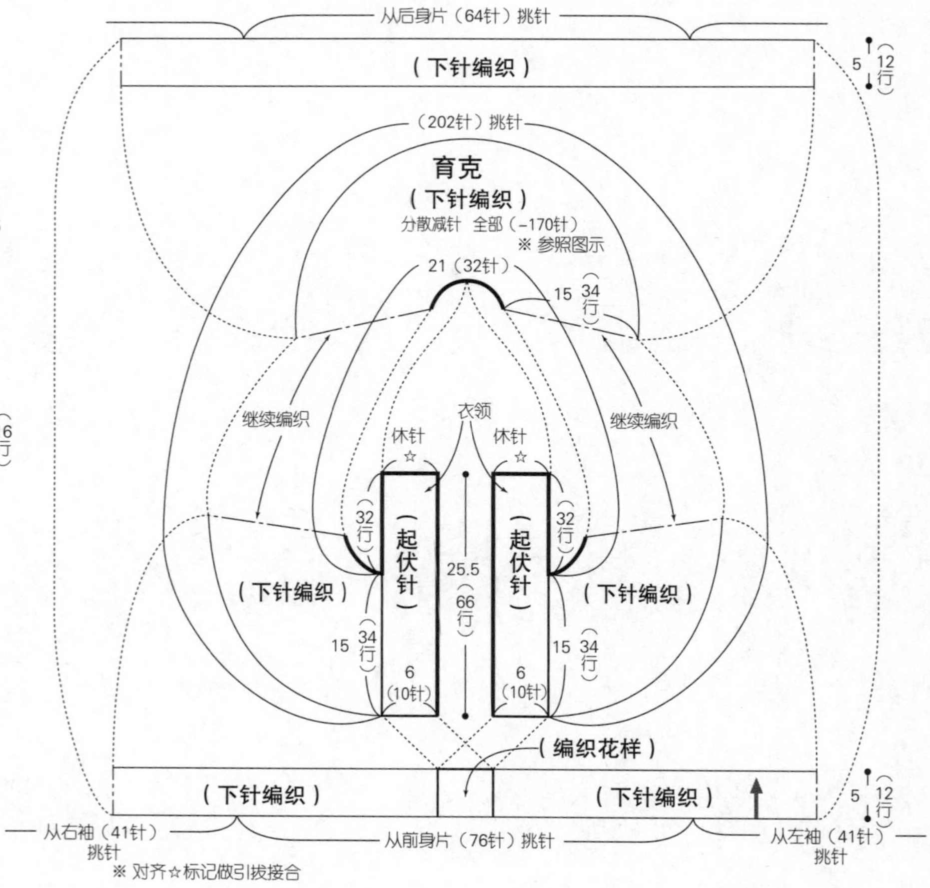

※ 对齐☆标记做引拔接合

袖下的加针

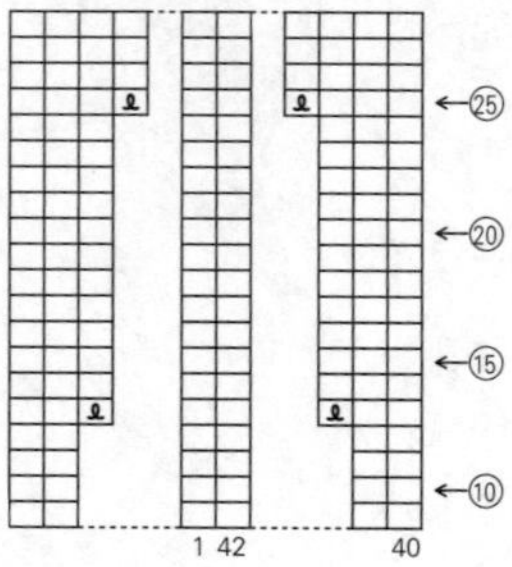

□ = 丨

ᘰ = 扭针加针

育克分散减针的编织方法

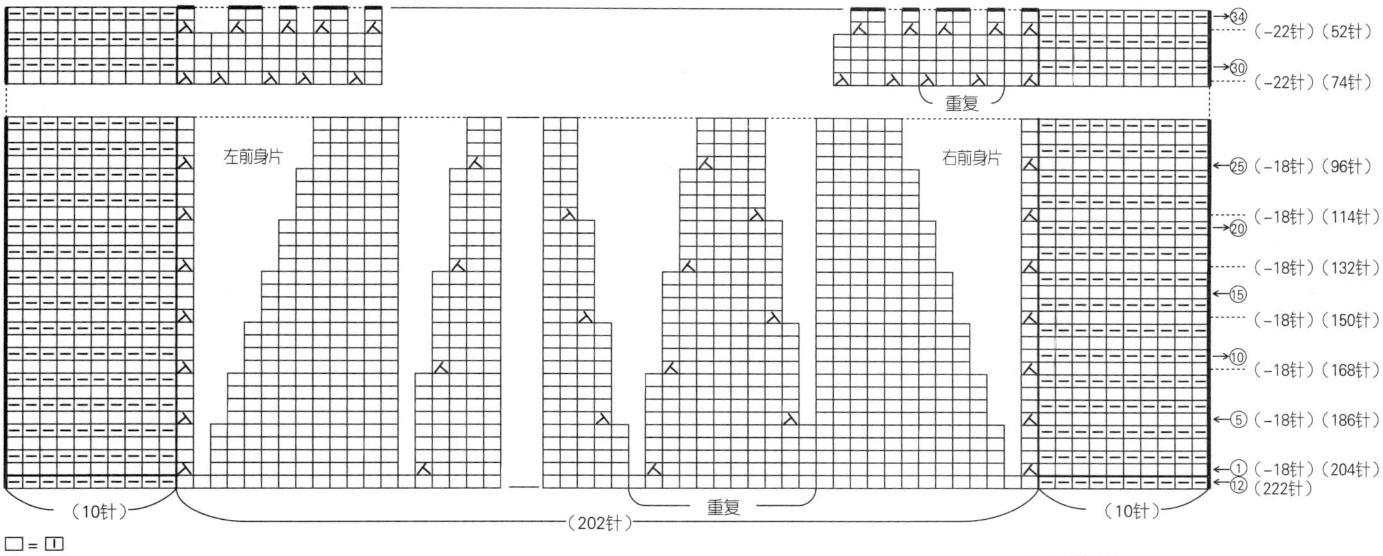

编织花样

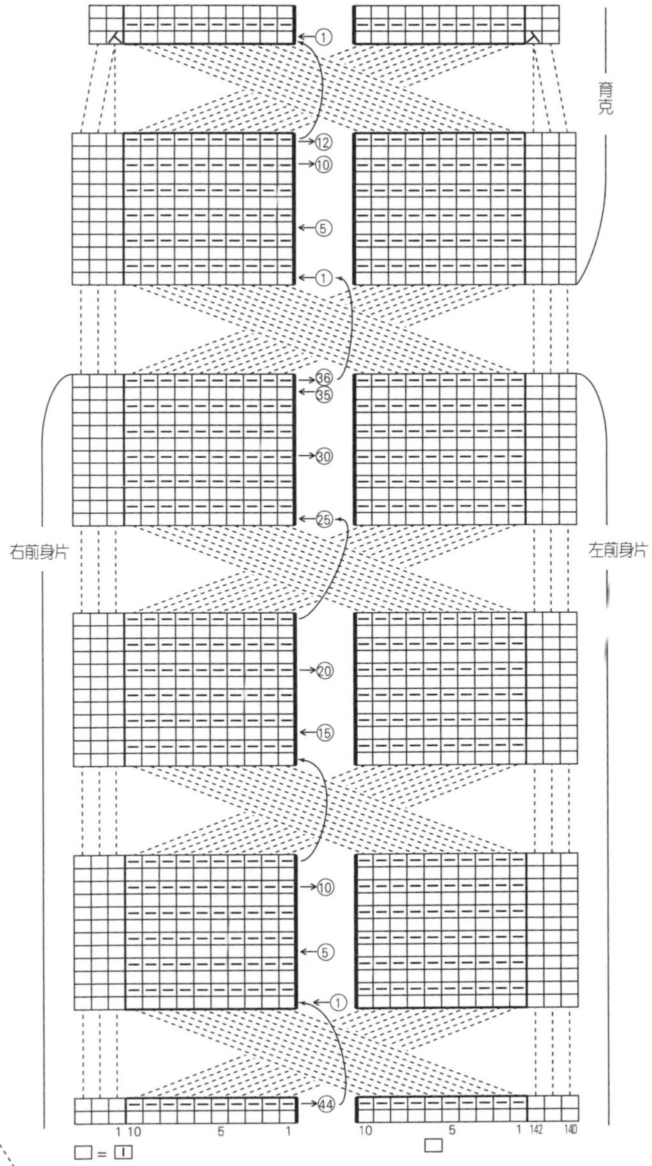

※ 在前端10针处入针做往返编织

组合方法

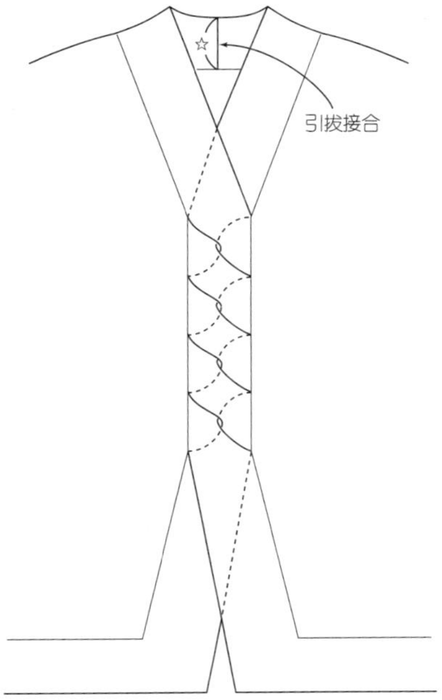

衣领的编织方法

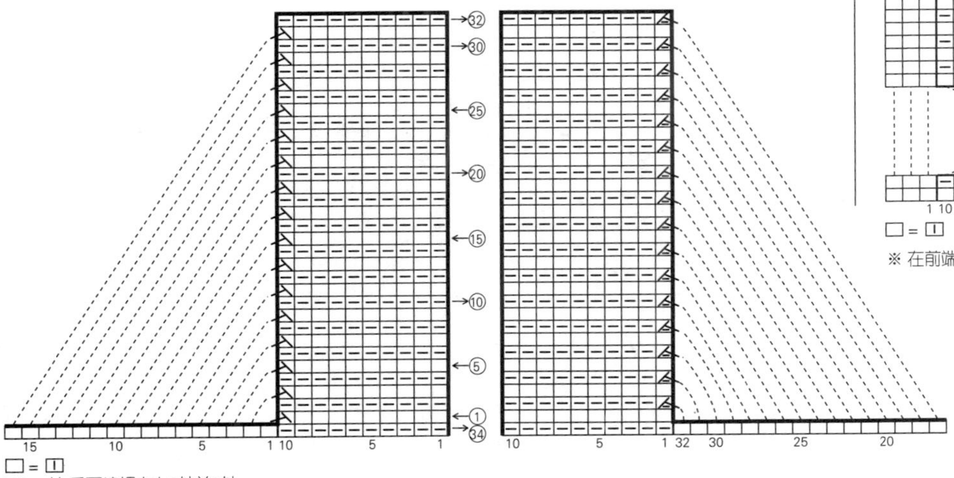

□ = ⊡

⊿ = 从 反面编织左上2针并1针

材料

K's K CASHMERELATE 灰色(700) 175g/4团，黑色(200) 165g/4团，蓝绿色(178) 135g/3团，原白色(105) 70g/2团，芥末黄色(177) 45g/1团；直径22mm的纽扣4颗

工具

棒针5号、6号、7号、4号

成品尺寸

胸围113cm，衣长58.5cm，连肩袖长71.5cm

编织密度

10cm×10cm面积内：编织花样A 24.5针，37行；编织花样B 26.5针，28.5行；编织花样C 24.5针，30行；下针编织22.5针，32行；配色花样A、B均为22.5针，32.5行

编织要点

●身片、袖子…编织单罗纹针起针后继续编织单罗纹针。接着参照图示按编织花样A、B、C和下针编织及配色花样A、B。配色花样用纵向渡线的方法编织。花样交界处加针时均匀地做扭针加针，减针时均匀地做左上2针并1针的减针。领窝、袖山减2针及以上时做伏针减针，减1针时立起侧边1针减针。袖下的加针在1针内侧做扭针加针。

●组合…肩部做盖针接合，注意左前身片的肩部一边减针一边接合。胁部、袖下做挑针缝合。前门襟和衣领挑取指定针数后编织扭针的单罗纹针。在右前门襟留出扣眼，结束时做扭针的单罗纹针收针。袖子与身片之间做引拔缝合。最后缝上纽扣。

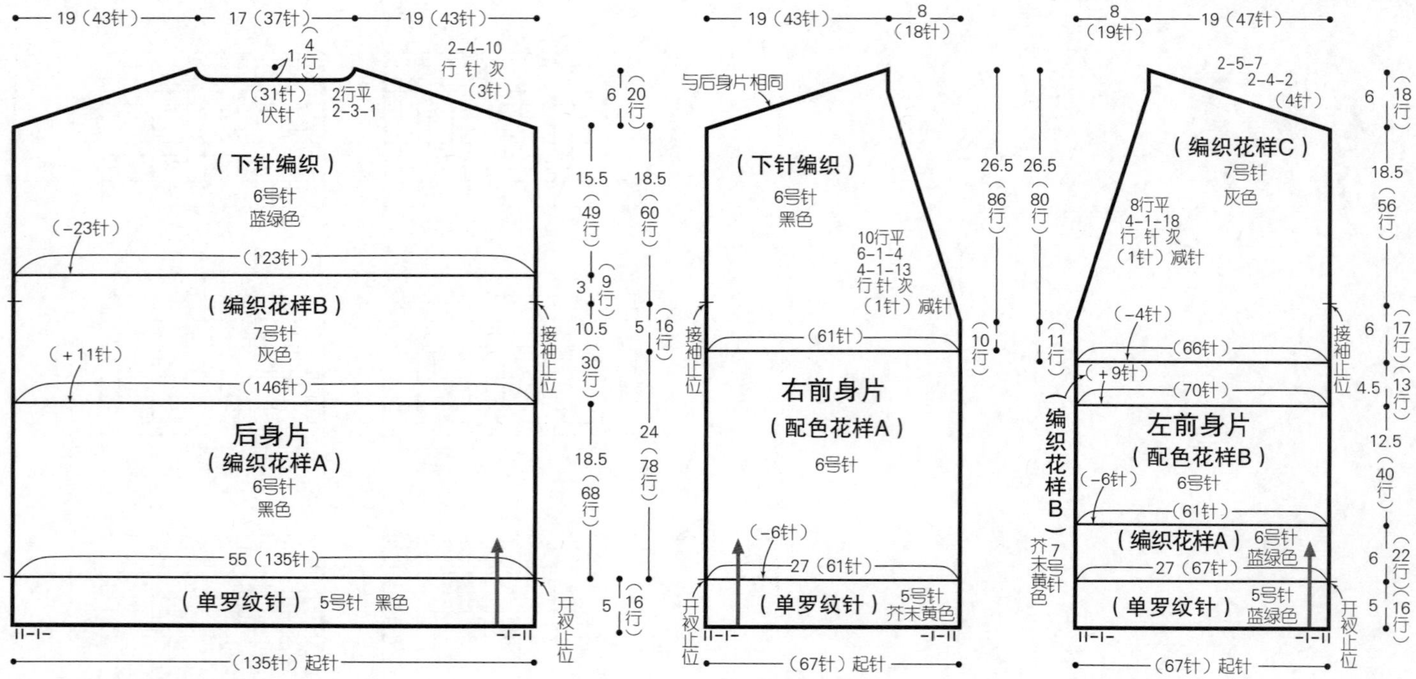

※单罗纹针起针请参照第182页

※纵向渡线编织配色花样的方法请参照第102页

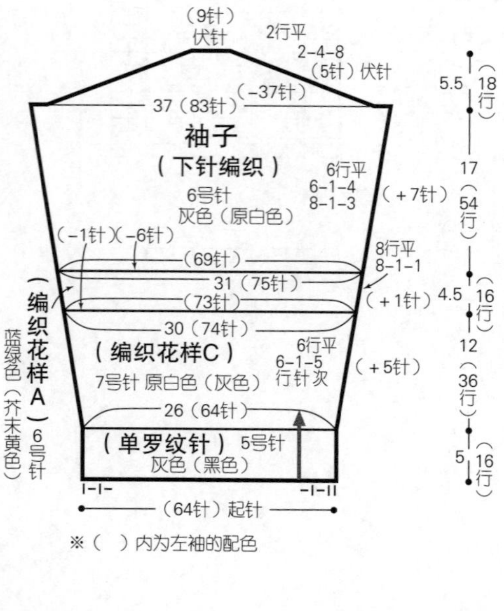

※（ ）内为左袖的配色

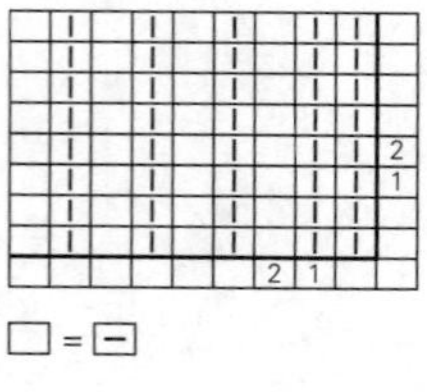

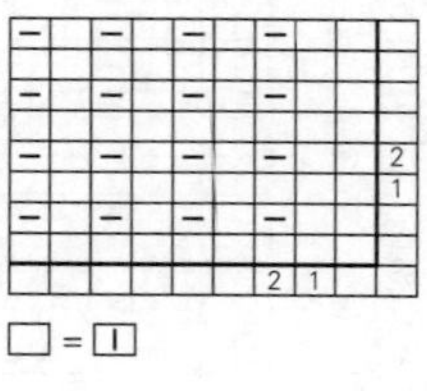

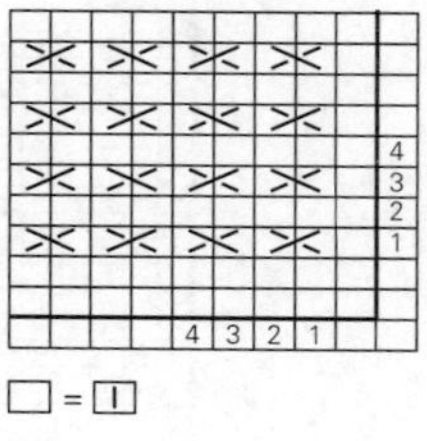

编织花样C

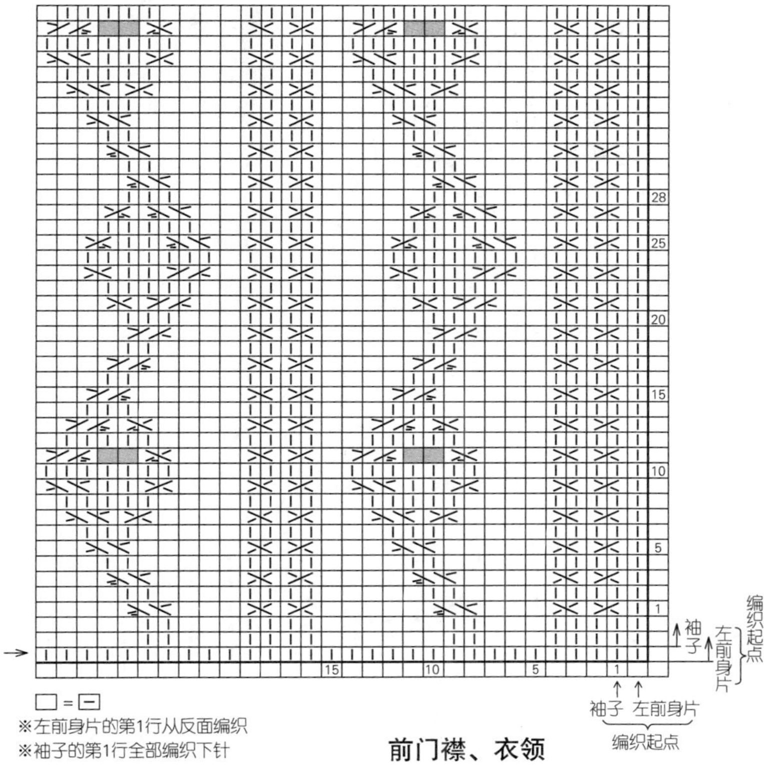

□ = ⊟

※左前身片的第1行从反面编织

※袖子的第1行全部编织下针

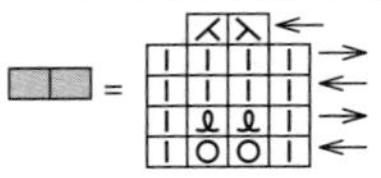

配色花样A、B （通用）

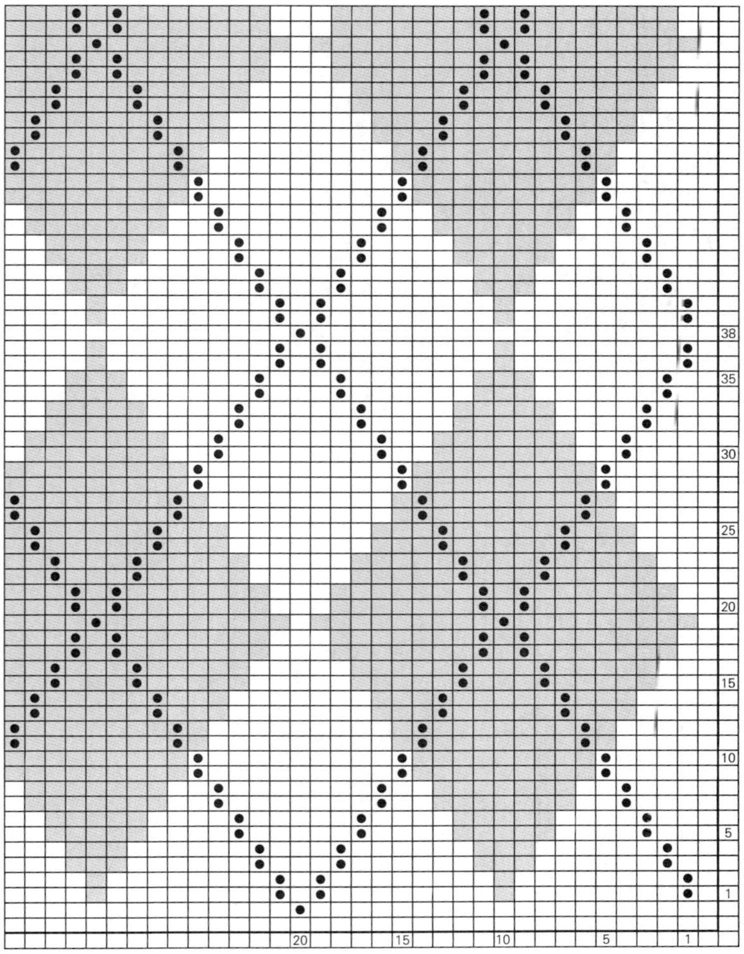

□ = ⊡

配色 { □ = A芥末黄色，B灰色 ; ▒ = 黑色 }

● = 用原白色线做下针刺绣 ※刺绣方法请参照第147页

前门襟、衣领

（扭针的单罗纹针）

4号针 蓝绿色

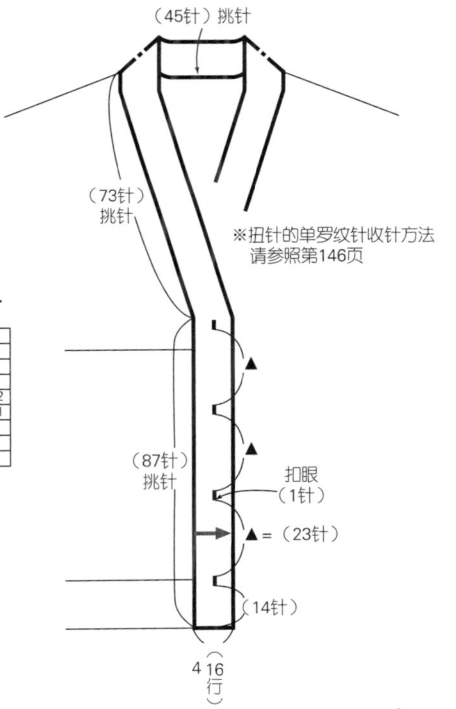

扭针的单罗纹针

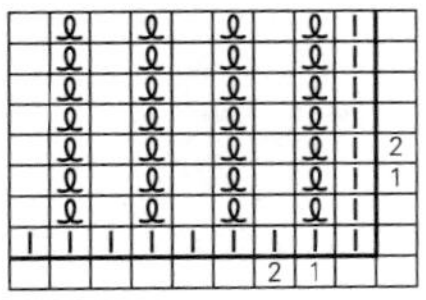

□ = ⊟

扣眼 （右前门襟）

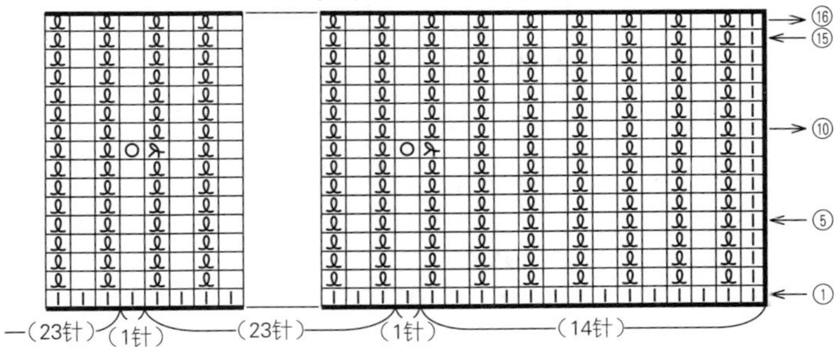

□ = ⊟ ⟂ = 扭针的右上2针并1针

扭针的右上2针并1针

1 从后面将棒针插入右侧针目，不编织，直接移至右棒针上。

2 在左侧针目里入针，挂线拉出编织下针。

3 用左棒针挑起刚才移至右棒针上的针目，将其覆盖在已织针目上。

4 扭针的右上2针并1针完成。

扭针的左上2针并1针

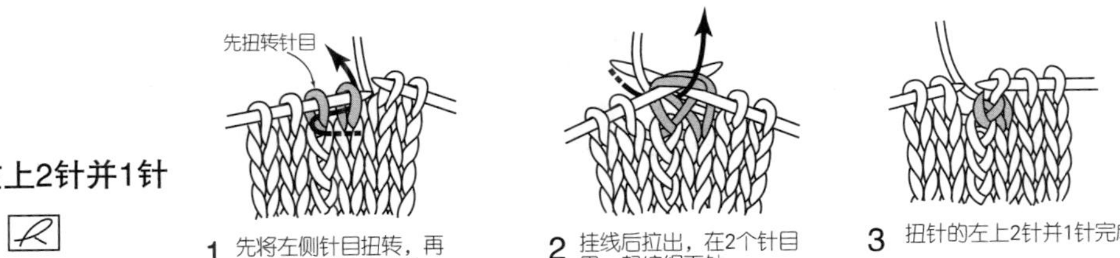

1 先将左侧针目扭转，再如图所示插入右棒针。

2 挂线后拉出，在2个针目里一起编织下针。

3 扭针的左上2针并1针完成。

材料

K's K CASHMERELATE 米色(106) 520g/11团

工具

棒针8号、6号

成品尺寸

胸围106cm，衣长59cm，连肩袖长68cm

编织密度

10cm×10cm面积内：下针编织25针，26行；编织花样A、A'均为27针，26行；编织花样B 27.5针，16行

编织要点

●身片、袖子…身片的胁部和中心部分均为另线锁针起针，胁部做按下针编织和编织花样A、A'，中心部分做编织花样B。领窝参照图示减针。胁部和中心部分之间做挑针缝合，注意行数的差别。肩部做盖针接合。下摆解开起针时的锁针挑取针目后编织扭针的单罗纹针，结束时做扭针的单罗纹针收针。袖子从身片挑取指定针数后按编织花样B编织。袖下参照图示减针。接着按扭针的单罗纹针编织袖口，结束时按与下摆相同的要领收针。

●组合…胁部、袖下做挑针缝合，腋下针目做针与行的接合。衣领挑取指定针数后编织扭针的单罗纹针，结束时按与下摆相同的要领收针。

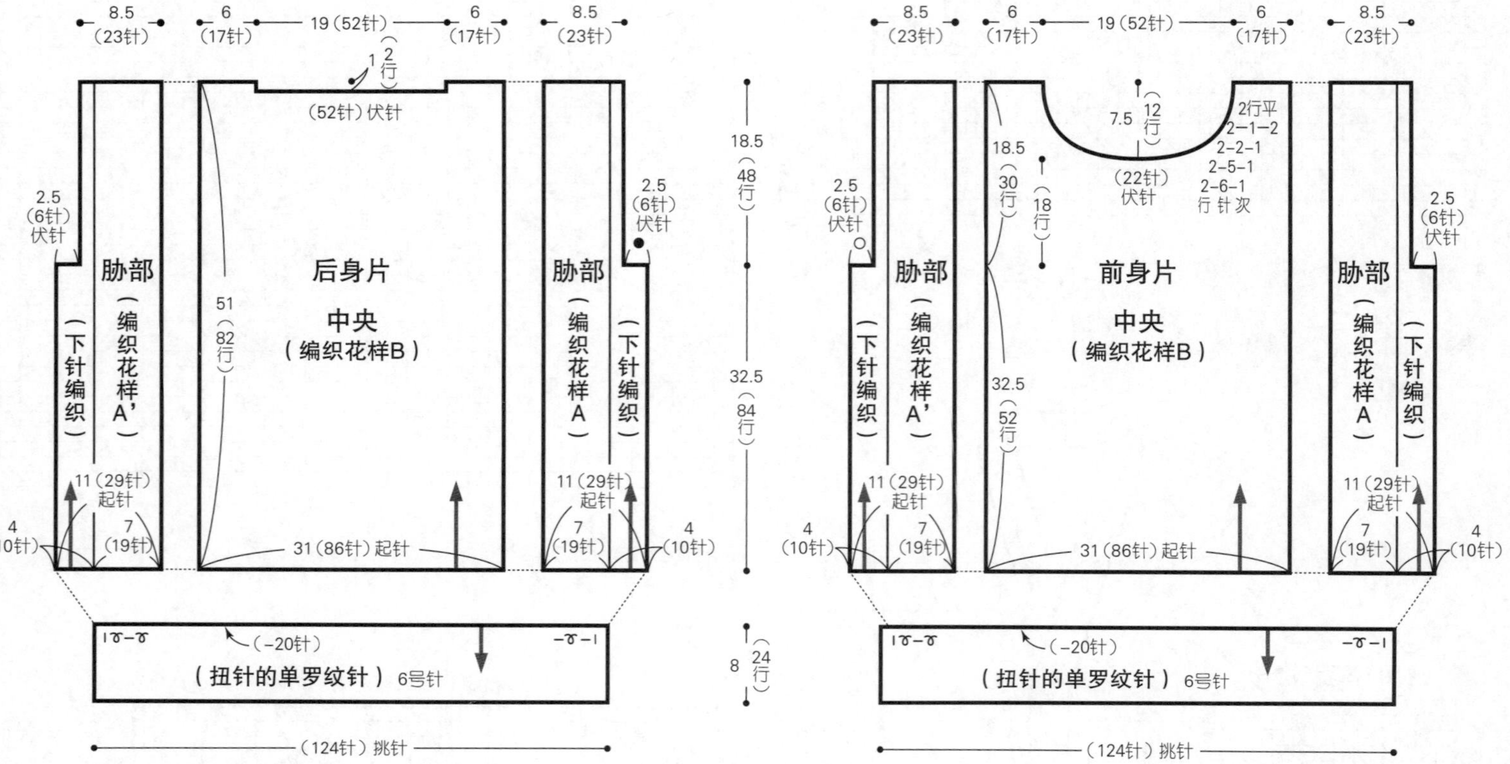

※ 除指定以外均用8号针编织

※ 相同标记处对齐针与行缝合

※ 扭针的单罗纹针收针方法请参照第146页

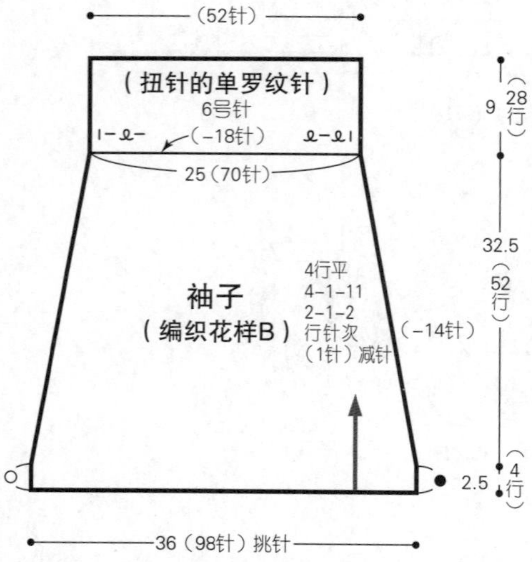

※ 相同标记是右袖

编织花样A'

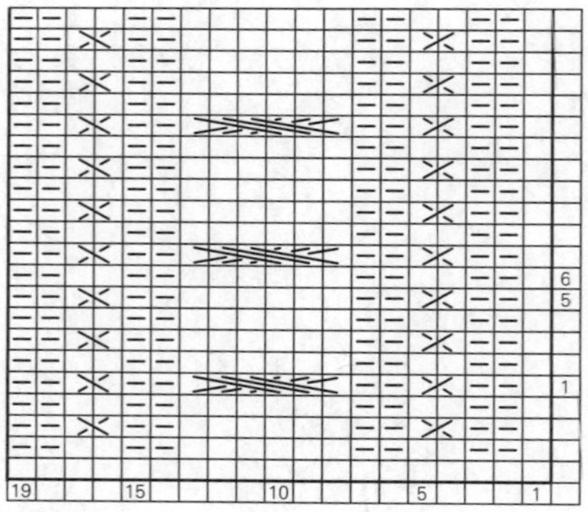

□=I

编织花样A

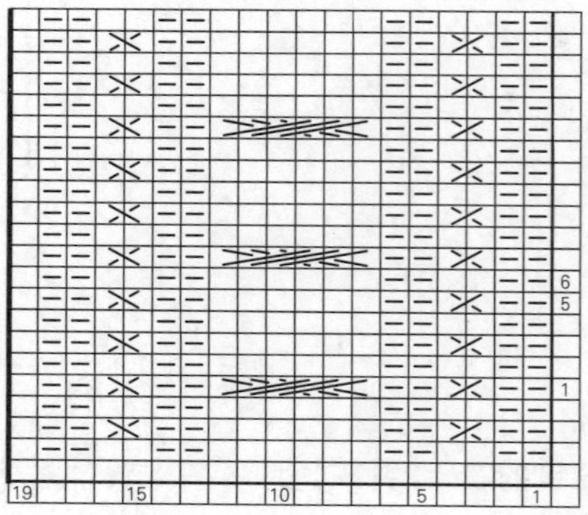

□=I

衣领

（扭针的单罗纹针）6号针

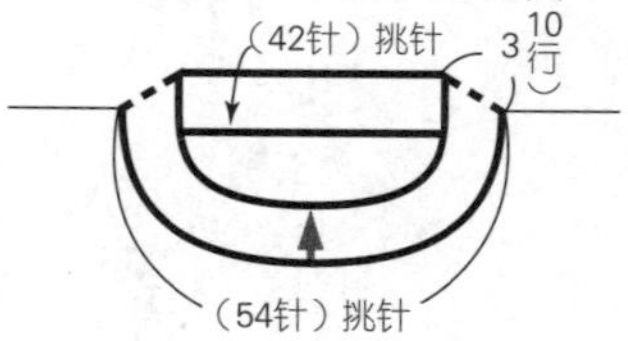

扭针的单罗纹针

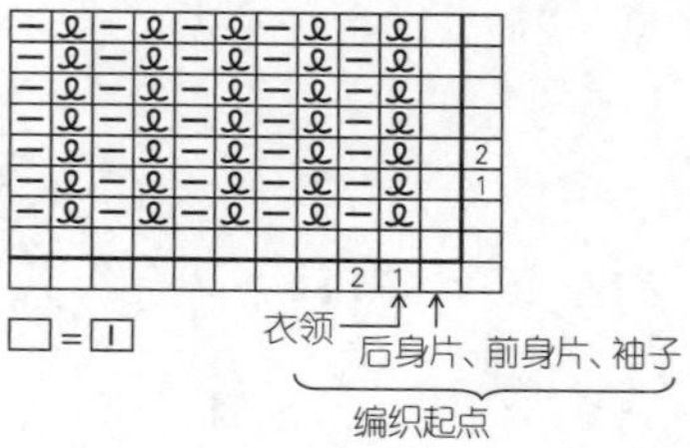

□=I

编织花样B

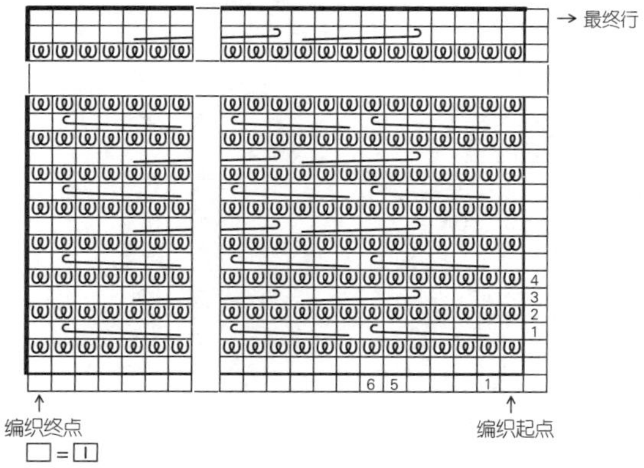

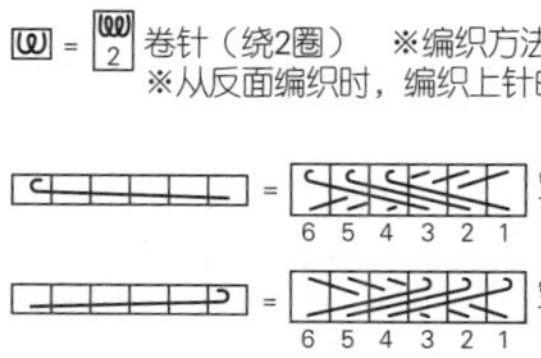

⓪ = [2] 卷针（绕2圈）　※编织方法请参照第92页
※从反面编织时，编织上针的卷针

穿过右针的3针交叉
（在针目1、2、3里插入棒针，将针目4、5、6拉出，然后在这6个针目里编织下针）

穿过左针的3针交叉
（在针目4、5、6里插入棒针，将针目1、2、3拉出，然后在这6个针目里编织下针）

※ 一边解开卷针的线圈一边编织

后领窝的编织方法

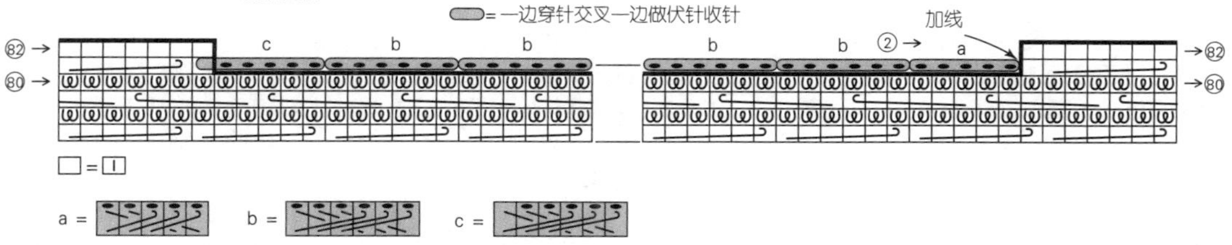

前领窝的编织方法

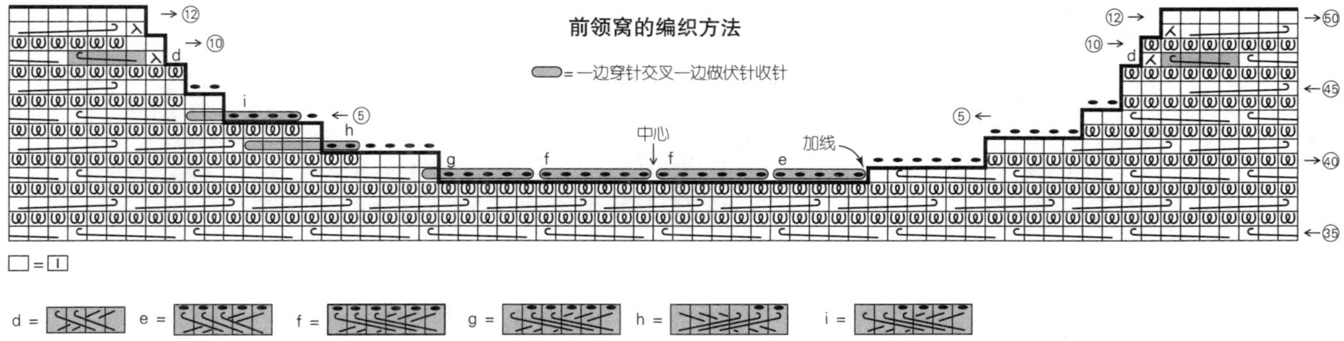

3针中长针的枣形针（立织2针锁针）

1 从前面插入钩针，挂线拉出。

2 立织2针锁针，针头挂线，再在同一针目里插入钩针。

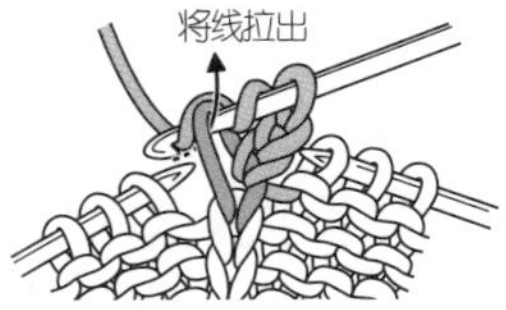

3 针头挂线，松松地拉出。

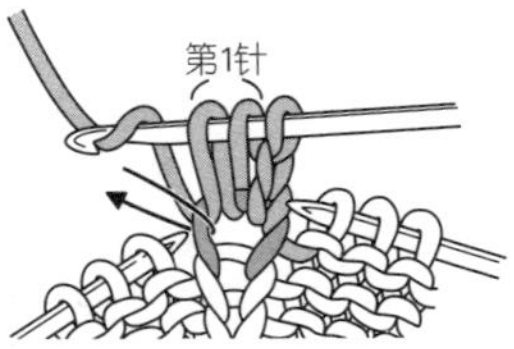

4 将线拉出后的状态（未完成的中长针）。

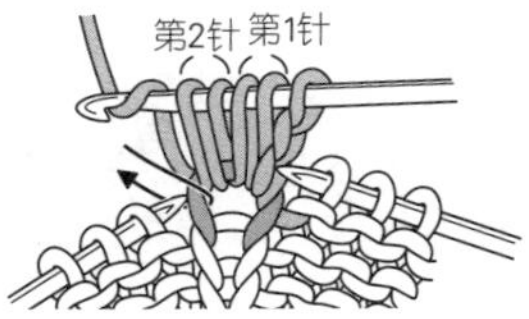

5 再钩2针未完成的中长针。

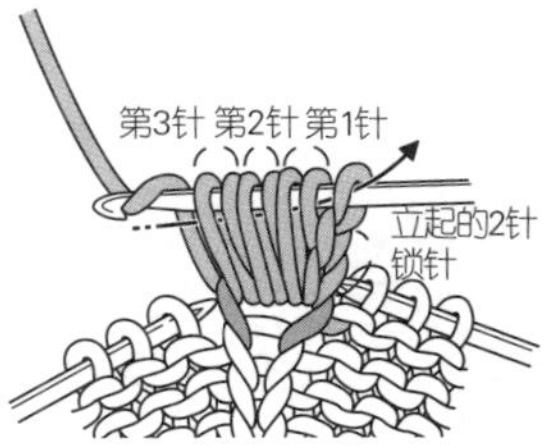

6 挂线，一次性引拔穿过钩针上的所有线圈。

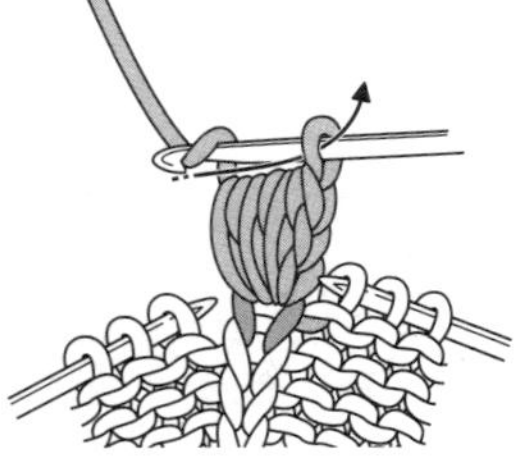

7 再次挂线引拔，收紧针目。

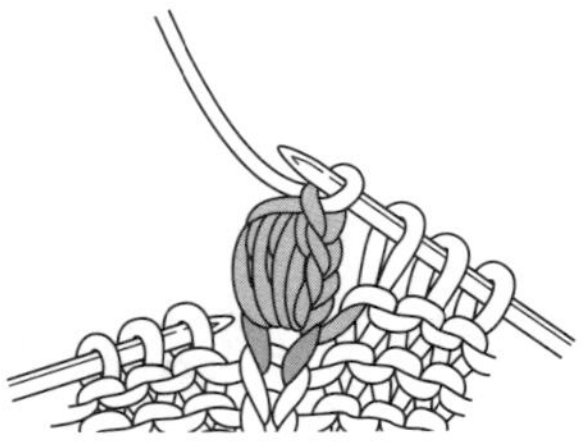

8 完成。

袖下的编织方法

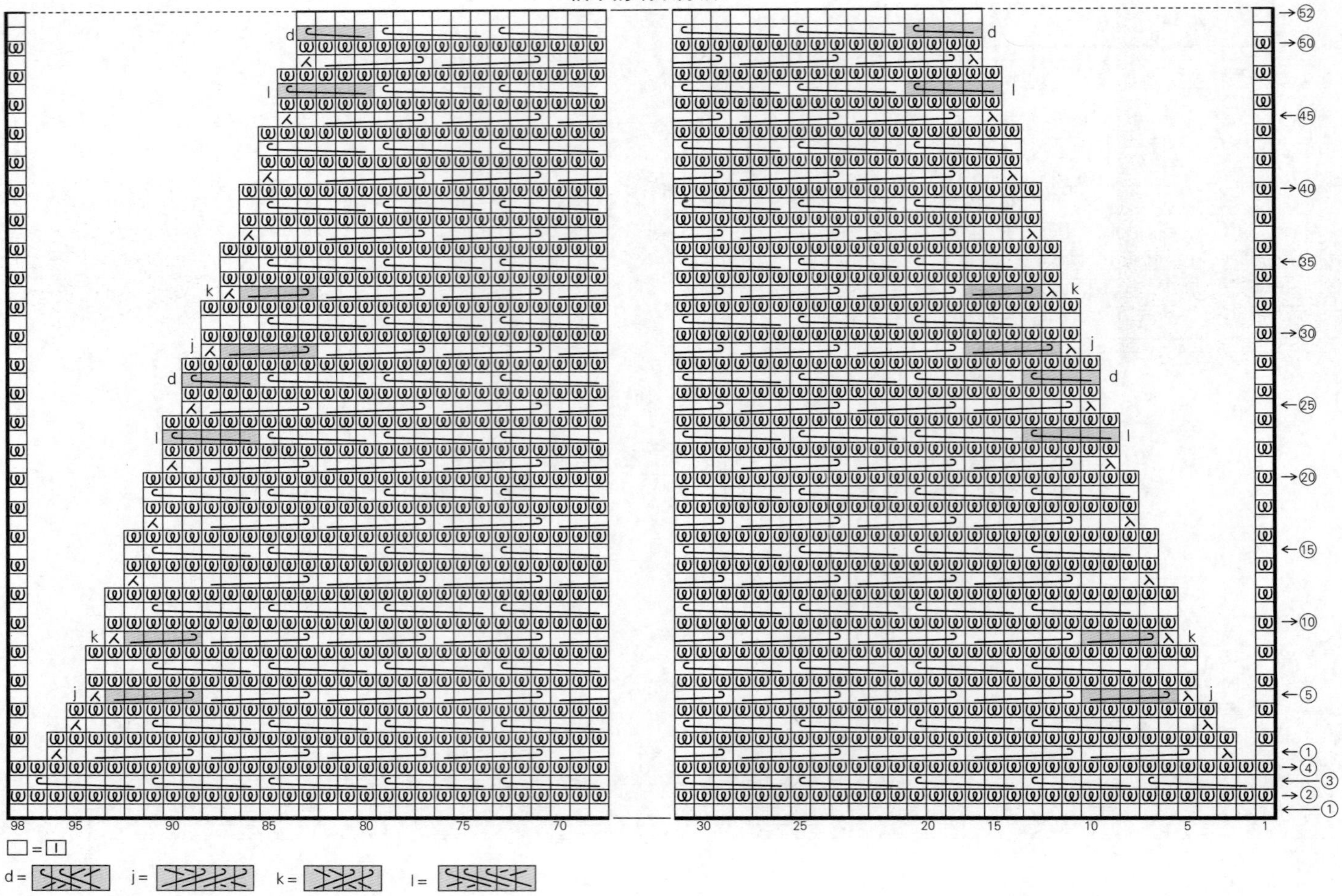

手指挂线单罗纹针起针

（两端均为2针下针的情况）

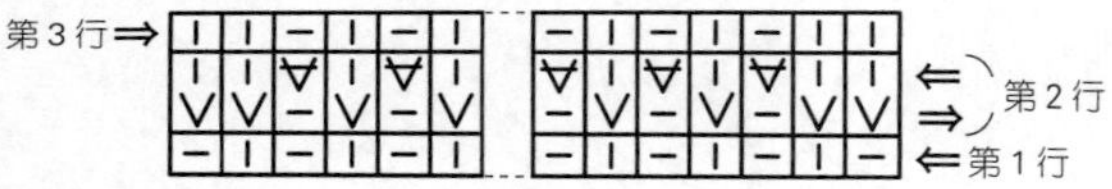

第1行

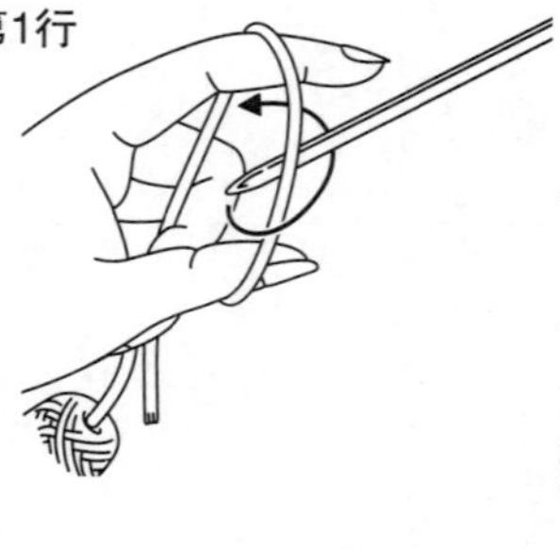

1 将棒针放在线的后面，如箭头所示转动棒针编织上针。

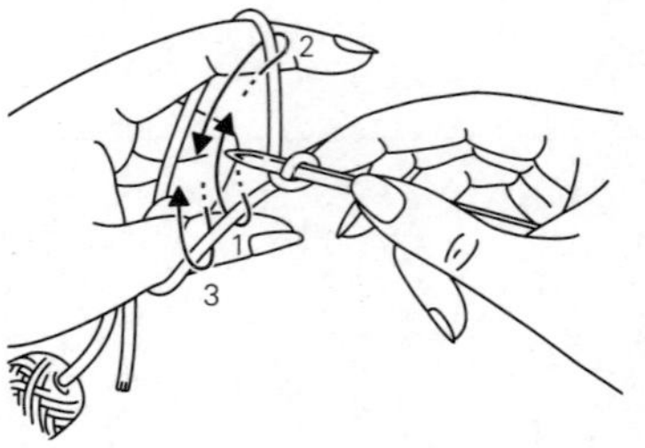

2 按1、2、3的顺序转动针头编织下针。

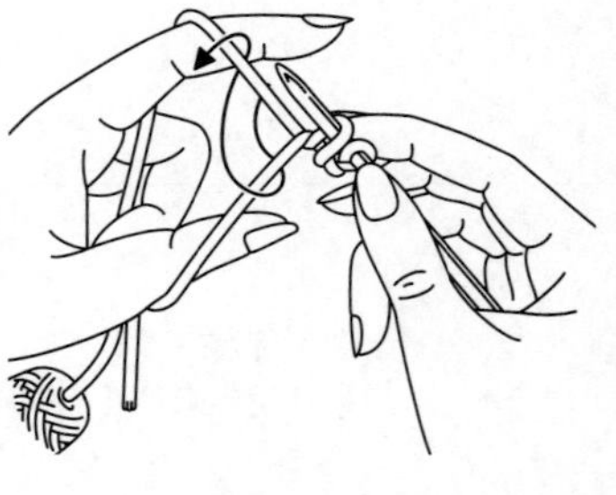

3 第3针如箭头所示转动棒针编织上针。重复步骤2、3，最后步骤2编织下针。

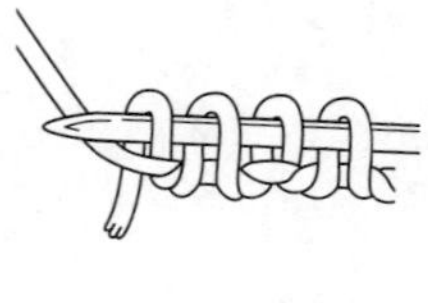

4 第1行左边的状态。最后以步骤3（上针）结束。

第2行

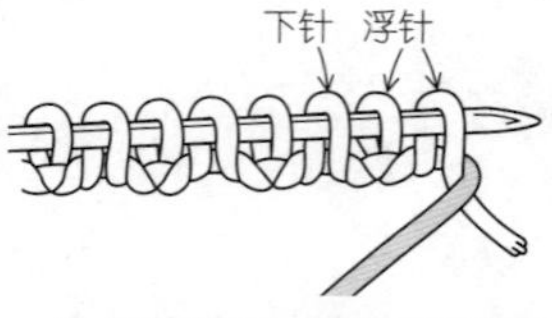

5 翻转织物，将线放在前面。

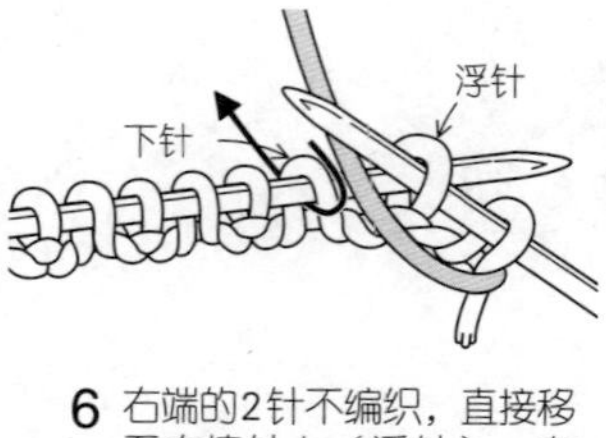

6 右端的2针不编织，直接移至右棒针上（浮针）。在第3针上编织下针。

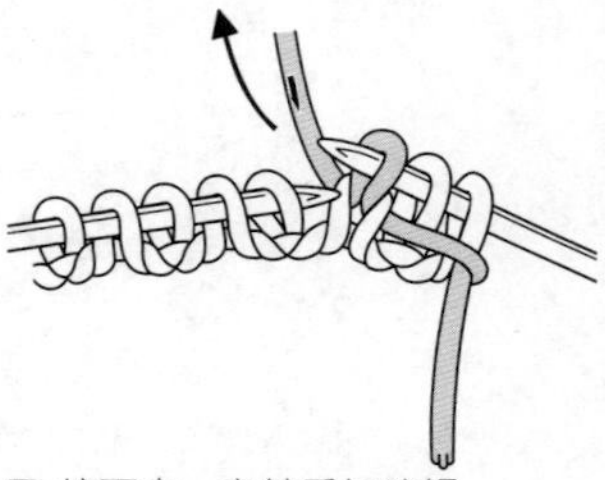

7 接下来，交替重复编织“1针上针的浮针、1针下针”。

8 最后一针按编织下针的方式插入棒针，将针目移至右棒针上。

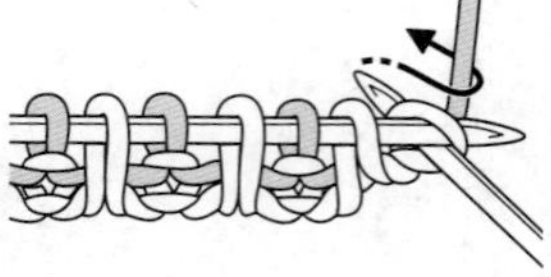

9 翻转织物，在边上的2针里编织下针。

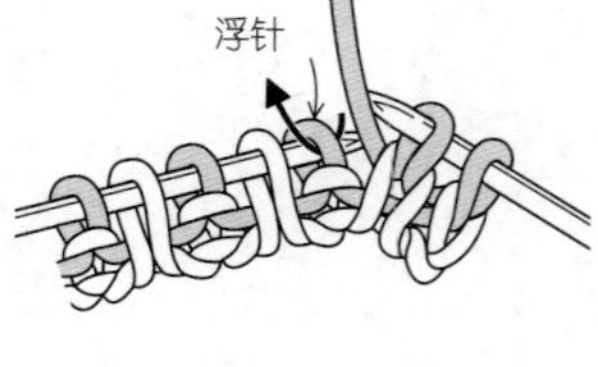

10 从下一针开始重复编织“1针上针的伏针、1针下针”。

第3行

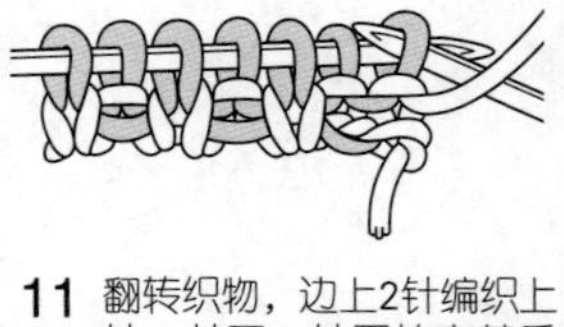

11 翻转织物，边上2针编织上针，从下一针开始交替重复编织“1针下针、1针上针”。最后一针编织上针。

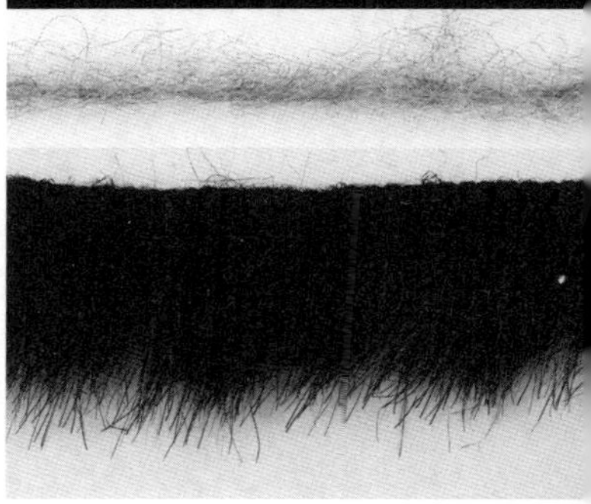

材料

达摩手编线 GEEK 黑色、蓝色(4) 485g/17团；Mink Touch Fur 黑色(3) 15m/1个

工具

编织机 Amimumemo (6.5mm)，棒针6号、9mm

成品尺寸

胸围132cm，衣长93cm，连肩袖长64cm

编织密度

10cm×10cm面积内：下针编织15针，22行

编织要点

●身片、袖子…身片另色线起针后开始做下针编织。领窝减2针及以上时做伏针减针，减1针时立起侧边1针减针。结束时编织几行另色线，从编织机上取下织片。下摆编织双罗纹针，结束时做卷针收针。肩部做机器缝合。袖子挑取指定针数后编织下针，袖下的减针在边上第2针和第3针里做2针并1针，结束时按与下摆相同的要领收针。

●组合…衣领挑取指定针数后环形编织起伏针，结束时从反面做伏针收针。胁部、袖下做挑针缝合。袖口挑取指定针数后环形编织上针编织，结束时一边编织上针一边做伏针收针。

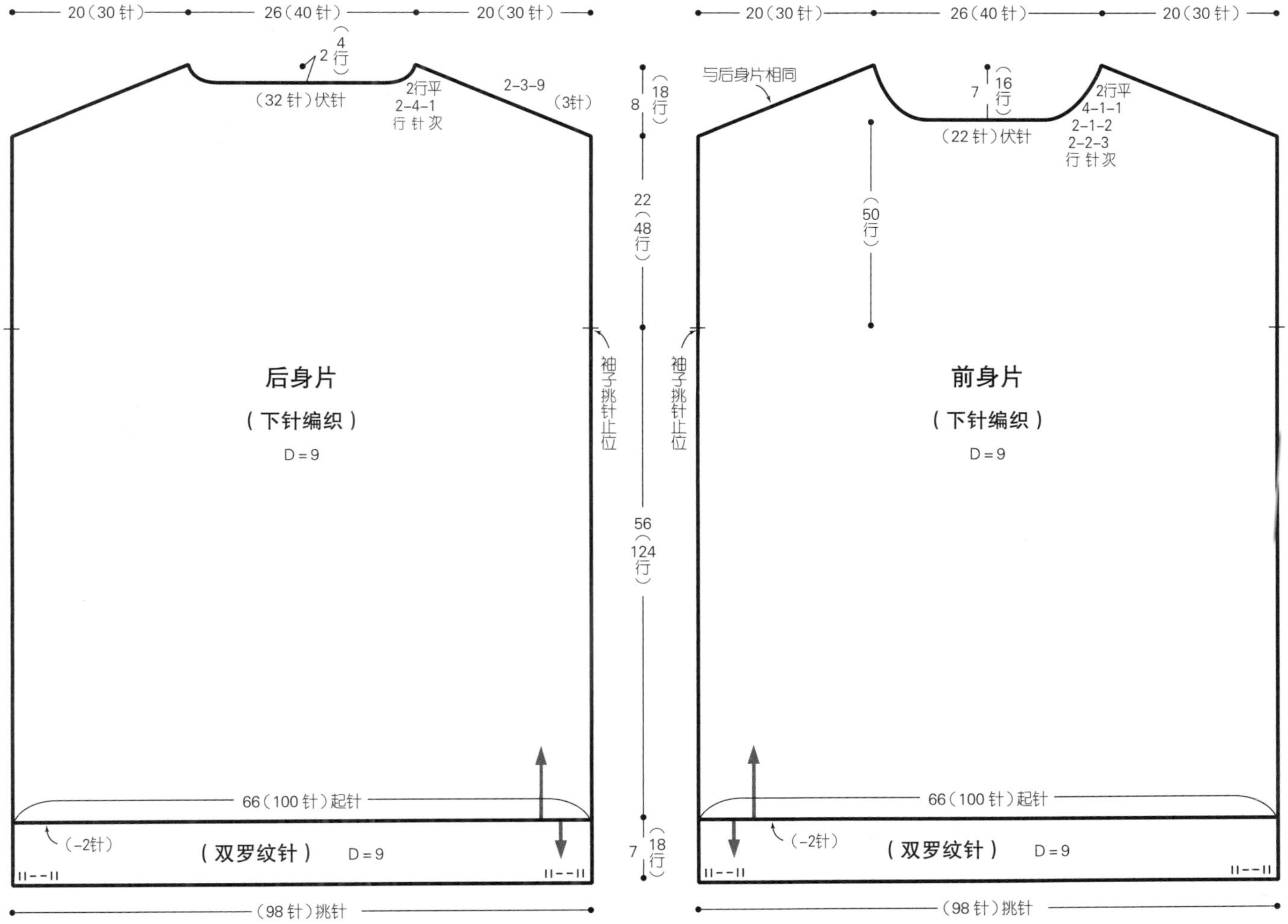

※ 除指定以外均用 GEEK 线编织

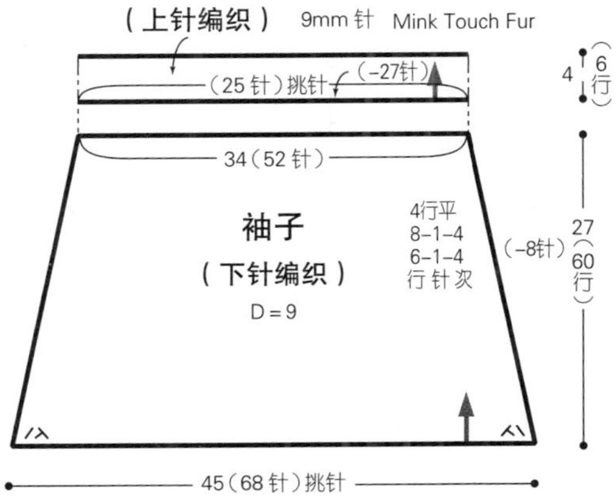

※ 符号图表示的是挂在编织机上的状态

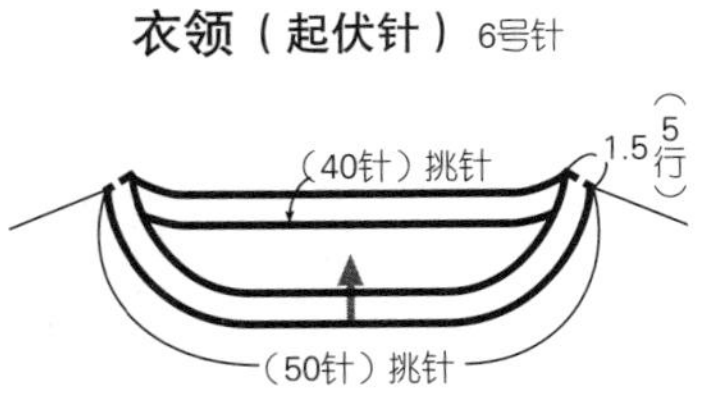

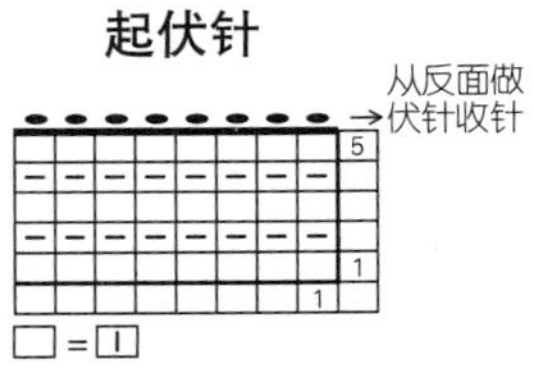

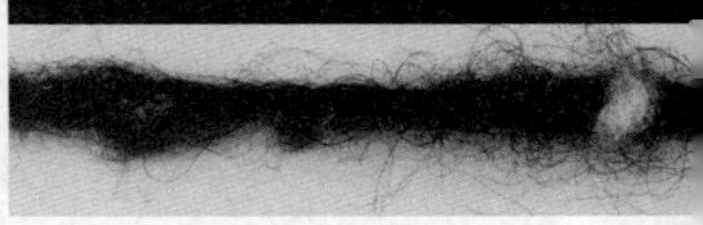

材料

和麻纳卡 COMPOSITION 灰粉色系混染（2）345g/14团；长10mm的风纪扣1组

工具

编织机 Amimumemo（6.5mm），钩针6/0号

成品尺寸

胸围113cm，衣长72.5cm，连肩袖长65cm

编织密度

10cm×10cm面积内：下针编织13.5针，18.5行；编织花样的1个花样8针4cm，18.5行10cm

编织要点

●身片、袖子…另色线起针，身片编织下针，袖子做下针编织和编织花样。减2针及以上时做伏针减针，减1针时立起侧边1针减针。注意袖子的编织花样和下针编织交界处有一部分是做2针并1针的减针。下摆挑取指定针数后编织单罗纹针，结束时用2股线做引拔收针。袖口编织下针，结束时做引拔收针，向内侧翻折后做藏针缝缝合。

●组合…插肩线、胁部、袖下做挑针缝合。前门襟、衣领挑取指定针数后编织下针，结束时按与下摆相同的要领收针。编织口袋，缝在指定位置。制作细绳，缝在前领上。最后缝上风纪扣。

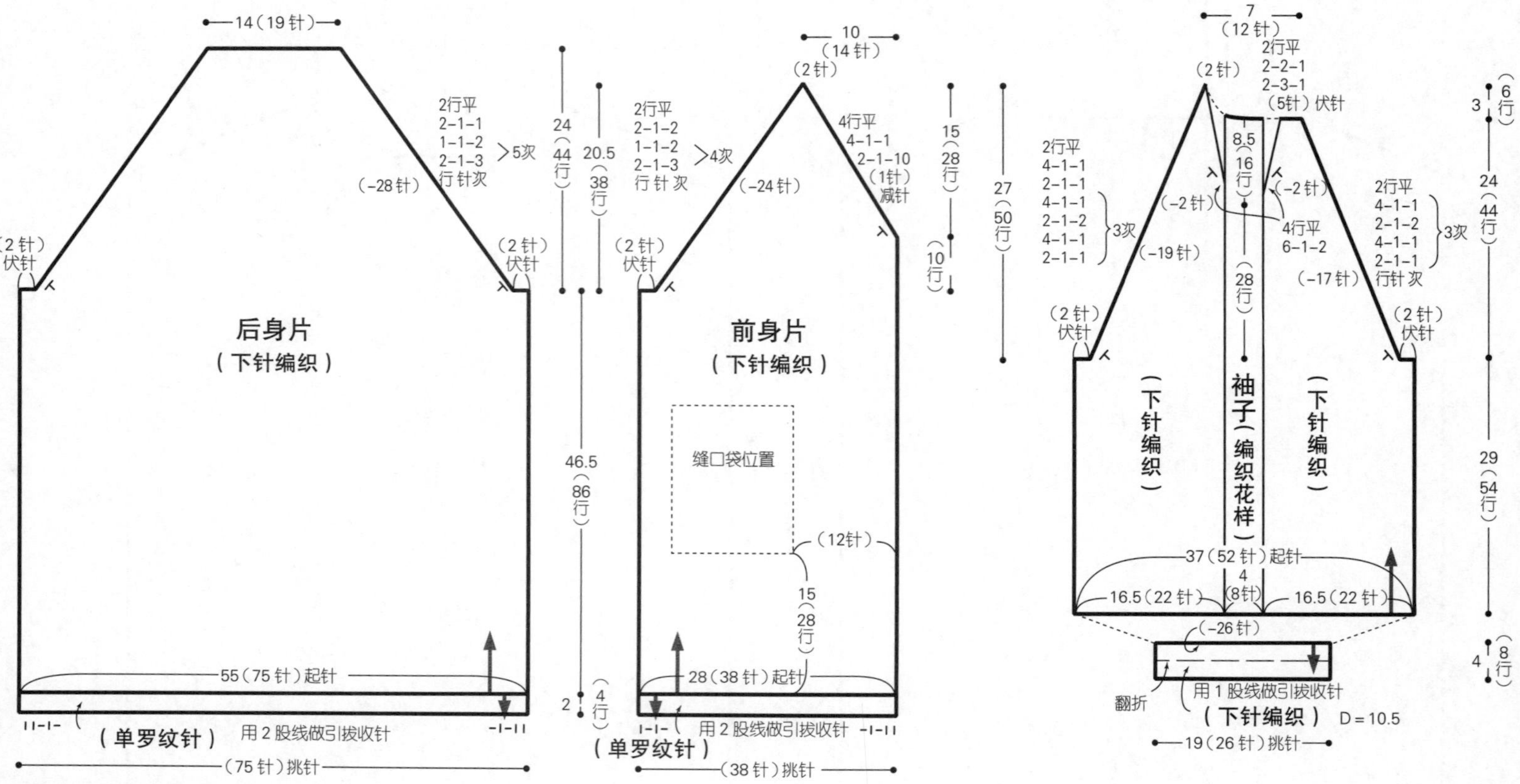

※除指定以外均用D=11编织

※除指定以外均用1股线编织

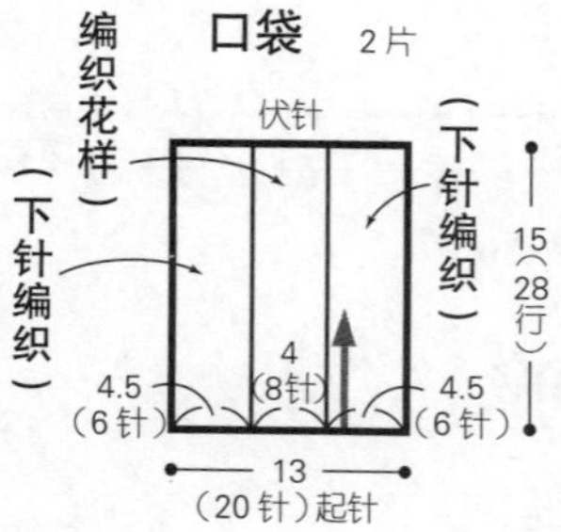

编织花样（右袖、右口袋）

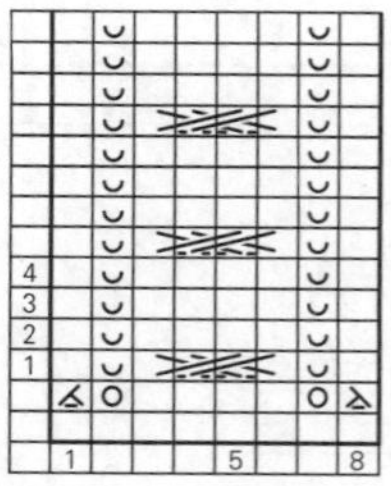

※符号图表示的是挂在编织机上的状态

编织花样（左袖、左口袋）

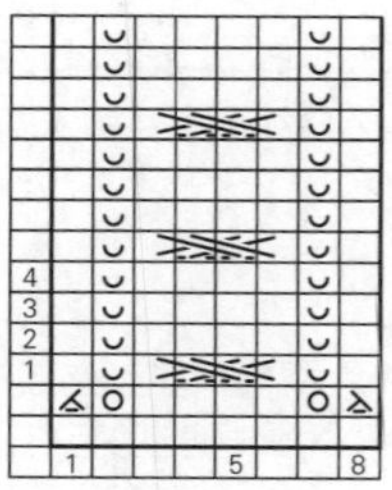

※符号图表示的是挂在编织机上的状态

单罗纹针

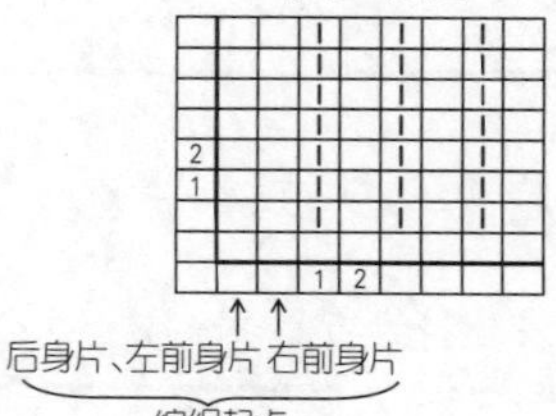

※符号图表示的是挂在编织机上的状态

口袋边缘（边缘编织）

2股线 6/0号针

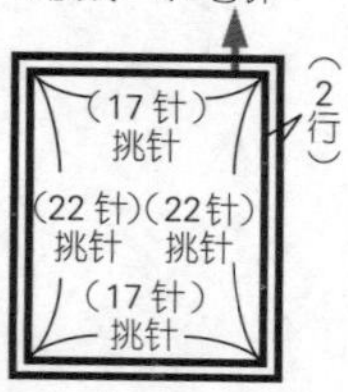

边缘编织转角处的钩织方法

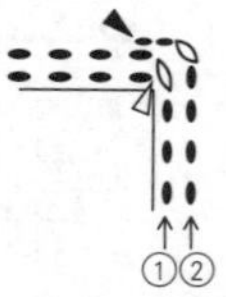

※第2行在第1行引拔针的针目正中间插入钩针，钩织引拔针

前门襟、衣领（下针编织） D = 10.5

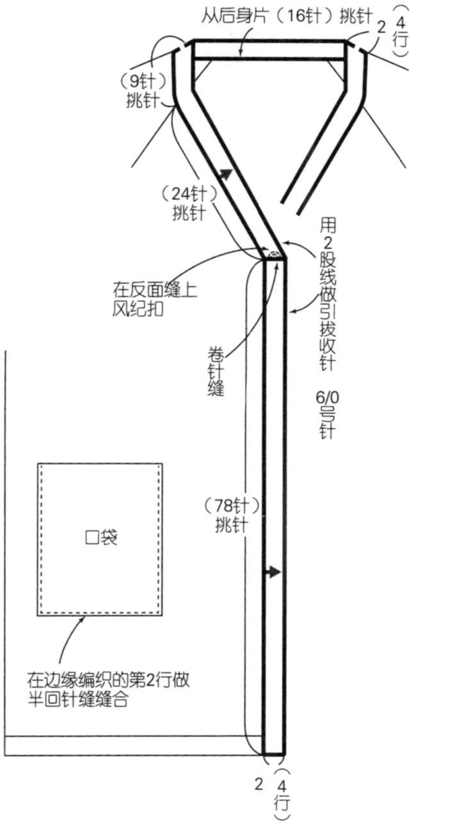

细绳的制作方法

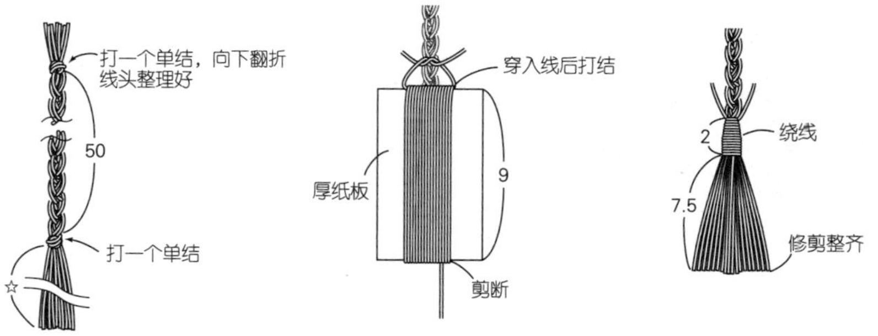

1. 取12根150cm长的线，分成每4根为1组，编成50cm长的三股辫。

2. 将☆处的线绕在9cm宽的厚纸板上，穿入另线打结。

3. 用4根流苏的线缠绕，藏住线结，将流苏修剪整齐。

组合方法

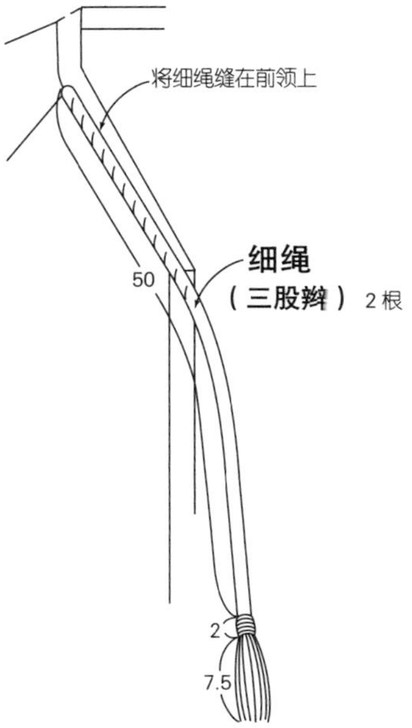

卡农拼接的方法

※ 卡农拼接是在没有机头的一侧进行的

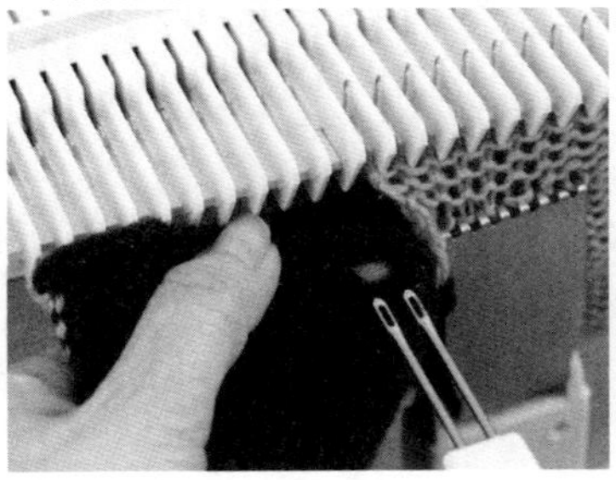

1 第2片织片编织至花样的挂针行。在第1片织片的挂针形成的小洞里插入2针的移圈针。

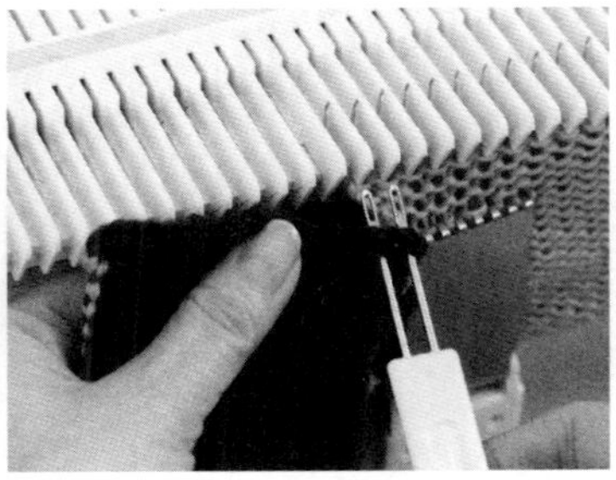

2 将第2片织片的边上2针移至移圈针上。

3 将移圈针穿过挂针的小洞拉至前面。

4 将针目移回原来的机针上。每次接合时重复步骤1~4。

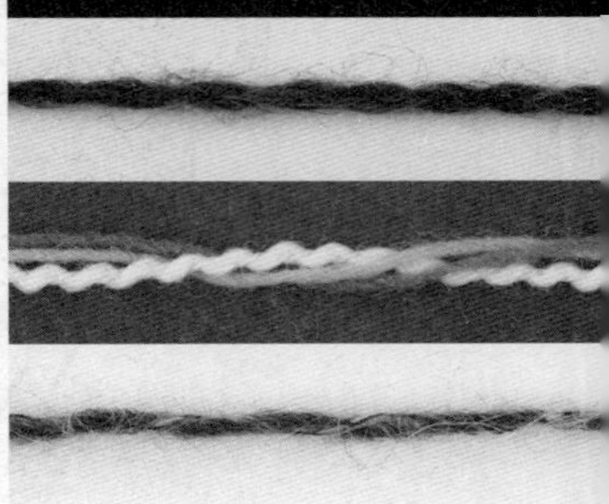

材料

钻石线 Diagarbo 紫色系混染(8507) 280g/10团；Diacinnamon 紫色、绿色、淡蓝色系混染(8706) 15g/1团；Diadomina 红色、粉红色系段染(384) 10g/1团

工具

编织机 Amimumemo(6.5mm)

成品尺寸

胸围100cm，衣长78.5cm，连肩袖长26.5cm

编织密度

10cm×10cm面积内：上针编织20针，26行；条纹花样A 20针，40行；条纹花样B 20针，41行

编织要点

●身片…另色线起针，做下针编织和条纹花样A、B及上针编织。减2针及以上时做伏针减针，减1针时立起侧边1针减针。结束时编织几行另色线，从编织机上取下织片。

●组合…衣领、袖口按与身片相同的要领起针后编织下针，结束时按与身片相同的要领处理。右肩做机器缝合。参照缝合方法缝合衣领与身片。左肩做机器缝合。袖口按与衣领相同的要领与身片缝合。胁部、衣领侧边、袖口下方做挑针缝合。

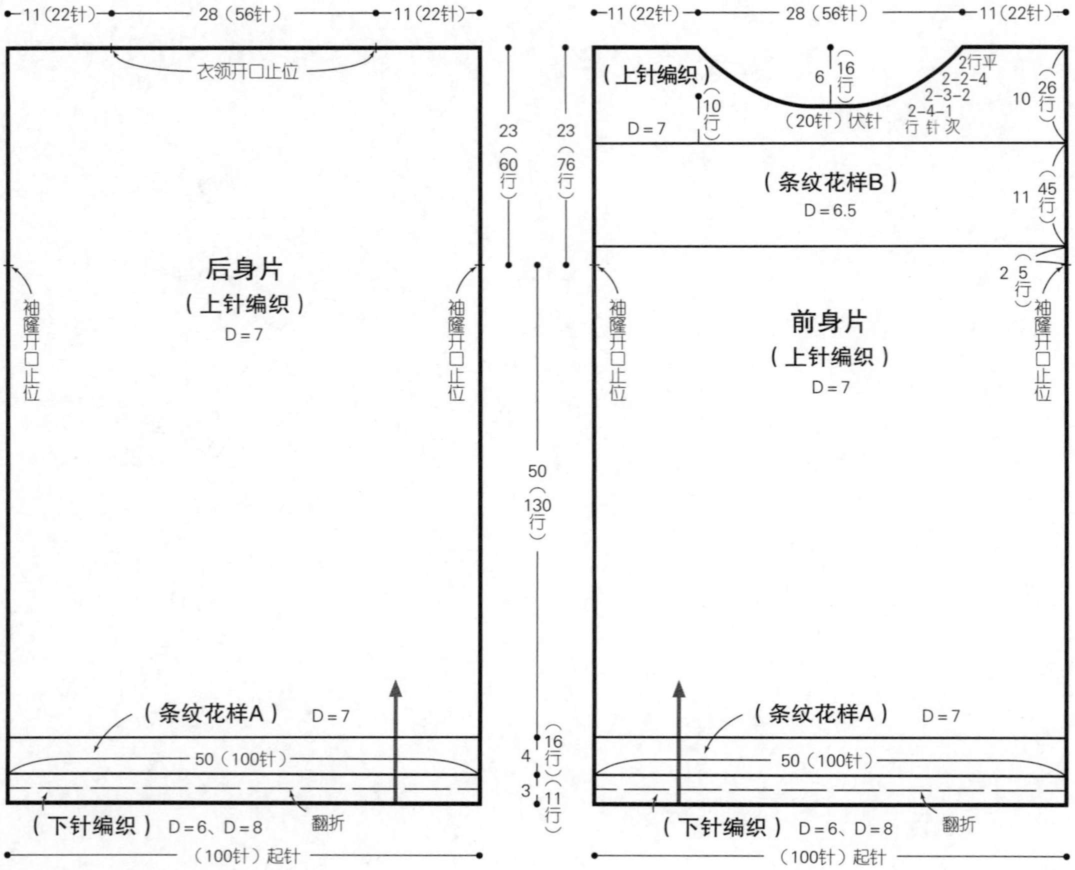

※ 除指定以外均用Diagarbo线编织

下摆的编织方法

① 另色线起针后开始编织，使用D=6编织10行

② 将编织起点的针目挑起重叠着挂到机针上，使用D=8编织1行

衣领

(下针编织)

D=6

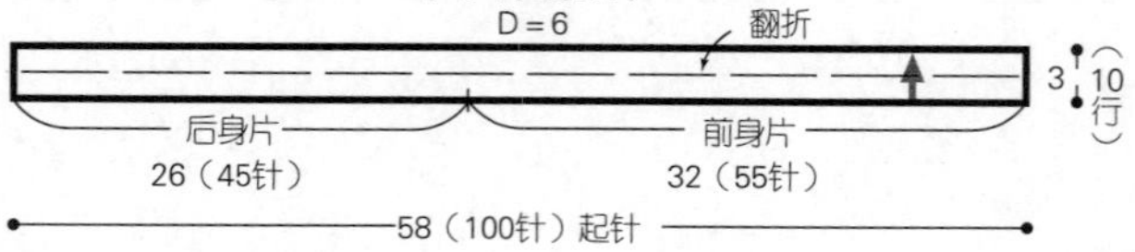

袖口

(下针编织)

D=6

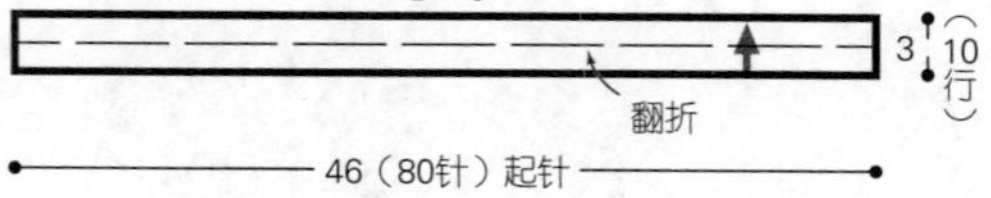

条纹花样A

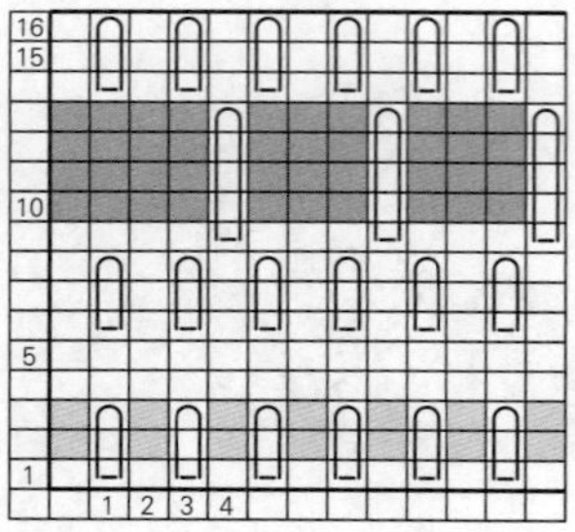

□=⊟

※ 符号图表示的是挂在编织机上的状态

※ 将上针面用作正面

配色 { □=Diagarbo ▨=Diadomina ■=Diacinnamon

衣领、袖口的缝合方法

① 推出指定针数的机针，看着身片的正面将针目挂到机针上

② 看着衣领的反面，将编织终点的针目挂到机针上，将针目移至针舌后面

③ 将衣领编织起点的针目也挂到机针上，使用D=6编织1行后做卷针收针

④ 袖口也按相同的要领缝合

条纹花样B

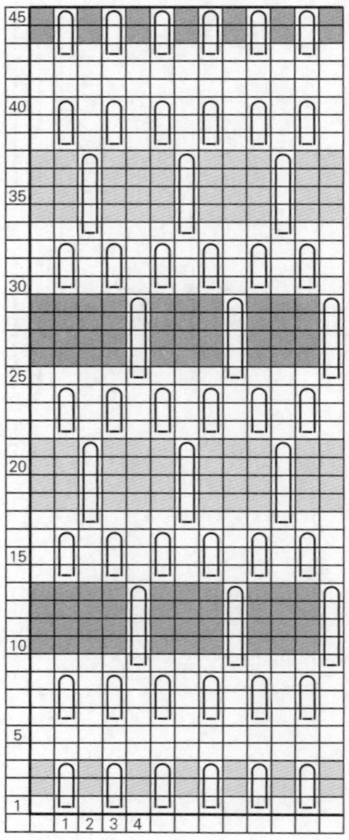

□=⊟

※ 符号图表示的是挂在编织机上的状态

※ 将上针面用作正面

配色 { □=Diagarbo ▨=Diadomina ■=Diacinnamon

组合方法

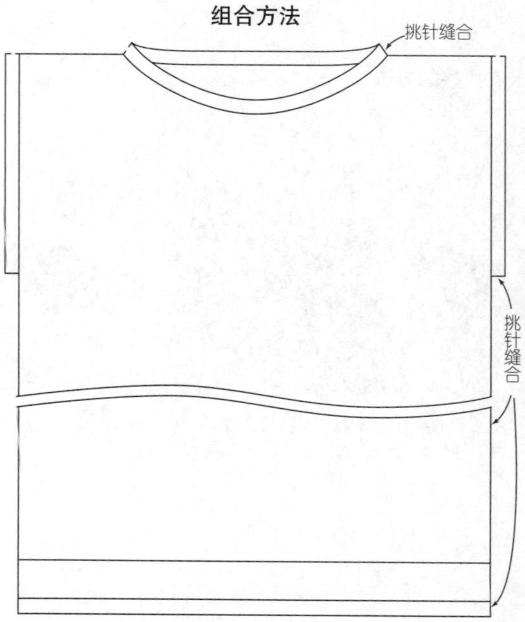

80 页的作品★★★

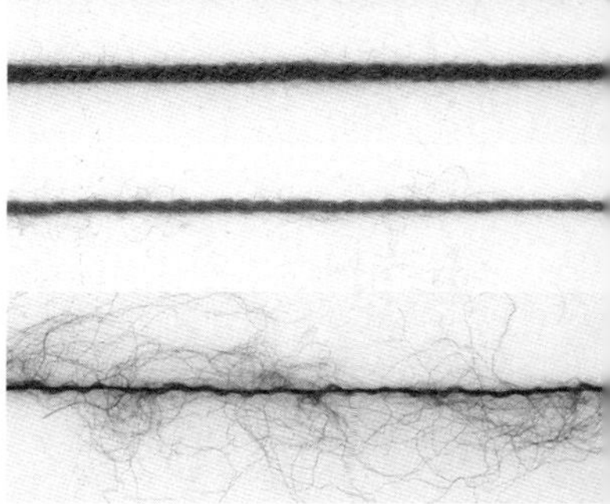

材料

芭贝 Puppy New 4PLY 蓝绿色(456)170g/5团；Puppy New 2PLY 浅茶色(213)60g/3团；Kid Mohair Multi 芥末黄色、蓝色、红紫色系段染(811)60g/3团；宽2.5cm的松紧带67cm

工具

编织机 Amimumemo(6.5mm)

成品尺寸

腰围68cm，裙长77.5cm

编织密度

10cm×10cm面积内：下针编织23针，30行(D=5)

编织要点

●主体…另色线起针后开始编织。下摆编织12行后，挑起编织起点的针目挂在机针上，叠成双层后编织1行。第1片裙片的两端是编织花样，中心是下针编织。减针时在边上第4针和第5针里做2针并1针。结束时编织几行另色线，从编织机上取下织片。从第2片到第5片裙片在左侧每6行做一次卡农拼接，右侧做编织花样。第6片裙片在两侧做卡农拼接。

●组合…腰头部分按与主体相同的要领起针后开始编织下针，一共编织2片腰头。参照图示缝合腰头和主体。在腰头中穿入松紧带，两端重叠1cm后缝成环形。腰头侧边、下摆做挑针缝合。

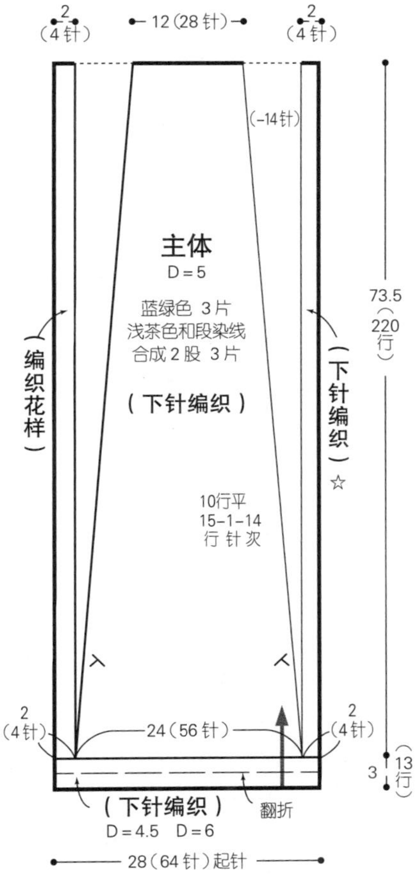

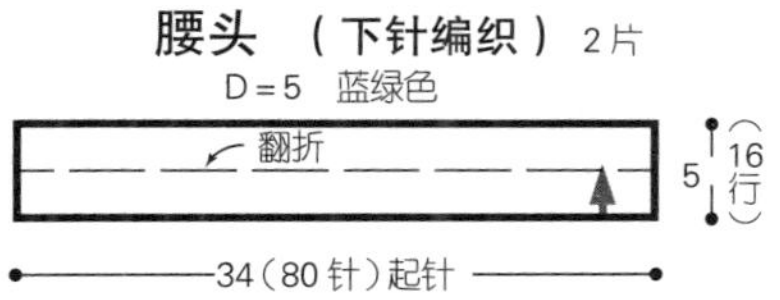

腰头的缝合方法

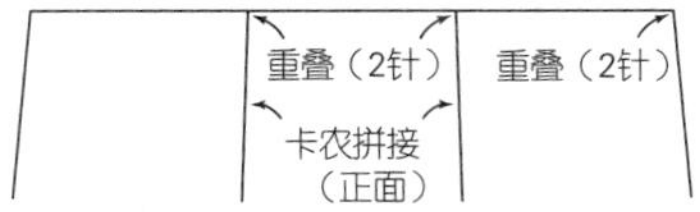

1. 推出与腰头针数相同数量的机针，看着主体的正面将针目挂到机针上。重叠(2针)部分挂到机针上时使编织花样一侧朝向前面。

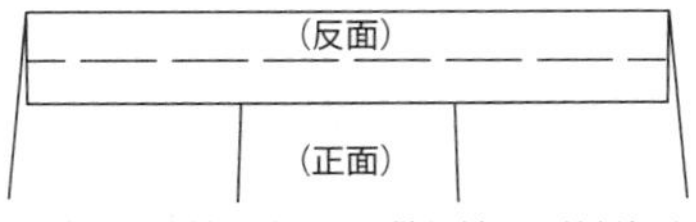

2. 将腰头的针目挂到同一处机针上，使其与主体正面相对。将针目移至针舌后面。

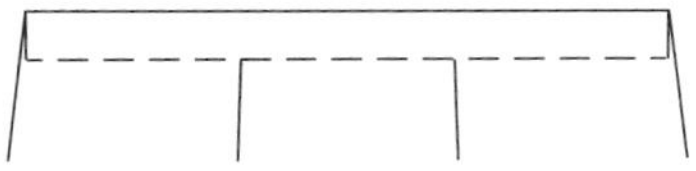

3. 将腰头另一侧针目也挂到机针上，重叠后编织1行，然后做卷针收针。

组合方法

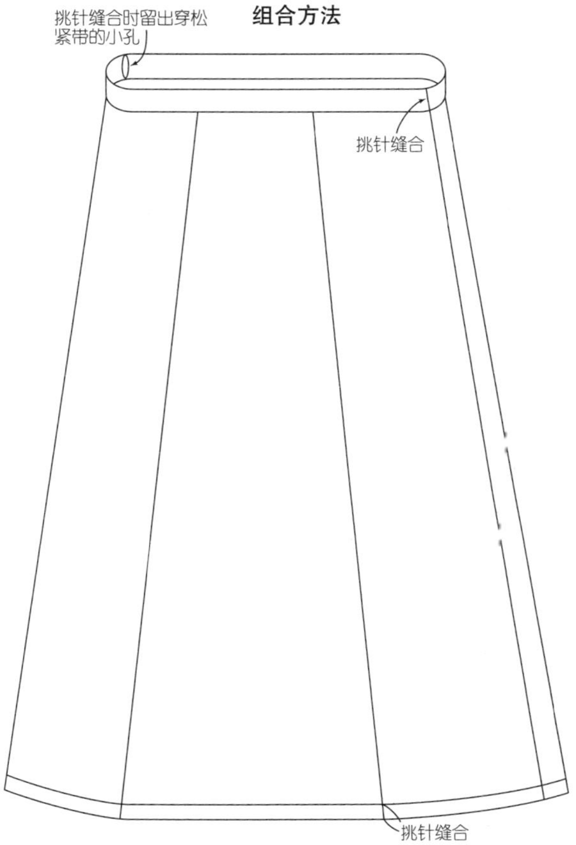

下摆的编织方法

使用D=4.5编织12行后，将编织起点的针目重叠着挂到机针上，再使用D=6编织1行

主体的编织方法

1. 第1片用蓝绿色线编织，☆部分按编织花样(第1片左侧)编织。
2. 第2片用浅茶色和段染线合成2股编织，同时在左侧与第1片做卡农拼接(卡农拼接在没有机头的一侧进行)。
3. 第3片用蓝绿色线编织，同时与第2片做卡农拼接。
4. 第4、5片按与第2、3片相同的要领编织。
5. 第6片用浅茶色和段染线合成2股编织，左侧与第5片、右侧与第1片做卡农拼接。

※ 卡农拼接的操作方法请参照第185页

编织花样

(第1片左侧)

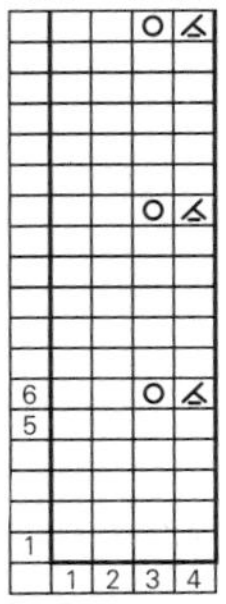

□=⊟

※符号图表示的是挂在编织机上的状态

编织花样

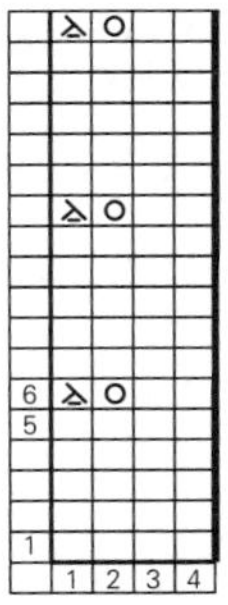

□=⊟

※符号图表示的是挂在编织机上的状态

棒针编织

起针

〈手指起针〉

直针编织

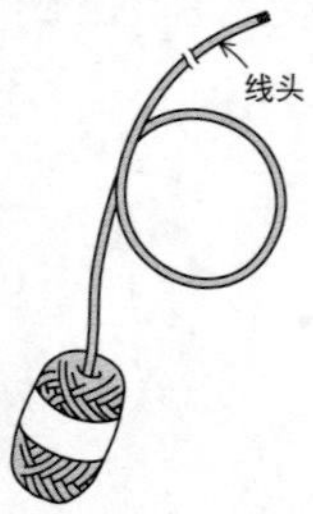

❶将线头从线团中间拉出来，拉出起针宽度的3倍长。

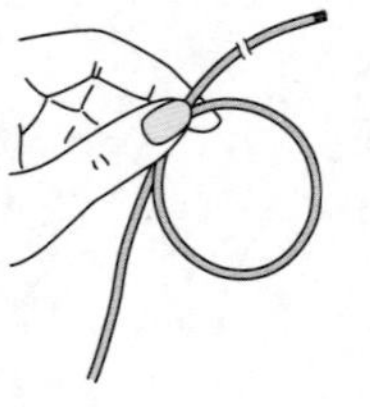

❷做个圈，左手捏着交叉点。

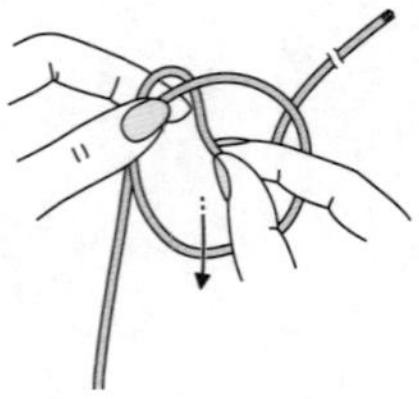

❸将线头从线圈中穿过。

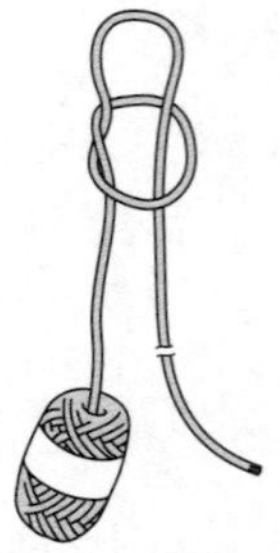

❹又做出一个线圈。

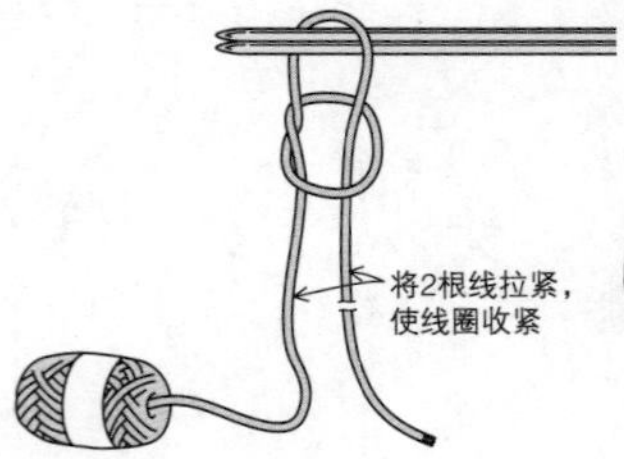

❺ 将2根棒针插入线圈。

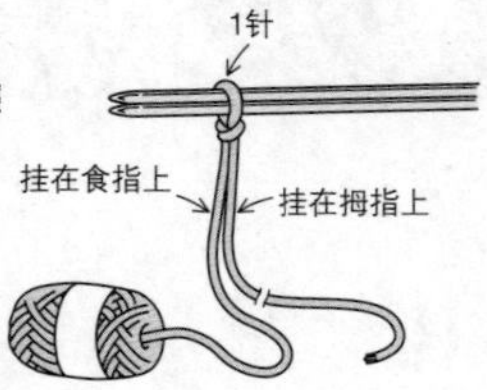

❻ 将2根线拉紧，使线圈收紧（第1针完成）。短线挂在拇指上，长线挂在食指上。

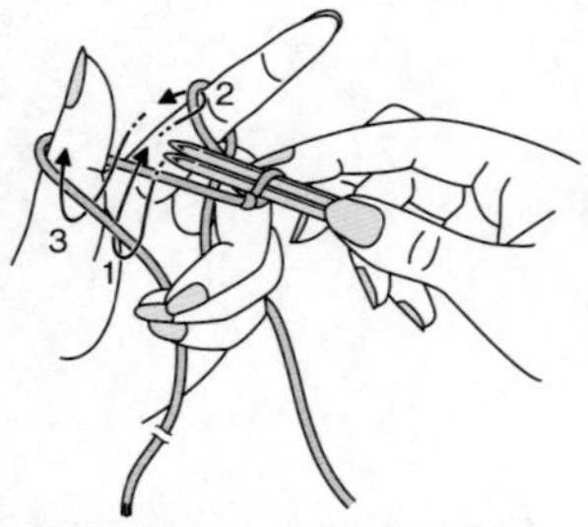

❼按照图中1、2、3的顺序转动针尖，给棒针挂线。

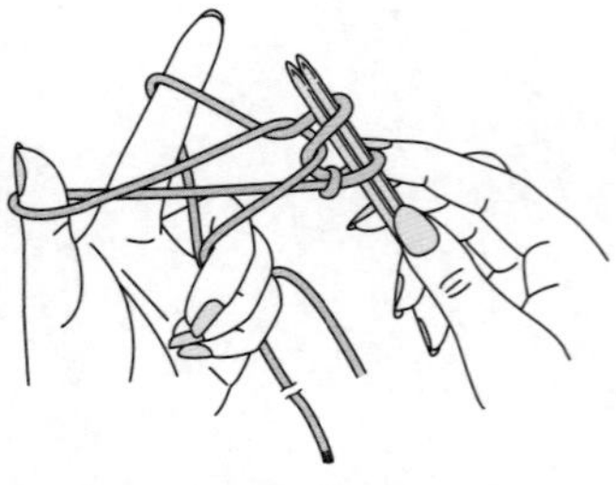

❽按照1、2、3的顺序，线挂在棒针上。

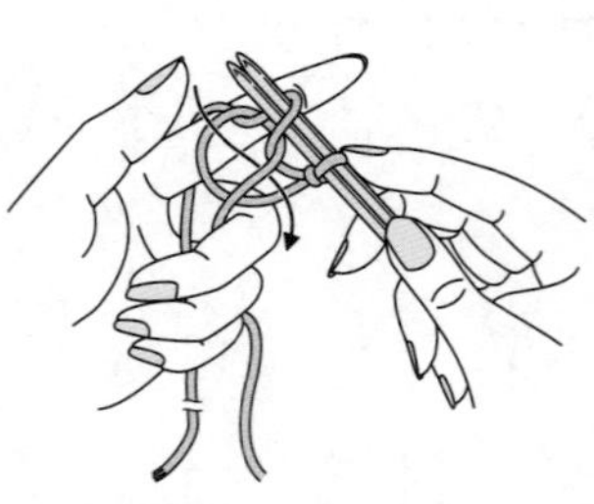

❾取下拇指上的线，再按照箭头所示插入拇指。

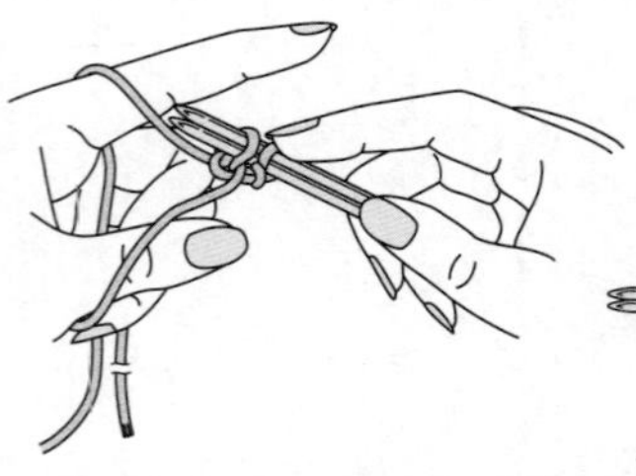

❿拇指向外伸，使针目收紧（第2针完成）。重复步骤❼~❿。

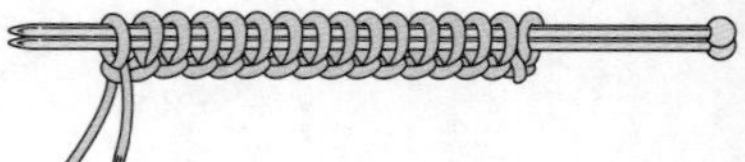

⓫起所需要的针数，抽出1根棒针。

环形编织

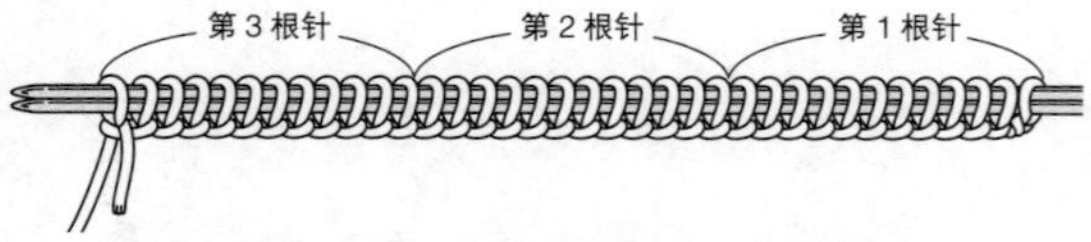

❶用2根棒针起所需要的针数，再分在3根棒针上。

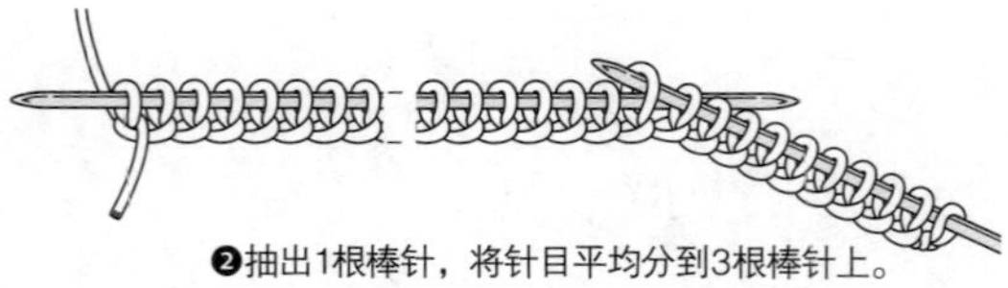

❷抽出1根棒针，将针目平均分到3根棒针上。

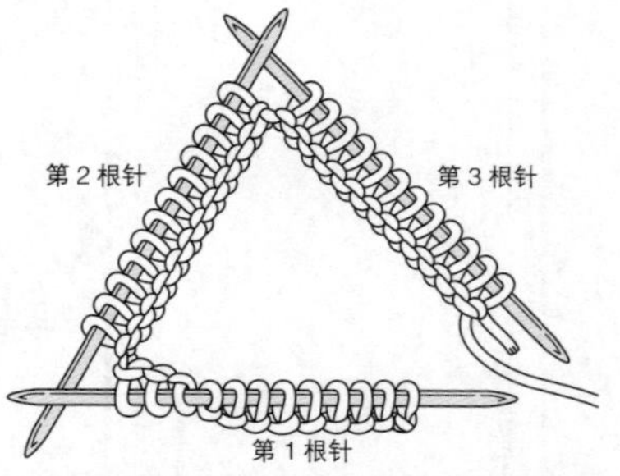

❸ 3根棒针呈三角形，注意不要将针目扭转。

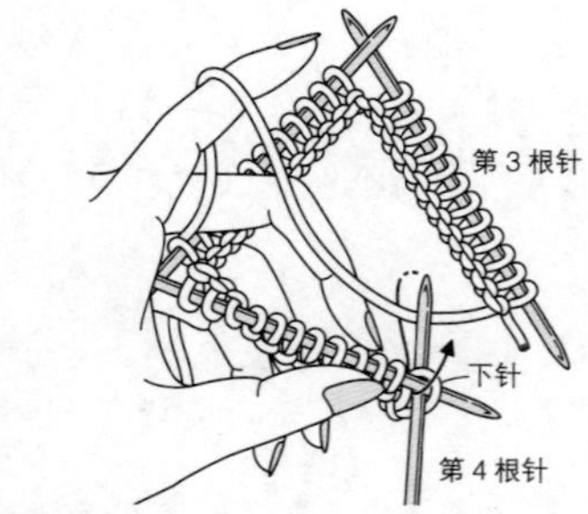

❹将编织线挂在左手上，将第4根棒针插入编织起点的针目，编织下针。

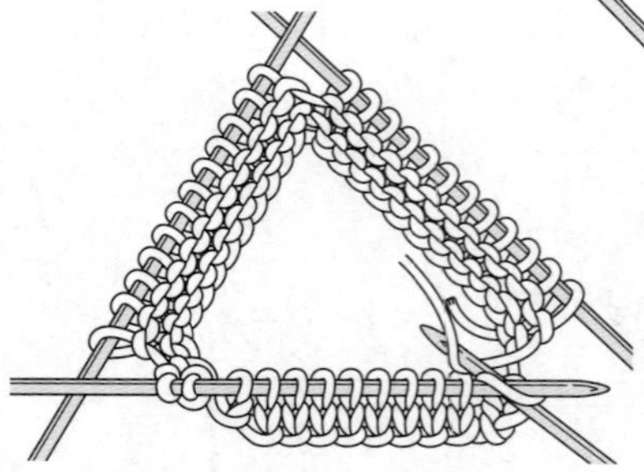

❺第3行也将第4根棒针插入编织起点的针目，编织下针。

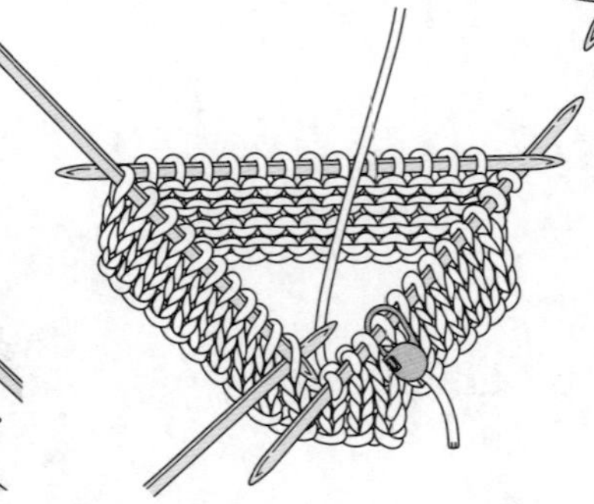

❻换棒针的位置错开几针编织。为避免弄错，在行的交界处，用行数圈做个记号。

〈挑取共线锁针的里山起针〉

正面

反面

❶用钩针编织所需要的锁针数。

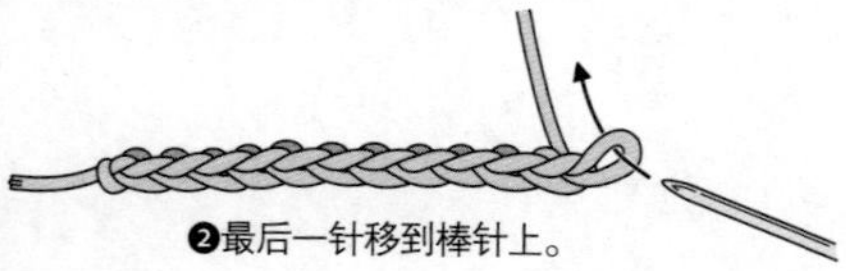

❷最后一针移到棒针上。

❸将棒针插入第2针锁针的里山，如箭头所示将线拉出。端头形成一个角。

❹一针一针地挑取里山进行编织（第1行）。

〈挑取另线锁针的里山起针〉

锁针

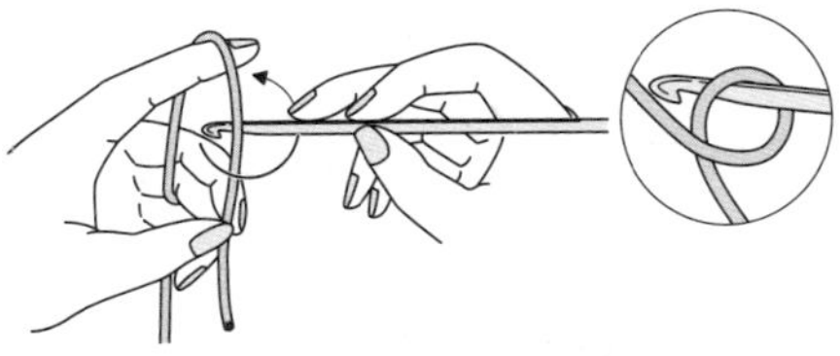

❶将钩针放在线的后面，如箭头所示绕 1 圈，将线绕到钩针上。

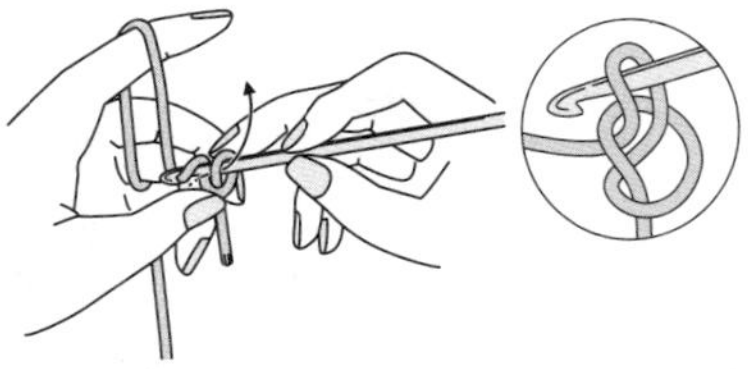

❷左手拇指和中指捏着线的交叉处，如箭头所示转动钩针挂线，从线圈中将线拉出。

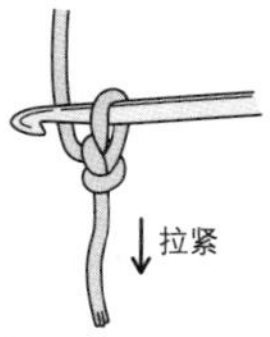

❸将线圈拉紧，完成最初的针目。这 1 针不计入起针的针数。

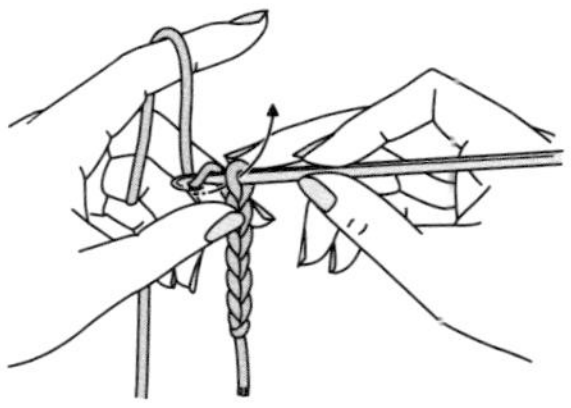

❹重复“挂线，从钩针上的线圈中拉出”，要比所需要的起针多钩织几针。

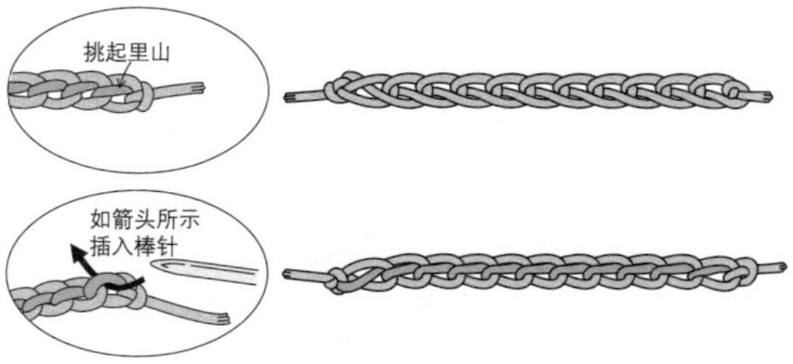

❺ 锁针分正面和反面。确认锁针里山的位置。

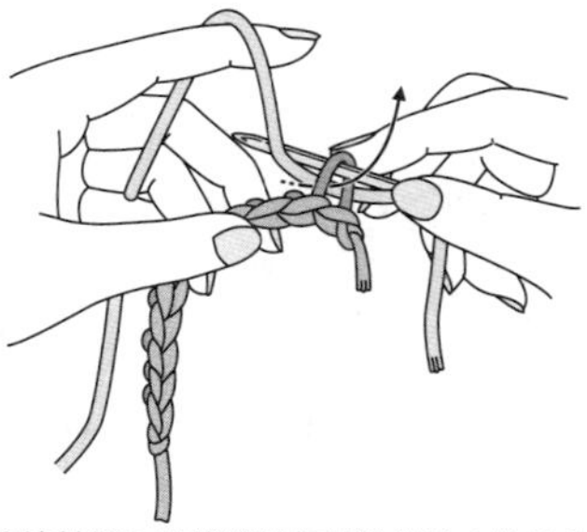

❻将棒针插入另线锁针起针编织终点的里山，如图所示挑起织片所用的线。

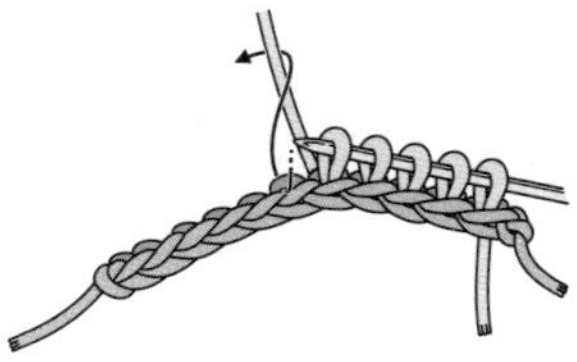

❼逐针挑起里山的针目（这是第 1 行）。

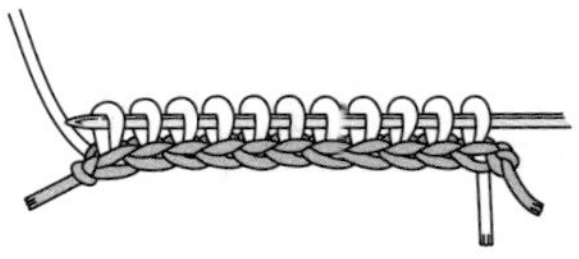

❽ 挑取所需要的针数。

减针

〈立起侧边 1 针减针〉

⋋ 右侧

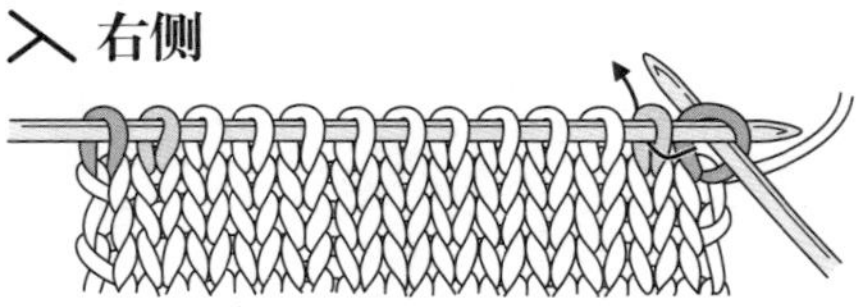

❶ 第1针不编织直接移至右棒针。将右棒针插入第 2 针中。

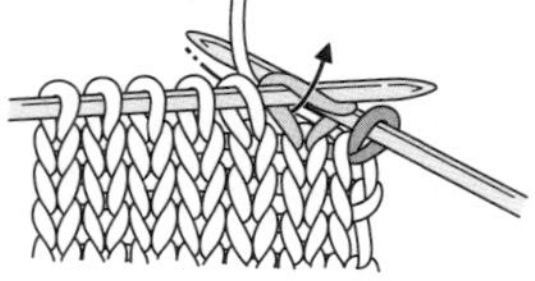

❷编织下针。

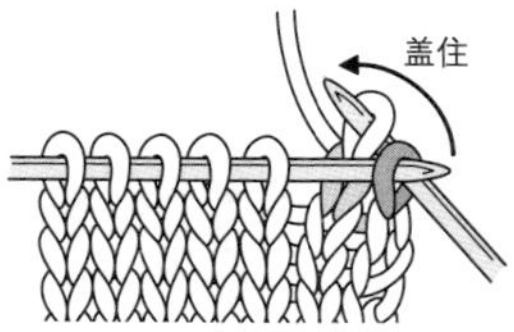

❸将左棒针插入移至右棒针的第 1 针中，使其盖住第 2 针。

❹ 右侧的立起侧边1针减针完成。

⋌ 左侧

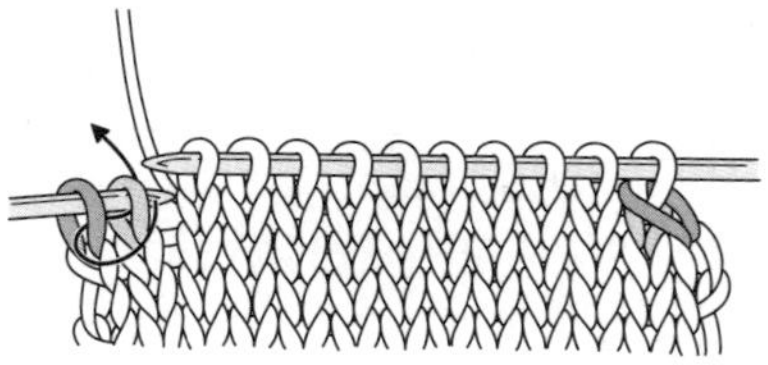

❶如箭头所示，将右棒针插入左棒针上的 2 个针目中。

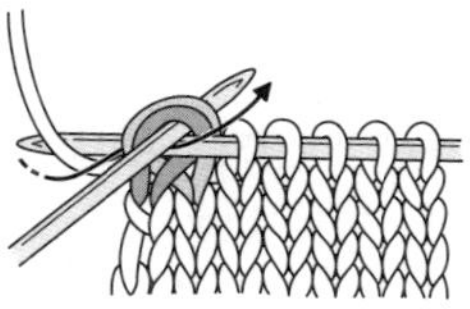

❷ 挂线并拉出。

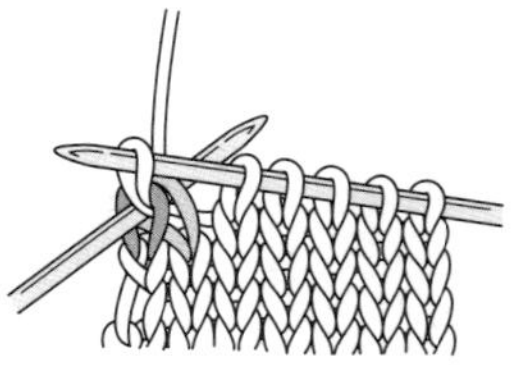

❸ 从2个针目中抽出左棒针。

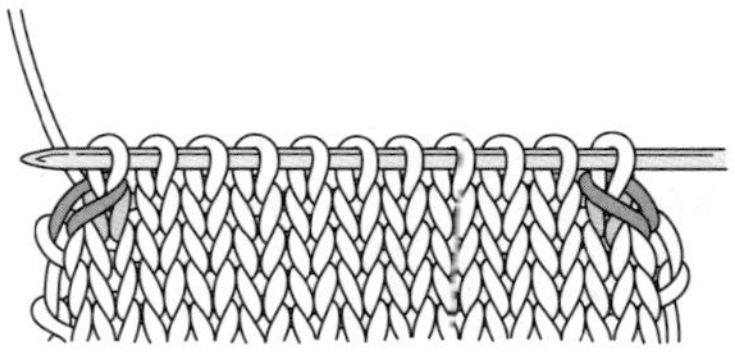

❹左侧的立起侧边 1 针减针完成。

〈伏针减针〉

右侧（下针行）

❶ 第1针编织下针。

❷ 第2针也编织下针。

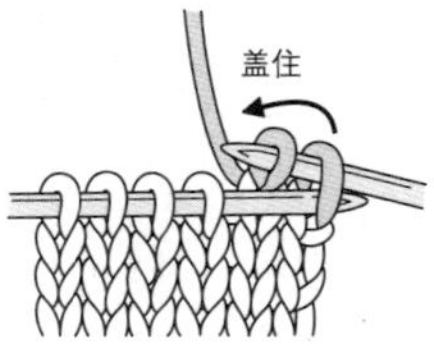

❸将左棒针插入右棒针上的第 1 针中，使其盖住第 2 针。完成第 1 针伏针。

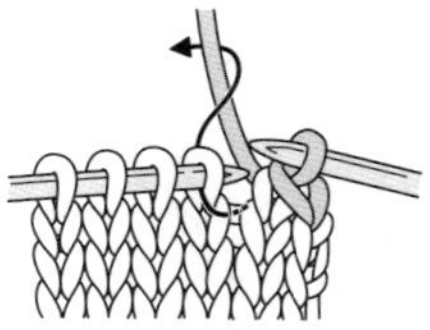

❹下一个针目编织下针。将左棒针插入右棒针上的第 2 针中，使其盖住刚刚编织的针目。

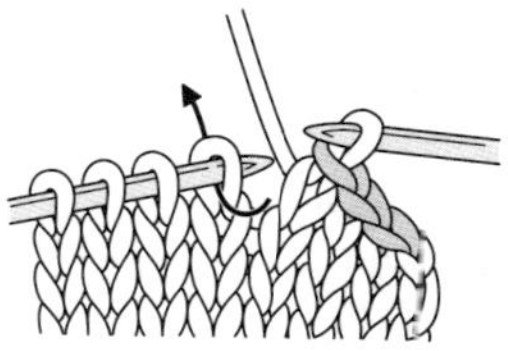

❺编织所需数量的伏针后，下一个针目编织下针。

左侧（上针行）

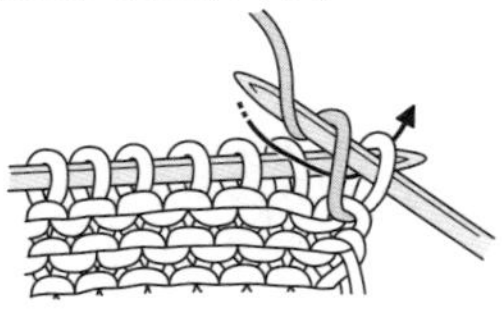

❶第1针编织上针。

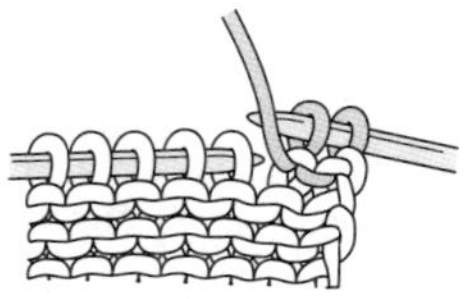

❷ 第2针也编织上针。

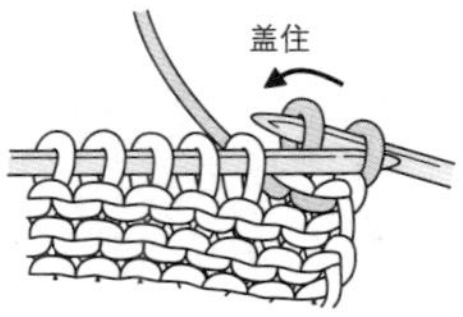

❸将左棒针插入右棒针上的第 1 针中，使其盖住第 2 针。完成第 1 针伏针。

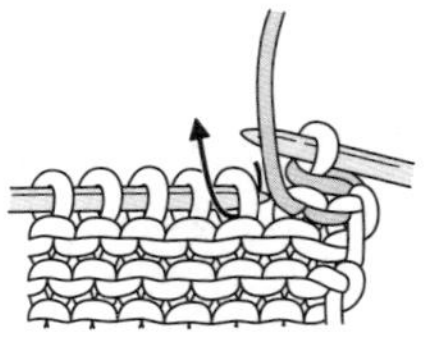

❹下一个针目编织上针。将左棒针插入右棒针上的第 2 针中，使其盖住刚刚编织的针目。

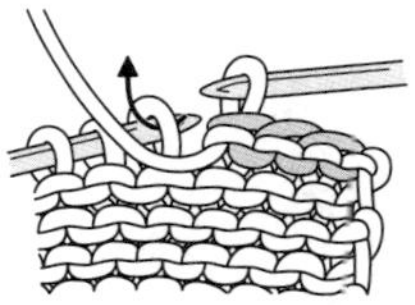

❺编织所需数量的伏针后，下一个针目编织上针。

加针

〈扭针加针〉

下针行

右侧

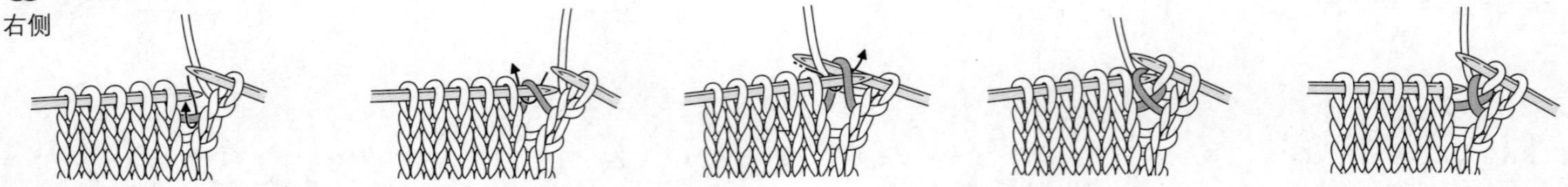

❶编织端头的 1 针，如箭头所示插入右棒针，将针目提起来移至左棒针。

❷将右棒针插入移至左棒针的针目中。

❸挂线。

❹从前侧拉出。

❺下针的右侧扭针加针完成。

左侧

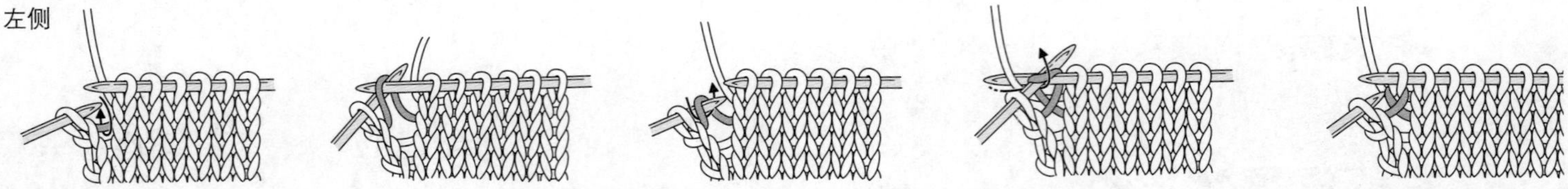

❶编织至端头 1 针的前侧，如箭头所示插入右棒针并将针目提起来。

❷将提起的针目移至左棒针。

❸将右棒针插入移至左棒针的针目中。

❹挂线并从前侧拉出。

❺下针的左侧扭针加针完成。最终的针目编织下针。

上针行

右侧

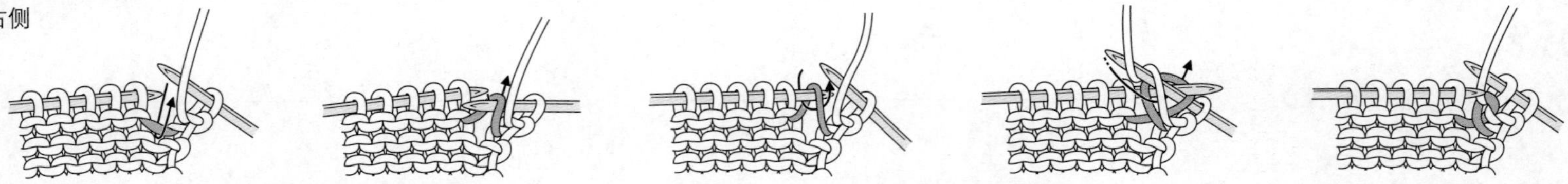

❶编织端头的1针，如箭头所示插入右棒针。

❷将针目提起来移至左棒针。

❸如箭头所示，将右棒针从后侧插入移至左棒针的针目中。

❹挂线并从后侧拉出。

❺上针的右侧扭针加针完成。

左侧

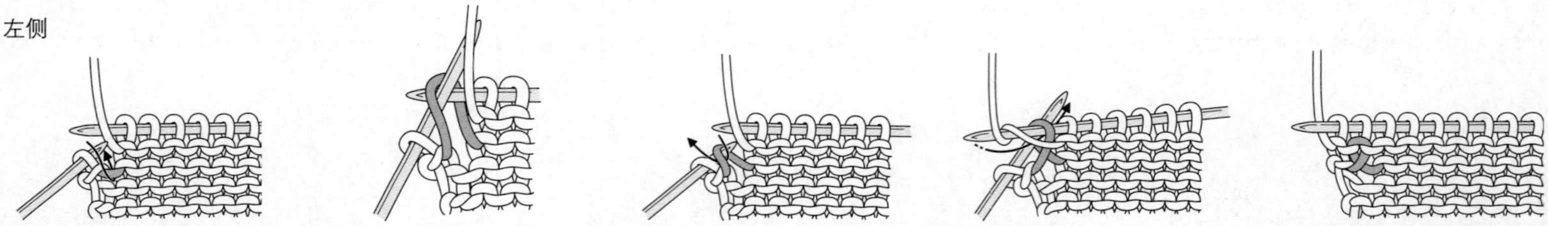

❶编织至端头 1 针的前侧，如箭头所示插入右棒针。

❷将针目提起来移至左棒针。

❸如箭头所示，将右棒针插入移至左棒针的针目中。

❹挂线并从后侧拉出。

❺上针的左侧扭针加针完成。最终的针目编织上针。

卷针加针

卷针加针一定要在线头一端的编织终点进行。

右侧

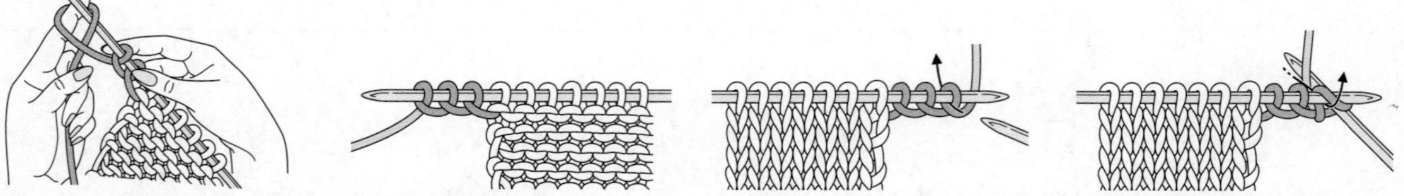

❶在上针行的编织终点加针。如图所示将棒针插入左手食指上的挂线中，移开食指。

❷重复步骤❶。图为完成 3 卷加针的情形。

❸下一行（下针行）如箭头所示将右棒针插入左棒针端头的针目中。

❹编织下针。持续加针的过程中，端头针目滑针。

左侧

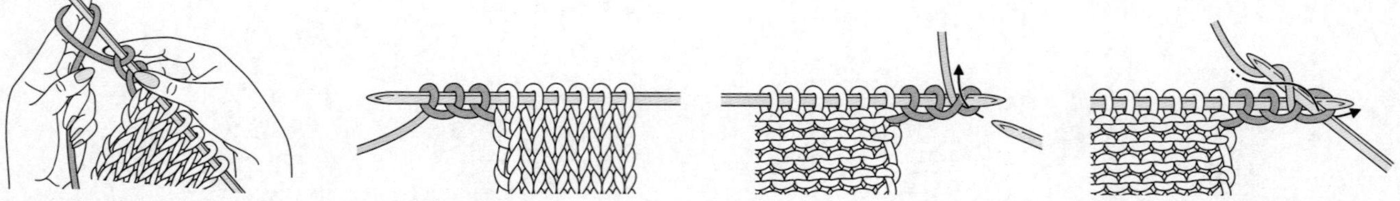

❶在下针行的编织终点加针。如图所示将棒针插入左手食指上的挂线中，移开食指。

❷重复步骤❶。图为完成 3 卷加针的情形。

❸下一行（上针行）如箭头所示将右棒针插入左棒针端头的针目中。

❹编织上针。持续加针的过程中，端头针目滑针。

⓪ 卷针加针（加1针）

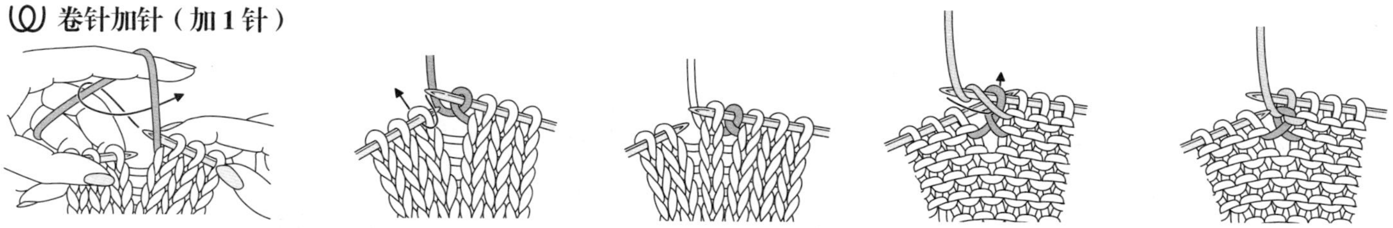

❶如箭头所示转动右棒针，将线绕在右棒针上。　❷如箭头所示将右棒针插入左棒针上的针目中。　❸编织下针。　❹反面行的卷针加针编织上针。　❺卷针加针完成。

减针的往返编织

右侧

第1行　　第2行

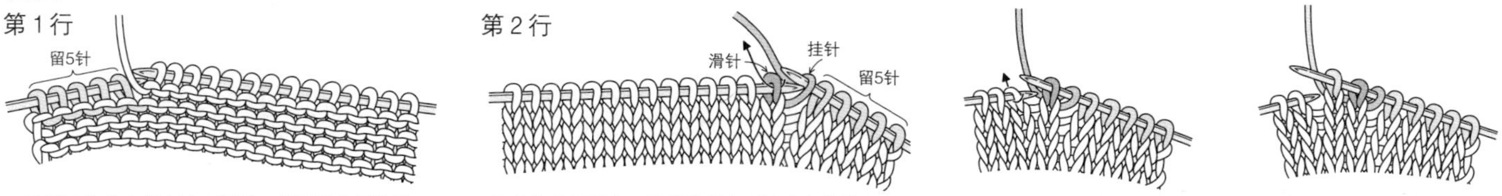

❶第1次的右侧（比左侧早一行开始）的往返编织。在反面行编织至剩余针数的前方。

❷将织片翻过来，将线从前向后挂在右棒针上。下一针按照箭头方向，将右棒针从后面插入左棒针上的针目中。

❸不编织移至右棒针（滑针），下一针编织下针。

❹然后编织下针。

第3行及以后　　消行（从反面编织的行）

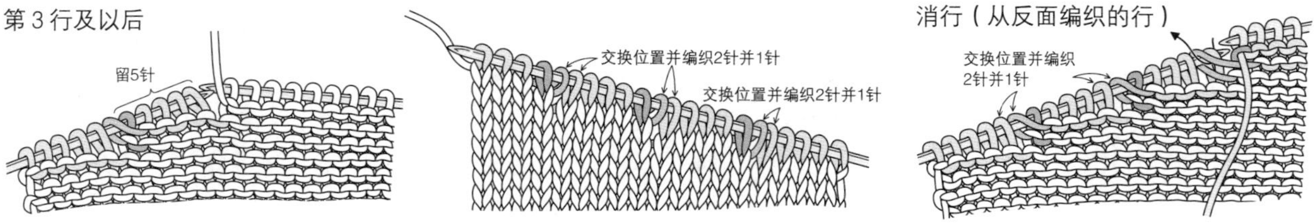

❺第2次的往返编织。和步骤❶相同，在左棒针上留下一定针数。在下一行的编织起点编织挂针、滑针。

❻编织了3次往返编织。挂针和滑针在后面的消行中交换位置并编织2针并1针。

❼挂针和左边的针目交换位置，2针并1针编织上针。

左侧

第1行

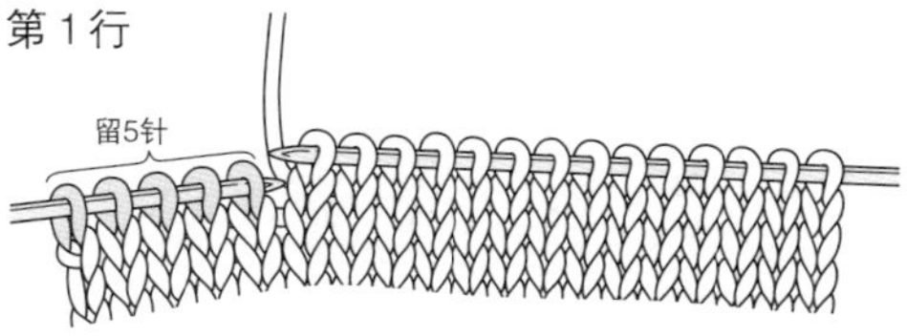

❶第1次的左侧的往返编织。在正面行编织至剩余针数的前方。

交换位置的方法（反面）

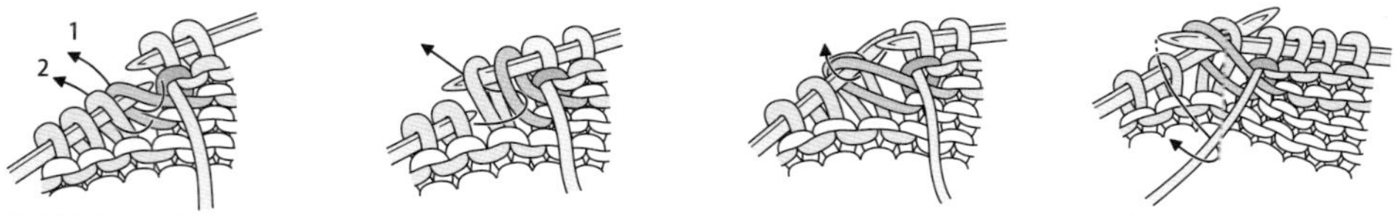

❶将线放在织片前面，依次将针目1、针目2移至右棒针。

❷如箭头所示将左棒针插入移至右棒针上的针目中。

❸按照箭头方向，将右棒针插入移回左棒针的2个针目中。

❹挂线并编织上针。

第2行　　第3行及以后

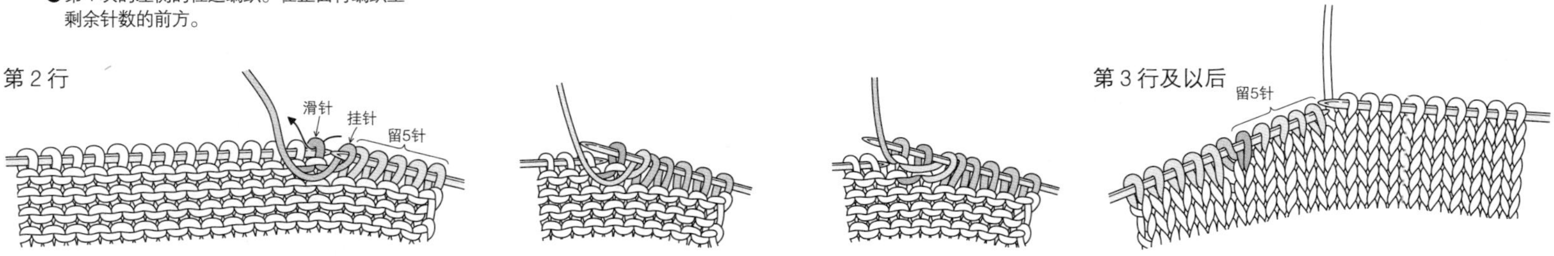

❷将织片翻过来，将线从前向后挂在右棒针上，线放在织片前面。下一针按照箭头方向，将右棒针从后面插入左棒针上的针目中。

❸不编织移至右棒针（滑针），下一针编织下针。

❹然后编织上针。

❺第2次的往返编织。和步骤❶相同，在左棒针上留下一定针数。在下一行的编织起点编织挂针、滑针。

消行（从反面编织的行）

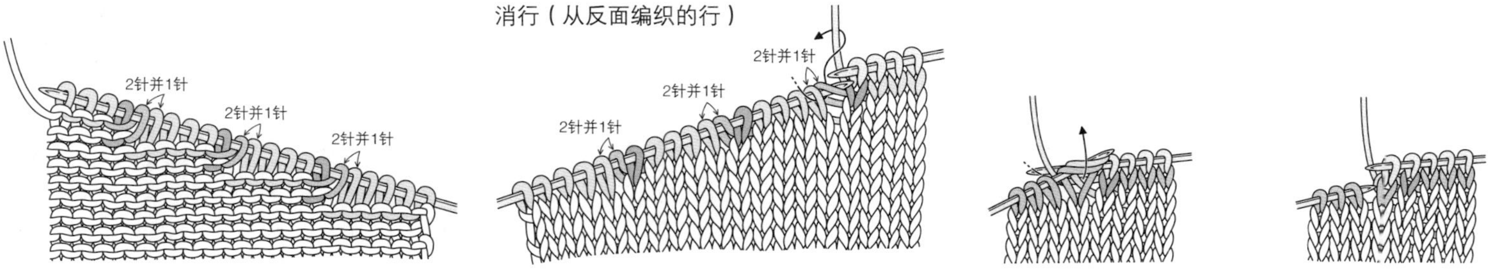

❻编织了3次往返编织。挂针和滑针在后面的消行中编织2针并1针。

❼将右棒针同时插入挂针和左边的针目中。

❽编织2针并1针。

❾消行完成。挂针在反面。

图书在版编目（CIP）数据

毛线球. 31，滑针、浮针全攻略 / 日本宝库社编著；蒋幼幼，如鱼得水译. —郑州：河南科学技术出版社，2019.12（2022.4重印）
ISBN 978-7-5349-9742-6

Ⅰ. ①毛… Ⅱ. ①日… ②蒋… ③如… Ⅲ. ①绒线—手工编织—图解 Ⅳ. ①TS935.52-64

中国版本图书馆CIP数据核字（2019）第245212号

出版发行：河南科学技术出版社
地址：郑州市郑东新区祥盛街27号　邮编：450016
电话：（0371）65737028　65788613
网址：www.hnstp.cn
策划编辑：刘　欣
责任编辑：张　培
责任校对：马晓灿　王晓红
封面设计：张　伟
责任印制：张艳芳
印　刷：北京盛通印刷股份有限公司
经　销：全国新华书店
开　本：635 mm × 965 mm　1/8　印张：24　字数：350千字
版　次：2019年12月第1版　2022年4月第2次印刷
定　价：69.00元